山西古建筑营造史

营造史 古建筑 山西

清代卷

左国保 · 著 — 何莲荪 · 整理

山西出版传媒集团

山西科学技术出版社

· 太原 ·

目 录

第四章　佛教建筑

第五章　道教建筑、祠祀建筑和娱神建筑

第六章　书　院

第七章　园林建筑

第八章　交通设施——桥梁

第九章　清代建筑特征和工程技术

附录

后记

第一章

清朝山西社会状况与版图

第一节　清朝社会背景

　　清代是满族统治全国的历史时期。清军进入中原后，按当时满洲八旗的建制推算，满族人口不过 60 万，以此力量统治中原数千万的其他民族人民是困难的，因此，清朝统治者不得不采取特殊的政治、经济和文化政策。在政治上，大力推行汉族制度，任用汉人为官，中央政府各部、司设满汉大臣。虽标榜满汉一体，但事实上实权还是掌握在满族贵族手中。在行政管理体制方面，维持明代的行政区划，建立直隶及行省，每省设置巡抚、布政、按察、学政、道台等官职，行政体制得以迅速运转。在经济上，大力恢复农业生产，免除明朝末年增加的一切苛捐杂税，在遭受战乱的地方还减收若干税收。清初，实行"丁随地派"制度，减少了农民差徭困扰，大量的自耕农得以维持下去，使地主大量兼并土地的趋势有所收敛；同时，清政府大力提倡垦荒与屯田，使耕地面积有所扩大，农业经济有所恢复并迅速增长。在文化上，推行科举制度，尊孔读经，宣扬程朱理学，褒扬关羽的忠义行为，所以清代的孔庙和关帝庙十分兴盛，遍布全国各地。同时，清政府对全国的礼制建筑加以整顿，形成完整的以天、地、日、月、自然神祇及宗庙、祠堂的人文鬼神为主题的祭祀系列。

　　清政府大力推行宗教信仰，特别是藏传佛教在元明时期发展的基础上进一步兴盛起来，敕建了众多藏传寺庙。在中原地区，如五台山修建了一批汉、藏式藏传寺庙。《大清会典事例》记载："敕建大寺庙共六千七十有三，小寺庙共六千四百有九，私建大寺庙共八千四百五十有八，小寺庙共五万八千六百八十有二。"在职官中设置僧录司、道录司，在府道衙署内设置僧纲司、道纪司，由政府参与宗教管理事宜。

清承明制，山西为十八省之一。山西共辖九府、十直隶州、六散州、八十五县、十二直隶厅。其中，九府为太原府、汾州府、潞安府、泽州府、平阳府、蒲州府、大同府、宁武府、朔平府。十直隶州为平定州、沁州、辽州、解州、霍州、隰州、忻州、代州、保德州、绛州。

第二节　清朝时期山西社会状况

清统一全国后，为了维护其统治，采取了一系列抚慰政策，极力缓和民族矛盾，招集流民，鼓励民众恢复生产。顺治二年（1645年），山西地方官积极采取召回避难百姓开垦荒地的政策，大同总兵姜瓖奏请废除明末的辽饷、练饷、剿饷等一切赋税加派。山西巡抚申朝纪还废除了百姓饲养官马的徭役，并裁减了山西驿站银1/4。至康熙八年（1669年），朝廷下令禁止圈地，并将原来圈占的民田退还原主，这些政策大大缓解了由土地问题引发的矛盾，山西民众基本上可以安居乐业。

山西藩王代王、晋王在朝廷的命令下，将自己及亲属的庄田分给农民耕种，佃户改为农户，田地永为世业，调动了农民的生产积极性。据文献记载，顺治十年至十一年（1653—1654），仅宣大地区就开荒38万亩，到顺治十三年（1656年），山西省累计开荒地3000多万亩。康熙二十四年（1685年），废除"圈地令"，奖励垦荒，并以垦荒多寡考核官吏，"有田功者升，无田功者黜"；所垦荒地，"通计十年，方行起科"，同时大力推行屯田，山西农田面积达4452万亩，比顺治时多开荒地400万亩。到乾隆三十一年（1766年），民田增至5000多万亩。为促进农业生产，康熙至雍正年间（1662—1735年）改革赋税制度，制定"滋生人丁，永不加赋"和"摊丁入亩"政策，相对减轻了贫苦农民的负担，提高了农民生产的积极性。随着耕作技术的改进，农作物产量有了较大提高，对山西农业生产的发展起到积极稳定的作用。

康熙年间（1662—1722 年），山西农村整修了一系列水利工程，尤其是太原、晋中和晋南地区发扬一贯重视修渠筑堤的优良传统，修复并新建了一大批井渠堤堰，仅太原府就有大小堤堰 400 余条。康熙元年（1662 年）修筑的"汾河十大堰"惠及晋中 40 余万亩土地。据乾隆年间（1736—1795 年）的《太原府志》和《平阳府志》记载，太原府内各州县有大小堤渠 400 余条，平阳府内各州县共有新旧渠道 180 余条。清政府还责成雁平道、冀宁道、河东道三道官员负责山西水利，使山西水利事业有了一定的发展，对农田灌溉起到一定的保障作用。

在手工业发展方面，采煤业遍布全国各地，冶铁和锻造业的分布也非常广，其中上党地区的制铁和冶铁最为发达，成为山西冶铁制造业的中心。

清代前期，由于清廷政权逐渐巩固，开始转向注重国计民生，所以经济发展较快。得益于这一背景，晋商崛起，并成为国内财力最大的商帮势力。晋商经营的行业非常广泛，涉及百姓的日用所需，所经营的行业在各地商界占有垄断地位或主体地位。清朝全国出现了 33 座工商业大城市，山西有 3 处，即太原、平阳（今临汾）、蒲州（今永济）。拥有资本数十万两，乃至百万两以上的山西商人居北方之首，其足迹遍及长城内外、大江南北，全国重要商业城镇都设有他们的会馆或行会。晋商随着财富的增多，创办了具有创新意义的票号，专门经营汇兑、信贷，办理存款与放款业务，甚至代清政府收捐税、输军饷等。在全国 80 多个城镇中，有 400 多个山西票号的分号，有的还远渡重洋，在日本、朝鲜以致印度设分号，构成四通八达的金融汇兑网，开创了中国金融汇兑的先例，并赢得"汇通天下"的美称。甲午战争之后，随着帝国主义政治、经济侵略的加深，晋商人的商业和金融贸易业受到沉重打击，失去垄断地位，逐渐衰落。

清代，山西文化艺术得到较大发展，省会太原和各府城州县都开办了书院，清末太原的令德堂、潞安府的上党书院、山西濬文书局都是比较有名的，还涌现出像傅山这样的著名人物。

第三节　清朝府、州、县名录及规模

　　清朝沿袭明朝的地方行政区划，仍为省、道、府、县四级行政制。清政府在建朝之初，就在山西设最高行政机关——山西巡抚部院，巡抚部院之下设冀宁、冀南、冀北、河东四道，分别由 4 名分守道员掌管。其中，冀宁道驻省城太原，管辖太原府；冀南道驻汾州，管辖汾州府、潞安府以及沁州、辽州、泽州 3 个直隶州；冀北道驻大同，领管大同府及平虏等城堡；河东道驻解州运城，管辖平阳府。综上所述，山西全省共有四道五府三直隶州。雍正二年（1724 年）增设平定、忻、代、保、解、绛、吉、隰八直隶州。次年，增宁武、朔平两府。雍正六年（1728年），升蒲州及直隶泽州为府。乾隆三十七年（1772 年），改吉州为府隶州，属平阳府；同年，升霍州为直隶州。山西巡抚总计领九府、十直隶州、六属州、八十五县、十二直隶厅（此十二直隶厅均不在山西境内）。

第二章

清代山西城市

第一节　清代城市概述

　　清代的政治比较稳定，清王朝大多继承了明代的政治机构与行政体制，中原各省基本上沿用了明代十三布政使司管辖的行中书省的建制，省治、府治、县治仍循其旧，没有因政治变革而另建新城。三藩叛乱之后，中原地区并没有大的政治破坏，也没有城市遭到毁坏，此时山西的大部分城市沿袭明代城市规模，但予以不同程度的改造。旧城的发展选择城郭内的空闲地，或利用城门外的关厢一带，使之成为城外之区，如山西大同在北、东、南三面关厢进行发展。

　　清代，商业经济在社会中逐渐增加，商业、手工业连同旧有的手工艺在社会中的比重逐渐增大，并逐渐成为城市的主体，如山西太谷与平遥的金融业、商业和服务业的兴起改变了城市的原有格局，影响了城市的建筑内容。

第二节　清代山西建筑发展背景

　　清初，三代皇帝在建设方面以实用为主，实行节俭原则。对北京宫殿的改造同样出于巩固政权的需要，京师紫禁城仍沿用明城，依原规划制度加以恢复，京城内广建王府。各地府、州、县沿用明代城的规模，其布局也多沿用明城之旧，仅进行局部改造，衙署、仓场等建筑充分利用旧物。

　　随着经济的发展和繁荣，建筑开始向奢靡享乐方面发展，无论是皇帝、八旗贵族，还是富商巨子、中小地主，皆追求生活享受。当时，宫廷内设内务府造办处，集聚了各行的能工巧匠，承办宫廷建筑的装修、家具和陈设，可见当时私家建筑的奢侈程度。此外，大规模的移民活动使全国的建筑技术得到了交流、融会与提高。

　　财富的占有导致官私建筑数量大增，民间地主和富商也有余力追求高质量的享受型建筑。在礼制建筑方面，各地广建文庙。顺治元年（1644年），关羽被奉为"忠义神武大帝"。康熙年间（1662—1722年），在关羽故乡山西解州，按帝王规制复建了全国最大的关帝庙，带动了各地关帝庙的普遍建造。在祭祀建筑方面，沿用明代的坛庙，仅在雍正六年至七年（1728—1729年）间便增设风神、云神、雷神，使自然神祇坛庙系列化。商业的发展带动了会馆、行会、作坊、典当、票号等建筑类型的产生和发展，城市地区性会馆向行业性会馆转变，城市的店铺店面也因商业的繁荣大为改观。

　　在宗教方面，虽然顺治、雍正对汉传佛教有深入的了解和信仰，但是占据宗教统治地位的仍是藏传佛教，确立了北京、承德、五台山三处内地藏传佛教的中心地位，寺庙建筑有了长足的发展。

雍正十二年（1734年），清工部制定房屋修建规范，加强宫廷内外的工程管理，颁布了《工程做法则例》，这是对明末清初北方官式建筑技术和艺术的总结，将当时通行的27种建筑类型的基本构件做法、功限、料例逐一开列出来，反映了当时的建筑水平。

乾隆时期，国民生产力发展达到高峰，经济和文化极大繁荣，全国上下、宫廷内外大兴土木，这一时期为中国建筑发展史上的第三个高潮期。

第三节　商业促使旧城改造扩建

　　清代随着商品经济的不断发展和繁荣，"市"的功能逐渐增强，城市中的商业空间得到扩展，以致不同级别的城市皆发展出相对独立的市场经济，形成众多的专业性街道和商业区。可以说，这是自宋代突破"坊""市"制以来的又一次城市空间变革，使清代城市开始突破农业时代城市空间，在城垣范围内呈现的规整、统一布局。城市内街巷多，市场繁盛，商民稠密，各种设施齐备，整体规模都比较大。

　　清代对明代城市的改造源于人口增加和商业经济的发展。明万历年间（1573—1620年）时的人口统计为6000万。清宣统年间（1909—1911年），人口统计是4亿。在近300年的时间里，人口增加了六倍多。随着人口的增加，旧城人口密度增大，原有商业街道不能满足使用，对旧城的改造和扩建成为清代一项重要的城市建设工程。

　　清代，各地中小市镇也得到了很大的发展。山西省第一大市镇——介休市的张兰镇"城堞完整，商贾丛集，山右第一富庶之区"。市镇内有坊、巷、街市、商铺，以及为商贾服务的货栈、仓储、旅店、茶馆、酒肆、税收机构及其他公共设施等。"贾客列肆镇中，毂击肩摩，负贩而喧哗者，严如城郭"是对其最形象的描述。即便是地处偏僻的山西保德州，"近边鄙，富商大贾绝迹不到。然麻缕棉絮之类，日用所必需，东沟立集，农民喜其便"。

第四节　满　城

　　满城是清代具有特殊意义的城市，是政治与军事需要在城市建设中的体现。八旗军事制度是清军入关前努尔哈赤所定，是军政合一、民兵合一、全民皆兵的制度，对清军入关、定鼎中原以及平定清初的三藩之乱起到很大作用。入关后，为巩固八旗军事体制，在北京、东北三省以及重要城市仍实行八旗驻防制。

　　满城的建造一般选择城市用地，八旗驻军在城中圈出一座小城为营地，称之为满城，并利用原有设施及服务机构。满城不是军事堡垒，而是居住城，居住八旗居民，且不允许离旗另居。这种落后的部落式的军事组织管理形式与封建经济关系不相容，最终导致八旗驻防制的瓦解。各地驻军营造的满城位置不同，太原的满城位于西南角，面积不是很大，周长合 2555 米，西南背倚城墙，北墙为水西门街，东墙为大南门街。光绪二十五年（1899 年）被水淹，于是在今小五台东南角修建了新的满城，城呈长方形。清中叶以后，各地城市中的满城逐渐被废除。

第五节　商业（手工业）、金融业城市

　　明中叶以后，随着商业资本的渗透，商业经济空前繁荣。官僚经商比较普遍，不论是皇帝、贵族、外戚，还是文官、武官，大小官员抢着做买卖，经营手工工场。随着手工业生产规模的日益扩大，内部分工日趋细密，在提高生产率的同时，增加了产品对于市场的依附，农业生产逐渐卷入商品化的旋涡，加之白银的普遍使用，促使商品交换频繁。商品经济的发展促使人们的价值观念发生转变，商人的社会地位上升，重商思想普遍出现，所有这一切都促进了商业经济的繁荣和城市的兴旺。

　　山西晋中的太谷、平遥一带，由于处于北京至陕西的交通要道，加之地少人多，具备了许多经商的便利条件，外出经商者较多。清代实行银和铜钱并行的双本位币制，大宗贸易和政府财政收支多用银两，民间小额贸易则用铜钱。在商业交易中，资金的周转仅靠镖局解银十分不便，于是出现了专门的货币兑换机构，从事银两成色评定、银换铜钱或将块银换碎银等业务，以满足商品交换和日常生活所需。乾隆末年（1795 年），山西"汾（汾阳府）、平（平阳府）两郡多以贸易为生……富人携资入都，开设账局"，产生了为满足这一需求、专营汇兑业务的金融机构——票号。

　　据《山西票号考略》记载，票号源于山西商人在天津、北京、重庆等地从事的颜料业经营活动。清嘉庆年间（1796—1820 年），天津日升昌颜料铺经理、平遥商人雷履泰鉴于其所贩铜绿需从四川采办，而远道解运现金有诸多不便，遂试用汇票来清算与日升昌相往来的各地商铺账目。后因经营此项业务收取的汇水十分丰厚，遂将兼营汇兑的日升昌颜料铺改为专营汇兑的票号。雷履泰创办票号后不久，山西商人中又有一些转而经营票号业。道光四年（1824年），平遥的日升昌票号专营汇兑，其分号遍布全国20个大城市，为票号之首。道光二十年（1840年），票号已发展到日升昌、蔚泰厚、蔚丰厚、蔚盛长、新泰厚、天成亨、合盛元、日新中等8家，共在北京、张家口、苏州等23个城市设立35家分号，并形成平遥、太谷、祁县三帮，票号集中的城市自然成为金融业城市。

平遥古城是一座完全按照传统城市规划思想和布局程式修建的县城。在封闭的城池里，以市楼为中心，由纵横交错的四大街、八小街、七十二条蚰蜒巷构成，布局条理，功能分明。南大街为古城的中轴线，北起东、西大街衔接处，南到大东门（迎薰门），以古市楼贯穿南北，街道两旁，老字号与传统名店铺林立，是最为繁盛的传统商业街。清朝时，南大街控制着全国一半以上的金融机构，被誉为"中国的华尔街"。西大街西起下西门（凤仪门），东和南大街北端相交，与东大街形成一条笔直贯通的主街，中国第一家票号——日升昌就诞生于此。东大街东起下东门（亲翰门），西与南大街北端相交。北大街北起北门（拱极门），南通西大街中部。八小街和七十二条蚰蜒巷，名称各有由来，有的得名于附近的建筑或醒目标志，如衙门街、书院街、文庙街、城隍庙街；有的得名于当地的大户，如赵举人街、

图2-5-1 平遥市楼

雷家院街。古城东北角有一座相对封闭的城中之城，类似于古代城市中的坊。城池内老式铺面鳞次栉比，这些古色古香的原汁原味建筑勾勒出明清时期市井繁华的风貌。城内分布庙宇，城东侧设城隍庙，并与财神庙、灶君庙三庙合一，城东南设文庙。城内民居以四合院为主，布局严谨，左右对称，尊卑有序。大家族的院落有二进、三进甚至更多，院落之间建有华丽的垂花门。

太谷与平遥类似，城市平面亦为方形，丁字街，同样以票号业著称，最盛时多达22家。城市为方形，每面长约1300米，东、南、西三面各开一门，东、西大街与南大街交于城市正中，在交叉口上跨街建鼓楼，鼓楼以北为衙门，为全城的中心，突出封建政权机构。商业店铺集中在东、西大街及南大街。城内建有一些庙宇，如西南部的白塔，东南部的文庙。四座城门都建有城楼，并设瓮城，后期门外发展成为关厢。

随着这两座城市票号业的出现、发展和壮大，票号建筑也随之产生。最初的票号由旧住宅形制蜕变而成，布局一般是沿街的为正面，店面后为内院，正房、厢房为经商者的办公处，再后为居住内院和客人住室。为了防盗，票号一般将院落建成二层楼，屋面为内向的单坡屋顶，四周不开窗，甚至在天井院的上方加设铁丝网罩。

可见，金融业的繁荣并没有导致这两座城市布局发生变化，在遵循中国古代城市布局的基础上，仅在建筑的封闭性、高墙深院、内部豪华装饰和争奇斗富上体现出金融业的繁荣。

第六节 太原府城的街巷

一、钟楼街

钟楼街与柳巷、桥头街、柳巷南路，呈"十"字衔连，是太原百余年来的商品集散中心。在这条长不足 600 米、宽仅 13 米左右的街道两侧，大型商场毗连，中型店铺栉比，小型摊位参差。

在钟楼街上经销的商品，从吃到穿，从玩到用，从大到小，从高档贵重到低档微廉，无所不有。钟楼建于明代，明中叶曾在傅山的祖父傅霖的倡导下集资重修。楼分台基和楼阁两部分，上部楼阁高三层五丈，重檐宏敞，椽拱飞扬，十字结顶。楼阁中高悬巨钟一口，高达丈余，重千余斤。每逢清晨报时，声闻四达十余里，与鼓楼巨鼓日暮发出的鼓声互为珠璧，为全城士民的计时依托。

今钟楼街，由早年的钟楼街、按司街和东羊市并为一街。按司街得名于山西省原提刑按察司署衙，是明清两代山西最高执法机关的所在地。至于东羊市，则是原羊市街的东畔，顾名思义，早年为畜羊的交易集市。据载，清中叶之后，原钟楼街、按司街以及东羊市，逐渐发展为三晋大地上的主要商市。位居钟楼街与按司街的名刹宝梵、佛寺禅林"开化寺""大钟寺"，亦被行商坐贾们看作经商发财的宝地，改辟为商场，成为钟楼街上最早的两大商业区。

大中寺原为大钟寺，是创建于宋真宗大中祥符八年（1015 年）的古刹，原名"寿宁寺"。因明永乐八年（1410 年），寺内新建钟楼，和尚们讲课、念经、打禅，均以钟声为准，该钟声音洪亮，全城都可听到，遂得名为"打钟寺"或"大钟寺"。

二、上马街

上马街得名于明初问世的皇庙，清初与下马街合二为一。

明代晋藩在皇庙奉祀皇帝和皇后的神位，每逢国家大典，如万寿（帝后生日）、国丧、元旦、新帝登基，朱氏皇族诸王和驻并文臣武将，都必来此祭祀。

皇庙，坐北朝南，原庙的后墙就在上马街中段南侧。通往皇庙的街巷有三条，正街因皇庙得名，叫皇庙巷。明代每逢祭祀，只有朱家诸王和晋省高官，方可由此巷直入庙宇。而一般的地方官吏不论文武，只能经上马街在皇庙西巷北口下马、下轿，穿巷南入庙，祭祀毕，则入皇庙东巷南口，由南而北，行至上马街，上马、上轿离去。久而久之，人们便把下马的地方，即皇庙西巷北口之西叫作下马街；将上马的地方，即皇庙东巷北口之东，叫作上马街。

逮于清代，废弃明代规矩，改皇庙为万寿宫，皇庙巷亦更名为万寿宫街。凡去万寿宫祭祀，均由万寿宫街直入，再无明代上马、下马之赘举。于是，原本是一条街巷上的两个名称"上马街""下马街"合二为一，合称为"上马街"。

三、文庙巷

文庙巷是一条小街，因巷中有古老的文庙而得名。此巷东起新城西街，西至上官巷，另一街口则达崇善寺街，走向很不规则，是太原街巷中走向奇特的一例。但是，就在这条弯弯曲曲，长不足 400 米、宽仅 9 米的小巷深处，荟萃着太原的古老传统民宅建筑——四合院以及宏大的古代建筑群，形成别具一格的街巷风貌和古色古香的韵味。

一说文庙巷，自然离不开文庙。所谓文庙，即文宣王庙的简称，也是孔庙的别称。汉武帝时，"罢黜百家，独尊儒术"，孔子的声名日见显赫，为中国两千余年的封建正统文化——儒学奠定了基础。盛唐的玄宗开元中叶，唐明皇追谥孔子为文宣王，从此之后，孔庙被称为文宣王庙。创建孔庙之风，随之而兴盛。

元明之际，全国所有府、州、县均建孔庙，无一例外。明以后，奉祀关羽的"关帝庙"即"武庙"，后来居上，陆续在各府、州、县治问世。迄于明永乐年间，为与"武庙"之称相骈，遂改文宣王庙为"文庙"，一直沿用至今。

太原府城之文庙，原在城西县前街（今府西街西段）一带，规模虽壮观，但远不及今文庙。清光绪七年（1881年），汾河决堤，文庙毁之于水。水退之后，山西巡抚张之洞在原崇善寺的废墟（今文庙址）之上，大兴土木，新建文庙，文庙巷之名亦得于此时。

新建的文庙占地13000多平方米，由亭、殿、门、庑、祠组成三进院落，并利用前崇善寺未毁的零星建筑，较之原庙更为恢宏、庄重、婉雅、俊逸。

四、侯家巷

今日的侯家巷一带，早在元代即散居着不少农户，他们以种瓜种菜为业，靠此糊口，维持生计。用现在的话说，是典型的城郊型农民。在这些瓜菜农中，以侯氏宗族人口最多，居住最集中，所以，便以侯氏之姓做了这个居住点的名称，叫作侯家巷。

明洪武初，国祚初定，被逐出长城的元朝残余势力，时刻图谋南下。作为"神京右臂"的山西承宣布政使司的防务异常重要，山西的中枢——太原府被列为国家九边重镇之一。为加强太原的军事防御力量，太祖朱元璋命令永平侯谢成扩建太原城。于是，本是太原东郊的侯家巷被扩入城内，成为府城东南隅的一条街巷，其民户则仍以种植和贩卖瓜菜为业。

明嘉靖九年（1530年），山西按察副使陈讲在侯家巷西段的瓜菜地上辟建院舍，开办了"晋阳书院"，招收城中学士、士子讲读于此。未几，更书院之名为"河汾书院"。于是，侯家巷之名随着书院的兴建而更改为"书院街"。

明代中叶，书院盛行于各府郡州治地，书院中"讲学自由，议论朝政，裁量人物"的"清议"之风风靡一时，对当时的社会风气和吏制颇有影响。对此，朝廷权贵和地方高官深怀妒忌。万历帝朱翊钧登基不久，便采纳了执政宰相张居正之奏疏，"诏毁天下书院"。太原的"河汾书院"亦未能幸免，在万历七年（1579年）被废止停办。直至万历二十一年（1593年），魏元贞担任山西巡抚时，才托词以建"三立祠"为名，另建了实质上的"三立书院"，并迁址于右所街。

据地方史料记载，明宣德之前，山西每三年举行一次的乡试，从没有固定的地方，或在抚院——巡抚衙门，或在太原知府衙门。明宣德年间，这种借署衙为考场的形式，因山西考生之多，不能适应形势发展，便占用山西都指挥使陈彬的宅地，新建了考场。到万历三十八年（1610年），贡院考场又人满为患，山西提学使王三才又在三立祠新建考棚50间。先后两次，至此总算解决了晋省乡试无定址的窘迫局面。

明清之际，太原多经战乱，及至清初，三立书院已是颓废不堪。清顺治十七年（1660年），山西巡抚白如梅，在书院街河汾书院故址，新建院舍70余间，将三立书院由新建的满城中迁去。雍正十一年（1733年），诏令各省省会设立书院，并拨银千两作创办经费。太原的三立书院遂由地方官办，一跃成为国家创办的晋省最高学府，复名"晋阳书院"。逮至乾隆十三年（1748年），山西巡抚唯泰扩建书院。乾隆十八年（1753年），新任巡抚胡宝瑔购得学院东面的开阔空地，新盖讲堂、书舍，并新建祭祀前明殉节巡抚的殿舍。乾隆二十九年（1764年），又一任巡抚再建学舍40余间以及魁星楼、大照壁等，晋阳书院发展到鼎盛，书院街成为太原名震一时的地方。不太长的街道两头，有两座气宇轩昂的过街牌楼，端庄雄宏的书院大门，华丽儒雅的龙门照壁，高耸显赫的魁星楼，以及络绎不绝的学子名家。

五、承恩门

五一广场的前身，是明太原府城的8座城门和关厢之一，当时叫作"承恩门"的故址，它的规模和形制仅次于迎泽门。城内晋王府的府门越过红四牌楼，与承恩门相对，皇帝的诏书圣旨就由承恩门传入，而城中朱氏王族亦多由此门出入，迄今已有500多年的历史。

据《阳曲县志》所载，承恩门门首有雄壮的城楼，大城外有月城，月城上建有箭楼。清代中叶，来自东山的山洪顺东南城墙而下冲毁承恩门关城及箭楼，政府拨款新修此门，从此以后，承恩门别称"新南门"。新建的城关和月城共有垛口902个，是太原城防的主要门户之一。清道光年间，仅新南门并月城就备有"头号威远炮6位，二号威远炮20位，三号威远炮50位，虎尾炮3位，花瓶炮15位，镇门炮 2 位，西瓜炸炮 11 位，共 107 位。弹铁子 950 斤"，可谓森严壁垒。

六、纯阳宫

纯阳宫，初创于宋代，明时又由晋藩朱氏与本城富户范氏等三家道教的笃信者捐资，重建于万历二十五年（1597 年）前后，迄今已有 400 余年的历史。巷名由观名而得，可见其年代久远，称得上是太原的一条古老街巷了。

纯阳宫的正门辟建在起凤街的东口，为砖仿木构建筑，侧门则通往纯阳宫街。这是一座专门供奉道中八仙之首吕洞宾的道观，以其号"纯阳子"作观名，俗称"吕祖庙"。早先正门前曾有一石牌坊，上镌"吕天仙祖祠"。现存的纯阳宫是太原市最大的一座道观庙宇。

纯阳宫是太原古代建筑群和园林建筑中的一颗明珠。其总体设计精密周巧，独具匠心，不仅考虑到独立建筑的个性，而且刻意追求群体建筑在平面和空间上的呼应与配合，把古典园林的艺术手法和纤巧布局，运用到传统的庙宇建筑中，融亭台楼阁和山水园林于一体。整个建筑错落有致，高低相间，曲折迂回，趣味盎然，寓山寓水寓园寓林，寓楼寓阁寓洞寓亭。全宫从古雅端庄的大门开始，一连四进院落，沿中轴线自南而北展开：四柱三楼的"道德坊"，单檐歇山的"吕祖殿"，上楼下窑的"瀛州洞"，九窑十八洞的"八卦院"，飞阁栈桥的"八卦楼"，以及面阔三间的巍阁——祖师殿。拾级登楼，盘旋而上，几经曲折，则可登临全宫最高之处。

七、海子边东街

"海子"，是太原的方言，相当于普通话中的水潭、水池、湖。早年，太原的"海子"不少，有"海子堰""南海子""西海子"等。

海子边东街一带，最早叫作金鸡岭，是濒临海子堰的一个土岗。今海子边东街，就是当年这丘土岗与这汪积水之间的一条缓冲衔连地带。宋代之前，这里属于阳曲县唐明古镇东畔的郊野。赵光义灭北汉、焚晋阳之后，北宋名将潘美在唐明镇的基础上新建了太原城，而太原城的东门——朝曦门，就位于这个土岗积水的西边，那条由东城门护城河桥作为起点的桥头街，就一直延伸到土岗和积水北侧。明初，先在太原城东郊兴建晋王府，继而扩展太原城，将晋王府与这丘土岗并这汪积水同时圈入城内。于是，这丘土岗便成为太原城中的高地，每逢晴日，它最先接受朝阳的沐浴，又最后与夕阳告别。终日间金色的阳光普照在黄漫漫的土丘上，金光灿灿，仿佛一只金色雄鸡侧卧水旁，所以得名金鸡岭。

在民间则有这样一个传说：很古时候，一只巨鳖潜藏于长海子和圆海子底，长年累月进行修炼。一日，张天师途经这里，发现这个怪孽已快修炼成精，遂将一道金符贴于海子东边的土岗上，这个土岗化为一只金鸡，降压巨鳖于水底，使其永世不得翻身。于是，这个土岗得名金鸡岭。

清代中叶，百余年间长治久安的太原，逐渐发展成为一个较为富泽的城市，人口骤增，商贾纷沓而至。当年城中的僻壤金鸡岭一带，渐成为民居密集、商贾云集之地，变成一条市衢井然的城镇新街。于是，岭名演变为街名，一直沿用到清之季年。

八、都司街

都司街，是太原较为古老的街巷，探讨其街名可追溯到明初。

明代初年，山西行中书省的最高地方长官，按行政、司法、军事三个系统来区别，分别为承宣布政使、提刑按察使、都指挥使。都指挥使作为行省最高军事长官，其驻节衙门即府署，名曰"都指挥使司"。都司街之名的产生，正是因为该街驻有都指挥使司。由此可见，都司街之称，绝不会早于明初。

逮至清代，都司衙门随着明王朝的覆灭而不复存在，而街名则流传下来。据道光版《阳曲县志·卷三·建置》载："都司街，居民半业屠宰，内有罗锅巷。"从此记载中可以看出，逮及清中叶之前，都司街已失去明代作为都司衙门的显耀，成为太原城中屠宰业较为集中的街巷。

九、水西门街

水西门街，得名于太原城之水西门。明代太原城共有 8 座城门，东西南北各有两座。两座西门中，位于城北者叫阜成门，位于城南者叫振武门。因太原城东最高，北次之，最低的地势在西南角，所以，每遇水患，振武门一带必遭水淹，轻则街巷院落积水，久而不退；重则房倒屋塌，街衢不通，生灵涂炭。所以，城中父老皆称"振武门"为"水西门"，久而久之，"振武"之雅号，被"水西"之俗称所取代，成为仅见于书载的名称。

一说水西门，自然会涉及太原城。追溯太原城8座城门的历史，水西门为其最古老者。北宋太平兴国年间，潘美所建的太原城只有4座城门，东曰朝曦、西曰金肃、南曰开远、北曰怀德。明初扩建太原城时，"永平侯谢成，展东南北三面"，唯有西边向南北延伸外，故址未动。于是，宋代所建太原城的东门、南门和北门，都在这次扩建中毁于一旦，只有西门即金肃门未拆，略事修整后更名为振武门，迄今算来已有1000多年的历史。

明清两代的水西门街，西至城门，东与西米市街隔"四神阁"连通，南入满城，北去都司街，是太原城中最宽的街道之一，"涂容四轨"。直至民国年间，依然如旧，变化不大。

而今的水西门街，则是在原有的基础上，将西米市街并入，合二为一，为原水西门街长度之3倍。今水西门街中段和东段，即原来的西米市街，是明以来太原城中最大的米粟业贸易之所。清末至民国年间的太原米粟业公会，就坐落在这条街的东段南侧，至今砖刻的匾额仍然清晰可辨。

西米市街，在清以后远比水西门街繁华热闹，米铺、米店、粮行、油店，一家连着一家。

十、开化寺街

开化寺街得名于古刹开化寺。关于开化寺的创建年代以及发展情况，因年代久远，鲜见记载，已难得详情。据《阳曲县志》载，此寺曾在北宋哲宗绍圣年间重修，名"汉寿寺"，可见其创建年代不会晚于北宋绍圣年间。元代大德年间，曾进行修葺，改称"延寿寺"。逮及明初，寺院古色苍烟，亟待修整。第三代晋王朱美坚于正统年间出资重修，表赐"开化禅林"，改称"开化寺"。

明清两代，开化寺地处府城中心，寺宇宏大，僧侣颇多，香火极盛,善男信女、比丘沙弥络绎不绝。以致寺院之前商贩云集,店铺栉比,成为一处繁闹的集市。于是,以寺院之名派生出一些街巷,如开化寺西街、开化寺南街、开化寺东街等。

及至清之季年,开化寺年久失修,寺宇颓败,香火渐衰。寺僧为维持生计,遂典出前院,作行商坐贾经营之所,作为寺院的经济来源,开化寺便渐次辟为商市,俗称"开化市"。

辛亥革命之后,开化寺被废弃,僧人四出,寺院空房便被辟建为共和市场。为革故鼎新,开化寺各街遂改名为开化寺西街、东街、南街。

十一、庙前街

庙前街约有 280 米长,它的成街历史较为古老,在太原的诸多街巷中颇有名气。其街之北端,是太原古城中规模最大的关帝庙,俗称"大关帝庙"。庙门与街巷直对,此街恰处庙前,故名"庙前街"。明清之际的太原城,庙寺观庵有百余座之多,仅关帝庙就有 20 座以上。《阳曲县志》记载:"关帝庙在城共有二十七座。"在这 27 座关帝庙中,历史最久的当属校尉营的古关王庙,而规模最大者、建筑最雄浑者,则非庙前街之大关帝庙莫属。

关帝庙,又称作"武庙",同文庙相对,明以来成为我国城邑建筑中不可缺少和偏废的祀庙,在太原这个崇尚武术的北方军事重镇中受到青睐。关帝庙,顾名思义,供奉的是关帝圣君,即三国名将关羽。庙前街的大关帝庙,因其规模宏制,明清以来,官方举行的祭祀大典都在此进行。

相传,北宋初年,今太原市原为北汉国阳曲县的一个属镇,叫作唐明镇。宋太平兴国四年(979 年),宋灭北汉后,火焚水潴晋阳城。宋将潘美便以唐明镇为依托,在这里新建太原城。但是,不知何故,东、南、北三面的城墙都很快筑成,唯有两城墙,屡建屡崩,塌毁多次,怎么也弄不成。就在这时,关羽在云中显圣,跨其赤兔马在城西跑了一遍,然后指其马迹说:"缘此马迹筑版,城可成矣。"言毕,遂烟消云散,不知所踪。兵士匠工们立即沿着马跑过的痕迹,重新兴土动工,夯基砌筑。果然,事半功倍,工程迅速,再无崩毁。

太原新城告竣后,人们为了感谢和纪念关帝圣君的点化,遂在城内建筑了这座大关帝庙。年节之际，祭祀供奉，奉若神明。后来，在宋抗金和金抗元的战斗中，大关帝庙多经兵火摧残，几度颓倾。但是，每在战后均很快修复，所以流传下来。

十二、狄梁公街

梁国公狄仁杰，是地地道道的太原人，故里在今市区东南的狄村。他活动于初唐，历任并州都督府法曹、大理寺丞、侍御史、豫州刺史等职。

傍临山西省博物馆和三晋名刹崇善寺的狄梁公街，全长不过200米，宽也就8米左右，是一条地地道道的小街。狄梁公街，原名狄公祠街，因该街有奉祀狄仁杰的祠堂，故名。据地方史料记载，当年的狄公祠并不在太原城中，也不在今天的狄梁公街，"旧祠在（城南）狄村"，即南距太原城十里之遥的狄仁杰故里。随着时代的推移，狄村的狄氏人家先后迁徙，不知所出，狄公祠亦因无人祭祀、维修，逐渐颓坏。一直到明代为续祀狄公，才将狄公祠由狄村的废址上迁入城中崇善寺北端东侧，仍用旧名。

狄梁公街的中段东侧，便是红墙掩映、古树森森、梵殿巍峨、经藏繁富的名刹崇善寺。此寺原名白马寺，后改延寿寺，大约创建于隋唐之际。相传隋炀帝北巡时，曾以此为行宫，唐高宗李治亦携武则天，临幸于此。明初之前，该寺是太原府城东门外的古刹。洪武初扩建太原城时，将其圈入城内。洪武十六年（1383年），晋王朱棡之母孝慈高皇后去世，朱棡便在这所寺院为其母诵经超度。事后，他为纪念母亲，遂在原古寺的基础上进行扩建，历时十载，寺院扩建后更名为"宗善寺"。扩建后的宗善寺，南北长169丈，东西宽89丈，总面积16.7万平方米，真是"规模宣序，俨若仙宫"，"不惟甲于太原，诚盖晋国第一之伟观也"。后来，晋王依堪舆家提议，在"宗"字上加一"山"字，以辟镇山崇，宗善寺遂更名为"崇善寺"，一直沿用至今。

不幸的是，清同治三年（1864年），寺宇失火，寺内主要建筑毁于一旦，仅存最北的大悲殿院落一隅。现存的文庙，便是光绪七年（1881年）在原崇善寺主要建筑的废墟上重建的。

十三、桥头街

今桥头街中段与海子边交汇的地段，为宋太原城朝曦门外护城河桥的故址，而桥头街之名正源出于此。今桥头街，东起五一路，西至柳巷与柳巷南路衔连处，与钟楼街相直，是由原桥头街和红市街两条街巷合并为一。提起桥头街，便使人想到太原的地方风味名吃："清和元"的"头脑"、"六味斋"的"酱肘花"、"认一力"的"羊肉饺"。

十四、府西街

府西街是一条古老的街巷。金代中叶，阳曲县迁徙到太原府城中，县衙便设置于今府西街中段北侧。不过，当时这条街并没有得"府西街"之名，而是以县衙得名，叫作"县前街"。

至朱明王朝开基，废元代冀宁路，改置太原府，设府衙于县前街，选址县衙之东。于是，县前街一分为二，以三桥街南口为界，向西仍为县前街，向东则改名"府前街"，俗称"府门口"。

据《阳曲县志》所载，从明代初至清道光年间，县前街和府前街是太原城中官署、学府、庙宇极为集中的街巷。不长的街面两侧（主要是北侧），太原府衙、阳曲县衙、府文庙、府学、县学、黑虎财神庙……鳞次栉比。

各个衙门、学府、庙宇前的牌坊，高大别致，一座接着一座，"熙朝毓秀坊""龙光宠锡坊""湛恩汪岁坊""三晋首邑坊""道冠古今坊""德配天地坊"……不一而足。

光绪年间曾发大水，文庙因水患迁址，府学和县学倾圮废毁。就在这次水灾之后，府前街沦为太原城建房材料的交易市场。人们将多少年来显赫的府前街称作"灰市儿"，街名亦约定俗成，得名"灰市街"。中华民国二十年（1931 年），山西省督军阎锡山因灰市街靠近督军府，遂改"灰市街"为"府东街"。

十五、旱西门街

明洪武年间，扩建的太原府城共有两座西门，它们相距 2 里左右。位于北边的这座叫作"阜成门"，俗称"旱西门"。那条东起三桥街、坡子街，西穿旱西门遗址的街道，便因旱西门之称得名"旱西门街"。

旱西门街，老太原人简称其为"西门街"。此街名与实际情况相悖甚远，这里不仅经年累月毫无旱象，而且是水丰泽茂、左右逢源——南濒饮马河，北临黑龙潭。所谓"旱西门"之称，仅是与比这里地势更低洼的水西门相对而言。

旱西门街，成街于明洪武初年，原名"阜城门街"，是当时太原诸多街巷中较为宽阔的街巷。后来，随着"旱西门"俗称的出现，逐渐演绎为旱西门街。

多少年来，旱西门街之北，直到府城墙的西北角，是一片低洼的潮湿之地，城西北的雨水、污水，大多退积于此，荒草横生，积水点点，间或是一些菜田畦地。光绪十二年（1886 年）的水患，使这里变为水乡泽国。水患之后，积水无法退去，加之后来经年雨水的退积，这里便成为太原城中最大的积水湖。

十六、城坊街

城坊街为东西走向，成街于明代洪武年间太原城扩建之后。据地方志载，明清两代的城坊街，原名叫作"城隍庙街"，得名于该街东畔那座颇具规模的城隍庙。

太原城的城隍庙就建在开远门（后来的迎泽门）内东侧朝真坊内，金元时又迁址城西南角的三桂坊。明洪武三年（1370 年），明廷下式规定了各府、州、县城隍神的等级。太原府的城隍神列属为"公"，名曰"威灵公"。就在这年，太原大兴土木，新建了这座城隍庙。然而，洪武间创建的城隍庙，在嘉靖十八年（1539 年）秋毁于香火，规模与形制已不得而知。这里所讲的城隍庙是嘉靖十九年（1540 年）在其废墟上重建的。

重建的城隍庙，殿宇飞甍，檐椽高喙，斗栱飞昂，规模恢宏。高大的庙门两边，各有牌楼一座，左楼坊额曰"灵通元造"，右楼坊额曰"泽庇苍生"。庙门正南面隔街建有富丽堂皇的乐楼，供城隍神娱乐看戏。步入庙内则为四进院落，前院建有享亭，是供奉祭祀的场所。再次为正殿，是城隍神"办公"的地方。再次为寝殿，是城隍神及家眷休息的地方。至于两庑配殿，均塑有阴司地狱各处，神像狰狞，面目可怖，同常人一般大小。整个庙宇的后院是一个开阔的花园，园中花草茂盛，菜蔬飘香。

依据当时的规定，凡新任太原府的知府及其他地方官，上任之始必先要祭拜城隍，当晚住庙院致斋馆，夜间还须斋食沐浴举行对城隍起誓的仪式。凡誓有既定程式、内容，大约为"毋敢倾僚陷吏，暴虐小民，期神之祥而佐其不逮"，至次日天明方可正式入衙上任。

按祭祀规矩，每年的三月之望（农历十五）为大祭城隍之日。是时，由太原知府或由知府责成其他官员，亲临庙中祭以"羊一、帛一、爵三"。

十七、北十方院

北十方院是一条地地道道、纯纯粹粹的小巷。且不说它长不足300米，宽也就3米左右，生活着8户居民，可见是小到不能再小了。

明万历之前或之初，北十方院及附近一带，既无寺宇，又无街巷，更无村舍，有的只是贫瘠的薄田和荒芜的沙草滩。后来，这里的农民庄户们发现，沙田虽薄但易种植各种瓜类。于是，为生活所迫的人们，改种粮为种瓜，聊以果腹。偌大一片土地上，西瓜、南瓜、冬瓜……比比皆是。天长日久，这片原本无名无谓的沙滩地，反倒因"种瓜得瓜"得到一个名字，叫作"瓜场"。万历年间，瓜农为祈求神灵的保护，在瓜场地头修建了一座小小的观音堂，希冀大慈大悲的观世音菩萨保佑他们。

旧传，这座小小的观音堂在求祷生子方面也是"祷子辄应"，声名日盛，求生子女者络绎不绝，终将小小的观音堂扩建为一座颇为宏巨的佛门禅寺——净因禅院。明天启年间，昔日瓜场地头的净因禅院规模益壮，终成太原城郊有名的大道场，饮誉太原府上下的十方海会丛林。净因寺的声誉闻名遐迩后，连城中的显贵晋王也慕名而来，并亲题匾额"千寿胜境"。一座城郊的十方禅寺，竟能博得堂堂晋王的垂青，寺院当家人虽为佛门弟子，却还没有修成六根清净之体，更没有养成宠辱不惊的圣僧大德。所以，面对晋王的青睐，住持受宠若惊，为取悦晋王，遂以晋王题额之词更做寺院名谓。这样，净因寺便改名为"千寿寺"。

逮至明清交替之际，千寿寺日盛一日。到顺治末年时，千寿寺新修戒坛 15 间，寺院扩展为东西两院的规模。每逢春秋两季，举办传戒仪式，往来僧众及善男信女，难以胜数。及至乾隆登基之后，山西巡抚喀尔吉善广布钱财、装潢东院、大兴土木，兴建了高约 13 丈的浮屠宝塔，专供佛舍利子。古谚："上有所好，下必甚焉。"山西最高长官既然如此钟爱千寿寺，太原府、阳曲县的父母官们又怎敢怠慢。于是，千寿寺在省城大小官员们的提携和抬爱下，香火鼎盛，与日俱增，进入其历史上的黄金时代。

十八、大东关街

明代太原城是十分壮观的，有"崇墉雉堞，壮丽甲天下"之称。所谓"锦绣太原城"之说，并非指其他，乃专指太原城的壮美。大东关就是明太原城的八座关城之一，是太原八门之中军事地理位置最重要、城防设施最为倚重的城关。据《阳曲县志》和《太原府志》记载，明清两代的山西地方政府，对大东关的守备最为重视，投入炮位弹火之多，驻防守兵之众，是太原八门之最。清道光年间，大东关军备就有"头号威远炮 6 位，二号威远炮 19 位，三号威远炮 52 位，虎尾炮 3 位，镇门炮 2 位，花瓶炮 18 位，西瓜炸炮 400 位，共 500 位……大小生铁子 315 个，小铁群子 1000 个，铁群子 2069 斤"。连规模较大的"迎泽门""镇远门"也不能与"宜春门"（即大东关）同日而语，真可谓森严壁垒，难怪时人称"大东门"为"军门"。

十九、府东街

《永乐大典·太原府·官署》记载："太原府署，在旧新寺街。"可见，明初，太原府衙门建在原来叫作"新寺街"的一条街上。另据《阳曲县志》载，洪武年间，太原知府胡维建府署于此，即新寺街（今已拆的太原市中级人民法院至山西省委机关幼儿园一带）。可知，明初太原府衙门是新建的，非沿用元代冀宁路署。由此可以得出，府东街因太原府衙署建成后，这段街巷位于府衙之东而得名，而这段街巷在此之前叫作"新寺街"。逮至明宣宗朱瞻基登临帝位，便新设巡抚一职。山西省的巡抚衙门驻建于太原府衙之东的府东街东段北侧，即今山西省政府大院。因巡抚别称"抚院"，巡抚署亦称"院署"，府东街位于院署之西，遂更名"院西街"，俗称"院门口"。

辛亥革命之后，明清两代的巡抚衙门成为山西军政府的首脑机关"都督署"，于是院西街又更名为"都督府西街"。而今府东街的中西段，即当年的龙王庙街、道门前街等合并，改称"都督府东街"。未几，都督府东街和都督府西街的名称均废，分别复原名称。

1955年，原府东街、龙王庙街、道门前街合并为一条街，统一以"府东街"命名。1960年，府东街横穿天地坛诸街，打通取直，直达五一路。1980年，又拆除一些民房，并合一些小巷，将府东街延伸至建设北路，大东门街随之消失，成为府东街的一部分。府东街遂由原先的一条长不及百米、宽仅10余米的小巷，演变为今日的通衢大道，成为太原市区东西走向的主要交通干道之一。

时下的府东街，仿佛一条飘逸的彩带，镶嵌在太原城的腹地。它连通了南北走向的城区大动脉解放路、五一路、建设北路，成为汾河东畔太原城区的棋盘形街网格局中的枢纽之一。

如果说太原是山西的心脏，那么府东街便是这个心脏的中心。它是太原城市交通建设蓬勃发展的缩影，是山西巨变的一个窗口。

二十、柳溪街

宋天禧年间，并州知州陈尧佐为治理汾河水患，在汾河大坝之东，又套建环坝新堤，引汾水贯注其中，把它作为汾河洪汛期间的分洪缓冲地带。为了加固这段新堤，陈氏亲率民众植柳树万株在堤坝之上，建枞华堂、彤霞阁于众柳之间，在堤内汾河淤积的沙滩之上种荷植藕，取名"芙蓉洲"，使一个偏僻荒凉、人迹罕至、水患不息的荒滩，变为绿柳婀娜、荷叶田田、水光潋滟、亭阁相映的自然园林，获"柳溪"之美称，成为宋金时代太原的风景胜地。每逢春和景明的时节，红男绿女，官宦城民，或泛舟于湖面，或涉足于亭阁，或漫步于柳荫，实是一处令人神往的乐土福地。元初，太原府有名的和尚小仓月曾有诗赞美柳溪胜景，诗曰："堤边翠带千株柳，溪上青螺数十峰。海晏河清无个事，画楼朝夕几声钟。"

元末至明清以来，昔日风景宜人、游人如鲫的柳溪，由于年久失修，战乱不息，湖塘逐渐被汾河洪积的泥沙淤灌壅积，树木花草，亭台楼阁，或被砍伐，或被湮没。明初之时，已是断壁残垣，不堪入目。及至嘉靖年间，洪水冲毁堤坝，由此入城，连那些断壁残垣也冲之一空。

二十一、起凤街

起凤街，是明初洪武年间扩建太原城后，由城郊圈入城内，开始形成的古老街巷之一。当时，这条街地处府城的东南隅，其街面就沿南城墙根而自东向西。

"起凤街"之名，据说是由唐代王勃《滕王阁序》中"腾蛟起凤"一词引得，因为在该街的东段北侧，曾经是明清两代、上下五百多年间山西省的贡院。封建时代，秀才通过参加在贡院举行的乡试，指望着经过贡院三年一试的秋闱，争得榜上有名，才能获得举人的功名，步入梦寐以求的仕途，完成由鸡变凤的脱胎换骨，产生质的变化，即所谓"十年窗下无人问，一举成名天下知"。可见，起凤街之得名，是读书人的一种良好愿望。

据地方志载，明清两代的山西贡院，建筑辉煌，"周围五百六十二步"。它雄踞起凤街头，面对城墙马道和坐落在城头的魁星楼，背负文瀛水，"规则洪敞"。其大门三楹，前立三门四柱石牌坊，坊额"贡院"，门额"开天文运"。光绪二十七年（1901 年），废除科举制之后，五百多年来"腾蛟起凤""禹门鱼变辞凡水，乔木莺迁出故林"的贡院，顿失往日的光彩。先是阳曲县及太原府地方人士，在此兴办了"太原府中学堂"。后因太原府辖十县，首县阳曲，末县兴县，遂取首末二县县名的第一字为学堂名，更为"联合阳兴中学"。六年之后，山西省办的"公立中学堂"，亦在贡院创办。因此址原为省贡院，联合阳兴中学为太原府办，遂迁往桥头街。宣统二年（1910 年），"公立中学堂"改称"晋阳学堂"。

二十二、铁匠巷

用传统的职业称谓"铁匠"二字命名的街巷，在太原城中共有六条，这六条街一直在太原延续了近 300 年，它们是"大铁匠巷""小铁匠巷""后铁匠巷"以及由大铁匠巷通往后铁匠巷的三条小巷：铁匠巷头条、二条和三条。但是，随着太原城市建设的发展和旧城改造工程的实施，早年便鲜为人知的铁匠巷二条、三条已不复存在，而铁匠巷头条也并入大铁匠巷，不独立成街了。

关于铁匠巷诸街的得名，据说始于明末李自成农民起义军攻占太原后的一段时间。1644 年，李自成攻克太原后，因太原西山有铁，遂留下一个制作兵器的特种兵营——铁匠营在太原驻扎。这个铁匠营的驻地，便在太原城迎泽门里东侧城墙根的几条小巷里。于是，这几条街巷遂得名"铁匠巷"，并以其路面的宽窄、长短、前后方位，分别冠以大、小、后及头条、二条、三条来区别。也有人说，并不仅因此而得名，因为早在义军攻占太原之前，这几条街便因聚集着做铁匠营生的住户和做铁器买卖的商铺得名，所谓因驻义军的铁匠营而得名，乃是偶合而已。

如果从明朝末年再向前推，后铁匠巷原名叫作"太子寺街"。究其原委，乃是因为该街西段北侧有一佛寺名"太子寺"，故名。所谓"太子寺"，也称作"罗睺寺"，是供奉佛祖释迦牟尼十大弟子之一罗睺罗的寺宇。罗睺罗，原是释迦在俗时所生之子，释迦出家后，继其太子位。后来，释迦成道归乡时，罗睺罗仿效释迦，放弃太子位出家做沙弥，皈依佛门。因其曾为太子，所以奉他的寺宇也称"太子寺"。而今，太子寺早已鲜为人知。但是，在这条街上居住过的老住户，还有一些人知道，今铁匠巷小学校址就是原来的太子寺。

第七节　衙　署

一、衙署的规制

衙署是中国古代官吏处理公务的主要场所，也是封建统治的权力象征。统治者基于"民非政不治，政非官不举，官非署不立"之认识，十分重视衙署的设置与建设，且有一定规制，至明清时代已经高度标准化、定型化、制度化，渗透着浓厚的文化意蕴，以体现其政治精神。

中国自秦汉以来，以府、县为地方政府机构。州是一种中间建制，有两种规格：一是直隶州，其级别相当于府；另一是附属州，级别相当于县，或仅辖少数县。这些众多的府、县是地区的政治、经济和文化中心，无论地处内地，还是边区，都有相应的衙署。

衙署布局严谨统一，主体建筑均坐北向南，各建筑呈轴线对称，主要建筑设置在中轴线上，两侧为辅助建筑。通常按照"横三纵三"的总体布局进行设置，横向分为左、中、右三路，以中路为主；纵向分为前、中、后三段，也以中段为主。中路由南向北分别为照壁、牌坊、衙门、仪门、戒石坊、大堂、宅门、二堂、三堂。东西二路自前而后三段。纵深第一段东为迎宾馆，其北为衙神庙或土地庙，西南为狱神庙。纵深第二段东为典史廨，其北为县丞廨；西为吏舍，其北为主薄廨。纵深第三段在中路左右为东西花厅，为县令及眷属的居住之地。衙署的"库阁架"、各种库房和马厩都设在轴线的左右两侧。正门外两侧建旌善亭、申明亭和榜棚，其中旌善亭表彰善行，申明亭公布、处罚和判决，榜棚用于揭示公告。

照壁面向衙门而设，壁上雕刻一种怪兽"狻猊"，以告诫官吏不得贪婪。牌坊为衙门外观的重要标志，两侧设石狮。衙门三间，两侧设"八"字墙，形成所谓"衙门八字朝南开"。东间前部设鼓，俗称"喊冤鼓"。仪门为中门，是知县举行仪仗恭迎上级官员的地方。左右分别设小门，其中东门为"人门"或"生门"，为日常进出之门；西门称为"鬼门"或"死门"，为死刑犯宣判后的出门。戒石坊坊额南刻"公生明"，意思是公则生明，偏则生暗；北门刻"尔俸尔禄，民膏民脂，下民易虐，上天难欺"，为皇帝颁赐的警戒地方官的铭语。铭语本是后蜀主孟昶训诫官属的训令，原有二十四句，宋太祖录其中四句颁于府县，并勒石置于府前。明代因之，并建亭覆石，所以称"戒石亭"，清代多将戒石亭改为戒石坊。大堂是衙署的核心建筑，是举行典礼和重要政务的活动场所，面阔三至五间不等，向前开敞，前有月台。月台前左右纵列"三班六房"，东面为吏、户、礼三班，西面为兵、刑、工三班。大堂之后是二堂，也就是所谓的"退思堂"，并由穿堂相连，供审理公事与退思商议所用。二堂之后是三堂，又称"正宅""内治""知县宅""县廨"等，为县衙的官邸，两旁是三位僚属的住宅，即县丞宅、主簿宅、典史宅。大堂两边的跨院是吏舍、牢房、仓库、土地祠等。为显示体恤民情、体现廉正的风范，衙署的建造都比较简朴。

二、衙署建筑

衙署建筑是中国古代官吏处理公务的主要场所。衙署，《周礼》称官府，汉代称官寺，唐代以后称衙署、官署、公署、公廨。衙门是衙署的俗称。"八字衙门朝南开，有理无钱莫进来"是百姓对封建官吏制度的真实写照，同时从另一侧面可知，衙署建筑大多坐北朝南。衙署是封建社会城市中的主要建筑，也是古代城市中最大的公共建筑群，它是皇权在民间最大的有形体现。大多采用庭院式的集中布局，建筑规模视其等第而定。衙署建筑伴随着封建社会的官吏制度、城池的发展而变化。随着封建官吏制度的发展与健全，其官署建筑规模逐渐发展，以致发展到臃肿、庞大。到清代，一般由2~3条轴线上的建筑组成。现存的山西霍州署、保定直隶总督府、河南内乡县衙等占地面积均超过8000平方米，其中霍州署占地面积达3.8万平方米，为目前已知现存最大的官署建筑群。从现存的明、清县府志中发现，官署一般位于城市中心偏东北或偏东南方向，且为城市的地理最高处。

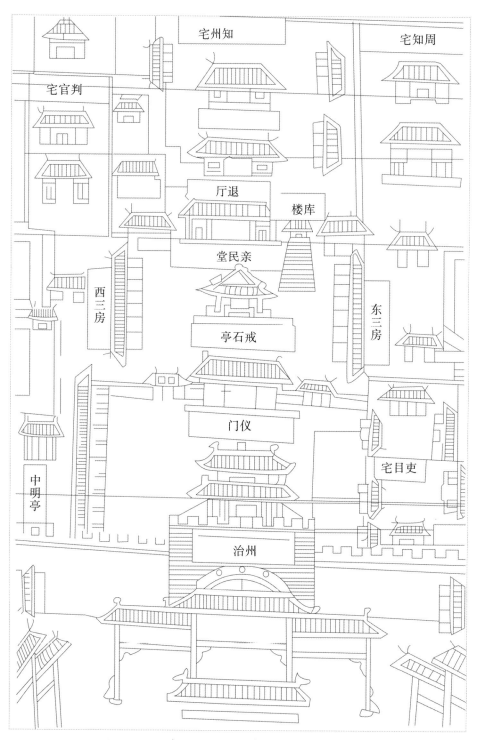

图2-7-1　明嘉靖三十七年版《霍州志》中的霍州署图

三、清代衙署建筑

从平遥县衙来看，衙署建筑已经发展到非常成熟与完备。中轴线上由南向北的建筑基本成为定式。照壁、"品"字形3座牌坊、旌善亭、申明亭、大门、丹墀、仪门、甬道与戒石坊、大堂、二堂、三堂、内宅等是衙署的主要建筑。东西分设两条轴线，且有固定格式。建筑规模与体量又与衙署等级存在直接关系，如县级、州级衙署一般没有三堂，只有府级衙署才有三堂；府级衙署除加三堂外，在大堂与二堂之间还另加穿堂。

清代虽未对衙署建筑做出严格等级规定，但仍沿袭明代制度。在现存衙署建筑中还未发现超越明代所规定的等级制度[1]。

东西轴线建筑主要由一进或二进的四合或三合院，自南向北排列组成。西轴线由南向北依次为监狱、狱神庙、城守署或副职官员办公地，储存粮食的常平仓[2]亦设置在西北角。东轴线由南向北主要为捕署、马王庙、土地庙、理刑厅、清军厅、驿站等。

四、影响衙署建筑规划布局的因素

衙署建筑的设置与规划主要受礼乐制度以及官职制度的影响，同时地理环境、地理位置等多方面也产生一定的影响。礼乐制度是以"乐"从属"礼"的思想制度，以"礼"来区别宗法远近、等级秩序，同时又以"乐"来和同共融"礼"的等级秩序，两者相辅相成。

等级制度主要用来维护宗法制度和君权、族权、夫权、神权。衙署建筑就是等级制度的产物，因此，其等级制度表现尤其突出。衙署建筑中，从前往后为大门、仪门、大堂、二堂，最北端为内宅院落。其一，它是前堂后室的表现；其二，从所有现存衙署建筑中可知，大门到大堂的占地面积是全衙署建筑占地面积的30%~45%。如霍州署前堂占总面积的31.2%，太平县衙前堂占总面积的39.76%，河间府衙前堂占总面积的44.85%。由此可见，礼乐制度在衙署建筑规划

---

[1] 历史遗留下的建筑除外。如：霍州州署大堂斗栱为五铺作，重栱，超出明代规定；霍州州署大门的谯楼，为20世纪90年代复原，虽采用了歇山顶的城楼，但仍沿袭元代风格。

[2] 河北省蔚县清代常平仓是目前发现的唯一的清代粮仓，其位于县衙西北角。

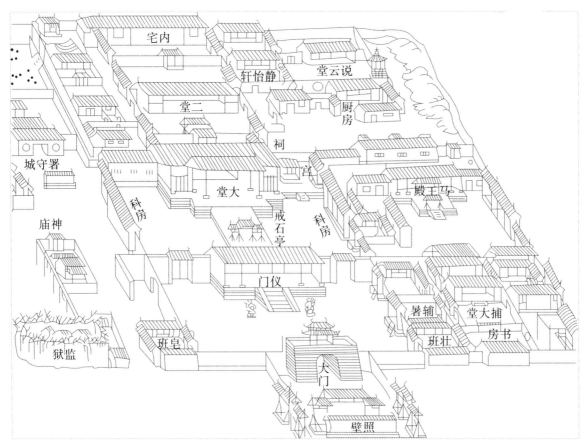

图2-7-2　清道光五年版《直隶霍州志》

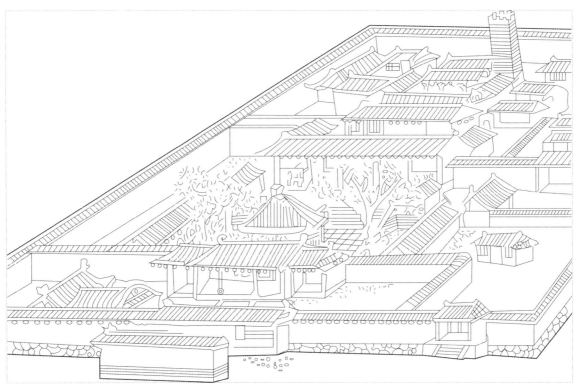

图2-7-3　太平县署图

中占有重要地位。

"堪舆"之意,代表"地形"之词;"承舆"即为研究地形地物之意,着重在地貌的描述。实际上,堪舆或曰风水,它以《易经》为理论基础,旨在审慎周密地考察自然环境,顺其自然,有节制地利用和改造自然,创造良好的居住环境而臻于天时、地利、人和诸吉咸备,达于天人合一的至善境界,其核心在于对自然环境和社会文化进行地形分析、区位与方向分析以及规划布局的学术思想与方法。

官职制度的影响主要体现在建筑个体的建筑等级、建筑色彩与装饰上。无论是早期元代还是后期的明清两代,衙署建筑中的最高等级建筑——大堂或设厅,均为悬山建筑,而无宫廷建筑中出现的歇山或庑殿顶建筑[1]。屋面覆瓦未发现采用色彩艳丽的琉璃瓦,均为灰陶筒板瓦。此外,宫廷建筑或宗教建筑中惯用的鸱吻,在衙署建筑中亦较为罕见,一般采用望兽替代鸱吻。

除受上述因素影响外,衙署的规划还受到地理环境即军事战略的影响。如霍州州署除设置通用的机构外,在其西北方向设立了城守署,这与霍州在古代的军事地位具有直接关系。而已知的其他县、州、府署相关文献中均未发现相关机构设置。

(一)衙署主要建筑与建筑布局

1. 衙署建筑名称演变

清代建筑名称	明代建筑名称	元代建筑名称	宋代建筑名称	所在官署位置
大门	大门	谯楼	子城楼	官署最南端入口处
仪门	仪门			官署第二道门
戒石坊	戒石亭			仪门与大堂之间的甬道上
大堂	大堂或正厅	正堂	设厅	仪门与二堂之间,是官署中最高、最大的建筑
二堂	退厅			大堂之后
内宅	内宅			中轴线最北端
东西科房	三房			仪门与大堂的东西两侧

---

[1] 宗教建筑中可使用大量的歇山或庑殿顶建筑。中国传统建筑等级依次为:庑殿顶、歇山顶、悬山顶、硬山顶建筑。

2. 衙署建筑占地面积

名称	占地面积（万平方米）	占地面积依据	占城市总面积比例(%)	大门到大堂的占地面积占衙署总面积比例（%）	衙署级别	今行政名称
霍州署	约38	根据历史记载和遗址发掘	4.2%	31.2%	直隶州	山西省霍州市
河间府衙	约5.58	同上	5.3%	39.76%	府	河北省河间市
太平县衙	约1.6	同上	6.2%	44.85%	县	山西省襄汾县汾城镇
内乡县衙	约0.85	现状	—	—	县	河南省内乡县
保定直隶总督府	约3.0	现状	—	—	省	河北省保定市
绛州州署	约0.14	现大堂到三堂实际面积	—	—	直隶州	山西省新绛县
临晋县衙	约0.72	现状	—	—	县	山西省临猗县临晋镇

3. 建筑布局与组成

衙署建筑无论其等级、规制大小，基本配置均必须有大门、仪门、甬道及戒石坊、大堂、二堂、内宅这七个建筑。根据其县、州、府、省（总督府）的等级不同，主要在大堂之后添加穿堂或三堂，大门外增设旌善亭、申明亭，同时建筑占地面积、建筑体量随着等级的提高都有相应增加，但建筑式样最高不会超过悬山顶建筑，屋面瓦饰只能使用灰陶瓦饰。

从已知的现存衙署和古城遗迹相比较可看出，衙署建筑是古代城池中最重要的建筑，其所占面积是整个城池面积的5%，可以说是古代城池中建筑规模最大的建筑群之一。同时，大堂以南的中轴线所占面积又是整个衙署建筑面积的40%左右，近乎一半。

（二）临晋县衙

临猗县古称郇阳，位于黄河中游的山西西南部，运城盆地三角地带北沿。东西阔55千米，南北长33千米，临晋县衙位于县城西南20千米处的临晋镇。

临晋县衙始建于元大德二年（1298年），此后的700多年间，经不断的修葺扩建，总占地面积约16000平方米。伴随着社会的动荡与历史的变迁，衙署建筑几度兴衰起伏。

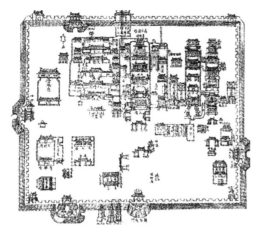

图2-7-4　县衙位居城内西北部

据《临晋县志》与现存的"邑侯胡公重修三门记"碑载："嘉靖三十四年地震，官邸俱圮，唯大堂存，知县李世藩增修，并在大堂东西建'赞政厅''银亿库'……乾隆十四年五月大雨，坡水入城，墙屋倾颓无数……光绪二十一年六月大雨，坡洪暴发，冲毁衙署各舍宇，仅存大堂，知县郑景福即为修筑，规模如前……1912年，县衙失火，衙舍毁于火中，大堂及银亿库尚存，知事对大堂进行修缮，重修二堂、三堂，及各署舍。""雍正四年八月大水穴城而入，凡县内之庙宇衙署及居民房舍俱遭巨浸"，现存大堂、二堂、三堂、监狱等主要建筑。临晋县衙的主体建筑坐北朝南，依序分布在中轴线上，由南向北依次分为：大门、二门、宜门、大堂、二堂、三堂、衙舍等，其整体建筑布局体现了古代地方衙署面南背北、左文右武、前衙后邸、狱房居南的中国封建社会传统的礼治思想。

1. 二堂

二堂处于总体建筑的中轴线上，距现存大堂以北 11 米。坐北朝南，面阔五间，进深三间，单檐硬山布瓦顶，平面呈矩形，建筑占地面积 283.72 平方米，是衙署内重要的主体建筑之一。明间面阔 3.24 米，两侧次间面阔 2.88 米，两侧梢间面阔 3.39 米，通面阔 15.78 米。山面明间进深 4.18 米，南次间进深 2.71 米，北次间进深 2.8 米，通进深 9.69 米。该建筑在前、后的下檐筑有台明，前檐台明以南施月台。

柱网：该建筑共用木柱 25 根，其中在东次间东缝的三架梁中部下皮支顶有附柱一根，角柱与山柱裹闭墙内，其余各柱处于露明及半露明状态。木柱为直柱造形制，柱网无侧角与生起。前檐各

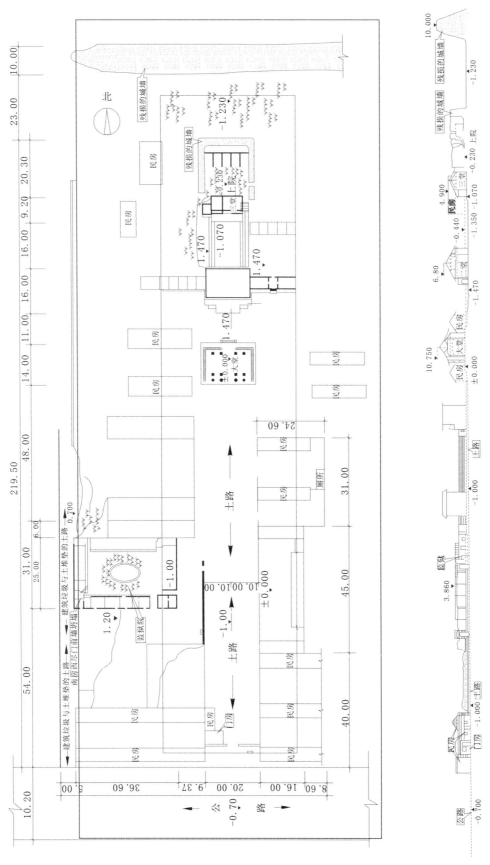

图2-7-5 临晋县衙现状总平面图和纵横剖面图

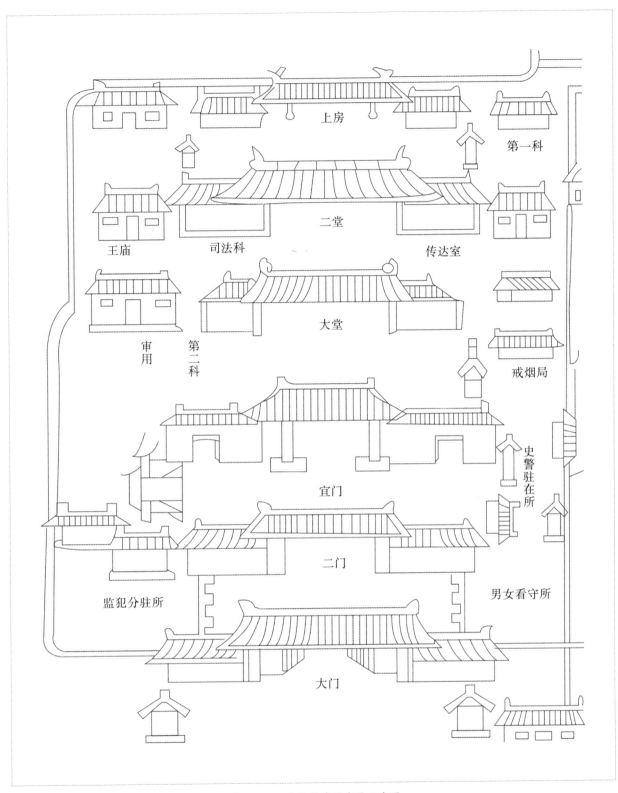

图2-7-6 县衙原建筑布局示意图

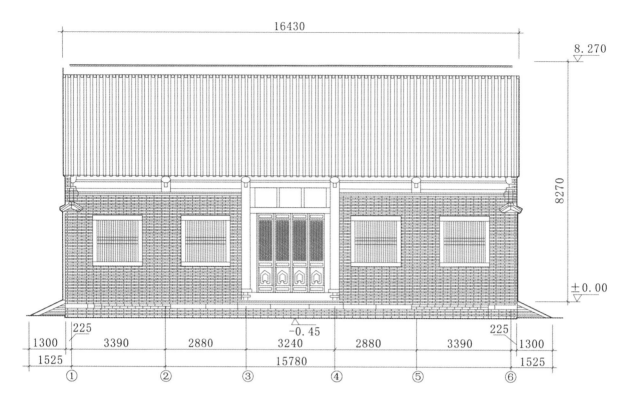

图2-7-7　二堂正立面图

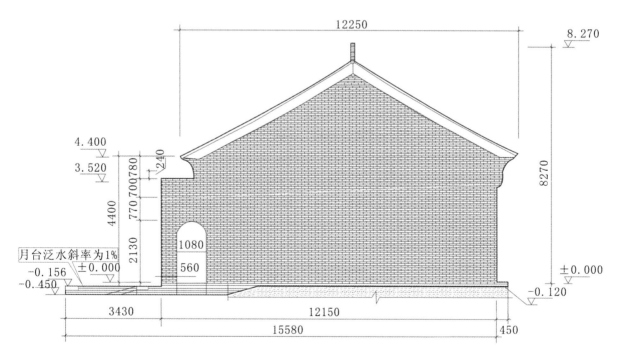

图2-7-8　二堂正侧面图

月台泛水斜率为1%

柱底直径 32 厘米，柱脚下施方形础石。为使用功能的方便，柱网采用移柱造格局，将室内明间东西两缝金柱移置脊檩以北的步架范围内，拓展了中堂的利用空间。

梁架：横向从西缝次间看，三架梁对前后单步梁，通檐用四柱，金柱头顶托在三架梁两端的下皮，单步梁尾穿插在金柱身内。三架梁之上置瓜柱，瓜柱下脚施角背，两侧施叉手捧戗脊檩。从明间横向看，为提高脊步以南有限空间的利用率，前人采用了前双步梁对后两道单步梁的结构形式，明间金柱整体后移至金内单步梁之下的两端顶托构架，梁上依制施金瓜柱、脊瓜柱、角背、叉手等组合构件。前后檐檩之间的水平跨距为 99 厘米。其中，前檐步 292 厘米，后檐步 28 厘米，前后脊步水平距等同，各为 209 厘米。前上出檐 12 厘米，后上出檐 95 厘米。步架总举高 285 厘米，步架高跨之比为 1：3.47。其中，檐步架 5.6 举，脊步架约等于 6.2 举，从纵向看，各道脊檩与檐檩之下附有随檩枋，金檩节点处施短替，脊枋之下的各脊瓜柱之间有题记板相联。整体构架趋向小式厅堂做法，结构组合比较巧妙灵活。

屋面：屋顶投影面积为 224 平方米。顶部雕花灰脊筒。屋面为干槎布瓦顶，两山施披水梢垄，砖博缝。

2. 三堂

三堂处于衙署建筑的中轴线上，距二堂以北 16.13 米。坐北朝南，面阔三间，进深三椽，主体单檐硬山布瓦顶，前廊为悬山，平面呈矩形，建筑占地面积为 132 平方米，是衙署内重要的主体建筑之一。

平面：明间面阔 3.51 米，两侧次间约面阔 3.5 米，通面阔 10.51 米。山面前廊进深 2.3 米，通进深 5.48 米。下出檐 80 厘米，台明高 28 厘米。

柱网：该建筑共用木柱 12 根，为直柱造形制，无侧角与生起。除前檐 4 根廊柱露明和明间老檐柱基本全露明外，其他各柱皆裹置于墙内。经勘测，后檐明间平柱直径为 18 厘米，其余各柱直径在 25～27 厘米之间，25 厘米的居多。各柱头间施间枋相连，柱网布局简洁对称，无特殊变化。各廊柱下置有上圆下方的柱顶石一枚。

梁架：三架梁对前单步梁，通沿用三柱，前檐单步梁的空间形成前廊格局，属无斗栱的小式做法。各道三架梁之上立脊瓜柱、叉手捧托脊檩。各檩下皆附有随檩枋，各瓜柱间施脊枋相连。

屋面：为干槎布瓦顶，依规制分析，两山形制为披水梢垄砖博缝对前廊博缝板，每面梢垄以里各施边瓦两垄。椽上无望板，铺满苇箔。前檐口施滴水瓦，后檐口无滴水瓦的现状与二堂雷同。纵观屋面建筑形制，等级规格较低，且夹杂有随意性成分。

图2-7-9　三堂正立面图

图2-7-10　三堂两侧耳房

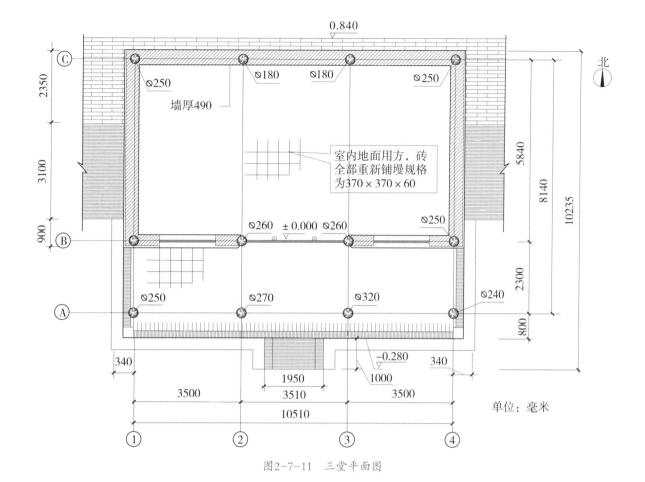

室内地面用方，砖
全部重新铺墁规格
为370×370×60

墙厚490

单位：毫米

图2-7-11　三堂平面图

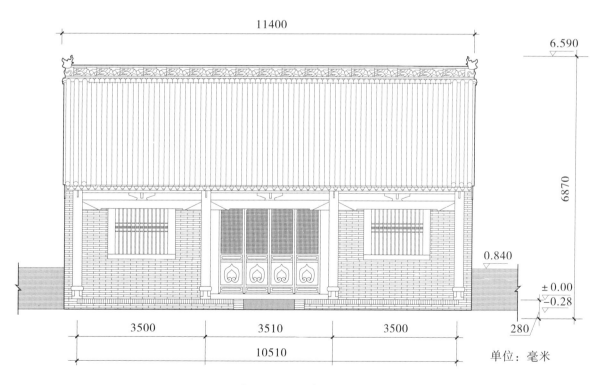

单位：毫米

图2-7-12　三堂正立面图

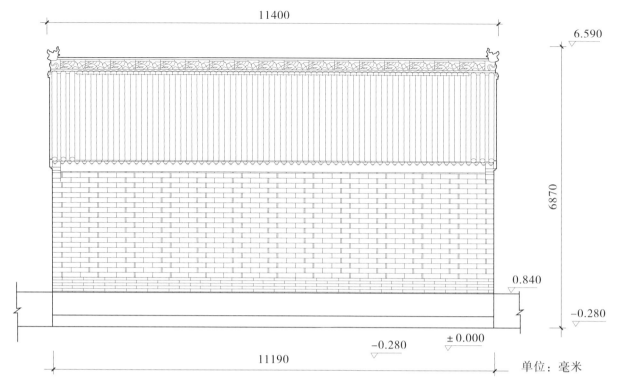

11400

6.590

6870

0.840

-0.280

-0.280   ± 0.000

11190

单位：毫米

图2-7-13　三堂背立面图

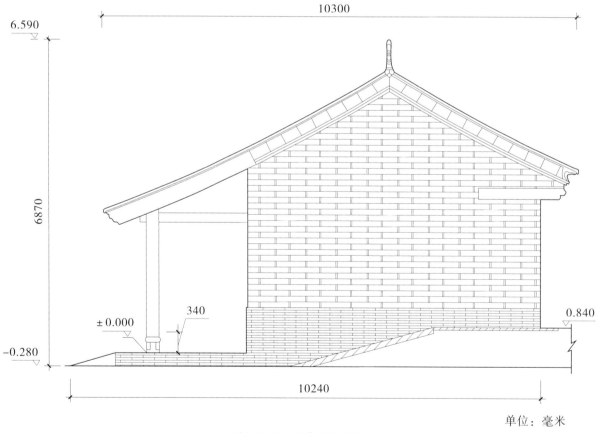

10300

6.590

6870

± 0.000   340

-0.280

0.840

10240

单位：毫米

图2-7-14　三堂侧立面图

3. 监狱

监狱又名看守所，位于中轴线西侧的西南隅，是县衙总体建筑中重要的组成部分。监狱主体是由东、南、西、北四个方向的牢狱合围组成的封闭式四合院落，各建筑主体形制趋同，为单檐硬山顶。合计31间，主体建筑占地面积为560.38平方米。在主体建筑的外围，原砌有围墙一周。

（1）东房

平面：坐东向西，面阔六间，进深一间，各间的面阔尺寸不尽相等。以由从南至北为序，第一间面阔3.07米，第二间面阔3.09米，第三间面阔3.14米，第四间面阔3.15米，第五间面阔2.99米，第六间面阔2.84米，通面阔18.28米，通进深3.87米，建筑占地面积116平方米。该建筑前檐墙厚42厘米，后檐墙厚44厘米，南山墙厚50厘米。该建筑为扩大室内有效的使用空间，将前檐墙砌在前檐柱以西水平距20厘米之西的位置。这种灵活的处理方式在一般的建筑中较少见。前檐保留有大部分原建台明，形制高20厘米，至檐边墙边深35厘米，趄砖压沿。

柱网：该建筑共用木柱12根，为直柱造形制，柱高3.21米，无侧角与生起。各柱位于室内，为露明状。柱径基本在18~20厘米之间。木柱立顶在三架梁之下，柱头间无牵连构件。

梁架：监狱各房梁架结构雷同，皆为三架梁通檐二柱，三架梁之上立瓜柱施叉手捧托脊檩的形制。东房脊檩直径21厘米，檐檩直径20厘米，三架梁直径27厘米。建筑总高5.06米，其中屋架举高4.9举，屋架高跨之比约为1：4。前出檐1.22米，后出檐86厘米，各檩在节点处施有短替。

屋面：单檐硬山干槎布瓦顶。其形制与三堂屋面现状基本相同。木基层使用圆椽和苇箔，山面也是披水边梢砖博缝形式，略不同的是，边梢全部由板瓦构成，垄数也少，两山的檐头各施挑檐木一根。屋脊的做法与三堂的形制如出一辙，前檐施滴水瓦、后檐不设滴水瓦的现象与二堂、三堂檐口的做法一致。

（2）南房

平面：坐南向北，面阔十二间，进深一间，各间的面阔尺寸相异。

以由东至西为序，第一间面阔 3.33 米，第二间面阔 3.12 米，第三间面阔 3.1 米，第四间面阔 3.38 米，第五间面阔 3.24 米，第六间面阔 2.67 米，第七间面阔 2.84 米，第八间面阔 2.52 米，第九间面阔 2.36 米，第十间面阔 2.65 米，第十一间面阔 2.57 米，第十二间面阔 3.45 米，通面阔 35.23 米，通进深 4.04 米，建筑占地面积 208 平方米。该建筑前檐墙厚 42 厘米，后檐墙厚 39 厘米，山墙厚 37 厘米。墙体结构主要分两种类型：一种是两山与后檐墙，外表条砖十字缝垒砌，内里土坯，里表槛墙以上黄灰罩面抹平。另一种是前檐墙，在槛墙以上主体土坯垒砌，内外表麦秸泥找平黄灰罩面。

柱网：该建筑共用木柱 26 根，皆裹闭于墙内，形制与东房同。柱径基本在 18 厘米左右。

梁架：结构形制与东房同，建筑总高 5.19 米，其中屋架举高 5.5 举，屋架高跨之比约为 1∶3.6。前出檐 83 厘米，后出檐 39 厘米。

屋面：屋顶投影面积为 239 平方米。屋面建筑形制与东房大体相同，前檐施板门 5 扇，槛窗 7 扇；板门高 1.92 米，宽 1.03 米，厚 5 厘米。槛窗高 1.07 米，宽 1.1 米，内置 5 根棂条，棂条规格为 3 厘米 × 4 厘米。

图2-7-15 监狱东房正立面现状

图2-7-16 监狱南房正立面局部现状

（3）西房

平面：坐西向东，面阔六间，进深一间，与东房对视相望。以由南至北为序，第一间面阔 3.44 米，第二间面阔 3.31 米，第三间面阔 3.41 米，第四间面阔 3.31 米，第五间面阔 2.96 米，第六间面阔 2.53 米，通面阔 18.96 米，通进深 4.05 米，建筑占地面积 107 平方米。

构架：该建筑共用木柱 14 根，皆直柱造，裹闭于墙内。探测得知，柱径约为 18 厘米。梁架结构形制与以上各建筑相同。建筑总高 5.25 米，其中屋架举高 6 举，屋架高跨之比约为 1∶3.35。前出檐 56 厘米，后出檐 35 厘米。

屋面：屋顶投影面积为 120.3 平方米。屋面建筑与东房的风格形制大同小异，也是披水梢垄砖博缝，干槎布瓦硬山顶，前檐施滴水瓦，后檐不设滴水瓦的做法。

（4）北房

平面：坐北向南，面阔七间，进深一间，与南房对望。以由西至东为序，第一间面阔 3.49 米，第二间面阔 3.26 米，第三间面阔 3.21 米，第四间面阔 3.17 米，第五间面阔 3.22 米，第六间面阔 3.23 米，第七间面阔 3.82 米，通面阔 23.4 米，通进深 3.76 米，建筑占地面积 129.7 平方米。

构架：该建筑共用木柱 16 根，直柱造，裹于墙内。由于后檐墙严重倒塌，部分柱子外露。经探测得知，前檐各柱径约为 18 厘米，后檐暴露的柱子皆墩接而成，直径为 13~14 厘米。梁架结构形制与以上各建筑相同。建筑总高 5.25 米，其中屋架举高为 4.8 举，屋架高跨之比约为 1∶4.2。前出檐 1.11 米，后出檐 58 厘米。

屋面：屋面的风格形制与以上各建筑大同小异。

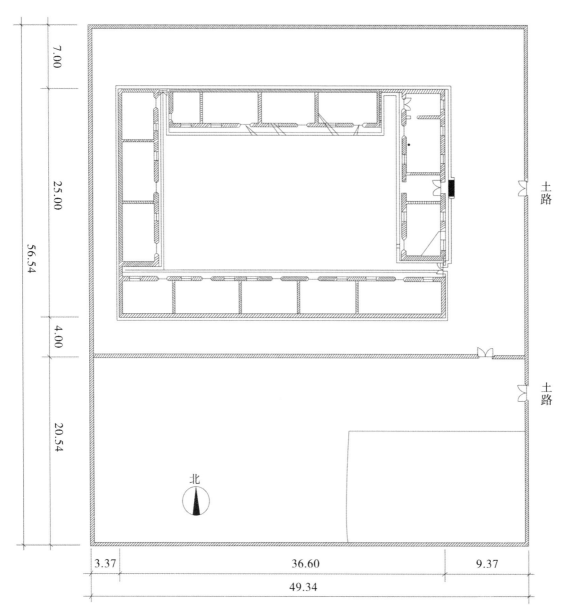

图2-7-17　监狱总平面图

第八节　城市的商业、服务建筑及公共建筑

一、概述

（一）票号与酒楼

自明中叶以后，钱庄、钱肆、钱铺在各地先后出现，一般设在城市中工商业比较发达的街市，既方便商民的兑换，又有利于扩大营业额。清朝末年，山西全省票号已发展至 30 余家，分号 400 多处，曾一度垄断了中国北部乃至全国的大部分汇兑业务，业务甚至辐射至日本东京、俄国莫斯科、印度加尔各答以及新加坡等地，形成山西人独占鳌头的一大新兴行业。

酒楼是供宴用的店铺，又称酒肆。尤其是清朝，大酒楼分为楼房型、宅邸型和花园型等几种。楼房型一般为二至三层，楼下为散座，楼上为雅座。宅邸型是清代酒楼较多采用的一种形式，楼内有若干院落和厅堂，廊院也多做成若干阁子。庭院上部都罩以天棚，下设散座，每有大宴会时还在院中搭设戏台。花园型是在酒楼院内建轩馆亭榭，种植花木，使酒楼具有园林特色。中小型酒楼没有定局，大多是沿街巷或河道设置，一般有主体建筑，并加建单坡屋檐或平顶，使建筑呈现高低错落之外观。所谓拍子是指在临街铺面房前接建一跨平顶房。拍子的平顶略向前仰，向后泄水。

（二）戏园（楼、台）与会馆

中国古代演戏的场所早在唐代中期就形成雏形，到宋金时正式形成。虽然各个朝代对戏台的称谓不同，但都是随着戏剧艺术的发展而不断演进。清代以戏楼、戏园为主流。

戏楼是清代综合了民间戏台精华而形成的一种观演建筑，一般建于宫院，不但面积大，而且层数增加，一般为二层或三层。戏楼的建筑方位多为坐南朝北，与观戏的殿堂组成四合院。三层戏楼的台面由下至上分别为寿台、禄台、福台。其中，寿台为重要表演区。在演喜庆和承应大戏时，三层台同时演出，构成丰富多彩的空间演出效果。

戏园是从最早的演出场所发展成的演出场地，经过不断改进和发展，最终形成有舞台、戏房和客座的形式。舞台和观众席上均建有屋顶，而且连接在一起。到清嘉庆年间，戏园建筑日臻完备。

会馆是明清时期兴起的一种重要的民间公共建筑，是同乡人在客地的一种特殊的社会组织处所。"会"为聚会之意，"馆"为宾客聚居的房舍，可见，会馆是聚会和聚居场所。最初的会馆主要是客籍异地乡人的聚会场所。明清时期，政治、经济和文化的发展，商品经济的兴盛和科举制度带来的人口流动等，促成了会馆的勃兴。

晋商会馆出现于明代中期的京城，起初只是供来京应试的同乡举人寄宿的暂居地，商人由于处于士、农、工、商的所谓"四民"之末尾，地位低下，不得入住会馆。随着商业的迅速发展壮大，晋商以"极临边境"的地理优势，捷足先登，逐渐成为明代最有势力的商人群体，于是开始建造会馆，遍及全国各地商业都市和商业城镇。入清以后，晋商会馆蓬勃发展，仅京师建造的会馆就达 40 处以上，全国各行省、商埠到处都有晋商的足迹。会馆成为联络乡谊、会聚公议、维护同乡或同行商人利益的互帮之地，馆内不但设市，而且还公议行规并监督执行。为了获得精神上的慰藉和得到神灵的保佑，会馆内特供以义行天下的山西籍人士关羽为神灵，并定期举行祭祀。此外，会馆内还设乡贤祠，将本乡人引以为傲的先贤作为增强凝聚力的精神核心。于是，会馆在很大程度上成为公共性人群的公益性建筑，具有了维系感情的功能，戏台自然成为会馆不可缺少的建筑，每逢年过节，同乡人欢聚于会馆，举行庆典并聚酬演戏。遍及全国各地的山西会馆，极大地体现和传播了山西地域文化。

二、实例

（一）票号

山西票号集中在太谷、平遥、祁县，尤以太谷为多。平遥的日升昌票号不仅是山西，而且是中国第一家票号，诞生于清道光四年（1824年），是在原西裕成颜料庄的基础上创办的。此外，日升通、日升达、日升裕、日升厚、蔚丰厚、蔚长厚、新泰厚、协和信、蔚盛长、协同庆、百川通等著名票号总部都设在平遥城内，而且多集中在古城西大街上，形成中国最早的票号一条街。

日升昌票号遗址位于平遥县城西大街路南，占地面积1600平方米，在平面布局上，采用中国传统的三进式穿堂院，是一座商住兼容的综合性建筑群落，使用功能和建筑艺术得到完美统一。前院集中设置了柜房、信房、账房等营业用房，后院为客厅、客房。前后院之间由过厅相连。东侧为狭长的南北小跨院，集中设置了雇员与佣人居室、厨房、杂屋、厕所等辅助用房。整个建筑形成前院开放开阔、巍峨壮观、气派万千，后院封闭收拢、细致精巧、实用坚固的风格，满足了票号这种特种商号的安全稳固要求。

清代的太谷县是个内陆小城，地理位置不显赫，交通也不方便，且人口寥寥。然而，在这个偏僻的小城，许多信誉卓著、规模宏大的票号，最初均发迹于此，且历经百年不衰，遂有"中国的华尔街"之美誉。

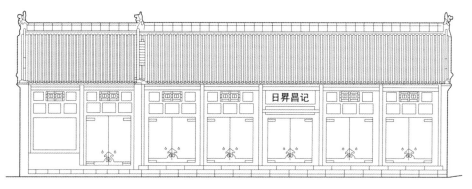

图2-8-1　日升昌总号正立面

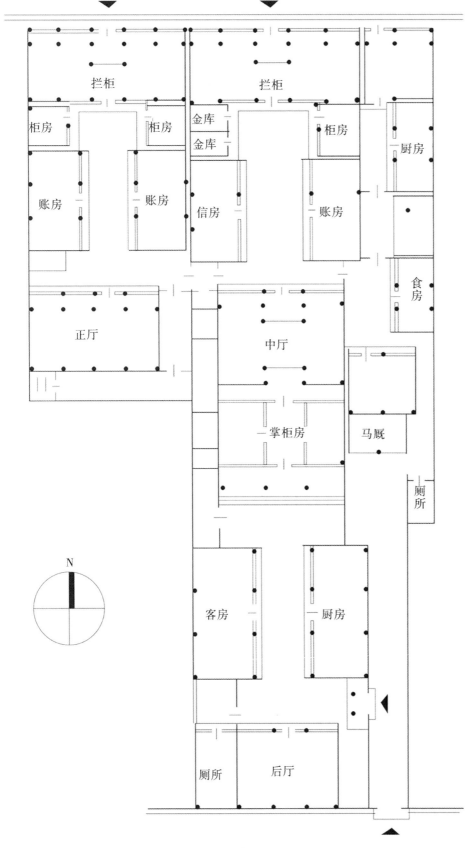

图2-8-2　日升昌总号平面

（二）会馆与戏镂（台）

1.苏州全晋会馆、戏台

全晋会馆，又称山西会馆，位于苏州城平江路张家巷。清乾隆三十年（1765年），晋商集资创建于阊门外山塘街半塘桥畔，咸丰十年（1860年）毁于兵燹，光绪五年（1879年）至民国初新建于今址，现经整修，较好地保存了原建筑的精华，是苏州尚存会馆、公所旧址中最为典型、完整的一处，融北方粗犷豪放的建筑风格与江南玲珑典雅的建筑特色于一体。

全晋会馆是一座典型的清代砖木雕刻建筑群，占地面积约6000平方米，分中、东、西三路建筑，并以中路为轴。中路布设会馆主体建筑，建有门厅、鼓楼、戏台和大殿，是当时晋商举行庆典和娱乐活动的场所。门厅前半部的轩廊呈花瓣状，名为"海棠轩"；后半部的轩廊呈弓弧形，名为"鹤胫轩"。两轩廊顶端的8攒彩色斗栱上雕饰"凤穿牡丹"，气势不凡，显示华丽与富贵之气派。海棠轩廊坊上饰以双排金黄木雕蝙蝠，坊下饰以朱红金钱纹垫栱板，连接三幅宫式"卍"字纹挂落，中央镶嵌三盆万年青，寓意福、禄、寿。门厅设置3座6扇黑漆大门通向馆内，门上绘有门神尉迟敬德与秦琼。门厅两侧建有相对称的钟鼓楼，为亭阁式建筑，歇山顶。戏台是会馆的精华，坐南向北，由前后台与两厢看楼组成。前台三面凌空，飞檐高翘，结构精巧，面阔6.55米，进深6.24米，高2.7米，歇山顶。戏台顶部采用半球形内旋式穹窿顶，藻井壁由数百块黑色小木板拼合而成，戏台上发出的声波聚拢于藻井后，又反折射到各个方位，产生余音绕梁的奇特效果。

西路建有两厅一庵。两厅分别为楠木厅和鸳鸯厅，是晋商交流商情、相互借贷、调剂资金的洽谈场所；万寿庵是停放已故在苏晋商的灵柩地，等待山西派专船迁回故土。东路建房屋数十间，供寄宿短期存货以及在苏破产失业的晋商借住。

2.洛阳潞泽会馆

洛阳潞泽会馆位于洛阳瀍河区，清乾隆九年（1744年），由山西潞安府和泽州府商人捐资创建，最初建造时为关帝庙，后改为会馆。

会馆坐南面北，占地面积 15750 平方米，建筑面积 3600 平方米。中轴线上依次建有戏楼、大殿和后殿，两侧为东西厢房、耳房、钟鼓楼和东西配殿，皆为砖木混合构筑。其中，正殿面阔五间，有宽大的月台及石刻栏杆，重檐，屋顶绿琉璃瓦覆盖，俨然为寺院殿堂的样式。整个会馆建筑布局规整严谨，气势宏大，富丽堂皇。

三、晋商与晋商建筑

明清时期，山西处于一个比较安定的环境，促使农业、手工业及社会商品经济有了较大发展，这是晋商得以发展的大背景。晋商除经营一般贸易外，主要从事钱庄、票号等金融业和典当业。发家以后，为了取得政治上的保护，他们又通过捐官或资助朝廷的途径购买功名，有的经科举出身，儒商结合，具有相当雄厚的实力。晋商通过商业贸易和金融活动，对明清时期中国的经济、政治、文化发展均产生一定的影响。发家后的晋商，在故里大兴土木，山西晋商宅院就是在这一背景下完成的。由于远离京畿，受官家的制约较小，又因几代同居，建造的宅院规模巨大，形成晋商住宅文化的典型，在丰富山西明清建筑的内容和形式方面做出突出贡献，对中国建筑文化也有独特贡献。

晋商集中的平遥、祁县、太谷三县城均为典型的明清北方城镇格局。三县城集古街巷、古店铺、古民宅于一体，布局合理，井然有序。城内的古寺、民宅、店铺、庙宇完整地体现出山西明清城镇的规划思想，反映了山西明清城镇的历史风貌，对研究中国明清县城建制、山西民俗文化和中国金融商业历史具有重要价值。

平遥古城以南大街为轴线，左城隍、右衙署、左文庙、右武庙，市楼居中的对称式布局，构筑了完整而又丰富的古城街景。城内的明清街是明清时期晋商的经营场所，为典型的北方街面商铺建筑。现存平遥城墙是明初洪武三年（1370 年）在旧城墙基础上扩建而成的。据史书记载，平遥城墙至建成后，有过四次修缮，规模最大的一次在清咸丰年间，修缮时间长达三年之久，修缮工程由平遥商人主持，修缮资金也完全出自平遥商人。

祁县古城基本上保存了中国明清时期北方城镇的典型格局。祁县古城以十字街口为中心，东、西、南、北四条大街垂直交叉，把古城分为四个街区。明清时期，四条大街的临街均为高二层、砖木结构的商号店铺，以木雕装饰、油漆彩画，形成商业大街。四个街区以民宅为主，二十八条整齐规整的街巷与之纵横贯通，整个城镇布局严谨。

太谷县城于明景泰元年（1450 年）重修，城市为方形，每面长约 1300 米，东、南、西三面各开一门，城内为"丁"字干道，在干道的交点建鼓楼，城内建有一些庙宇，如西南部的白塔，东南部的文庙，四座城门都建城楼，并设瓮城，后期门外发展成为关厢。

第三章

清代山西居民

第一节 黄土窑洞的居住类型和实例

    山西地处黄土高原，先辈们利用黄土的可塑性、可凿性、保温性和干土的坚固性，在土崖上挖土窑洞，或在平地上夯打土垟，或制坯修建券窑，因地制宜地建造了窑洞民居，成为传统民居中的一个重要类型。

    窑洞式住房经济适用，冬暖夏凉。临汾太平村张玉林家的土窑建造于1628年，距今已有近400年的历史，已有17代人在这孔窑洞里居住过。芮城县杜家村6米跨30米深的土窑已传给第10代子孙。

图3-1-1 临汾市太平村近四百年古窑

图3-1-2　芮城县杜家村某宅

一、窑洞概述

窑洞建筑渊源久远，《礼记·礼运》记载："昔者先王未有宫室，冬则居营窟，夏则居橧巢。"《孟子·滕文公下》也记载："当尧之时，水逆行，泛滥于中国，蛇龙居之，民无所定，下者为巢，上者为营窟。"这里所说的"营窟"，就是挖成的穴居住室，是人类在学会构筑地面房屋之前的居室。西北黄土高原面积约64万平方千米，是华夏民族的诞生地。在黄河流域的沟壑区、塬（特指西北地区黄土高原高地，四边陡、顶上平坦）和平川高地，分布着极为广泛的窑洞建筑，主要集中在陕西、甘肃、宁夏、山西、河南、青海六省。

山西黄土厚度大，肌理坚实，极难渗水，为窑洞的建造和发展提供了天然条件，窑洞民居为山西传统民居的一种主要形式。山西窑洞主要分布在吕梁山和太行山山脉两侧以及余脉南端的30多个县（市、区），如偏关、保德、兴县、临县、方山、离石、柳林、石楼、永和、大宁、隰县、蒲县、平陆、芮城等，很长一段时间，这些县（市、区）的窑洞数量占到当地住房总数的80%以上。另有相当数量的窑洞散布在大同、忻州、太原、临汾、运城、长治六大盆地周边的沟坡地带，平陆、芮城、浮山普遍存在地下院式的窑洞，窑洞住户几乎遍及山西全省各个角落。

二、黄土窑洞的组合形式

窑洞受自然环境、地貌特征的影响，形式多种多样。按类型分，有靠崖窑、地窨窑和砖石砌造的锢窑等几种形式。

1.靠崖窑及窑房合院

靠崖窑是山区和丘陵地带常见的一种窑洞形式，除了利用现成的沟坎断崖外，更多的是将山坡（土坡）垂直削齐，形成崖面，然后在崖面上向内横挖洞穴，平面呈长方形，顶为拱券形，洞口安装木制门窗。靠崖窑一般依山势挖成一排多孔窑洞，或上下数层多排窑洞，正如《隰州志》所载："有曲折而入如层楼复室者，每过一村，自远视之，短垣疏牖，高下数层，缝囊捆屦，历历可指。"靠崖窑由于要靠山靠崖建造，所以随着等高线布置才更为合理并呈曲线或折线排列。又由于顺山势建造窑洞，不但减少了土方挖掘量，而且取得了与生态环境相协调的效果。

靠崖窑本来是以单个或成排的窑洞为基本单元，但人们将靠崖窑与北方传统的四合院相结合，建成靠崖窑院，即在山坡上修一排窑洞，窑洞数取单数，形成正中一孔两侧对称的形式，或三孔、五孔，然后在窑洞两侧建造厢房，围成院落，并修筑院门，便形成窑房合院。

2.地窨窑

在没有山坡的高原平地上，人们巧妙地利用黄土直立边坡的稳定性，采取将竖挖洞穴与横挖洞穴相结合的方式，就地挖下一个方形地坑（竖穴），然后再向四壁挖窑洞，形成地窨窑。地窨窑实际上由地下穴居演变而来，也称地下窑洞，是缺少天然崖壁之地的一种窑洞形式。一般在平地向地下开挖出院落，四壁修建窑洞，形成一个地下式窑洞。这种窑洞主要分布于临汾、浮山、芮城、平陆等地。其院深约 10 米，边长约 10～15 米，院落为 50～200 平方米。四周土壁上开挖窑洞，进深一般在 6 米，人们常用"是树不见村"来形容它。地窨窑在雨季存在排放雨水困难的问题，一般在地院中挖渗水井。

3.锢（箍）窑

锢窑不是真正的窑洞，它是在平地上用砖或土坯仿窑洞形状箍砌的建筑，是一种因地制宜的建筑形式。一般先砌出房间的侧墙，上部以拱券的形式结顶，再将后部用砖封堵，前面建造门窗。锢窑可以建成一间或并列数间，也可组成院落，即锢窑院。锢窑可为单层，也可以建成楼。锢窑上再建锢窑则为"窑上窑"，若上层为木结构房，则为"窑上房"。锢窑能与崖窑或木结构房屋组成合院。山西平遥县城内有大片锢窑宅院，单层锢窑一般为平顶，也有两坡顶，窑前还可增加木结构外廊。

图3-1-3　　浮山县康熙三十九年建的下窑上房式住房

三、窑洞实例

（一）临县的靠崖窑、锢窑

靠崖窑是窑洞中最普遍的建筑形式，建于山坡、土塬的边缘地区，因为要靠山靠崖而建，所以窑洞依等高线进行布设，呈曲线或折线排列。有的地方，由于山坡面积和山崖高度的缘故，建造多层台梯式窑洞。为了避免底层窑洞受上层窑洞荷载的影响，台梯呈层层退台式，因此，底层窑洞成为上一层窑洞的前院。在土体稳定的情况下，为了争取空间，有的窑洞呈上下层重叠或半重叠之状。

吕梁地区临县的地貌特征决定了靠崖窑为其主要住宅类型，其中以临县碛口镇西湾村靠崖窑最为著名。西湾村是历史文化名村，建于清代，村内窑洞依狮头山而建，所有的房子都建在山坡上，一眼望去，层层叠叠，参差错落，宛如一幅画卷。村内5条石砌街巷分别代表金、木、水、火、土，将30座宅院连为一体，用高墙围护，形成一个庞大的城堡式封闭空间，仅在南面留3座大门，寓意天、地、人，当是道家天人合一思想的建筑体现。村落中的宅院之间均以小门相通，进入一院便可串遍全村，既保持了各家各户生活的独立性，又加强了整个家族之间的密切联系。

图3-1-4　大同平鲁县窑洞

图3-1-5　襄汾县砖锢窑洞

（二）平陆的地窨窑

平陆县地处山西最南端，地形复杂，山垣沟滩皆有，从中条山到黄河边是一面坡，地势北高南低，海拔相差较大，南北距离只有 25 千米，从东到西长达 150 千米。整个县境沟壑纵横，仅土沟就有 75 条，支沟、毛沟数不胜数。自古以来，人们就用"平陆不平沟三千"的俗语来描绘它，特殊的自然环境形成独特的民居形式——地窨院。由地窨院组成的村落，人在百米之外往往不易发现，只有临近院子边缘时才能发现，当地有一首民谣生动地描述了这种情形："上山不见山，入村不见村。平地起炊烟，忽闻鸡犬声。"这是一种十分适合当地自然环境的居住形式，成为山西村落景观中别具风格的一种类型。

农家地窨院的长、宽均为 30～40 米，深约 10 米。建造时，先选一块平坦之地，挖一个天井似的深坑，形成露天场院，然后在坑壁上掏成正窑和左右侧窑，为一明两暗式结构，再在院角开挖一条长长的上下斜向的门洞，院门设在门洞的最上端。向阳的窑洞供居住，两侧窑洞用于堆放杂物或饲养牲畜。地窨院里一般掘有深窨，用石灰泥抹壁，用来积蓄雨水，沉淀后可供人畜饮用。为了排水，在院的一角挖个大土坑，俗称"旱井"或"干井"，使院中雨水流入井中，再慢慢渗入地下。多数住家在门洞下还设有排水道，以免速降暴雨时雨水灌入窑洞。

山西境内与平陆自然环境相似的地区，如芮城、闻喜、万荣、临汾等地，也不同程度地建有地窨院，但都不如平陆的地窨院普遍，平陆地窨院以其鲜明特色，成为山西民居中独具黄土高原风格的一种

图 3-1-6　浑源县城南土坯窑洞

类型，一直被沿用至今。

图3-1-7　运城市王村某地院窑洞

（三）汾西县师家沟砖窑洞

师家沟村位于山西省汾西县城东南 5 千米处，它三面环山，南临河水，避风向阳，是一块天然的"风水宝地"。师家沟民居依山就势而建，错落有致，鳞次栉比，呈阶梯状分布。

民居创建于清乾隆三十四年（1769 年），并于同治年间进行了扩建，占地面积约 0.1 平方千米。师家产业雄厚，生意兴隆，从乾隆三十四年开始捐钱买官并兴建家宅。

师家宅院建筑群建在黄土山坡上，布置在 3 个不同标高的台地上，以扇状展开，围绕村中心广场。整个村落建筑以四合院、二重楼四合院、三重楼四合院为主体，大小 31 个院落，巧妙利用地形高差。院落主体建筑以砖券窑洞为主，利用山坡、窑顶建房，在民居建筑中独树一帜。在山西地少人多的丘陵垦区，将村落建在不宜耕种的山坡上，这种营建思想对村镇建设是一个很好的启示。

师家沟传统建筑群每个院落都有明显的中轴线，分别设有正房、客厅、过厅、偏房、书房、绣楼、门房以及工仆马厩等用房。院落门前以巷道相连，狭长的巷道又采用传统的洞门分隔空间。各个院

图3-1-8　清代砖包彻面窑洞

图3-1-9　汾西县师家沟村窑洞

落之间巧妙相通，或走暗道，或出偏门，或上楼与其院落联系。整个村落既有水平方向的空间穿插，又有垂直方向的空间渗透，充分体现出丘陵沟壑区依山就势、窑上登楼的特点，还融汇了平原地带多进四合空间布局。整个建筑群与山势浑然一体，村落景观气势宏伟，洋溢着黄土高原的阳刚之气。

师家沟的院落布置受封建社会宗法礼制观念的影响，长尊幼卑、男尊女卑在四合院的空间序列中尤为明显。四合院的空间序列受山地限制，中轴线随地形转折，空间灵活。院落以狭长为主，在狭长的院落中又以月洞门、垂花门来分隔空间，同时也保证了主要院落的安静与私密性。

宅院的大门、垂花门、窑洞檐廊、门窗隔扇都以精致的木雕、砖雕进行装饰。窗棂隔扇图案有108种，门额、门匾及木刻牌匾有150多处，砖刻牌匾47处，牌匾字迹刚劲有力，以文字内涵烘托空间意境，如宅院大门题"东山气""北海风""南山寺""瑞气凝"，垂花门上题"敦本堂""清白家风"等，处处体现着封建社会耕读世家的文化品位。

师家沟窑居村落主建筑群周围有约1500米长的石条人行道，构成村落环路。在人行道下铺设石材排水道，各所宅院的排水均流入排水道，在当地村民中有"下雨半月不湿鞋"的美称。环道以外是各种加工产业的小型窑院，有酒坊、醋坊、染坊、豆腐坊、油坊、造纸坊等，反映了当时自给自足的家族农村经济体系。此后，家族发展，人口增多，又有了当铺、盐店、药店、学堂、店铺等附属建筑。师家祠堂设在本村的东南向山坡上，俯瞰全村，在村口有一座石牌坊，为四柱三

楼式，建于清咸丰七年（1857年）。石牌坊面向正南，高6.3米，宽
5.8米，歇山顶，由砂石雕成，精致典雅。

图3-1-10 清代砖包面窑洞

图3-1-11 民居院落局部

图3-1-12 梁架细部装饰

图3-1-13 窗棂装饰

图3-1-14 院落一隅

（四）太原店头村

1.店头古村落概况

（1）背景分析

店头村位于距太原晋祠10千米的蒙山区域，是风峪沟八村之一，这里原是唐代北都晋阳通往娄烦的驿路，也是一座易守难攻的古代军事城堡。整座村庄共建有相互串联的石碹窑洞及房屋共3100余间，现存较完整的有360余间。从古村现存的石碹窑洞群组的结构、功能初步推测，历史上的店头村有可能是一座军事堡垒和屯兵之地，在公元979年宋毁晋阳城后，才逐步演变为村庄。"店头"得名于当时的驿馆店铺，后来逐步形成村落，距今至少有1000年的历史。

古村落占地面积45790平方米，背依蒙山，南面龙山，东西绵延1千米。东距晋阳古城和太原县（今晋源区街道办事处）5千米，东南距晋祠风景名胜区10千米，北毗邻蒙山景区，南紧邻天龙山景区和龙山景区，太山龙泉寺在村域内，距村仅1千米。

（2）历史概况

据现存于紫竹林寺内的《嘉庆五年次庚申蒲月吉日立》碑记载："风峪古称灵邱峪，唐以后始易今名，绿峪外风洞起义，店头居峪之前，风俗淳厚，崇尚佛法，前明时村之震方止石洞壹间供大士像，青山为屏，白云做障而已，迄于本朝有尼如云，以菩提之性投甘露之门，始大兴土木展拓地基，建大殿于石洞之上，塑三大士像，下院南北各起精舍祀，释迦法王、地藏菩萨，迩来历年以久，北面精舍倾圮，里人思易以洞而建阁于上。"从碑文详考可知，风峪沟在唐朝之前名叫灵邱峪，唐朝时才开始更名为风峪，店头村为风峪第一个村落，民风民俗淳朴厚重，信仰佛教，明朝时在村的东方（八卦称之为震方）开始建造紫竹林寺。在清光绪之前，店头村约有500户人家，人口达3000余人，因特殊的地理位置，店头村人以开车马店、驿站、绸缎店、商铺、金银首饰店、当铺、武馆为生居多，商贾云集，经济繁荣，生活富足，号称"小太谷"。

图3-1-15 店头古村落鸟瞰图

图3-1-16 窑洞空间

2. 店头村落石窑洞概况

店头古村落现存的建筑遗存主要是古石窑洞群，这些古建筑分5个片区组合连成。现有的古石碹窑洞群组中，2层式窑洞占90%以上，3层、4层式建筑石窑洞群有3组，代表性的大型宅院有郭家院、闫家院、王家院、李家院等，这些石碹窑洞的特点为串套窑洞、大窑洞套小窑洞。上下层院落间除筑石阶互通外，在窑洞内还筑有暗道曲折迂回连通，有的窑洞内还筑有地道（地窖）通外，有的筑有瞭望台。窑洞群组一字排开，辟小门互通，窑洞内有石磨并筑有系统完备的通风、排水、采光、观察道孔设施。虽然大部分2层建筑已垮塌，但有残垣断壁遗存及基址可考，像这种楼层式的石碹窑洞建在山沟中确属罕见，确属规模之大，确属建筑独特。

店头古村落的古石窑洞内暗藏有很多地道、地洞，这些地道及地洞相互连通，并通往后山。这些从外面看似独立却深藏奥秘的石窑洞，堪称中国古代民居建筑史上的一个奇迹。这些类似兵营的石头建筑群发挥着重要的军事作用。店头村千年古石窑洞虽没有晋商大院装饰华丽的外表，却有别于其他窑洞的空间结构布局，涵盖了军事、农耕、商贸、传统手工作坊等生产与生活组织体系，且攻防的自由度大。

3.古村落历史规划格局

在古村中心位置，有一处700余平方米，小巧玲珑、结构紧凑的底层为石碹窑洞，上层为殿堂，系明清时期坐东向西的紫竹林寺，在寺的山门对面70米处有清雍正年间的灯山和戏台，在村的东南处有一座清雍正年间的文昌阁，西北处有一座真武庙，村的对面南山腰有一座山神庙和一个河神洞。紫竹林寺东侧有一处初步推测为北魏或北齐时凿建的石灰岩窟洞。村北的蒙山寨，据史料载为古北齐神武帝高欢世传北汉帝刘薛王（刘继元）的一处避暑宫遗址。

4.古村落重要文物建筑

（1）店头古民居

店头古民居现保存较完整的民居建筑。最典型的当属紧靠紫竹林寺的郭家两个大院，屋居均以下层用河炮石、上层用砖石结构的二层阁楼式风格而建。分为东、西两院，此两院建筑风格相似，底层均建有四合院，院门向南，底层的主石窑洞坐北面南，主石窑洞采用厚2米的河炮石头砌墙，进深4米，面阔五间，高5米，窑洞的中间向南开一大门，大门的两侧各开一个像普通窑洞一样大的窗户，使窑洞宽大而明亮。主石窑洞内原为郭家的店铺，人来人往，日进斗金。郭家大院的地堡大小不等，高度也不同，大的三十几平方米，小则仅几平方米，有的高七八米，有的仅高两三米。但不管大小高低，所有的墙上，都有数个通向其他地堡的拱形门。穿门而进，又是一个地堡。后一个地堡如同前一个地堡一样，又有若干个小门通向另一个地堡。以此类推，少则两三个，多则五六个。除此之外，还有重叠式地堡，由下而上，用长条状的石头做成台阶，一堡连着一堡，宛若现在的楼中楼，一直通向半山腰间。更有奇妙之处是，地堡连着暗道，暗道又连着暗道，错综复杂，曲折迂回，一直通向野外，形成一个四通八达的地堡暗道群。

（2）商业街

出紫竹林寺山门便是一条长150米、宽不过2米的小巷，小巷两侧都是一孔石碹窑洞紧挨一孔石碹窑洞的门面。据考察，古巷道主要作为古堡屯兵时军士的巡逻之地，在古堡失去军事作用形成店头村后，形成一条繁华的商业街。遥想当年，这条街上商铺招牌林立，男女老少，人来人往，叫卖声此起彼伏，好一派繁华热闹的商业景象。村的下街和古戏台以西的上街，这两处街道的临街院落，主要是开设车马店、银铺、饭馆、驿店、客栈、当铺、布料店、日杂店等，也是店铺、招牌、幌子一个挨一个，东来西往的客商刚走一批，又来一批。买卖人进出熙攘，一派繁华的景象。

图3-1-17　地道

图3-1-18　商业街

第二节 传统民居

一、长治市中村

（一）中村的历史渊源

中村属于长治辖区内规模较小的行政村，尽管村子不大，但其历史可以追溯到南北朝。唐代时，这里曾是潞州封王的王室墓地，唐以后开始有固定的居民并逐渐形成村庄。元代时曾被称为中封仁村，明代封里后，中村隶属潞州府潞城县中峰里，待到民国废除里制改为区、乡制，这里又被称为"中村"，这一名称一直沿用至今。中村最有名望的家族是申氏家族，据家谱记载，其始祖为申十三，是申家的第十三子，带家眷迁居南村后又移居中村，随后定居此地。申氏第七代时，成字辈已发展到30多户，第八代时便达50多户。人口的不断增长为申家族业的发展奠定了人力基础，正巧，此时也是泽潞商人兴盛发展的时期。到第十一代时，申氏族业的发展进入鼎盛时期。

图3-2-1　中村随处可见的石柱

（二）中村的发展历程与现状

中村的申氏家族是村中的大姓家族，占据整个村落人口的70%。由于中村可耕土地面积有限，且产量较低，家族的经济主要依赖于商业。申家从商的经历要追溯到移居中村前暂住南村的时候。到中村后，申氏先以造醋为生，供潞安府使用，随着家族的繁盛，申家经营的产业丰富起来，盐业、丝绸、铁器、棉花等均有所涉及。家族的兴旺与资产的积累渐渐使得申家在村中的地位显赫，到清代康乾盛世之时，申氏家族的人口已逾百人，商业活动发展到顶峰。有了强力的经济后盾，申氏家族开始大面积地建造宅院，村中现存的很多申家宅院都是在这一时期建造的。富足后的申家人受儒家思想和宗族观念的影响，非常注重修建庙宇、会馆等公共建筑，中村的村落形态也在这一时间有了飞速的发展。这一时期，只在村中开设的申家商铺就有 16 家之多，申家产业涉及 13 个省会地区。清中期，晋中商人由汇兑业务发展兴盛后，泽潞商帮开始逐渐衰退，中村的繁盛景象也随之消沉下去。

（三）商业文化对聚落的影响

上党地区素来就有经商的传统，"上党上高地峡，自昔宜于畜牧，相传猗顿得五狤之说，就牧于此起家，与陶朱齐名元李植，尚书惟馨之族也，亦以谷粮牛马富甲诸州。"[1] 上党地处河东，盐及本地物资由此向东南转输到黄金运道上，因此该地自然成为产地与销地之间的中间环节。在长期经营"居间贸易"的过程中，商业文化逐步影响着这一地区的聚落和民居的发展，中村的申氏家族作为泽潞商人中的一员，在明末清初时期发展到了鼎盛。随着申家势力的逐渐壮大，商业文化也在逐步地影响着村落的发展。

（1）申家宅院的营建。在古代，商人兴建自己的家宅是最直观的光宗耀祖的体现。申家发展到鼎盛时，在中村营建了家宅，规模较大，建于村内的中心地带，由 24 个院落组成，院落组织结构紧密且体系完整。

（2）商业街的设立。在当时的社会，商人到外省经商，如果没有得到地方商业的支持，几乎是无法运作的。申氏的产业除了地区间的贸易以外，由于本地的民生对工商业的依赖程度逐渐提高，本

---

[1] 杜正贞，赵世瑜.区域社会史视野下的明清泽潞商人[J].北京：中国人民大学出版社，2006（11）：56.

村内的产业也被带动起来。于是，村内一条古道逐渐演变成商业街，街边店铺林立，由此，中村成为上党地区"四大八小集镇"之一。

图3-2-2 拔贡院的店面

图3-2-3 盐店院的仓库

（3）建筑中为商业用途而专设空间。申家经营的很多产业均在村内设有店铺。在这些店铺与宅院中，为了更加方便商业的往来，申氏在自家的院落中建造库房，用于储存家财与商品。

（4）因商业用途打破了风水理念以及传统习俗约束的建筑布局形式。如西向布置的院落，侧向相连的凹形建筑平面，以及双向开门的临街建筑等。

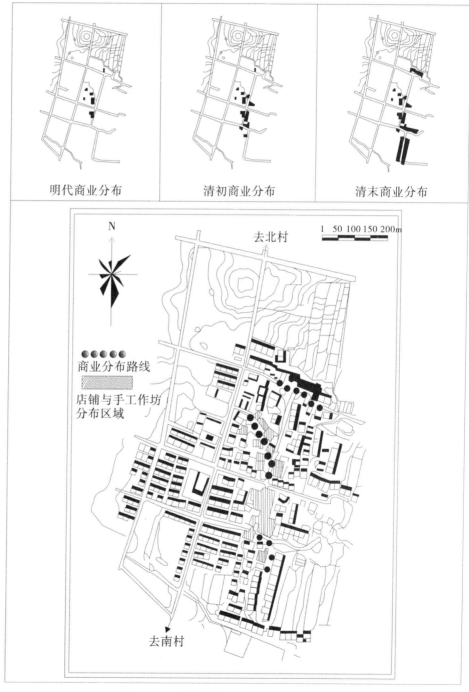

图3-2-4 中村内商业发展与村落的"生长"

申氏在中村内频繁的商业活动不仅带动了村落的经济迅猛发展，也使得不少宅院除了居住以外更增添了不少商业的成分。晋商从商的一个最重要特点就是分工协作，不论是手工作坊还是贩售总店，在中村存留下来的传统建筑虽然规模不大，数量也不太多，但是每个宅院都有其不可或缺的功能与地位。炼铁、纺花、酿醋等种类繁多的手工业以商业为依托构建了一个简单的商业圈，这些店铺与他们在更大的市镇中设置的会馆形成一个巨大的商业链。

商业文化的影响还体现在居民的价值观上，商人们不再满足于生活水平的提高。为了提高自身的社会地位，他们开始利用建筑这种物化的形式彰显自身的社会价值。与此同时，为了保全他们现有的生活状态，他们还大力捐资修建庙宇。商人的价值观左右了他们对自家宅院的建造方式，进而引导了聚落的发展方向。

（四）影响中村聚落形态的外部因素

人作为聚落空间的建造者，同时承载着各种各样的关系，如血缘关系、地缘关系、业缘关系、经济关系以及人际关系等。聚落空间作为人类活动的载体，必然会在一定程度上体现着人类所承载的各种关系，并且蕴含了多重复杂的意义。传统聚落空间形态的发展会受很多不同因素的影响，其中，自然环境的影响最直接也最明显。除此之外，社会赋予聚落产生时期的影响也不可忽视。

1. 社会组织结构的影响

社会是由许多群体组成的，人不能无群。群体以种种方式影响着每一个人，从而也影响着整个人类社会生活。构成乡土社会的群体单元即为

图3-2-5 地缘型聚落模式示意图

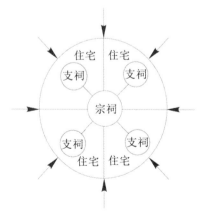

图3-2-6 血缘型聚模式落示意图

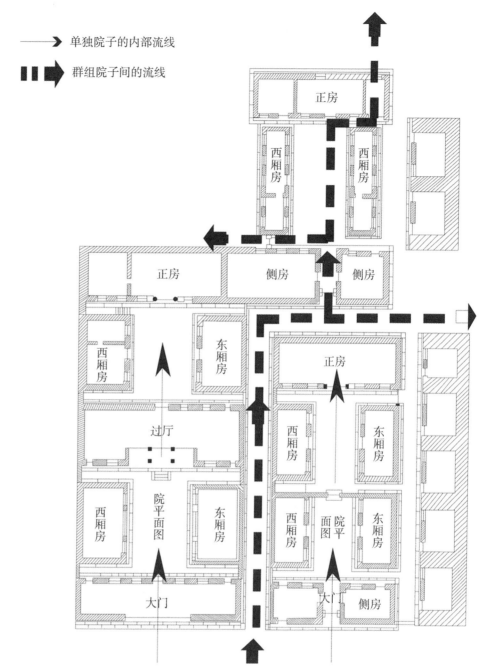

单独院子的内部流线

群组院子间的流线

正房

西厢房

西厢房

正房

侧房

侧房

西厢房

东厢房

正房

过厅

西厢房

东厢房

西厢房

东厢房

院平面图

西厢房

东厢房

院平面图

大门

大门

侧房

图3-2-7 申氏宅院中局部保留尚好的院落之间的流线走势

乡村聚落群体。根据维系乡村聚落群体成员联系的纽带——社会关系的不同，可将社会群体划分为血缘群体、地缘群体和业缘群体三个类别。中国传统乡村社会的组织结构是血缘组织和地缘组织。血缘组织与地缘组织有时也会在一定程度上相互融合，中村聚落就是两者相结合的典型例子，并表现出两者共有的特性。

处于聚落核心地段的申家大院是以主干家庭为主的血缘型聚落。在血缘组织的模式中，家庭作为家族繁衍和经济生产的基本单元，是血缘群体的基本组成形式，并且家庭本身所具有的特性也制约着聚落形态的发展。家庭关系中所存在的如小家庭与大家族之间相互依存的关系，家庭成员的各级次序与伦理关系，甚至是昭穆制、继位原则等在聚落与民居形态中都有对应的关系。申家二十四院的平面布局中显示出多层级的网络格局，不仅有集中的"中心化"空间，并且呈现出明显的内敛性与向心力。

然而，随着村落中商业活动的增加，中村所承担的社会功能发生了转变，聚落经济结构由原有的农耕经济发展为商业、手工业、农业并存的多元化组织形态。村中流动人口大量增加，家族的统治作用逐渐弱化，不同姓氏的人群开始向中村聚集，地缘型聚落的特征逐步与血缘型聚落的特征共存。中村的古商道周围地缘型聚落的特征十分明显，并形成邻里与街巷相结合的聚落形态。

2. 封建礼教思想的影响

礼教是中国传统社会环境和人们心理意识中的社会秩序、礼仪和规范。礼教文化主要体现在通过伦理道德与宗法体制来约束和控制人们的社会行为。明清时期，由于山西地处内陆，虽然商人与外界接触较多，但近代西方文化对其思想的冲击并不大，居于此地的晋商所尊崇的还是中国固有的礼俗和道德。礼教文化作为中国传统文

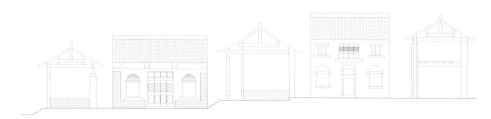

图3-2-8　院落中轴线上的尊卑序列

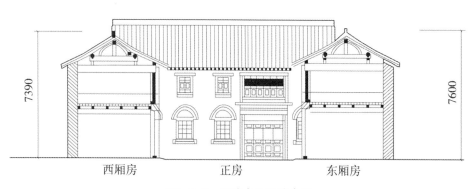

图3-2-9　院落中的昭穆序列

西厢房　　　　正房　　　　东厢房

化的重要组成部分，其对中村聚落与建筑的影响主要体现在以下两个方面。

（1）严格的封建等级制度外化为建筑序列。中国的伦理思想对传统民居的营建起到相当大的制约作用。明代就有由国家颁布的条例明文规定了不同等级的人群所建造之住宅的形制、规模、大小。如明洪武二十六年（1393年）定制，六至九品官厅堂三间七架，正门一间三架；庶民正厅不得超过三间五架。不仅如此，连带各种室内装饰部件及色彩的使用均因社会等级不同而有相关的定制，绝不能逾越。伦理在家庭生活中主要体现在居中为尊、昭穆对称以及长幼、男女、嫡庶、主仆之间的尊卑等级关系方面。在中村的传统宅院中，无论是各建筑间前后左右的方位，还是院落中内外空间的组合，都可看出等级思想的外化。院落中轴线上的建筑由南向北等级与私密程度依次降低，两厢（或两配）也严格遵守东高西低的昭穆制度。整个申家二十四院的各个院落间也同样遵循这样的组织规律。院落的形制体现出家庭生活中的伦理纲常，强化了家庭成员之间原有的序列感，更加约束和规范了家庭成员的日常行为。虽然村内的商人可以用钱买到官位或者一些装饰部件的使用权，但是整体的院落形制与结构还是没能也不敢逾越等级。尊者上卑者下的规则成为贯穿整个聚落形态的一个标准。正房多用于长者的居住，两厢住儿女，倒座则一般作为辅助空间，每个院子建筑的高度、宽度与砌筑的方式均按照这样的等级制度进行营建。由村中的申家大宅向四面辐射下去，建筑规模与等级逐渐降低，最后以砖石砌筑的窑洞逐步替代砖木混合

图3-2-10　同等级的两种门洞形式

搭建的民居。同时，这种观念也反映在每户院子的大门形式上，由二层的屋宇式大门到单独的门洞。这种思想扎根于百姓心中，并成为民间文化的一部分。

（2）建筑构件具有教化与象征的意义。在中国古代，建筑的使用者往往喜好用特定的建筑元素或形象特征来传达伦理道德与宗法制度，以达到传承礼教、教化子孙、预示吉祥的目的。中村的民居中承担这种作用的建筑有寺庙、看家楼，在建筑中则集中体现在牌匾与雕刻上。

3. 儒家思想的影响

尊儒是我国传统文化的重要组成部分，山西商人受程朱理学的影响颇深，在经商的同时也不忘用儒家思想教化子孙。"同德""仁义"等不仅作为口号标语，而且深植于人们心中。虽然商业的兴盛给晋商带来了巨大的经济利益，但是他们清楚地知道权力所带来的社会地位及其对商业的掌控能力对于商家的重要意义，因此经由科举而平步青云的仕途生活更是众多商人梦寐以求的。遍查中村目前所有保留完好的院落可发现，形制最高、位置最好的院落是拔贡院。虽然同属申家本族，但是该宅院在村中的地位明显高出一等。由此可见，儒家思想不仅影响到村民思想，而且通过思想主导了村中民居的营建，其对中村聚落与建筑的影响主要体现在以下几个方面。

（1）"天人合一"的建筑理念。"天人合一"之说，对中国古代建筑文化的影响十分深远。它强调人与自然的和谐，二者处于一个有机整体之中，在建筑中表现为追求"人——建筑——自然环境"的和谐统一，也就是追求建筑与周围的自然环境融为一体，主张整个环境

图3-2-11 中村内利用地形高差而建造的窑洞

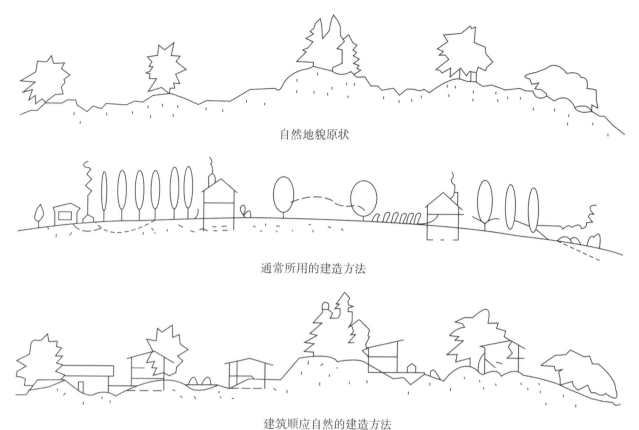

自然地貌原状

通常所用的建造方法

建筑顺应自然的建造方法

图3-2-12　建筑顺应自然的地貌的建造模式图

图3-2-13　中村内利用地形而建造的街道

在形式和功能方面有机结合。要和谐就要做到顺应自然,即顺应地形、地势、绿化等自然环境,中村村内就有很多窑洞、街道以及整个宅院都是完全顺应地势、地形而建造的。它们利用丘陵地带相邻土层之间的自然断裂与高差横向挖凿建成,既节省了挖凿与填补地形缺陷所需要的人力物力,又减少了对自然地形的破坏。

（2）中庸之道——内聚。儒家认为,中庸就是"仁"在内、"礼"在外的一种内与外、天与人的关系。中庸思想表达的是一种通过内聚而团结和睦的社会景象,这种思想在建筑中表现为聚落与民居的向心性与封闭性。它不仅要求内聚,而且在内部要达成统一,内部中心也由此演变为权力的象征,人们对"中"的崇拜进一步转化为对封建制度的皈依。中村聚落正是中庸思想的典型映射。历代申氏家族在村中地位最高的应属申家第九世的申全璧,于清乾隆五十四年（1789年）中己酉科拔贡,拔贡院成为村中形制最高的院落。由于地位的不同,拔贡院渐渐成为村落的中心,位于十字街口,可谓是整个村子的"中"。

（3）"和"的思想。"和"是儒家思想的一个重要特点,儒家在强调"礼"的同时又强调"和",其目的是调和矛盾,使礼制所规定的等级之间不致发生尖锐冲突。"和"的观念在聚落中更多地体现在聚

图3-2-14　中村传统民居复原模型

落内各要素的形象、比例、尺度之间的相互协调、互相衬托。中村聚落内传统建筑的整体布局较为统一，依照地形走势相继排布，各院落以道路为依托，依照当地建筑的比例尺度排列整齐，不但突出了五千年来儒家思想教化的作用，而且将其物化后在现实生活中进行表现，时刻提醒与约束着人们的日常生活。

（五）网络格局的聚落形态

1.中村聚落空间的分布结构

人类各种空间活动很少是任意形成的，通常是遵循某种思想进行的有组织的空间行为。人们对聚落空间的组织与利用的方式有统一性，也有差异性。不同的空间组织方式造就了不同的空间分布结构，而聚落空间的分布结构不仅是聚落区位选择的结果，其在很大程度上与聚落所处的地理位置以及产生聚落的时代和社会制度有关。中村是一个较为典型的集聚型村落，其聚落形态在空间上呈现为块状的网络式结构布局。全村以地处十字街的申家大宅为中心，沿着穿村而过的几条街道为轴线向四周扩散，结合村中高低起伏的地形条件，形成由网格贯穿下的块状空间分布模式。中村聚落形成的时代正处于农业与家庭手工业相结合，自给自足的自然经济阶段。村落均以小家庭为单位向上生长，一家一院形成一个基本单元块，最终统一地分布在家族中心的周围，进而形成一个大的家族空间网络。

2.聚落布局形态的形成过程分析

根据哈格特的空间结构模式理论可知，聚落作为一个平衡系统与外界进行物质交换的过程，以及聚落内部长期形成的行为机制，使得聚落产生了一定的自组织特征。这一特征在具体的空间区域中表现为一种具有特定"方向性"的运动方式。长期地重复这种定向运动，运动中的方向即成为运动轨迹。每个不同的村落均有其特定的运动轨迹，构成聚落生长的运动轨迹恰恰是聚落空间布局形态形成的根本原因。中村属于血缘与地缘相结合的聚居村落，其建设经历了相当长的一段时间，据考证，村中保留下来的传统民居的建造年代从明到晚清历经200多年。在这段时间里，中村聚落的自组织方式经历了以下3个阶段的变化。

（1）家族繁衍期

根据申家家谱的记载，申家于明代万历年间由南村迁居于此。当时，中村虽有建制，但人口少、规模小，村民社会活动单一，聚落处于形成初期。申氏率族人到中村建立家业，不仅带来了人气，而且带动了聚落的发展。到申家第六世止，中村的聚落处于生长期，这一时期内，村落的自组织形式以家族繁衍为主。由于申氏族内人力、物力、财力均处于积累阶段，聚落的生长较为缓慢，向外延伸的范围有限，组成聚落的建筑单元形制较低且类型单一。此时，村中的崔府君庙因承担多重社会功能而成为村落的中心。这一时期，聚落空间的布局受自然地形的限制较大，平坦开阔的地段成为聚落空间发展的首选。申家的老宅便是此时期的典型宅院，建于地势平坦而又临近崔府君庙的位置，利用地形地势挖掘建造窑洞。这时的聚落尚处在完全自发的生长状态，尚未形成一定的空间结构体系。

（2）膨胀发展期

随着人口的增长，申家逐渐成为中村的大姓，族人的繁盛自然带动聚落规模的扩张。经过数代人的积累，申氏家族的经济实力与社会地位都有了较大的提高。老旧破损的宅院已经不能满足此时申家发展的需要，扩充与另建新宅成为迫在眉睫的事情。此时，申家所经营的家族性商业蒸蒸日上，集聚了数代的财富与人力也足够雄厚。受区域性商业活动的影响，这一时期，中村聚落的自组织方式以满足商业需求与提升家族地位为主。此时的申氏对于新宅院的建设开始讲求风水格局与形制的规划，院落的形制布局中加入了更多的社会因素，院与院之间既相对独立又与整体统一的关系成为人际关系的直接映射。

这一时期，申氏家宅在中村的中心位置确定下来，聚落以小家庭为单元模块，沿道路两侧利于商业经营的布局迅速扩散，甚至有些宅院的布置已经不再追求风水格局，转而以营利为目的，力求最大限度地利用沿街地段，进行区位竞争。因此，在竞争中，聚落空间开始不平衡地发展，聚落生长不再保持均匀扩大，而是集中在新的生长点周围。在这一过程中，必然会形成一些不规则的结点空间与布局方式。"井"字形空间布局结构体系与道路体系在相互促进中共

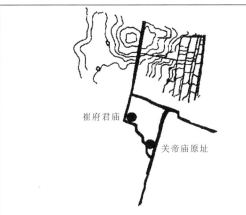

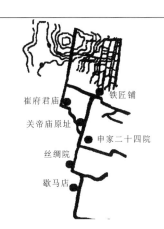

1.聚落最初以崔府君庙与关帝庙两座庙宇为中心,连接其两中心的街道为聚落主要网络,住宅以散居为主。

2.随着村落与申氏家族的发展,申家的宅院逐步发展为聚落新的生长点,并引导聚落形态向中心聚拢。

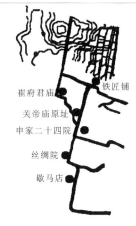

3.申家宗族产业兴盛并产生分支后,道路的建设随着家族产业的扩增而生长,村中不同时期建造的店铺是这一时期聚落发展的方向。

4.中村聚落发展到鼎盛时期,业缘聚落特征显现,在商业活动的带动下,聚落开始向四周扩张,申氏家宅中心地位确立,聚落中心向南转移,聚落的空间形态发展成熟。

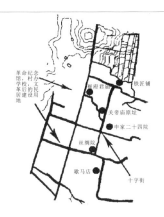

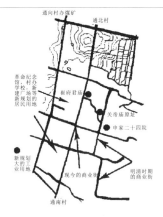

5.清中晚期,中村内的商业活动开始衰败,聚落形态发展缓慢。1949年后,通向南北村的公路给聚落注入了新的活力,住宅的布居与形式整齐划一,新的公路成为新、旧两个民居组团的分界线。

6.新农村建设开展后,聚落的形态脱离最初的自组织状态,在新的规划中,村内的建设用地大面积增加,为考虑工业发展而新建道路。

图3-2-15中村聚落生长推测过程图

同发展，两条十字相交的街道成为聚落布局的骨干。此时的聚落处在有组织的膨胀状态，内、外部空间均扩展到最大。然而对于空间的竞争，并未导致聚落空间的无序化发展。相反，在众多的诸如封建礼教、儒家思想等因素的制约下，村落整体形态围绕新的生长点达到了自组织状态下均衡有序的发展状态。

（3）急剧衰退期

基于繁盛时期中村的商业职能特性，聚落空间布局形态的变化直接受到聚落职能的影响。到清中晚期，随着泽潞商帮的衰退，中村聚落也无法逃离由鼎盛进入衰退的命运。家族落败，无力支付庞大宅院的开支，分家分田不可避免。劳动力重新回归到土地上来，农业开始取代手工业与商业，重新占据经济的主导地位。这一时期，聚落的自组织以家族小型化为主，大家族生活方式不仅无力保全族人的生活，反而会阻碍族人各自的发展。伴随家族小型化的开展，聚落空间的形态开始变得琐碎而凌乱，原本完整的空间被分隔得七零八落，原本清晰的院落形制也逐渐模糊起来，院落中乱搭建现象与日俱增，修缮与修复的工作几近停滞，聚落空间开始内敛，众多宅院破败不堪，中村内的传统聚落至此完成了古代社会体制下的全部生长过程。

（六）中村道路系统

在哈格特的空间结构模式体系中，聚落的自组织方式是通过"路径"的反复作用而表现出来的。在聚落中，"路径"既包括交通通道，又包括穿村而过的水系，以及其他以"线"的形态构建的空间走向和结构脉络。

中村聚落是典型的以道路为脉络来组织空间序列的，聚落中的道路因所在位置与作用的不同而构成多层次的空间格局。聚落的组织格局与自然地貌形成重要的参照系，构建出丰富多变的聚落空间。村内的道路在聚落中犹如人体的骨架一般支撑并联系着各个空间，这些"路径"对于聚落空间形态的发展起着决定性的作用。

1.街巷空间的含义

街巷空间是聚落外部空间构成中极为重要的一部分。一般来讲，街是指较宽阔的道路，其宽度可以容纳人车并行通过，可以容许人

图3-2-16　中村小巷实例

图3-2-17　中村街道实例

们在其中进行一些交往活动。巷是指狭窄的小路，其宽度只可容纳 2~3 人并行通过，有甚者只能容一人通行，没有特殊的功能作用，仅用来疏散人流。

2.道路系统的构成分析

中村的道路系统分为两个层级，第一层是主要的交通干道，包括贯穿村落东西和南北的四条大道；第二层是连通大道与建筑的小巷。中村所在的地域，丘陵状地表特征非常明显，村民多借助地形来建造窑洞。村中一条古驿道自南向北穿村而过，街面阔度 6 米左右，在古代原本是村中的主要街道。1949 年后，因村子扩建的需要，西侧与之平行的一条街被建成村中的主要街道，连通南北二村。村中南北走向的另外两条主要干道分别位于申家大院南侧及土地庙南侧。四条干道形成"井"字形网格，将村落划分成六大片区。数条小巷或疏或密地与主街道有机连通起来，形成了道路网络。可以说，中村的道路网络形成过程代表了中村聚落的发展过程。在中村还未形成聚落之前，这里曾经是唐代的皇家墓地。因墓地需要人看守，所以这一片地域的人类活动才开始丰富起来，并最终形成村落。中村处在潞城县、襄垣县、屯留县和长治郊区的交汇处，恰好是连通晋、冀、豫三省的交接地带。特殊的地理位置决定了中村的这条交通要道必定先于村落而形成。道路的通畅必然带来人流，随着历史的发展，这条道路的作用发生了本质的改变。由先秦时代兵家争夺的关道，到汉代时已经变为佛教传播的禅道，再到明清晋商崛起，古驿道又承担起运送商品的重任。由此，这条道路的人流量显著增大，沿途的商业活动也大量增加。县志中记载，在明末清初时，中村曾经成为潞城四大四小集市之一。

图3-2-18 中村内的古驿道

图3-2-19 中村现在的主要交通干道

N

去北村

中

去南村

○ 道路交叉口

◀ - - - - 主要干道

◀ ——— 次级道路

图3-2-20 中村道路层级示意图

图3-2-21　弯曲的街巷实例

　　中村原有的主要干道并非正南正北或正东正西，而是与正南北向有一个很小的夹角，同时又受到地势的限制，因而保持弯曲的形式。而村中的小巷则保持有更多的构成形式，如笔直的、弯曲的、折线形的等，弯曲的道路形式，不仅增加了道路的空间界面，而且增强了游历空间的趣味性。街边那些曼妙的景致随着街道的延伸而慢慢展开，如同梁思成先生所说："一般地说，一座欧洲建筑，如同欧洲的画一样，是可以一览无遗的；而中国的任何一处建筑，都像一幅中国的手卷画。手卷画必须一段段地逐渐展开看过去，不可能同时全部看到。走进一所中国的房屋，也只能从一个庭院走进另一个庭院，必须全部走完，才能全部看完。"街道两旁的景观不再一览无余，丰富的空间界面同时也给街道带来了新的生长点。

　　村中的古道原是中村的核心，串联了整个古村，曾经是中村价值与地位的体现。沿街的空间可以分为三个序列：第一序列，由醋坊院南部开始，到拔贡院结束；第二序列为申家大院；第三序列，由老宅院开始，到崔府君庙结束。

　　第一序列是古道由醋坊院开始自东向西进入中村，经过一系列的手工作坊和店铺到达十字街口。这一段的建筑建造年代较晚，院落布局紧密，并且形式多样，但突出的一点是，不论院落的纵向轴线

去北村

明清时期的建筑

序列所涵盖的区域

第三序列

第二序列

第一序列

去南村

图3-2-22　中村古道空间序列划分图

	油坊院正门		周边新建建筑
	醋坊院正门		丝绸院厢房
第一序列平面图	歇马店临街面		布点临街面

1—油坊院 2—丝绸院 3—当铺总 45—醋坊院 6—布店 7—棉花店

图3-2-23　古道第一序列分析图

与街巷的关系如何,都有面对街道开向的门。当人们穿越这段空间时,除了可以感受到富于变化的立面构图之外,还可以体会到街道曾经的商业气氛。

第二序列是整个申家大宅,也是整个序列的最高潮。申家大宅临古道的一侧,地势高出道路2米左右。宅院本就是两层高的建筑群,布局严整,加之地形的衬托,更显示出深宅大院的气势。申家大宅作为私宅,与前一序列相比更显其私密性,整个临街界面无一门一窗,空间极具内向性,与前端大门临大门的景象形成鲜明对比。

第三序列以老宅院开头,到村口崔府君庙形成一个结尾处的小高潮。老宅院是申氏初来中村建造的家宅,这里地势平坦,院落布局较松散且大都以垂直道路方向作为院落的纵向轴线,古道一直由东面一道4米多高的断坎上延伸下来,断坎上下形成阶梯状地形。因而,穿越第一序列,给人印象最多的是一座座的宅门。崔府君庙(大庙)可谓全村最显眼的建筑,占地1985平方米,庙前有一小块广场相对较开阔,庙内有戏台,成为村中一处集会场所,同时也是村中保留最好的一处庙宇。整个街道序列空间在开放—封闭—开放的性质下

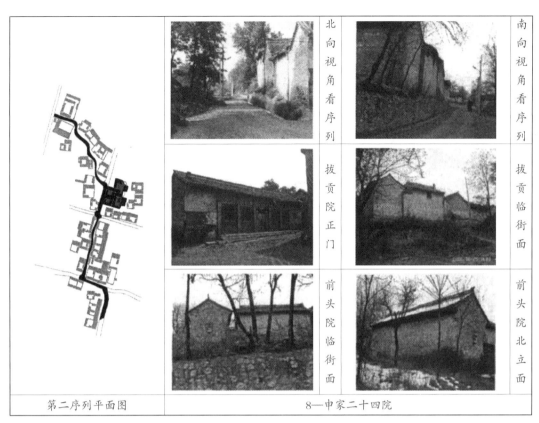

图3-2-24 古道第二序列分析图

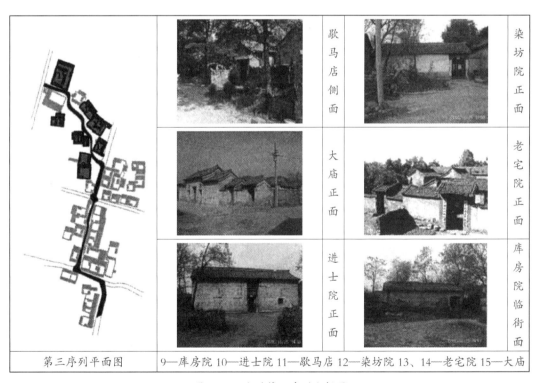

图3-2-25古道第三序列分析图

变化，同时沿回溯历史发展的方向展开，给人以变化的空间感受和时间体验。

3. 道路空间结点的意义分析

对于一个居住文化圈，聚落代表着空间的结点。而在聚落的道路空间中，结点既可以是街巷等路径的交叉点，如广场等公共空间；又可以是聚落空间中起统领作用的标志点，如重要的建筑物、树木、井台等。某些结点因其重要性而成为空间形态的构建核心，如祠堂、庙宇、鼓楼等。道路空间的组成中，结点空间是村落空间产生变化的转换点，也是空间次序结构中网络连接的界限点和连接点，并与构成的元素以及建筑密不可分。

中村最重要的道路结点空间，同样也是极为重要的公共空间，这些空间的共同特点是人流量大，并且相对集中。在很多如同中村这样的传统聚落中，道路空间结点与村落的发展过程紧密相连。在村落定居的初期，村落的范围尚小，村中的公共空间也较少，庙宇附近便成为村民们聚集的重要场所。然而，随着聚落的发展，村内的道路系统逐渐完善，村子的中心空间开始分化与转移，新的聚落生长点的发展必定伴随着新的聚落中心的出现。在清初，申家兴盛时，申家宅院的建造便是中村聚落内新的空间生长点。聚落中的生长点不仅带动了聚落规模的扩展，引导了聚落形态的发展方向，更重要的是，它引发了中村聚落中心空间的转移。如今，中村聚落随着现代化农村规划的建设与实施，以及新时代公共活动的需要，村落的中心逐步转移至新建的广场上。但是，通过对中村村民聚散活动的实地调查发现，村中的中老年人大都喜欢在原来的村落中心空间周围活动，而儿童与青少年较喜欢聚集在新建广场周围。

居民之间的交流活动往往与公共空间联系在一起，这些公共空间为他们的交流提供了场所，他们可以在此聊天、下棋、看戏等。人们的这种选择，在很大程度上是对现有条件及设施的一种再利用或对其功能的扩展。然而，在建造这些公共建筑之初，建造者并不是为了建造一个供村民休憩的场所，而是为了彰显其神圣的宗教或地方信仰。即使庙内建筑年久失修，大面积坍塌后，其神圣的形象仍然植根于村民心中，更有甚者对其十分恐惧。从古到今，中村村民

去北村

N

● 聚落内重要的结点空间

✦ 水井

■ 道路空间结点

去南村

图3-2-26　中村聚落空间结点分布图

图3-2-27　中村传统民居

图3-2-28　中村新民居

的交流空间都较为随意，街道、小巷子、交叉口以及各自的院落都
是人们喜爱驻足的交往场所。

位于道路起始点处的结点空间，其重要性也非常显著，它们对于空间网络的构成起到承接的作用，是空间在构成不同的次序结构时的一项重要的限定元素。村口空间对于界定村落范围极其重要，也是结点空间中的一个典型例证。中村村口的原始位置是南部上官地的西北部，由此向北入村，向南原为通向屯留的驿道，现已废止并成为新旧民居建筑的分界线。村中原有的古道较为狭窄，也有年老的村民讲这里曾是河道，后经过拓宽达到现有宽度，今已无法考证。传统聚落延伸到此便终止了，紧邻的新建民居与传统民居在街道的两边形成鲜明对比。这一空间融合了多重历史元素，它不仅可作为结点空间，同时也是新时代的聚落生长点，集中了历史与现代中村发展的需求，展现了不同时代中村聚落的空间形式与民居特征。道路交叉口是由于院落空间内外不同的表达要求所造就的，同时受建筑外部形态的影响。通过对中村道路交叉口现有形态的分析，将道路的交叉模式分为两大类，即"十"字形与"丁"字形。中村现有的道路交叉口中，"十"字形的较为常见，但对新建道路与建筑进行剥离后，便会发现"丁"字形道路交叉口是构成中村传统聚落道路交叉的主要模式，甚至有些"十"字交叉口也是由两个"丁"字交叉口错位相连构成的。中村大多数的道路都是顺着地形而形成，并非正向，因而垂直相交的路口极为罕见，大多数的道路交叉口都有不同程度的曲折、转向或错位。正是这样的错位交叉，使得空间在此产生了更多的导向性变化，从而提升了结点空间的趣味性与可识别性。相比之下，后期建成的道路中多采用垂直相交的空间，因而少了几分活跃的气氛，多了一些严肃与紧张的感觉。

（七）中村民居形态的特征分析

明朝进士沈思孝在《晋录》中曾这样评价明代商人："平阳、泽、潞豪商大贾甲天下，非数十万不称富。"这些商人由于商业活动的兴盛，迅速聚敛了大量钱财，买地建宅便成为他们光宗耀祖的一种方式。中村里的传统民居便是潞商中的一支，是申家生意兴隆时所建造的，拥有巨大财力的支撑。申家不仅买来了斗栱的使用权，宅院建造也颇为讲究。在中村，传统民居的建造从明代至清代的300多年间未曾

明

清

民国

20世纪50年代后

图3-2-29　中村内现存不同时期建筑分布图

中断过。院落类型有三合院、四合院、套院、跨院等，种类颇为丰富。院落的功能布局根据院落主人所从事行业的需要而变，形式多种多样。现存保护较好的院落大约20余座，分别是老宅院、酒坊院、中厅院、布店院、拔贡院、先明院、前头院、当铺、盐店院、丝绸院、进士院等。尽管大部分院落在数百年的历程中饱经风霜与战乱的洗礼，出现破损或局部坍塌的情况，但从它们严整有序的布局、气势恢宏的门楼、取材自然的梁架以及各种技艺高超的木雕、砖雕、石雕、瓦作中仍可以窥见当年的辉煌。虽然有些院落最初的建造时间可以追溯到明代，但是现在可见的也只是经过清代改造后的样子。现存的建筑是对其产生作用的所有影响因素物化的结果，也是历史发展的最终结果。中村所在的位置较为偏僻，村落虽在明清时比较发达，但随着泽潞商帮的没落而逐渐衰败，村中担任河东池盐及其他商品运输的商道逐渐被废弃，经济水平直线下滑，村落越来越封闭，农耕重新恢复主导地位，村中房屋的更新速度缓慢甚至停滞。这些也恰巧成为中村传统民居得以保留的重要因素。

1. 院落原型——四合院

由于气候的原因，黄河流域传统民居多喜用合院的建筑形制，这也是庭院式住宅典型的布局方式。这一方式突出了中国古代社会文化观念制约下空间布局的特征。基于类型学的理论，韩冬青教授提出了"原型—变体"的转换规则来理解皖南村落建筑环境的方法，这一方法同时也为本文研究中村传统民居形态特征提供了行之有效的途径。

刘克成、肖莉两位教授认为，"原型"在形成与发展的过程中受到"形态场"的影响。"形态场"犹如物理场一样存在力的作用，这些力促使了对于形态的选择，从而形成"原型"，并控制"原型"的发展方向。"形态场"是社会、经济、文化等因素相互叠加、相互作用的产物，因为它们的长期发展、自然选择正是形态场作用的内在机制。中村内的四合院原型也是同样的，特殊的自然地理环境、迁徙历史、晋商文化、风水理念、心理结构、技术水平等都是促使其形态特征形成的主导因素。

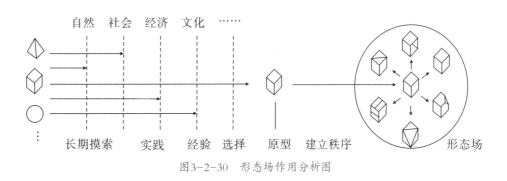

图3-2-30 形态场作用分析图

"原型"是由相似性集合而成的抽象原始类型。中村内的传统院落形态的"原型"是四合院，房屋由东南西北围合排列，向心排布，中轴对称，前堂后室。院落为了获取最好的朝向，大都南北向布置，很多院落既顺应了中村南高北低的地势，又争取到最理想的采光效果。院落的基本形状为矩形，比例趋于1.5∶1~2.5∶1，且布局具有鲜明的地方特色。北房为正房，一般多为两层，三至五开间，底层开三门两窗；正房多采用窑洞的形式，亦为三至五开间，其内互不相通；东西厢房则多为"一明两暗"（当心间开门，左右次间各为槛窗）的三开间基本型；倒座一至二层不等，与正房相对。通往二层的厢房和正房的楼梯一般有两种布置方式：一种设于正房与厢房之间的天井中，楼梯为砖石砌筑，可以通向正房与厢房两个方向，顶部有简单的屋顶遮盖；另一种布置在正房或厢房的室内，大多数为木质，搭接方便。以院子为核心的强烈内向性以及完善的秩序化是"四合院"原型的基本特征，这种特征反映在布局形态上表现为三方面的内容：第一，平直方正，边界清晰的平面轮廓；第二，门窗的内向性布置；第三，宅院出入口单一。

由四合院生成的基本模块有四种：独立式、简化式、对合式、串联式。相似的模块背后隐藏的是"原型"的作用，从中村留存下来的传统民居情况来看，独立式占据绝对优势。村中独立式四合院的形制与布局可以说是晋东南地区特有的"四大八小"房屋的一种变形。"四大八小"是指院内正房、厢房、倒座西侧各建两间耳房，形成全宅4个抱角天井（也称"厦口"）。正房、两间厢房、倒座，一共四间大房，称为"四大"，八间耳房称为"八小"，这种布局称为"四大八小"或"四大四小四厦口"。当宅院受基地限制，厢房的进深很小而无法建成八间厦房时，便只建正

图3-2-31　通向二层的石制楼梯

房与倒座处的四间，也被称为"四大四小"。中村的厦房与正房、倒座相连，但是一般不做明显弱化或突出等，而是与正房、倒座建成一体，仅在内部做出分隔，开间较小，有的也向外开门，独立成一间。

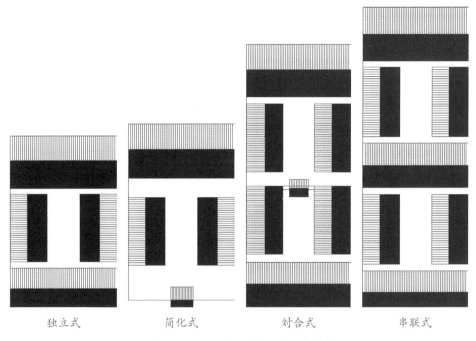

独立式　　　　　简化式　　　　　对合式　　　　　串联式

图3-2-32　原型及其相似的基本模块

2. 院落的变体与转化（扩展与链接）

以四合院为原型的各个院落，根据不同的建造时间与功能以及社会经济与地理条件而产生出不同的变体。

（1）院落自身的拓展方式

院落自身横向的拓展方式称为"跨院"。常见的跨院多建于主体院落的左侧或右侧，沿纵向轴线方向根据主体院落纵向进深的大小而建造相应间数的窑洞（或房屋），若主体房屋规模较大，一般由倒座两侧的抱角天井进入，也有在倒座一侧为跨院单独开辟偏门的。若主体房屋规模较小，也有在厢房中部开辟通道连通的。跨院多做附属用房，一般用来安置仆人或存放物品，甚至饲养牲口，故建筑等级较低，很少顾及朝向、采光、通风，建筑品质也相对较差，更没有华丽的装饰。

（2）多进院落的组合方式

建筑的基本单元承载了住宅最重要的使用功能，即起居与接待来客，这一部分也是占住宅空间最大的部分。住宅整体的形态变化必然由构成住宅的基本单元组合产生。规模较小的院落多采用一个基本单元加上一些附属用房，如厨房、厕所、杂物房等构成。规模大的院落在院落建设时就已经对每个院子进行排序，并对大规模的附属用房进行整合后统一布局。在院落组合排列的过程中运用了两种组合手法，即相接与交错。

相接：两个基本矩形单元可以横向并排相接，也可以纵列串联相接。横向并联产生的序列中体现的是平等的连接关系，不讲求层次，合院单元之间也常有巷道相连。纵向串联产生的序列中则常常体现出一定的等级层次。院落等级由内向外从高到低、由主到次，附属用房则只能归于主体院落外围纵列的一侧，保持严整的合院格局，同时也体现出院落主人的身份与地位。在中村，这种纵列的规模不大，也不多见。

交错：两个基本矩形单元位置错动连接在一起。合院单元之间根据功能和次序等因素相互交错排布，并且单元朝向各不相同。交错的连接产生了更丰富的空间秩序，合院单元之间也有多种连接方式，如巷道、院子、花园等。交错的方式打破了院落内部组合序列的严格限制，创造了灵活多样的空间形式，也使得住宅在演变发展过程中更加灵活自由。每个变体生成和转化的过程似乎并没有什么必然的规律，但是将中村内留存的各个院落形态做系统比较时，就可以发现这些变体之间呈现出一个秩序明确的序列，这一序列与社会规约呈现对应的关系。第一，尺度的序列性与建筑在社会象征意义上的重要程度相对应。在这一层关系中，经济上的差别已不再是决定因素。中村的崔府君庙（大庙）就具有绝对的压倒性的尺度，不论平面布局还是建筑形制，即便是申家最显贵的拔贡院也不敢逾越。第二，拓扑转换产

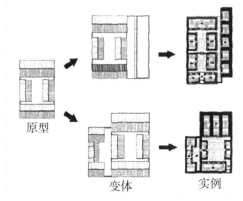

图3-2-33　院落自身的拓展方式

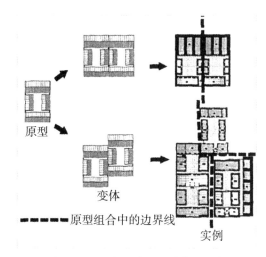

— — — — 原型组合中的边界线

图3-2-34　多院落之间的变体方式

生的空间形态的灵活性不能等同于完全随机的结果。纵观中村内各个四合院模块可以发现，它们呈现出灵活多变的序列特性，在这一序列中灵活性随建筑物等级的提高而降低。而建筑的布局与形制，随着社会地位的不同，差别也是相当明显的，最大与最小的院落进深相差1.5倍还多。这样的序列存在基于社会的等级特性，同时也使得环境更易于被接受与认可，更是空间场所感的直观体现。第三，不同的装饰层级也形成序列，民居中包含的装饰要素与形式不多，但其作用与意义对民居有深远的影响。通常可以根据一户宅院的装饰程度来判断主人的社会地位与建筑的使用功能。

（八）民居的构成要素与功能分析

中村民居院落的规模与形制相差不多，构成院落的基本元素有：院子、正房、厢房（与配房）、倒座、大门五个部分。对于多进的院落，还有位于院子中央的厅房（过厅），厅房可以被认为前院的正房，因此将放在正房的章节中一并论述。通过将这几种基本元素组合，形成中村独特的民居形式。

1. 院子

在中国传统建筑中，建筑群里的每个组成单元基本上会围绕一个中心空间（院子）组织构成。这个原则一直沿用了几千年，成为中国民居建筑主要的平面构图方式，而中国传统建筑从开始发展到今日基本上受这一理念的作用。

如前所述，中村四合院的内院呈矩形，内院的长宽比明显大于晋中地区四合院的长宽比。大多数中村的传统院落中，居民们习惯于在院中种植花卉，不仅提升了院主人的生活情趣，而且为

图3-2-35 充满生机的院落空间

历史悠久的传统民居平添了生机。中村的传统民居内院大多由方砖墁地，方砖低于建筑台明一砖高，这样可以防止下雨时院落积水倒灌屋内。

院子是平面功能与流线组织的中心，也是空间构成的中心，其重要性不逊于房屋。院落作为一种封闭环境中的开敞空间，为各种户外活动提供了场所。同时，院子是处于内外空间之间的一种过渡空间，现代建筑词语称此空间为灰空间。它既没有外界环境那样随意自然，又不同于室内环境那般闭塞拘谨。与生俱来的双重身份造就了院落空间的双重特性，在引入自然因素的同时呈现出一定的序列感与规整性。这样的双重特性要求院子在功能和技术上满足更多的双向要求，不仅为建筑采光、通风、防沙等要求提供了条件，而且还具有一定的场所意义，是居民进行家务劳作、闲暇小憩、接客待友等活动的首选场所。

2. 正房

正房是住宅构成元素中最重要的部分，占据了整个院落最好的朝向和位置。中村的传统院落中，宅门—院子—厅房—院子—正房的序列关系到正房结束，正房是院落层级关系中的最高等级。在院落内，各个房屋的屋脊高度由外向内逐渐升高，取"连升三级"之意，表示家族的繁荣昌盛，后继有人，这从一个侧面反映了人们向往仕途与望子登科的美好愿望。作为层级关系的终点，正房的使用功能相对单一，主要用于生活起居，相当于今日住宅的卧室，因此对私密性的要求也最高。

中村的传统民居中，正房有一层或两层硬山及覆土窑洞等形式，多数都比倒座和厢房高，个别与厢房同高。正房建为两层的，二层正面开通

图3-2-36　"连升三级"实例

图3-2-37　拔贡院正房照片

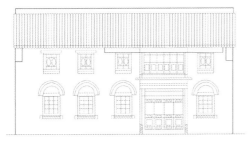

图3-2-38 拔贡院正房测绘

图3-2-39 中村的窑洞式正房

图3-2-40 中村的窑洞式正房测绘图

高的窗，层高较低，约 2 米。敞开窗户，空气可以自由流通，既可以隔绝地面的潮气，又可以保持室内通风干燥，故多用来储藏粮食和堆放杂物。正房的二层不与厢房二层相通，功能较为独立，与一层连通的楼梯通常设在正房的稍间内或设在正房与厢房之间的抱角天井内。正房的一层通常较为宽敞，有时局部做檐廊，层高较高，凸显了室内空间的豁达感。正房为一层的，则室内空间更为高大、敞亮，梁架做彻上明造，彰显院落主人的气度和性格，是传统民居中木作的典范。

正房的开间多为五间，院落基址小的做三间。正房三开间的通间，分间不做分隔，称为"四梁八柱"；正房五开间的，要隔出两边的两间。在规模较小、形制较低的院落中，正房常常做成覆土窑洞的形式，窑脸做得很大，室内进深可达 10 米。其经济、节能和融合生态环境的生土建筑特色颇引人注目，是该地区百姓喜爱的建筑类型，但存在窑内较为潮湿、通风不畅、空间组合受限等缺陷。

正房的立面形式由于建筑类型的不同大致有两种风格：一种是明间或当中三开间均以隔扇门分隔，门框两边内侧分设石柱一根，石柱上端承门中槛，下端连接柱础。其余部分以砖石墙面为主，在各次间与稍间开有方窗，上为半圆形砖拱过梁，当心间二层为六扇木质雕刻直权窗，其余开间均开窗两扇。檐下多用斗栱做装饰，斗栱形制较低，只出挑一踩。强烈的敦实感因门窗的灵动而略显弱化，二层的雕花窗作为点睛之笔给整个里面带来丰富的变化。这种立面形式虽因开窗面积较小影响了采光，但同时也节省了木材，是中村中大量存在的正房形式。另一种是以窑脸的形式出现，窑脸上部饰有砖石拼花，同样非常美观。

3. 厢房与配房

中村古民居中的厢房大都是砖砌筑的,屋顶为硬山双坡式。厢房多为二层,一般屋脊低于正房屋脊。厢房分东西两侧布置于正房前,面阔、进深与架数均低于正房,而构造方式与正房相仿。厢房多为成年子女居住的地方。中村传统民居的厢房形式比较单一,都为三开间,立面形式基本与正房的第一种风格相同。明间开门,门为木板门,门两侧有门框而无石柱,两个稍间开有方窗,窗上为半圆形砖拱过梁,二层明间为木质雕花隔扇窗,尺度明显小于正房隔扇窗。厢房的立面呈居中对称布局,这种形式显得呆板而缺少变化。厢房的开窗面积较大,改善了室内的采光和通风效果。厢房的室内大都隔出一个稍间作为厨房、储藏室等,通往二层的楼梯也都设置在此,明间与另一稍间连为一体,作为起居室使用。中村传统民居中曾有窑屋混合结构的建筑,可惜现已坍塌。

配房较多用于两进院落的第一进,与一进院落中厢房的位置相同,主要实现辅助、会客等功能。由于两进院落的第二进院落中另设有厢房,故配房建为一层的情况较多,里面造型和平面尺度均与厢房相仿。

4. 倒座与大门

中村的倒座一至二层的均有,因而屋宇式门洞也有一层与二层之别。倒座的高度依据不同的院落属性而建,即便如此,也会低于院落中其他建筑,开间数基本与正房相同。居民一般将倒座房间作为厨房、储藏室等辅助用房。

大门在倒座中的位置一直受到商家的重视。中村内传统民居的倒座由于使用的不同以及风水理念的制约基本呈现出三种不同的形式:第一种

图3-2-41　拔贡院厢房照片

图3-2-42　拔贡院厢房测绘图

图3-2-43　拔贡院配房照片

图3-2-44　拔贡院配房测绘图

图3-2-45　随墙门

图3-2-46　居中布置的屋宇式大门

图3-2-47　间布置的屋宇式大门

图3-2-48　影壁

由于商业功能的需要，倒座被用来作为店铺铺面，打破了院落封闭性的常规。如拔贡院的倒座紧邻村落中的主要街道，建筑完全按照具体的使用功能进行改造。为了满足店铺经营的需要，在院的倒座中打开五个开间作为店铺门脸，形成前店后寝的巧妙格局。第二种，倒座的正面仅有明间或东稍间开设宅门，其余各处均无门窗洞口，面向院落的一侧则照常开设门窗。第三种，在没有倒座的合院中，在倒座的位置上建一间随墙门，其余皆用院墙代替，此类宅门位置居中，与正房同在中轴线上。

屋宇式宅门大都装饰精美，门框的位置类似如意大门，设在离墙面50~80厘米处，下有门枕石，有些宅院会在门前设置抱鼓石，中村大门装双扇木板门，门额上方有匾额，匾额上方的梁枋均有精细的木雕装饰，有的还有斗栱彩画装饰，非常精美。有的宅门门洞前专门做有挂落式的罩，既增加了门洞的层次感，又美化了入口空间。随墙门则一般为硬山双坡，单开间。在一些简陋的院落中，由于形制较低，随墙门建造得极为粗糙，没有斗栱与雕刻做装饰，仅是一条过梁下设置两扇门板。

中村的宅门内少有影壁，仅3处院内有一块独立设置的砖拼花影壁，其余宅内很少见。

（九）申家大院的空间形态分析

1. 风俗习惯对民居空间尺度的影响

中村的建筑空间尺度在很大程度上受当地风俗习惯的影响，村中大部分建筑均建为二层，上面一层的层高只有1.8~2米，并且主要用于存储粮食。

2. 使用空间、导向空间与节点空间的形态分析

申家大院中现存完好的院落有 7 座，根据那些塌毁院落的遗迹，可以复原出申家二十四院的风采。申家大院中的 24 座院落虽然合为一个大院，但其中的每个院落又各自独立，有完整的院落构成体系和组成要素，它们之间既相对封闭，又互相连通。

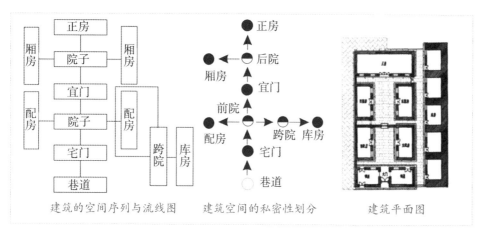

建筑的空间序列与流线图　　建筑空间的私密性划分　　建筑平面图

图3-2-49　实例一盐店院空间序列与私密性分析

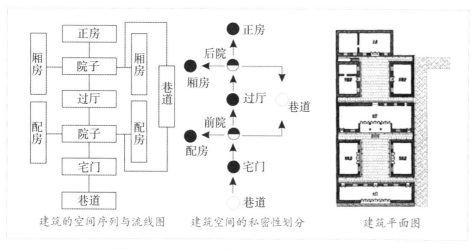

建筑的空间序列与流线图　　建筑空间的私密性划分　　建筑平面图

图3-2-50　实例二盐店院空间序列与私密性分析

空间轴线分析：申家大院在整体的空间布局上以两条南北向的轴线为主进行建造，两条轴线通过自然的地形连接在一起。东边轴线以商家始，不论从建筑布局还是细部装饰，都体现出商业文化对民居的影响。西边轴线串联的院落更多地体现了血缘聚落中伦理对民居的影响。西轴线周围地势较低也相对平坦，由最南端的两座商宅开始向北延伸。两座院落之间是一条公共的巷道，巷道南端建有门洞，轴线由此向北串联着主体院落的第一个院——前头院。院内建筑均两向开门，形成一片院落内部相对开敞的空间，增加了家庭成员的互动

院17
院16
院15
院14
院13
花园
院18
院19
院20
院21
院24
院23
护院楼
院22
院6
院5
院1
院2
院3
院4
院9
院8
院7
院10
院12
院11

1-场院
2-窑院
3-东窑下院
4-东庭下院
5-三节楼院
6-中庭下院
7-东庭院
8-中庭院
9-中庭后院
10-东庭后院
11-牛棚南院
12-牛棚北院
13-东窑南院
14-东窑中院
15-东窑北院
16-后宅东院
17-后宅西院
18-七星窑
19-裙楼院
20-北庭院
21-前头院
22-小西院
23-盐店院
24-拔贡院

图3-2-51　申家二十四院屋顶平面复原图

图3-2-52　申家二十四院复原模型

性。再向北是一个花园，花园的东侧建有库房，相传是用来贮存黄金的；花园西侧临街原有一列建筑，专为申家女眷设计，有三层之高，且向外开窗，供女眷节日时观赏街景用；花园后面是两座以居住为主的院落及东轴线的后门，由此出院向西连通后沟街，向东可至申家祖坟。这条轴线所连通的这些院落整体呈现出开放—半开放—私密的空间组织形式，这种组织形式通过建筑的功能得以体现。沿东庄街向东越过关帝庙便可看到由东轴线贯穿的三组院落——中厅组院、东厅组院与牛棚院。前两组院落分别由3个独立的院子并排构成。6个院落紧密相连，由南向北，院落的形制等级逐渐升高。6个院落的北端地势骤降，申家利用地势在此修建窑洞，并组建了两个牛棚院，作为整个宅院的辅助用房，安置家仆与饲养牲口等。东轴线由南向北建筑形制由窑洞—房屋—窑洞构成，通过建筑空间体现长幼尊卑。

　　节点与导向空间分析：整个院落总共有3个空间节点，其一是两个轴线之间的关帝庙，虽然在"文化大革命"时期被毁，但基址尚存。据村中老人讲，关帝庙原为窑屋混合结构，下面两层是窑洞，最上面一层是木骨架房屋，是全村最高的建筑，发挥着看家楼的作用。此楼的位置介于东西二轴线之间，大院的地形到此突然升高4~5米，既为西轴线南部开放空间做了结尾，又为东面封闭私密的空间营造了一道天然屏障。其二是开敞与封闭的交点——前头院。西轴线开端有一个导向空间，它是拔贡院与盐店院之间的门洞与巷道，巷道空间较窄，只有2米左右，由于两侧建筑立面高大，更凸显出巷道的狭窄。然而，

图3-2-53　前头院西厢正面

图3-2-54　前头院西厢背面

曲折狭窄的巷道更具有神秘性与导向性。连接巷道的便是前头院，院子空间较大，四通八达，不仅在倒座与厢房，厢房与正房之间的院墙上开有门洞，就连建筑本身也是双向开门开窗的，甚至将正房的一间开成通向后院的通道。两个相互对立的空间在此彼此渗透并融为一体，从而得到一个有双重属性的灰空间。其三是后院的亮点——小花园。小花园位于西轴线的北部，作为一个室外空间连接着四个居住空间，因此这一空间具有极强的向心性，四面的封闭空间提升了此处的活力与作用。

3. 申家二十四院院落组成的层级关系

中村的申家大院是由24个院落组成的一个院落群组，在整个院落群组中，由单个院落通过空间组织手法构建。除了严整的合院空间外，在组合的过程中产生了一定的组织法则——序列。有序列就有先后、贵贱，也就有了层级。中国传统建筑的层级关系不仅反映出家族内部血缘关系的长幼，而且也是各成员社会地位的物化结果。中村古时人才辈出，家族兴盛，然而申家大院却不是几天建成的，在建造过程中，族员的自我定位决定了最终大院的组织形式，同时也反映出当时人们的建筑思想。

申家二十四院的组织形式集中体现了四个层级，即官、商、长、库。

官：在古代，社会为百业划分出等级。"士、农、工、商""万般皆下品，唯有读书高"等都说明官员的社会地位很高，做官是光宗耀祖的最高等级表现。受等级观念的影响，晋商中的很多人甚至捐钱买官，可见做官在老百姓心目中的地位之重，官家的宅院也就理所应当是村中最高贵宏大的。申家大院中便有一处官宅——拔贡院，位于十字街街口处，占据整个村落最好的位置，整个院落布局严整，面阔七间，形制明显高于其他院落。院子坐北朝南，门前立有彰显原宅主功名的石旗杆一对，现仅存石基座，倒座则为申家当铺总店。院中建筑皆用斗栱，院落开敞明亮，过厅内还搭建了小戏台，可见院主人当时之地位与财力。

商：雍正三年（1725年），山西巡抚刘砖义奏称："山右积习，重利之念，甚于重名。子弟之俊秀者，多入贸易一途，其次宁为青吏，至中材以下，方使之读书应试。"由此可见山西人重商的传统。在申家的大院中，用于经商的院落也凸显其地位和作用，如盐店院。盐店院布局为典型的"棋盘院"，与拔贡院并列于整个大院的最南端，其地位之高可与官宅并驾齐驱。盐店院内部布局最独特的部分是院落右侧专门为贩盐而建的仓库，仓库是顺地形而建的一列7孔窑洞，窑脸高度可达7米，可见申家经商规模之大。

长：长幼有序，在中国传统理念中是很重要的一条行为准则。申家大院靠近东庄街的一侧有一组院落，位置较偏，但是建造与别处明显不同。门屋高大敞亮，向内建有檐廊，檐部施斗栱并且还有补间斗栱，整个内侧皆开门，梁架施彩绘，其余细部雕刻无比精美。此处建造较早，应是申家德高望重的长辈居住之所。由此院落布局与建造特色可以看出长者在家族中的地位与威望。

库：申家大宅一个突出的特点就是偏院跨院多，建造庭院喜建跨院，跨院的最大用途就是做库房，存放各种贩卖商品与金银珠宝。经商出身的申家不仅在自家小院兴建仓库，并且在大宅内建有独立的仓库用于贮藏物品。七星窑院就是这

图3-2-55　拔贡院中厅

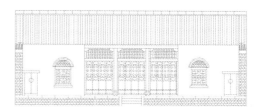

图3-2-56　拔贡院中厅测绘图

样的用途，据说曾经是申家的金库。由于此院的用途特殊，便将此院建于整个大宅的中心位置，既可以保障安全，又不会太显露。

上述四个层级可谓申家大宅的四个亮点。建造中，由于各个宅院属性不同，有的气势宏大，有的朴素内敛，不同的处理手法造就了申宅空间的多样性。置身其中，更多的是惊叹古人的智慧与技术，以及那种"山重水复疑无路，柳暗花明又一村"的空间感受。

（十）民居的建筑技术分析

1. 墙体与楼层的构造做法

明清时代的中村民居有两种承重结构体系。一种是以砖墙砌筑出建筑的主体结构，不仅用来维护房屋成形，而且承重。村内大多数民居建筑均采用这种构造方式。这种承重体系的砖墙直接承接架构屋顶的梁，砖墙多采用顺砌，整齐牢固，局部使用石柱替代木柱成为此处民居独有的特色。二层的楼面由粗壮的木质梁架支撑，梁架上铺木楼板，木板上又铺一层很薄的方砖，使得二层室内楼面平整牢固。另一种是覆土窑窑洞，这种窑洞不是挖掘原始土层成洞，而是用土坯、砖石砌出拱形洞屋，然后再覆土掩盖，分土基窑洞和砖石窑洞两种。

2. 屋顶与屋架的形式

中村的传统民居中采用抬梁式结构的屋架，用一榀榀梁架组成三至五间的单体房屋。进深较小的厢房或倒座也有用三架梁的形式，由于建造房屋时就地取材，大多数的房屋中承托屋架的梁都不是笔直的木料，而是向上拱出一个弧度。中村的传统民居除窑洞外均采用两坡硬山的屋顶形式，与晋中大院的屋顶形式明显不同，主要是因为气候。晋中多风沙而少雨水，而长治地区雨水较多，两坡顶的形式可以起到迅速排走屋面雨水的作用。

3. 院落排水与防水的处理

明清时期，中村一带气候湿润，雨水相对较多，但由于中村民居的屋顶都是双坡顶，因此流入内院的雨水量比同样的单坡顶要少很多。中村很多古老的民居院落中都用青色方砖做小坡度铺地，将雨水导向临近厢房处侧门下的暗沟，院落内通常并不做明沟或者暗沟的排水，只是院落幔砖做出台明以泛水之用。整个院落的最低点设在厢房或配房一侧的侧门处，门洞下做排水沟将水排出院外，流到街巷里，街巷中基本采取无组织排水。

院内的房屋一般比院落地平高出一段距离，建有台基，台基大多数情况下用较大的条石砌筑，这样就可以有效地起到防水、防潮的作用，而且可以有效地防止院落积水对墙体的侵蚀，保证墙体稳定。

4.地暖与拱券的使用

据村里老人讲述，"文化大革命"时期，在拆除一些院落时，发现院子的下面有着复杂的烟道相通，在烟道的尽头还有很大的炉灶。据说，当时院落中的居民不用明火取暖，而是采用类似于现在城市中所采用的大面积集中供暖系统，通过烟道供暖，可以说是早期地暖的一种形式。可惜的是，由于大部分烟道已经拆毁，现存的痕迹不足以还原原有的地暖系统的工作过程，我们只能在感叹声中对这种在当时来说较为先进的技术工艺做一些想象了。

中村的民居中很多都采用券拱的技术，如天圆地方窗、窑洞、门洞以及佛龛等。主要以圆拱和弧形拱居多，在门窗上常见的是弧形过梁。这种用砖石替代木材的现象说明当地木材短缺。然而，天圆地方窗使用的券拱技术却较为特殊，拱形的部分均用砖石填堵，而不做成窗扇的一部分使用，这样的独特设置是工匠们吸收外来技术与艺术后对券拱技术的一种改造。

5.装饰艺术

中村的民居建筑中，装饰艺术主要体现在三个方面：雕刻、铁艺、匾额。中村的雕刻艺术以木雕、石雕居多，砖雕相对较少。木雕主要体现

图3-2-57　天圆地方窗

图3-2-58 民居中的木雕

图3-2-59 民居中的砖雕与石雕

在木质门窗花格的雕刻、梁枋的雕琢，以及对斗栱的修饰。石雕大部分体现在抱鼓石、柱础、石窗台板等的雕刻。砖雕基本只存在于墀头、砖拱券、脊瓦上，其中脊瓦的雕刻又最为突出。雕刻喜用花草、蝙蝠、鹿、凤凰、如意等预示吉祥的图案。

铁是当地出产的一种资源，对铁的制作可谓历史悠久。明清时期，村中建有铁矿，虽然早已封矿停产，铁矿的坑口仍旧留存，其中还留有炼制铁矿的铁渣。铁艺主要体现于门辅首、护门板、门环以及马车上的装饰构件。

中村的传统民居中，家家户户都会在门口悬挂匾额，木质匾额大小基本一致，大约1.5米长、0.7米宽，匾额上书写着院落主人对家族的愿望与勉励的词语。

（十一）聚落公共建筑分析

聚落中的公共建筑为生活在聚落中的居民提供了相互交往的活动空间，它是聚落组成的重要元素，也是宗教信仰与社会习俗，以及血缘、业缘等可以影响聚落发展的因素的集中体现。在中国古代，不论这些公共场所是庙宇、家祠，还是戏台甚至水井，它们的使用都受到约束。尽管如此，人们在公共建筑中所进行的有限交流也推动了乡村文化的发展，同时，这些建筑还是当地建筑技术与民间工艺精华部分的集中体现。

中村的公共建筑系统比较单一，均为庙宇建筑。村中原有8处公共建筑，现保存完好的只有崔府君庙了。崔府君庙的建造年代较早，可以追溯到唐代，而史料记载最早的整修年代是明代正德年间。从那时起，崔府君庙的主体结构经过了数次大的整修，最后一次是民国八年（1919年）。

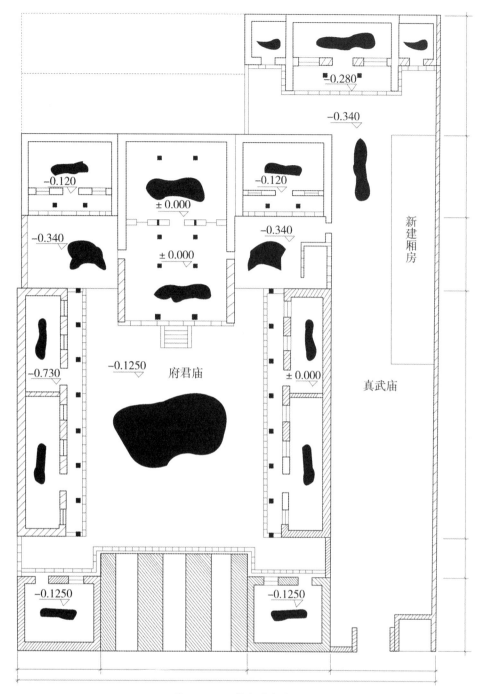

图3-2-60 崔府君庙平面图

崔府君庙是祭祀唐代县令崔珏的庙堂。据《长治县志》记载,府君姓崔,名珏,字元靖,乐平(今昔阳)人,唐贞观七年(633年)考上进士,曾任长子县令,因有功德于潞地,当地人民建庙祀奉他。安史之乱后,因其曾显灵于玄宗,被封为灵圣护国侯。宋仁宗景祐二年(1035年),加封为护国显应公。元符二年(1099年),改封为护国显应王,故亦称显应王庙。

图3-2-61　崔府君庙中的戏台

图3-2-62　崔府君庙中的献殿

图3-2-63　崔府君庙中的廊房

图3-2-64　崔府君庙中的入口立面

　　崔府君庙坐北朝南，一进院落布局，中轴线上建有山门（上为倒座戏台）、献厅、府君殿，两侧分别建有东西厢房7间。院东另辟一院，前为魁星阁，后为真武庙，总占地面积1985.76平方米。戏台作为聚落中最重要的娱乐活动场所，通常也是庙宇的重要组成部分。大庙中的戏台是村中唯一的一座戏台，它与山门融为一体。山门有两层，采用砖结构，首层用砖砌，其中开辟3个通道作为门洞，每一门洞均设双扇板门，中间的门额上有透雕花饰，两侧的门额上则饰有华板、匾额。山门的二层便是戏台，反向与正殿相对，面阔三间，进深四椽，单檐硬山顶。戏台的这种设置手法在山西地区较为常见，这样既节约土地，充分利用空间，又可以达到突出山门的效果。大殿由抱厦与殿堂组成，抱厦面阔三间，进深四椽，单檐硬山顶，石质雕花柱础上承圆形石柱，屋顶布筒板瓦，屋脊缺失严重。殿堂比抱厦略宽，进深六椽，其余均与之同。崔府君庙右侧的真武殿建造年代较早，破损也较严重，面阔三间，进深六椽，建有前廊，同样是石柱支撑。

　　崔府君庙作为中村最大规模的庙宇，深刻影响着居民的生活，从庙内遗存的石碑可看出曾经为其修葺而捐资的中村人有很多，这座庙宇在人们心中拥有着非常神圣的地位，甚至至今仍有一些妇女对它心生敬畏。崔府君庙占据了中村非常重要的位置，它处在古商道的最北端，是商人的必经之路。由此，庙宇的作用更加突出，不仅本村居民前来跪拜，而且途经此地的商人为保平安也会慷慨解囊，庙中石碑记载有祁县商人为此庙进香捐资的事情。

二、介休市张壁村

（一）可罕庙和魁星楼

可罕庙是南门庙宇群的主体，也是张壁村最古老的庙宇。明天启六年（1626年）《重修可罕庙碑记》载："此村唯有可罕庙，创自何代殊不可考，而中梁[1] 书'延祐元年重建'云。"延祐元年（1314年）已是重建，则可罕庙至迟创建于14世纪初年。

图3-2-65　可罕庙纵剖图

庙建在南门里龙街西侧一个黄土高台之上，台面大体呈长方形，南北57米，东西28米，周边有胸墙。南缘凸出堡墙之外，高8米，北缘临大东巷，高也是8米。

可罕庙土台台面又分为3个高程。正中部分最低，是一个20平方米的院子，东西两侧各有4间厢房。北面2米多高的月台上是庙宇正殿和钟鼓楼。正殿三开间，通面阔10米，硬山顶，有前檐廊，两头各有一间耳房。屋顶曾遭破坏，重修后龙吻和"三山聚顶"等均遗失。正殿明间中梁底面题字为"乾隆三十二年（1767年）上梁大吉"。钟鼓楼在正殿前，一对四柱方亭子，卷棚歇山顶，分立左右。1982年确定张壁村为山西省省级文物保护单位之时，钟楼还在，鼓楼已毁。如今，钟楼也已不存，二者都仅存地面上的痕迹。正殿中央坐着刘武周塑像，金身戴平天冠，是称帝时的样子，东侧宋金刚倚立，白面无须，唐尉迟恭侍立，赤面虬髯。东耳房供武财神，西耳房供子孙娘娘，有钱而多子，这是农业社会中的最高生活理想。

与正殿相对有一座戏台，硬山造，三开间，通面阔8米，通进深6米，中梁底面题字为"乾隆三十五年（1770年）上梁"。紧贴戏台后墙是一个随戏台通面阔的平台，突出于南堡墙之外，比中央院落

---

[1]　中梁即脊檩，张壁村庙宇，不论山门、大殿、偏殿，都在脊檩底面书写上梁的年月日和时辰。

图3-2-66　可罕庙西耳房中子孙娘娘像

图3-2-67　可罕庙明间檐柱头雀替、龙神横置

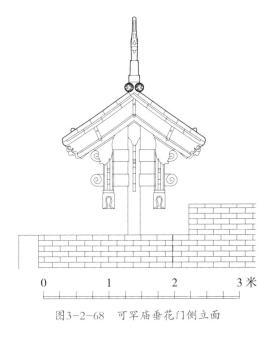

0　　　1　　　2　　　3米

图3-2-68　可罕庙垂花门侧立面

高4米。从东厢房南山墙边上的石级上去，石级上端立着一座双柱牌楼，精巧华丽。牌楼戗柱柱墩上雕有石猴。张壁村的石雕中，猴子的形象很多，非常活泼可爱，灵气十足，而且造型简洁精练，艺术水平很高。在这块宽阔的平台上，东端有一座六边形的魁星楼，即文昌阁，在可罕庙东南。道光十一年（1831年），《重建奎楼山门碑记》载："村南罕王庙巽地旧建文昌魁星楼，历有年矣。嘉庆戊辰岁（1808年）移建村外。"移建的地方即在村外东南角。但是"不几年而基址毁裂，意神灵之不欲迁移，而旧址之究属安吉耶"。经张礼维动议，文昌魁星楼"仍于村内旧址建立。旧址颇窄，因复广地基若干，又从而砖砌之。下接砖窑二间，上建阁三楹，高插云汉。旁立灯杆一座，元灯不坠。而理问张思谦又施北门外地二亩以供香火焉"。由碑文可知，戏台后的高台于道光年间为重建魁星楼而拓宽，新拓部分建在两孔砖窑之上。用砖窑抬高找平房基地，这种做法在山西很常见。由于村子地形南高北低，这部分抬高了4米之后，南缘才保持对外8米的高度，有利于防御。

碑记中说重建的魁星楼"建阁三楹，高插云汉"，说得很不清楚。郑广根先生说，魁星楼是六边形的，三层。20世纪40年代，日本侵略者占领张壁村，曾将它当瞭望哨岗，1941年又把它拆掉了，现在只见地面上有六边形的痕迹。

可罕庙正门在西厢房的南端一间。门外有影壁，转弯便是一个由北向南的大坡道，紧贴龙街东侧，庙门上题额为"齐云"。嘉庆八年（1803年）春末，可罕庙土台北缘塌数丈，同年修复。"崖仍用土筑而坚固倍之。西崖临街数丈易为砖墙，上

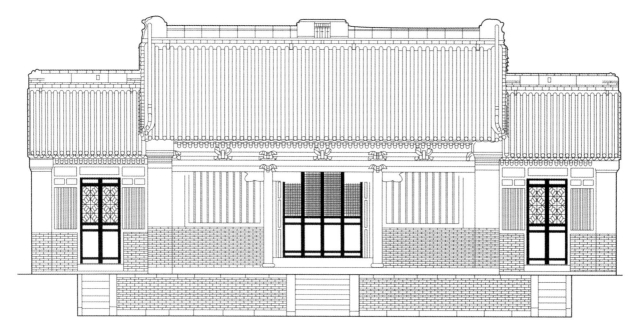

图3-2-69　可罕庙正立面

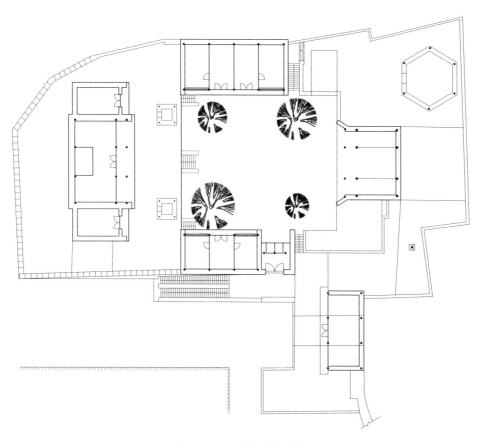

图3-2-70　可罕庙平面图

庙行路尽修为砖阶……又于庙院中空地新增一茅窑，而奎楼下茅房、驴圈尽去，人心为之一快。试由街层级而上，入庙四顾，巍然焕然，孰谓振旧而非新增耶？"（嘉庆八年《补修可罕王庙碑记》）

（二）西方圣境殿和地藏堂

从可罕庙戏台之西的一道石级，可以上到南门永护门的顶上。南门门洞深达9米，顶上平台南北宽9米，东西长20米，颇为宽阔。门洞正上方有一座三开间悬山小屋，有前檐廊，通面阔9米，进深4.2米，坐南面北，这便是西方圣境殿。西山墙前，有一方《重修金妆西方圣境》碑，碑记载："本堡南门顶左有西方圣境，殿宇三楹，历年已久。"此碑记写于雍正九年（1731年）。关于殿的创建年代，据碑记，康熙五十九年（1720年），"纳子"传学起意修葺金妆，雍正八年、九年，各项工程次第完成。"登斯堂也，睹斯境也，西方如接。斯人口口之念有不勃勃欲动者乎？"由此可见，殿内原有描绘或仿制西方圣境的壁画或模型，是佛教的净土宗一派。

据《重建奎楼山门碑记》，道光十一年（1831年），曾同时建造地藏堂、眼光殿、吕祖阁、龙神庙和北门外葫芦颈的照壁。其中，地藏堂就在南门顶平台的西北角，坐西向东，现在已不存在。按佛教说法，地藏受如来佛的委托，作为"幽冥教主"，负责普度地狱众生。地藏立下大愿：地狱未空誓不成佛，众生度尽方证菩提。因为有这样崇高的善心和决心，其与大慈大悲观音菩萨一样，受到人们的尊敬，顶礼膜拜。

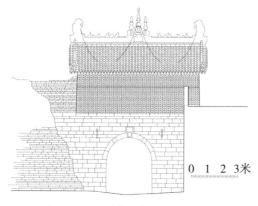

0 1 2 3米

图3-2-71　（南门）永护门正立面

（三）关帝庙

南门外不到 10 米，正对南门而略微偏东一点，是关帝庙。康熙五十年（1711 年）《关帝庙重建碑记》中有一则很有趣的神话作为张壁村建关帝庙的缘起。碑记载："我等遭明末之时，贼寇生发，寝不安席，附近乡邻俱受侵凌。遇有贼寇来攻，吾堡壮者奋力抵敌，贼不能入。贼曰：'汝村中赤面大汉乘赤马者是何处之兵？'我等曰：'请来神兵剿灭汝寇也。'贼自相语曰：'神兵相助，村中必有善人。'遂欲退去。"乡民们认为，这位乘赤马的赤面大汉，便是关羽。于是"平定之后，村众曰：'吾乡仰赖关圣帝君保佑平安，理宜建庙祀之'"。康熙四十八年（1709 年），一位叫了道的僧人重建了关帝庙。

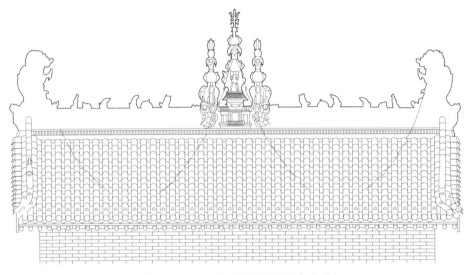

图3-2-72　南门西方圣境殿屋脊大样

重建的关帝庙，"洋洋乎诚一巨观也"。康熙五十九年，几个人出钱更兼募化，砌了砖围墙，墁了砖院地，在庙院东边立了一根旗杆。此外，"更建茶棚一间，以济往来行人之渴"。求茶的行人，大概主要是去绵山的香客，施善便为求福。

张壁村关帝庙，南北长 40 米，东西宽 30 米。正殿坐南面北，三开间，总面阔 8.8 米，进深 6.8 米。明间挂着一块白底黑字的匾，上书"亘古一人"。紧贴其前面有三间献殿，进深 4 米，献殿明间向前凸出一间抱厦。正殿和献殿都是硬山顶，抱厦却是歇山顶，正脊上还有琉璃鸱吻，中央有一串宝珠，很华丽。正殿有耳房，东边是蚼蚄庙，即蝗虫庙，西边是山神庙。庙内原先有一对钟鼓楼，就在耳房正前方。

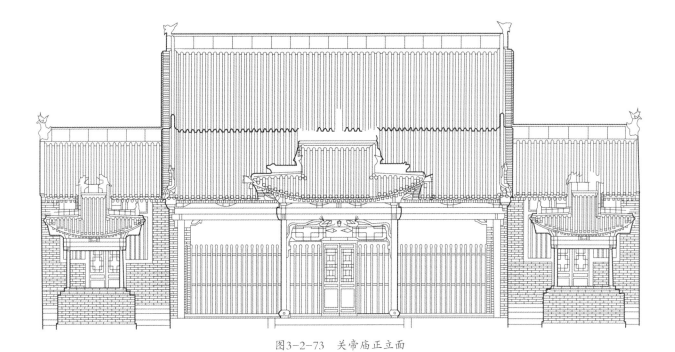

图3-2-73 关帝庙正立面

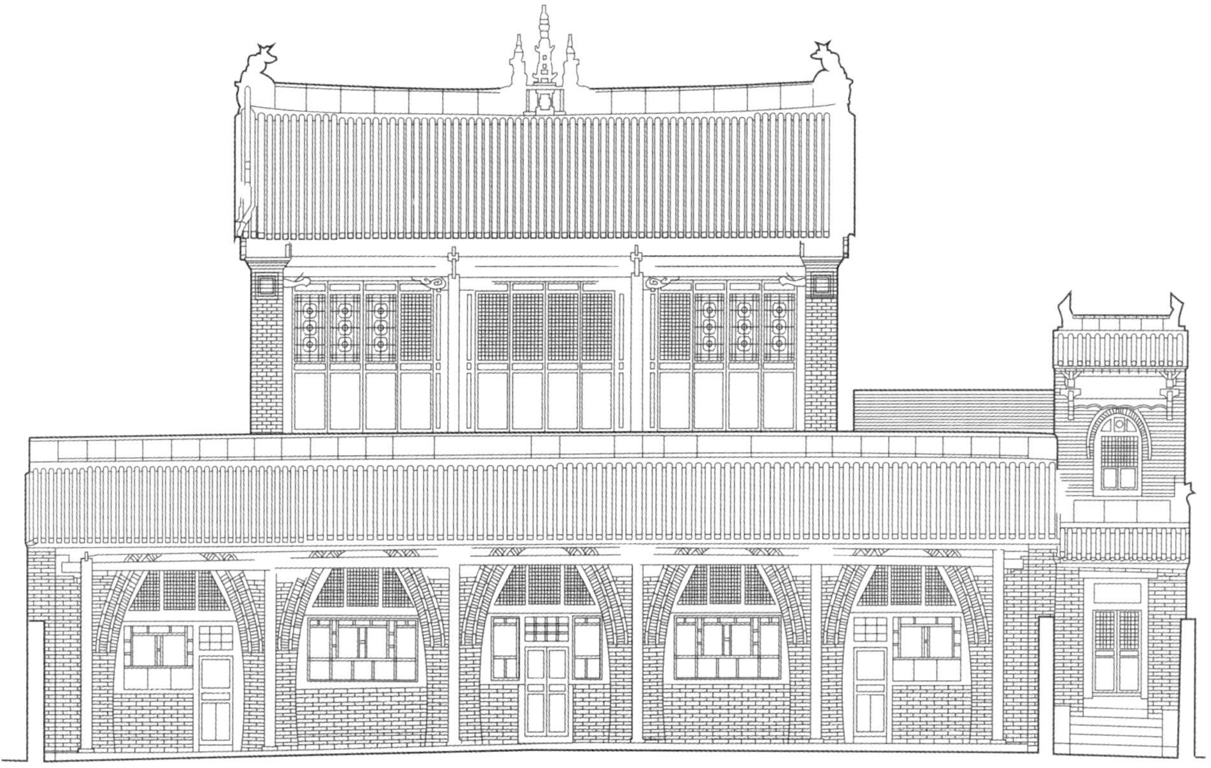

图3-2-74 关帝庙侧立面

图3-2-75　关帝庙壁画　　　　　　　　　图3-2-76　关帝庙正殿檐柱

它们和可罕庙的钟鼓楼一样，也是歇山式的亭子。

关帝庙没有东西配殿，东侧有个小院，它的北头便是可罕庙魁星楼之下的三孔砖窑，西边的一孔是观音堂，东边两孔是给僧人们住的。东院的东墙根前有三间坐东向西的龙神庙，乾隆十一年上梁[1]。山门东侧也有一孔砖窑，与东院的三孔合计四孔。

（四）二郎庙

张壁村人也笃信风水术数。受风水影响最明显的是建造于北门外的二郎神庙和改造北门本身。张壁村的地势南高北低，南北高差竟达 13 米多，而且正中的龙街直冲北门门洞，去水直泻，这很不符合风水术所要求的"蓄积"。所以，至迟在乾隆八年（1743 年）之前，在北门之外 33.5 米，正对着原北门门洞，村民造了一座二郎庙，作为屏蔽，以加强北面的"闭锁"。堪舆家说，幸而有了这座二郎庙，张壁村才成了富庶之乡。但堪舆家又建议："倘此庙而再高数仞，则藏风敛气而兴发是村者当更不知其何如盛也。"于是，村人又纷纷施财，并到南方募化，改造了二郎庙。"旧殿改砌砖窑五眼，窑上新盖正殿三楹，祀以二郎尊神。"（乾隆十一年《本村重建二郎庙碑记》）砖窑五眼，实际上是为三间正殿抬起了一个将近 6 米高的平台。平台东西长 24 米，南北深 8 米。上平台的阶级在东侧山墙外，阶级前有个砖门，门额草书"别有天"三个字。硬山顶，总面阔 10.6 米，进

---

[1]　道光十一年《重建奎楼山门碑记》载有龙神庙的建造情况。此三间侧屋建于乾隆十一年，合理的推测是，当年龙神庙建于旧建筑内，或者道光十一年进行过一次大修缮。

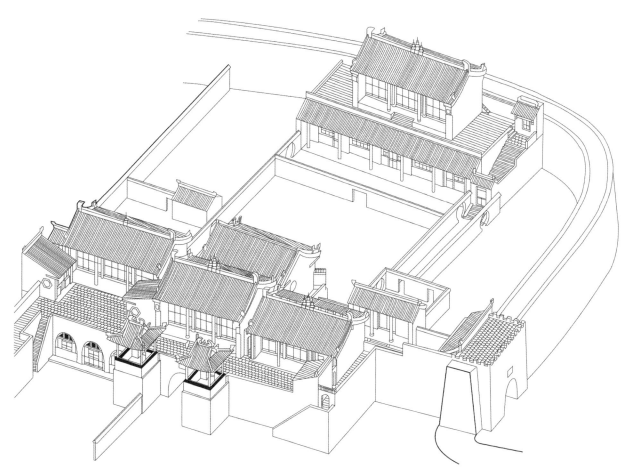

图3-2-77 张壁村北门建筑群轴测图

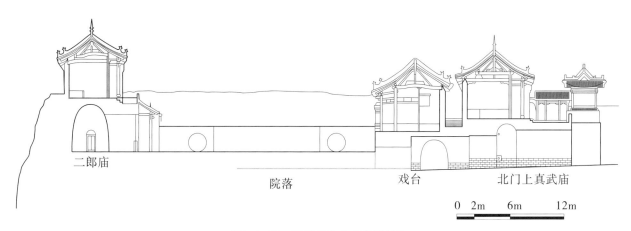

二郎庙 　　　　　院落　　　　　戏台　　　北门上真武庙

0　2m　6m　12m

图3-2-78 张壁村北门庙宇群剖面

深 5.7 米,有前檐廊,此门自地平至正脊高 13.5 米,恰好大致与南门地面持平。正殿明间中梁底面题字:"时大清乾隆捌年岁次癸亥闰四月戊午十八日辛未时上梁大吉大利。"

二郎神是道教的神,关于他有好几种传说,最广为流传的故事是说他本名杨戬,是玉皇大帝的外甥,香火地在四川岷江上的灌江口,主管水,民间常常敬他为保护神。殿内中央塑二郎神立像,持方天戟,但脚下却没有杨戬不可离须臾的哮天犬,额上没有立眼。这便引起后人的疑惑,于是编出了一则故事,说二郎庙最初创建于后汉（947—950 年）,当时的皇帝是刘嵩（刘知远）,他弟弟刘旻图位,在介休张壁一带活动。属下私自给他造庙立像,刘嵩闻讯,派人访查,部属谎称是二郎庙,塑像脚下已经来不及加哮天犬,只好把它放在脚前,匆忙中忘了在额前加一只立眼。墙上的二十四孝图与主题相去甚远,也来不及改绘了[1]。这个故事和刘武周的故事一样,无从考证,只能供谈资而已。

乾隆八年（1743 年）,二郎庙上梁之后,立即在它的对面,背靠北城门,着手建造戏台,当地叫乐楼。为了造戏台,先在北门外造了一个"丁"字门,它有一个东西向的栱门,紧贴在北门外,向东开门洞,叫新庆门,同时又有一个南北向的栱门,延续原来的北堡门。戏台的后半就压在这个"丁"字门上,另一半向北凸出。该戏台为三开间,总面阔 10 米,进深 6.6 米,硬山造,与可罕庙戏台一样,没有后台。被延续的堡门就开在

图3-2-79　张壁村北门庙宇群外观

图3-2-80　奕母娘娘庙

---

[1]　现在的壁画是近年新描过的。

戏台下的正面[1]，同时也是二郎庙大门。据戏台中梁底面题字，为乾隆十年（1745年）上梁。

二郎庙正殿改建并新建戏台之后，乾隆十一年（1746年）《本村重建二郎庙碑记》载："近闻风鉴之至其地者，见其人民辐辏，物阜财丰，辄羡其为富庶之乡，而不复惜其形势之南高北低也。"而且把"北庙与南庙互相掩映"作为得意之笔。

但是，村民们并不十分满意，起意改建"历有年矣"。先是在嘉庆年间又在北门门洞之上造了真武庙，进一步加强屏蔽，并且认为"二郎庙山门直冲村南，不若改建艮方更多停蓄"。于是，道光五年（1825年），张礼维等人起意修理，立簿捐输，封闭了穿过戏台下的门洞，"于北门外旧山门东边新建山门三间"，山门东侧再建门窑一间。这座新山门为三开间，前后有檐廊，中间只隔一片墙，在明间开门，所以，比起从戏台下穿行来，"视前更觉巍焕"。可惜，这座山门现在已经被拆除。

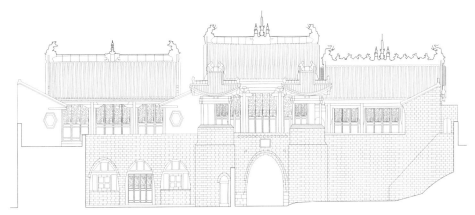

图3-2-81 北门南立面图

（五）真武庙

乾隆年间，二郎庙改建之后，村民们对张壁村"南高北低，去脉颇促"的风水缺陷仍然很不放心，问题恰恰在于"北庙与南庙相互掩映"。这种局势，一是由于"二郎庙山门直冲村南"，二是北门上空王殿和三大士殿之间还有一个阙口，没有封上。于是，在道光十一年（1831年）改建二郎庙山门之前，首先在阙口处，也就是北

---

[1] 戏台台面高于门洞地面4.2米，高于台前二郎庙院内地面2.2米，城门洞高为3.6米，现在很难设想当年门洞是怎样开在戏台之下正面的。

门门洞的正上方,造了一座真武庙。从明间中梁底面题字上可以看出,真武庙建于嘉庆十三年(1808年)。完成这两项工程之后,张壁村风水的改造才算圆满完成。

真武本来叫玄武,它的来历和神性众说纷纭,但以《重修纬书集成》卷六《河图帝览嬉》说的"镇北方,主风雨"为基调,它是北方之神,风雨之神,也就是水神。《抱朴子·杂应》里描述老子形象的时候,左有青龙,右有白虎,前有朱雀,后有玄武。于是,青龙、白虎、朱雀、玄武合称"四象"或者"四灵",并且被搬到风水堪舆的术数中来。南宋人赵彦卫的《云麓漫钞》卷九里载:"祥符间避圣祖讳,始改玄武为真武。"中国各地都以木材为主要建筑材料,火灾是第一大患,阿房宫的楚人一炬给历代的统治者以极深的印象。靠屋脊上的鸱吻来禳火,毕竟神性还不够,于是,真宗封管水的真武为"真武灵应真君"。其地位高出其他三灵,而成为人格神。明成祖进一步封他为"北极镇天真武玄天上帝"。明清两代,在全国各地,包括紫禁城和各衙门中,普遍供奉真武大帝。城市和村落,大多在北侧造真武庙,因为它是北方之神。而且,中国建筑多以朝南为正向,北方正好在"后"面,合于四灵的位置。于是,张壁村在北门门洞之上造真武庙是理所当然的事。当初将空王殿和三大士殿偏在两侧,无疑正是虚位以待。

真武庙也是三开间,硬山造,通面阔10米,进深6.6米,有前檐廊,与空王殿、三大士殿,以及与其背靠背的二郎庙戏台都一样。但它的柱高为3.7米,比左右的庙宇高出将近1米,显得它的地位非同一般。而且,它的屋脊上也有琉璃的装饰、鸱吻和"三山聚顶"。在它的前面,城门洞两侧,从地面起砌出5米高的两个凸出体,上面造有钟楼和鼓楼,都是歇山顶四柱亭子模样。它们映衬着真武庙的高大,而且为其添加了一个空间层次,突显出真武庙的重要。北堡墙和北门洞也在此时重新补砌大块青砖。从龙街上望去,北门和它上面这一大组庙宇,有进退,有虚实,构图有中心,对比明确,色彩斑斓,与300米之外的南门庙宇群遥遥相对,彼此呼应,构成少有的村落景观。

道光十一年(1831年)《重建奎楼山门碑记》载:"吾乡接南山

一带之脉最真……第急脉缓受，地势宜然，而吾乡南高北低，去脉颇促，赖有北门真武庙、二郎庙为一村锁钥；于以藏风聚水，前人之建立诚然也。"风水之说虽是诳语，但一个小小的山村有这样的建筑成就，是值得骄傲的。

（六）张壁村的民居院落

1. 合院模式

宅院的形制其实很简单，和全国各地一样，大多是四合院，少数为三合院。在人口众多、房屋密集的聚落里，内向的合院是最节约土地而又最能保持居住秘密性的住宅形制。四合院的房基地南北长30米左右，东西宽1米，长度大约接近宽度的2倍。正房三开间，没有耳房。厢房也是三开间，后檐墙和正房的山墙齐平，倒座也是三开间，不过开间面阔比正房小，所以在西南端可以有一小条空间用作厕所。东南端开宅门，少数在正中开宅门。倒座的山墙也和厢房后檐墙齐平。宅院大多没有附属的辅助房屋，所以它们的外墙是一个很方正的矩形，四边四角斩裁整齐。正房是砖窑，一明两暗，高度比较高，多数用平顶。窑前有木结构的披檐和檐廊，木雕装饰精致而丰富。两厢和倒座采用砖木混合结构，抬梁式屋架，高为一层半，即有很矮的阁楼层，并且运用向院子倾斜的单坡屋顶，因此外墙直抵屋脊，高近7米。

正房采用砖窑，目的是利用其牢靠的平顶做晒场。在平顶上再造二层的房屋。张壁村现在没有楼房，经调查，至少有4座宅院过去在正房窑上有过楼房，楼梯设在厢房北山墙和正房之间的夹缝里，用砖砌。有少数住宅，倒座也用砖窑，上面造二层，这时便有固定的楼梯，通常在东端有一个很窄的楼梯间。

厢房北山墙和正房之间，除了造楼梯之外，还用来做夏季厨房并堆放煤块等杂物。两厢和倒座的阁楼也堆放杂物，倒座三间则是粮仓和家庭手工业的场所。所以，这种四合院不需要像南方住宅那么大的辅助房屋。

因为正房只有三间而没有耳房，两厢的后檐墙和正房及倒座的山墙齐平，所以，院落南北长而东西很窄。这种窄长院落的形成固然与宅院防御要求有关，也与山西气候有关。一方面，从深秋到早春，几个月时间,晋中多朔风怒号的天气,院落狭窄,利于避风。另一方面,山西产煤,一冬取暖全靠燃煤,人都窝在室内,并不看重阳光;到夏天,狭长院子又很阴凉。

院落地面无均铺方砖,不种树木。因为种了树,院内会太阴。四合院不建倒座便是三合院,以从中央进宅门的为多。

张壁村的四合院和三合院,外观虽然封闭阴沉,院内却有很多装饰。正房、两厢和倒座的前檐都有精细的小木装修,尤其是正房三孔窑洞前的披檐檐廊上。从小巷走进宅院,也就是从一个近于粗砺的环境走进一个近于华丽的环境,从一个严防深拒的环境走进一个亲切平和的环境,一种家的感觉油然暖上心头。这座堡垒便是自己的家,有了安全感,便也有了依恋感。

质量比较高而且至今保存很完整的四合院大多在村子西半部,西场巷贾田荣家是这种宅院的代表。三合院典型的代表是贾家巷的清宁堂。它前面有一个不宽的前院,院门在东面。对着院门,前院的另一端,有一间客房宅门在正中。迎着宅门,前院墙上做了一方照壁,照壁正中嵌一块石板,浮雕着一个很大的"福"字。全村只有这一个"福"字是用石板雕刻的,这座清宁堂因此被村人叫作"石福院"。

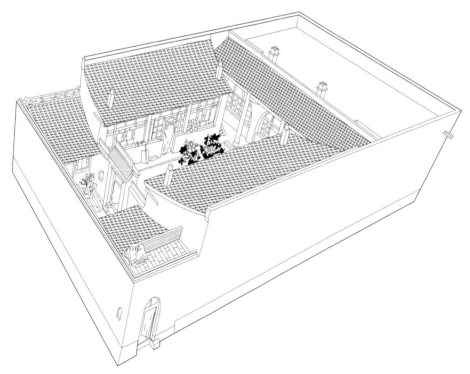

图3-2-82　贾家巷"石福院"

2.大型宅院

张壁村的大型住宅都由通常的四合院或三合院组成，而且大都并联，由厢房山墙外侧的小门连通，所以，大型住宅的内部空间尺度并不大，保持着四合院里亲切平和的气氛。

纵深两进院落的，只有西场巷十七号的一幢，它不过是在四合院倒座外又加了东西两座三开间的厢房，把倒座变成了前后隔扇门，其特点是正房的三孔砖窑都分前后间。从东侧窑洞后壁上的一个假柜子门可以进入后部，后部三门由门横向连通，东间有地道入口，西间有门开向一座大花园。窑顶平台上有三间楼房。大东巷二十四号有前后两个院子，它们中间横一条内部的小巷，前后院没有统一的完整性。

图3-2-83　大东巷二十四号院

稍大一点儿的宅子，由并立的内宅和外宅组成，如户家园巷的宋桂兰宅。它原来是张姓商人在清代末年造的，内宅是一般的四合院，外宅很窄，宽度不到8米，小于内宅将近5米，但有前后两进院子，中间由过厅分隔，前后都没有厢房，总进深30米，大于内宅2.5米。从外宅进内宅的门设在内宅东厢房山墙与倒座之间。外宅是专用于接待宾客的，避免宾客进入内宅，以严"内外之防"的"礼"。殷实大户人家的妇女就在"尊贵"的借口下被禁锢起来，与世隔绝。

内宅的西面有一座 250 多平方米的花园，园里不但有树，还可以见到水池的痕迹。内宅的正房是木结构的，这在村里不多见。它的内、外宅小木装修是全村最精致华丽的，内宅上房和外宅过厅的前檐开

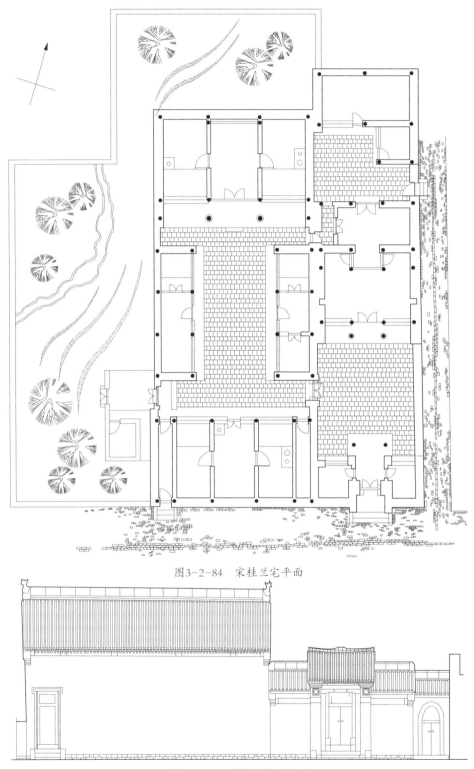

图3-2-84　宋桂兰宅平面

图3-2-85　宋桂兰宅外立面

图3-2-86 宋桂兰宅横断面

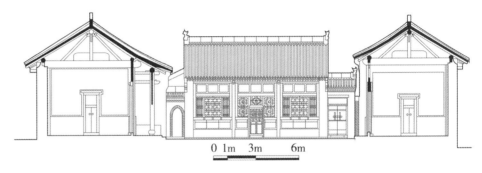

图3-2-87 宋桂兰宅纵断面

间都有雕花的挂落，檐下也有"翘板"，镂空做花巧的双喜字。厢房里用很典雅的格扇分隔，石门坎上的浮雕也很饱满。

从这座宅子向西走不远，巷子南边有一幢更大一些的宅子，它包括四大部分，中央是狭长的外宅，也是被过厅分为前后院，现在所有房舍都已经塌毁，只剩下一地的断砖残瓦和衰草了。它的东侧是四合院式的内宅，虽然在巷子南边，却仍旧坐北向南，以北房为正房，因此，从外宅进东内宅去的门便设在正房和西厢房之间。外宅的西侧是一座三合院，却是坐南向北。三合院和外宅之间的门在正房与东厢房之间，位于外宅过厅的后面。这三合院有自己独立的大门，与外宅门位于一条直线上，而且门外有一面精致的照壁。四合院的东侧是这座大宅的车马院，临巷子开一个宽阔的券门，抛物线形的外廊很柔和。这座大宅是兄弟二人合力建造的，共用一个外宅，体现着兄弟情。

张壁村最大的住宅是乾隆晚期直到道光年间的大商人，乡土建设的热心人士张礼维的。这座宅子坐落于贾家巷内。它包括8个院落，

6个院落在巷子北侧，2个院落在巷子南侧。北侧的6个院落中，4个在前，前贴贾家巷，后贴王家巷；2个在后的院落，把王家巷逼出一个大弯。它的整个房基，东西最宽处大约58米，南北最长处大约59米。第7、第8个院子在巷子南侧，一个是书房院，一个是骡马院，现在旧房都已经倒塌，两个院子也连成一片菜地，幸好院墙还完整存在，开一个车马出入的大券门和一个书院的石库门。巷子北侧的6个院落，分开来看，每个院落都不特别大，保持着常用的尺度。

张家大宅的正门是全村独一无二的府第式大门，三开间，有前廊，廊前石阶宽阔，左右有上马石，上马石正面竟雕着衔环的饕餮。三间大门的宽度已被压缩，它左右各有一条狭窄的空间，东边的一条是平日进出大宅用的过道，西边一条通向厕所。进了门便是外宅，外宅比较窄，不过12米宽，但有39.6米深。三开间的过厅把它分为前后院，后院正房也是三开间。前后院都有厢房，前院的是两开间，后院的只有一开间。可惜，过厅、正房和后院两厢都已经被拆光，在原地造了一幢新房子。从残存的台明、石级、垂带和丢在一边的几个柱础来看，过厅和正房十分考究，手工很精细。

外宅的东侧是长工院，它的北部是一个三合院，左右厢房各三间，院落南缘有短墙和随墙门。门外是一个场院，前面有通行车马的大券洞门。长工院南北总长45米，东西宽15米。外宅东厢房南山墙前有小门，可连通长工院。

外宅的西侧是内宅，总深33米，总宽15米。正房三孔砖窑，有楼层。两厢各三间。倒座也是三孔砖窑，也有楼层，东端留一条窄窄的空间，用作贮藏，西端是个楼梯。正房的三孔窑有点儿特别，从西而东，一孔比一孔进深大，以致后墙是斜的，它后面一个院落也成了朝向东南。这个斜向院落，据说是小姐们专用的。内宅西侧是一个宽大的场院，有碾子、石磨之类的农具和畜禽的棚舍，北端有三间向阳的房子。这场院东西宽12米，南北长25米，南面也开大券门，车马可以出入。场院之后，小姐院西边，又是一个小一点的场院。它东侧原有三间砖瓦房，坐东向西，现在已经过改造，在北侧建了一排新房，院门位置也从南墙改到了西墙。

书院和车马院的基址，东西长32米，南北宽18米。西边和南

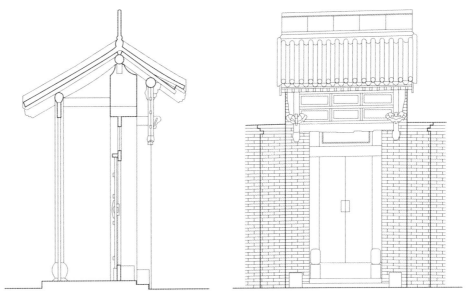

图3-2-88 张家大宅门楼正立面及剖面

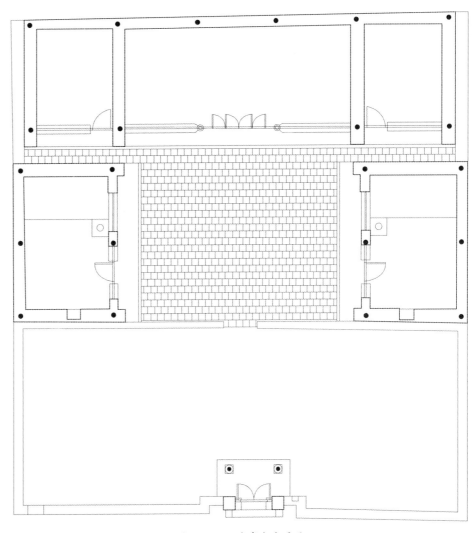

图3-2-89 张家大宅平面

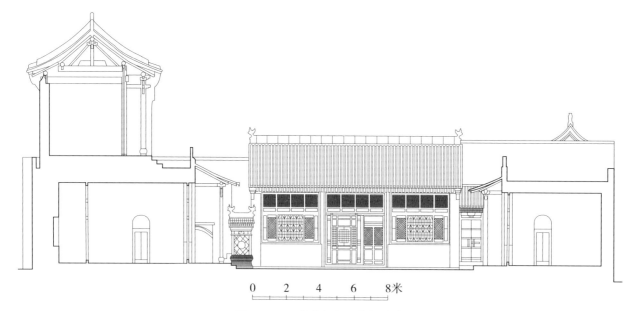

0   2   4   6   8米

图3-2-90　张家大宅正房纵剖面

图3-2-91　张家大宅正门影壁立面

图3-2-92　张家大宅内门立面图

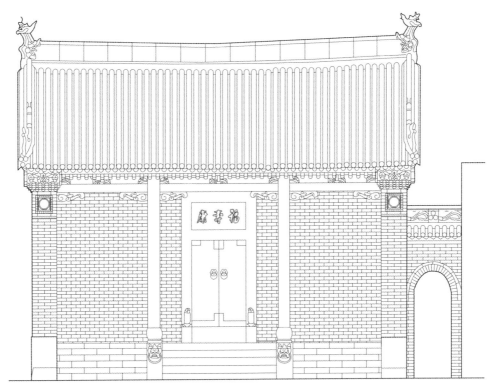

图3-2-93 张家大宅大门立面图

图3-2-94 张家大宅正房立面图

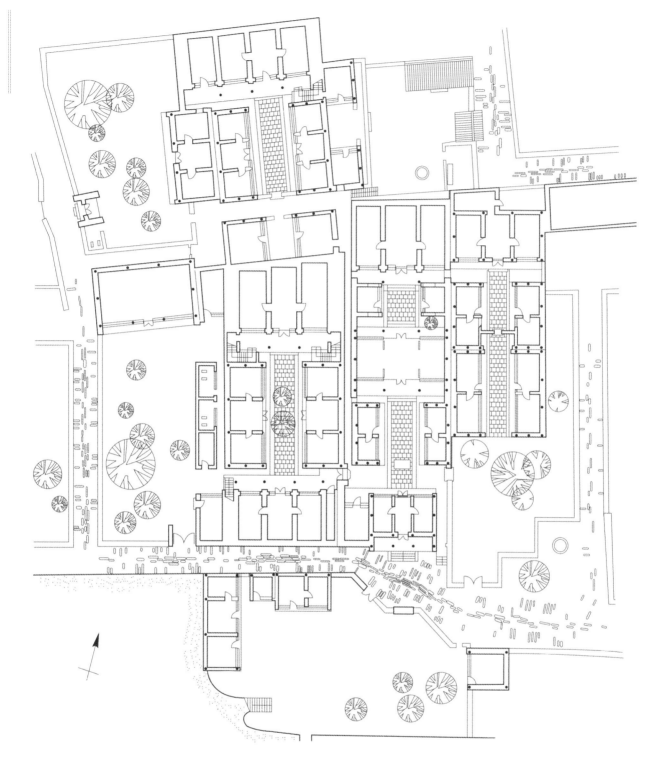

图3-2-95 张家大宅总平面图

边都被西场巷高地的断坎限定，西边断坎下有两孔靠崖窑，窑南一溜儿砖台阶走到断坎上。据那里的居民说，上面的空地本来也是张礼维家的房基地。

这座大型住宅分成几个小院，保证了正常的生活需要而不过分追求气派。唯一气派的是三开间府第式大门，它东侧有一口公用的井。

贾家巷里的住宅规模大、质量好，又有首富张礼维的大院，所以这里是全村最重要的巷子，也是红砂石板铺得最整齐且保存最好的巷子。

3. 农家院落

张壁村有不少农家院落，它们是全村最开朗、最有生活气息的住宅。农家院落大多位于东半区和西区的边缘地带。它们的围墙不高，是夯土的，斑斑驳驳，有点儿老旧。一个小小院门，门板上的木纹一根根像雕刻一样凸出。为了防鸡、羊跑出来，门总是用铁链吊着小闩子别住。

穿过前院，就会来到很简朴的住宅前面。有的是一正两厢，前面一道照壁，或者横一道短墙，形成三合院模样；有的不过一正一厢，厢房多不大整齐；也有几家，只有三两孔土坯窑。小东巷十号，三合院的门头木匾题有"宝善"二字，为乾隆丙午年（1786年）所题。

图3-2-96　小东巷十一号院门立面

土坯窑是用土坯砌成的锢窑，形成不大的土包，年代久了，外观和靠崖窑很像。因为长期挖土改造，现存的靠崖窑也只剩下一个土包了。土坯锢窑顶上大多有木头的横梁和纵梁，加强窑顶的安全。小东巷的一家靠崖窑，两孔，里面空间居然相当曲折复杂。

农家小院的住屋前，地面并不铺砖，全裸黄土。屋院南端贴近墙根处，挖一个3~4米深的竖穴，

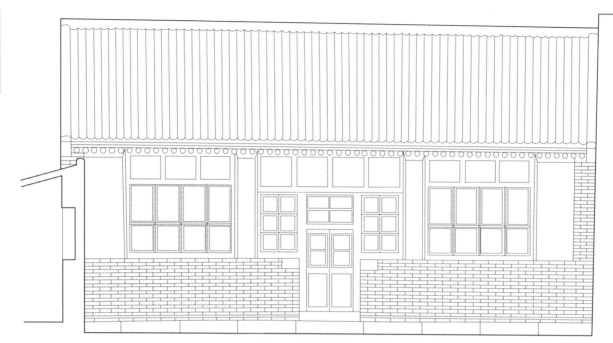

图3-2-97　小东巷十一号正房立面

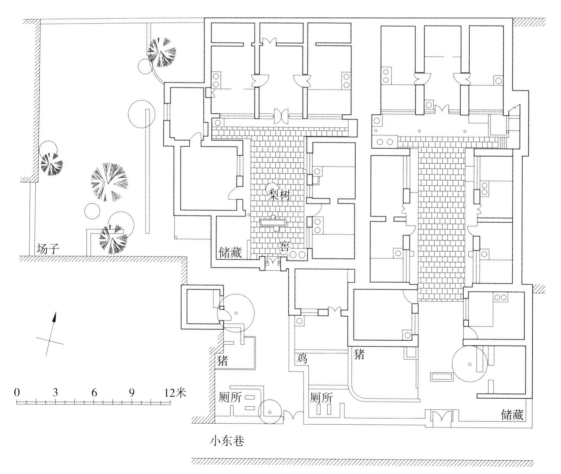

场子

梨树

窨

储藏

猪

鸡

猪

厕所

厕所

储藏

0　　3　　6　　9　　12米

小东巷

图3-2-98　小东巷十一、十二号正房立面

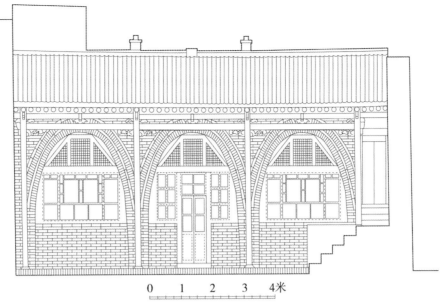

图3-2-99　小东巷十二号房立面

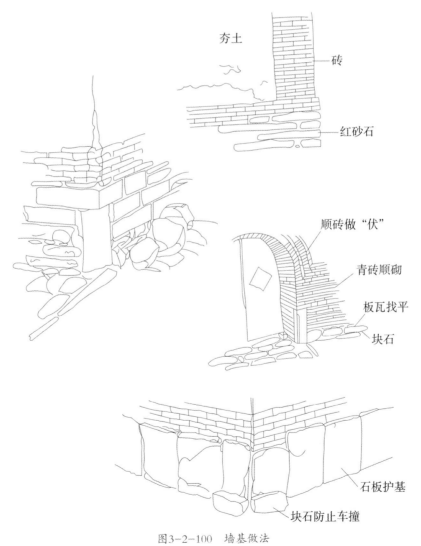

夯土

砖

红砂石

顺砖做"伏"

青砖顺砌

板瓦找平

块石

石板护基

块石防止车撞

图3-2-100　墙基做法

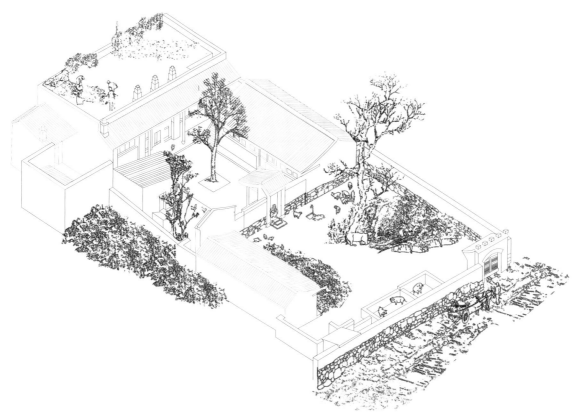

图3-2-101　大东巷四号农家院轴测图

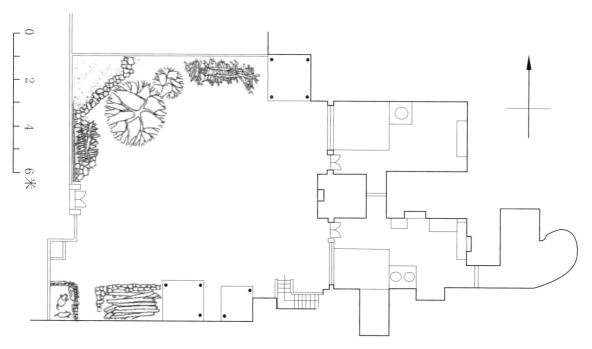

图3-2-102　大东巷十五号窑院平面

作为菜窖，长期贮存白菜、萝卜和红苕。也有些人家挖两个窖，把红苕和蔬菜分开。

（七）室内

四合院里，正房和倒座一般都是一明两暗。厢房如果有三间，通常也是一明两暗。有一种形式叫"三破二"，便是三间构架的厢房分为两间房。这是厢房进深小且面积很小的缘故。

正房的两个里间是卧室，靠南窗砌火炕，叫前炕，占整个房间的宽度。在炕沿的里角，挨着山墙，有一个方形的灶台，天冷的时候，用这个灶生火，可以烧水、做简单的饭菜。在外间，也就是堂屋，左右各有一个灶台，这两个灶台大一点儿，有两个火眼，在这里蒸馍、炒菜。卧室里和堂屋里的灶台，都有烟道通进炕里，天冷了可以热炕取暖；天不冷，插一块铁片到烟道，烟就不进火炕而改道进烟囱。烟囱砌在墙里，在屋面伸出一截。烟囱口上常有一座陶质的小房子，甚至是楼房，既可挡风遮雨，还是很好的装饰。天热了，在前檐两端的角落里生火做饭。吃饭就在里间炕上。炕边墙上有一个铁环，用来拴婴儿。两条宽宽的红带子，一头绾在铁环上，一头缚住孩子的腰，孩子在炕上爬，就不会跌下炕去。

外间的灶台旁边有一口水缸，后墙角有粮食缸、咸菜缸、碗柜等。外间有时会用作厨房，它的西墙前，在柜子、桌子甚至灶台上，放四代先祖神主。把先祖神主放在西侧，神主和油瓶、盐罐、菜刀之类错杂地混在一起，不大受尊敬，可是外间的正面还有几分庄严。有很少数人家，仍然在那里放一张条桌，它前面是八仙桌和扶手椅，格局和南方的相似。条桌的上方，墙上有一个小小

图3-2-103 壁柜

的龛，四五十厘米高，三十几厘米宽。有些人家，在龛前用木料做个建筑味的罩子、橱子之类的东西，精巧而细致，起到装饰作用。龛里供奉的神仙菩萨往往不止一个，五花八门，什么样的都有。财神是家家必供，其余各有选择。也有些人家，只在正面墙的左上角高高挂一个财神龛，其他一切从简。

里间卧室里，靠后墙是一溜儿大立柜，通常六扇柜门，两两对开，对开的是一间，一共三间。山墙上大多有一个壁柜，是龛式的，外面装上柜门，顺墙也会有一个卧柜，四五十厘米高，一米多长，可以睡一个半大小子。炕上有炕单、炕头柜。这些家具都是成套的，造了房子就配齐。

厢房的里间也是卧室，火炕大多顺着山墙，叫顺山炕，只有少数是靠窗的前炕。炕头也有一个生火用的方灶台，但外间没有大灶台。倒座一般不住人，用作仓库，堆放粮食、种子等物品。人口少的人家，厢房也有做仓库用的。

所有的房间，都是墙裙刷纯黑色，以上刷白色。墙裙刷黑是为了防污，室内黑白对比强烈，显得更爽朗。

图3-2-104 烟囱上的小陶制楼阁

三、娘子关

金代，娘子关属太原支郡平定州；元代，娘子关属冀宁路太原府平定州；明代，娘子关属冀宁道太原府平定州，并设镇，取承天军名为承天镇，现城西村仍有"古镇承天"的石刻。明成化版《山西通志》载："固关、娘子关地隶平定，汛隶正定府。"

明永乐十九年（1421年），朱棣正式迁都北京。此后，为保护京都和维持边境秩序，明朝几代皇帝沿太行山在山西、河北一带加建了一段内长城，作为第二道防线。

明正统二年（1437年），明军于井陉南界平定州故关地方修筑城垣，驻守官兵。这个历史久远的战略要地再次派上了用场。不过，这次故关的军事防御重点和方向，发生了根本性转变。

自春秋战国至隋唐，故关作为三晋门户、京都边塞，防御的是华北平原东来的敌军。其关居高临下，易守难攻，地形优势十分明显。由于明朝首都已经迁到了位于娘子关东北的北京，这一时期关城的防御也随之发生了变化，一改历代朝东的防御方向，转而向西，防御着不时从太行以西翻山而来的蒙古大军。

由于防御方向的转变，故关地理位置的缺陷日渐显露。明嘉靖年间，蒙古鞑靼部落数次侵扰山西，故关由于隘口平缓，易攻难守，多次陷落。明廷认为"虏寇太原密迩故关，危急京师，其关虽地当冲要，而旧城居险不足"，于是决定将故关旧城西迁5000米，于"天然设险两峰开"的隘口处修筑新城，取"固若金汤"之意，改"故关"为"固关"，承担起抵御西北来犯敌军的任务。

紫金山位于固关西北，曾经驻扎有承天军，其山势也不适合迎接西来的敌军。而顺绵河往东不远，横亘眼前巍峨雄伟、峭壁林立的绵山则犹如一座天然的屏障，正是设防的绝佳地点。因此，明嘉靖二十一年（1542年），在绵山山麓西侧筑起一座关城，这就是被称为"万里长城第九关"的娘子关。它与相隔不远的固关一起，成为拱卫京师的坚固屏障。

自西方来的并不只是剽悍的蒙古骑兵，还有受够了奴役压迫的农民军。明崇祯十七年（1644年），农民军领袖李自成率起义军，自陕西一路向东进入山西，经太原，攻占此关。娘子关被拿下后，再往东便是一马平川，京师重地暴露在敌人面前，明朝很快灭亡。

及至清代，娘子关仍然是保护京师的重要关隘之一。但是，形势在20世纪初发生了极大转变。光绪二十六年（1900年），八国联军攻占北京，次年初，德法联军继续西进，进逼娘子关。敌人自东而来，而且是自帝都北京而来，这是娘子关建城之时万万没有预料到的情况。历史总爱捉弄人，当初对西防御占有绝对优势的地形，如今却成了驻防将士面临的最大挑战。娘子关城已无险可守，清兵只得在娘子关东雪花山、东北乏驴岭另设防线。

清宣统三年（1911年），武昌起义爆发，山西都督阎锡山积极响应，宣布起义。阎锡山派兵在娘子关前山岭设防，防御体系面向东方，一是防止清兵进犯，二是阻击关东军阀。

（一）娘子关村

娘子关村位于娘子关镇域东部，东南依绵山山麓，西北临绵河河谷，异于"南面水北靠山"的选址模式。这里地势较为平坦，落差不大，便于营建房屋。村内居民以杨、李、梁等姓氏为主。由于有丰富的水资源，可以兴建水磨，以水磨加工粮食、油料，从而促进了粮油加工等商贸交易活动的发展。

娘子关村选址受到军事防御和边塞贸易双重因素的影响。娘子关关防以绵河为天险，而这里的绵河北岸以东地区，地势平坦开阔，正好可以驻扎军队，所以受其影响，娘子关村在这一时期得到了较快发展。

军事的驻扎带动了经济发展。娘子关作为控扼晋冀的咽喉，自然成为关内外商贸交流的重要枢纽。过往商人云集于此，为娘子关村带来了丰厚的经济收入，也促进了集市的形成。娘子关村中的商业

图3-2-105　娘子关村总平面图

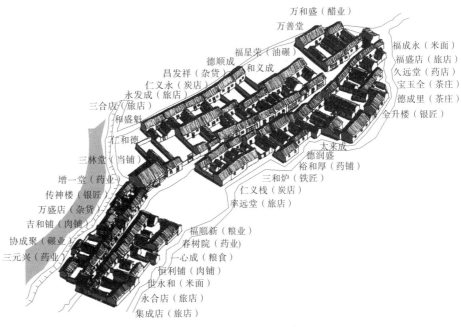

图3-2-106　娘子关村兴隆街鸟瞰图

街——兴隆街，成型于明隆庆年间。娘子关村为关城提供生活补给，娘子关城则为娘子关村提供军事保护，两者在职能上形成互补。

娘子关村顺延绵河谷，呈"L"形向西和东北方向延伸。村内地势东南高、西北低，但落差不大。村北地势平坦，农田多集中于此。村内主要干道以东南村口空间为起点，向西北方向呈扇面放射。南端的主街兴隆古街是村内重要的商贸街道，成型于明代，伴随着明清关防体系和边塞贸易的发展而逐渐繁荣，成为远近闻名的贸易集市和中转驿站。村落北端的临泉街则顺应地势，沿水道延伸，走向曲折，街旁大树林立，泉水潺潺，与兴隆街街景大异其趣。

兴隆街与临泉街组成了村落西侧和北侧的骨架，村子西南侧沿河道，呈西南——东北走向的道路将两街联系起来，此路曾是岩崖古道的一部分。在兴隆街与临泉街之间有二巷，二巷自村口直达河边，作为主干道的辅助道路。村内水道位于村落东北部，以梅花池泉眼为源头，沿临泉街逐级跌落而下，向北流经各家各户，最终汇入绵河。

1.街巷

娘子关一带曾是连接河朔的商业枢纽，店铺林立，街巷发展完善。由于地形多变，山脉河流出入其间，各村布局多平行于山体等高线，其街巷的形态在很大程度上取决于山势的起伏变化。主街多与等高线平行，因而多呈弯曲的带状布局，曲率与等高线大体一致。道路宽度与周边建筑高度比主要介于 0.3～1.2 之间，主要街道则介于 0.6～1 之间。

街巷的衔接避免了直角路口空间。道路交叉口一般通过院落之间的错列布置、倾斜排布等产生变化。对于以步行为主的交通方式的街巷，这种处理方式既丰富了街巷的变化，又使行人获得了较好的导向性。街道的形成，一方面是自发的，另一方面也离不开人为的规划。与主街相连的各条巷道通常与等高线近于垂直，高程变化明显，多与排水沟结合。此外，人们对屋顶雨水以及庭院的积水都进行了疏导。

2. 居住建筑

娘子关一带山地较多，早期居住建筑以靠崖窑洞为主，依山傍坡，挖掘窑洞。后以平房、锢窑为主，有料石砌筑和石基砖墙两种。靠崖窑通常在适宜的坡地条件下出现，同时从山顶到山底形成高低错落的建筑群。

娘子关村的居住建筑以"水上人家"为代表。"水上人家"位于娘子关村东北部，泛指临水的下道街区域的居住建筑，有数百家住户因每户的门口或院内都留有水道，形成一条极具特色的街道。苇泽关泉顺应地势，由南向北沿街向下流淌，始于梅花池，终于平阳湖，终年不断。水渠最宽处 2 米，最窄处约 0.4 米，终年水源充沛，且水温宜人，冬暖夏凉。街道沿泉水流淌，路径曲折，顺应地势起伏，形成屋水相伴、石板穿巷的景色。水渠与建筑联系紧密，家家户户都与水道相通，形成水绕庭院的建筑风格。水渠多紧靠建筑外墙，上面多架石板，由此形成院落的入口。水渠、石板、建筑千姿百态，共同形成多样的生活空间。路面的铺砌材料采用本地的糠瓤石，缝隙坑洼很多，具有良好的防滑效果。水渠上多处横搭石板，供人取水、洗衣。此外，水渠兼具街道排水的功能，与地面、屋檐排水口一同构成完整的排水系统。

"水上人家"有三大特色，即水磨、民居、田园。村上几家大磨坊位于溪流末端，水流通过水磨后进入平阳湖内。磨坊通常由石头砌成，水流环绕。房子下面有几个半圆形的小洞，周围的水面上搭着石板。圆形木轮平置洞下，轮轴直通屋内轴的上端，平擎石磨两扇，一上一下，清澈的溪水从洞中穿流而过，经过木槽直射轮的边缘，轮被水冲击，轮因轴转，磨因轮转。

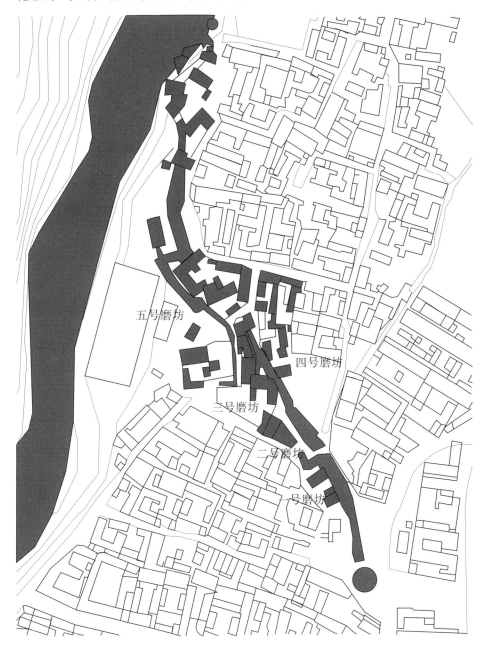

图3-2-107　娘子关村"水上人家"街道与水渠的关系

　　民居多为瓦房或平房，因地制宜，错落有致。院墙的建筑材料也是就地取材，由糠瓢石砌筑，经济实用，古朴大方。虽说墙体都是石头垒砌，但其宽窄、大小、高低含蓄地反映出各家的财力。此外，在小农经济的影响下，许多民居还兼作作坊。

　　各家的宅院内多种有石榴、常青藤等植物。如葡萄院中近百年的葡萄树，树冠直径可达9米，几乎盖满了整个院落。春夏之际，头顶绿蔓缠绕，架下小桥流水，光影婆娑，十分惬意。大片菜园集中在"水

上人家"的东部，由于位于泉流下游，所以灌溉方便。、

3. 商业建筑

娘子关一带的商业建筑大多为前店后院，店面面阔多为五至七间，采用直棂窗和铺板门。铺板门由一系列门板组成，每块门板宽约40厘米，长约2米，刚好与门高相同。打烊时，店家把门板一块块排好，留出最后一块板，作为平开门，以供店家和店员出入。每块板都是实木制成，重量不轻，开店和关店时搬动门板是一件费时费力的工作。在过去学徒制的封建社会，早晚装卸门板是学徒入门的第一课。

商铺多巧妙利用披檐，增加使用空间，常见的处理方式有两种：一种是外墙及其门窗不做任何改变，将柱子和披檐相结合为顾客遮风挡雨。白天营业时，在披檐下还可以摆放更多的货物，用以展示。这样一来，看似作用不大的披檐，虽没有增加商铺内面积，却间接增大了销售空间。另一种是将主立面墙体拆除，并在披檐外柱间安装木门，白天营业时将木门拆下。

现存的娘子关关城，创建于明嘉靖年间。民国《河北通志稿》载："嘉靖三年（1524年），保定巡抚刘麟沿娘子关深入山西，椎剽之徒盘踞为奸，宜设专官聚兵守之。二十年（1541年），巡抚刘麟拓修娘子关营房，改守备守之，有堡城，南北二门。"《西关志》记载，明嘉靖二十一年（1542年），"娘子关增置城守，设百户一员，次年，筑城为固"。这一时期，与关城一起建成的还有绵山敌楼，因历经战火，现仅余废址。关城通过长城与固关遥相呼应，使得娘子关一带在抵抗侵袭时有了更为有力的后盾。明崇祯六年（1633年），李自成率农民起义军进至娘子关镇区附近，并在娘子关西南柏井驻军整顿。次年，娘子关加修为三等砖城，此举显然为抵御李自成军队。进入清朝，娘子关的战略地位稍有下降，但其在物资运输和商业上的地位则明显上升，逐步成为朝廷辎重通行的重要关卡。

（二）娘子关固关

1. 概述

固关位于娘子关镇东南新关村，距娘子关约10千米，又名新关。明朝时，固关与居庸关、紫荆关、倒马关并列为京西"四大名关"，

同为"京畿藩屏"，名震北国。固关系由位于其南约5千米处的故关移址新建而成。

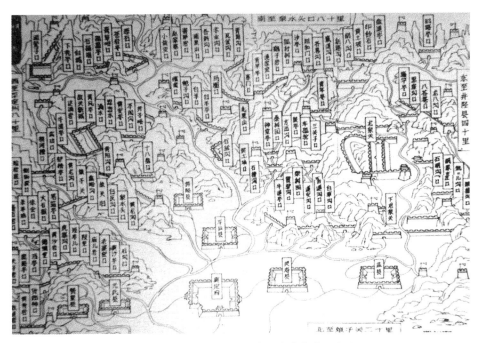

图3-2-108　西关志中关于娘子关镇城关隘的图示

（1）故关

故关又名旧关，位于平定县东的旧关村，距娘子关9千米，相传汉初韩信、张耳出兵击赵即由此处。唐张守节《〈史记〉正义》载："井陉故关在并州石艾县东八十里，即井陉口。"清初《读史方舆纪要》载："故关州东九十里，道出井陉之要口也。"此处的"井陉口"即井陉西口，与井陉东口（即位于今鹿泉市的土门关）共同构成完整的井陉关。

形成固定规模的故关关城始建于明朝正统二年（1437年）。光绪版《山西通志》引《读史方舆纪要》载："故关，在井陉县西三十五里，为控扼之要。自昔置关，元末为故关山砦。明正统二年，修筑关城，分兵防戍。"又载："于井陉南界平定州地方，创筑城垣。防守官军，隶于真定。因其旧为关隘，名曰故关。"

据《西关志》载，此时的关城为下城，仅仅存在了十数年便在景泰六年（1455年）被废除，向北迁徙了一舍，修筑了上城。关城位于端岭隘口，西侧沿山峰走势修筑长城。据当地老人讲，此关曾建砖城一座，城门两座，城门额书"故关"，背书"北天门"，主体为三层木石建筑群，城楼直入云霄，雄伟威严，今关城已不存。

（2）固关

明嘉靖年间北方蒙古的骑兵常侵袭扰乱山西北部地区，并有军队攻打故关。由于故关旧城不够险固，几欲被敌兵击破。因此，皇帝下诏转移关城，在原址西北5000米处设置新城，并在故关添设把总一员，故关的战略地位得到进一步提升。自此，故关更名为固关，取"固若金汤"之意。一年后，固关附近的城墙也得到修复。

嘉靖二十二年（1543年），固关设置参将。而之前一年，朝廷已在紫荆关设置参将，兼管倒马关和龙泉关等关隘。然而，紫荆关去此诸关距离遥远，恐鞭长不及，故有此举。这样一来，固关战略地位再次得到提升，龙泉关、固关至顺德所属隘口，都听令于固关参将。

这时的固关新城已有了明确的疆域限定。据《西关志》载，固关"东至井陉县四十里，西至平定州八十里，南至泉水头口六十里，北至娘子关二十里，东北至京师八百里"。而龙泉关"东至阜平县七十里，西至涌泉寺二十五里，南至白草驼三十里，北至银河村四十里，东北至京师七百里"。嘉靖二十五年（1546年），朝廷复议将参将改设于真定府[1]城驻扎，遥制龙泉、故关。这样的调度，是基于真定府为附近最大的府城，具有良好的供应保障能力，同时，真定府距离龙泉关更近，交通便捷，便于管理。

万历十七年（1589年），明朝政府开始在原中山国长城的基础上进行大规模的修复，同时在

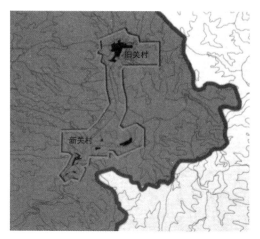

图3-2-109 旧关村和新关村之间的区位关系

图3-2-110 如今的固关北段长城

---

[1] 在直隶省，今河北省境内，位于固关西南方向，北望平山县、井陉县，东接灵寿县，西面与元氏县隔河相望。

城内建有三座衙门，由嘉靖皇帝的四叔庄懿王率兵在此镇守关口。在此基础上，新关村的人口得到进一步发展。庄懿王在赴任前，向圣上讨旨，允许固关将士随军带家眷，并布告全国各地招兵买马。同时，规定生男孩者报衙门注册登记，即可享受军饷待遇，年满 18 周岁从军守关，并于此安家落户，繁衍生息。现在，新关村人多数是明代守关将士的后代。由故关城楼上庄懿王气势恢宏的塑像可看出，该地区人们对其崇敬之情。相比较之下，此时娘子关的发展则不及固关，固关已逐步形成比肩娘子关的战略地位。据当地文物保护人员介绍，固关的战略意义主要体现在与娘子关互为犄角、相互支援的作用上。元朝之后，每逢战事，娘子关常常一闭数月，水源稀缺，而此时的固关则可进行支援，缓解缺水局面。

随着清朝"内边疆"的消失，固关在中国北方边防体系中的地位有所下降。清顺治三年（1646 年），固关改设守备戍守。至今，固关瓮城西侧仍存有清代名臣于成龙在康熙二十一年（1682 年）最后一次出关赴任留宿时所作七律的石碑复刻本，诗曰："行行复过井陉口，白发皤皤非旧颜。回首粤川多壮志，劳心闽楚少余闲。钦承帝命巡畿辅，新沐皇恩出固关。四十年前经熟路，于今一别到三山。"

碑刻取了首联和颈联，落款刻有他的号"于山老人识"，还刻有其姓名章，"于成龙印"一方和字"北溟氏"一方。他对此诗留迹是十分慎重而认真的，姓名、字、号三印齐全。碑高 1.49 米，宽 0.73 米，全文六行行书。

康熙三十七年（1698 年），固关增设参将，这一驻兵体制一直延续到清末。康熙四十二年（1703 年）十一月，康熙帝第三次西巡，驻跸柏井驿，作《过固关》，诗曰："鸟道入云中，风光塞漠同。人依险地立，城自越山丛。俗仆观民舍，才多壮士雄。芹泉连冀北，回首指青骢。"

光绪二十七年（1901 年）三月，固关遭遇八国联军的攻击。当时，刘光才督军[1]率众在固关固守，而娘子关清军守将方友升却弃关逃跑。八国联军占领娘子关后，速向固关迂回，固关守军腹背受敌，

---

[1] 督军官衔在清朝为省级军事长官，位高权重。

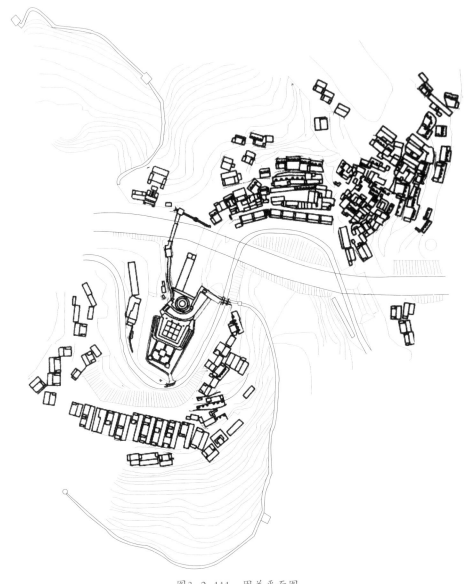

图3-2-111　固关平面图

寡不敌众，退出固关。根据当时的"辛丑记事碑"记载："五日卯刻，乘虚破苇泽关，未刻破旧关，炮雷弹雨，血肉狼藉，凄惨不堪言状。"

2. 固关关城格局

固关位于群山环抱的山坳之中，凭险而立，傲视环围。《平定州志》中描述其地势险要，有"两山险隘，关居其中，盖晋之咽喉"的语句。《西关志》载："故关新城，井陉旧道，车不得方轨，骑不得成列。陉山环峙，绵水旋流，龙泉险绝，林木叶茂，盘砺五台，襟带滹沱。合而言之，当秦、晋、燕、赵之冲，有金汤磐石之固云。"可见固关之险。

固关经过明清两代几百年的逐次扩建和修缮，配套设施逐步完善，形成较为完整的防御系统。关城建有西城门一座、东北门一座、重门一座、水门一座、瓮城墙一道、护城墩六座，关城前有护城河，名"甘跳河"。城墙依山而起，高大厚重，坚不可摧。

（1）城门

固关关城主要城门为西门和东北城门，两门皆以铁板钉裹，两侧炮台林立，晨启昏闭，戍卫严密。其中，又因西门面向西来的蒙古骑兵，位于防御的主要方向，设防尤为坚固。

西门门额上书明代王士翘所题"固关"两个大字，架子位于两侧悬崖之间，门洞由巨石砌筑而成，上立重檐歇山顶门楼，门西以林立的峭壁为天然照壁，气势逼人。明末，刚刚攻陷太原的李自成欲东进攻打北京，路经此关时却只能望门兴叹，感叹此关"插翅难飞"。

穿过西门进入城内，迎面便是向东北方向蜿蜒延伸百米有余的弧形瓮城。瓮城两侧高墙耸立，墙壁由碎石砌筑，壁面光滑难以攀登，墙头立有女墙垛口，守城士兵居高临下，可将闯入瓮城的敌军一网打尽。青石铺筑的瓮城道路因长久行车已经被碾出了深深的车辙印，承载着厚重的历史。瓮城的尽端有一砖砌重门，过重门后，便是关城东北门。

（2）配套设施

明朝于城内设三座衙门，固关军事地位之重由此可见一斑。"大衙门"占地约1500平方米，建筑主体面阔七间，雕梁画栋，装饰精美，由三品武官把守。"二衙门"规模较小，由掌管勤务的把总负责，在城内后街。"小衙门"位于西城门内，是守备换岗和办公之处，由分管过往商贾行人税收的士兵负责。

图3-2-112　药楼

沿城墙拾级而上，即可见一方形砖砌建筑，即主要用于储存军械弹药的仓库"药楼"。关城内辟箭道一处，方便官兵走马射箭，并在城南建有骑兵大校场，内设演武亭、点将台、跑道、箭台，城西边则有用于练兵的小校场。

对于久经沙场、命由天定的士兵来说，精神寄托是必不可少的。所以，固关城内庙宇众多，有龙王庙、老爷庙、文昌庙等大小庙宇10余处，而其中最具规模的便是关城北面西峰山上的老母庙、关帝庙和玄武庙。

把守固关的除了坚固的关城外，还有环城山峰上矗立的炮台。这些炮台分为头台、二台、三台、进楼台、鼓楼台、双台、园台、四方墩、南山墩、东山墩等七台三墩。炮台高10余米，平面为方形，台内有石阶通往台顶，其中筑于西峰山巅的三台和双台位置最高。

（3）长城

固关的长城向西北和东南延伸。西北段长城由固关关门至娘子关嘉峪沟，全长约13千米，建有敌楼5座，烽火台2座，炮台7座，城墙均由石砌而成。东南段则经将军峪村至白灰村村口，长约7千米，建有多座敌楼、烽火台、炮台，亦为石砌。现城墙主体尚存，保留较好的地方，墙外侧高三四米左右，顶宽两米有余。

图3-2-113　固关关城留存的火器

（三）娘子关董寨

1.概述

董寨位于娘子关西约8千米的卧龙岗。东汉中平年间，并州牧董卓在此设垒驻兵，史称"董卓垒"。《山西通志》记载："董卓垒在县城东北90里，即承天军址，汉董卓为并州牧，驻兵于此。"

由此推测，董寨起源于此时。明清时期，随着商道的发展，董寨逐渐兴盛，并在民国时期分为上董寨和下董寨。上董寨居西侧，下董寨居东侧，两寨之间由东西向古街蜿蜒贯穿相连。

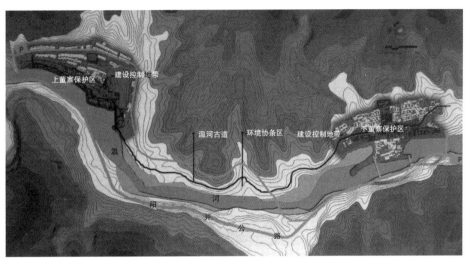

图3-2-114 上下董寨及周边环境

2.村落选址

董寨北靠巍峨高耸的卧龙岗，不受北风侵袭；南临蜿蜒曲折的温河，河水取之不竭，整体上呈背山面水之势。隋炀帝征夫开凿的岩崖古道，沿河谷蜿蜒穿过上下董寨。唐代承天军城建立后，加大了对温河沿线岩崖古道的开掘拓宽，以后历朝也多次对古道进行开拓和修缮。元明清时期，娘子关附近商贸往来增多，娘子关岩崖古道由当年的军用道路逐渐演变为输送煤、铁、砂货及土特产品的商贸要道。上下董寨古街上遍布的骡马店与客栈遗址记载了当时的辉煌。清咸丰七年（1857年），《重修石桥碑》记载："董寨村东阁外有旧桥，上通秦晋，下接燕赵，往来商旅，靡不遵行，诚上下之要路，出入之总途也。"这里所指旧桥，即现存于上董寨村的接龙石桥。

上董寨村北以背后卧龙岗为主山，其后连绵山脉为少祖山及祖山，前有温河经过，左右有突出山体的老虎嘴岩等岩壁为其肩，南望河对面的凤凰岭为其案山，凤凰岭脉为其朝山。上董寨村西河沟内有一突出的高台伸入河中，凸立的台像高昂的龙头，连绵的山脉组成龙身，一直延伸到下董寨村。而下董寨基址所在的河中砥石像一只巨龟，承托起整个村庄。据当地村民介绍，下董寨村北有龙腾九州，南望凤凰山脉，西有龟将守寨，东有蛇将持戟，占尽风水祥脉。

3. 村落布局

（1）上董寨村

上董寨村建于温河谷地转弯处的卧龙岗山腰，地势较为平坦处。村内建筑由西北至东南，沿温河走势，呈狭长带状分布，中部平坦地区较为宽阔，东西两翼山体向南伸出，形成怀抱之势。由于平地较为稀少，居民多以河谷地区作为农作物种植、家畜饲养用地。村落纵向层次由低到高分为河谷地、农田、居住建筑三级，落差较大。村内建筑群落呈典型的山地建筑布局，因山就势、层层跌落，形成高低错落、层次丰富、形式多变的空间形态。

图3-2-115　上董寨村总平面图

上董寨村南有古吊桥、同心桥及新修桥梁，与温河南岸相连。由村落南入口进村后，北有道路蜿蜒而上，至上、下寿圣寺，成为上董寨村南北联系的主要道路。村落东西向则被由岩崖古道发展而来的临河石道贯穿。石道西起王家大院，向东经凌云阁遗址，至全神庙处与南北向主路十字交汇，继而向东南方向过接龙桥、关圣庙而出村，全长1千米有余。

在不同高差上，与东西主街平行的后街位于上寿圣寺前，是村落北部地区东西联系的干道。两条干道之间由诸多小巷南北相连，小巷的设置曲折蜿蜒。

上董寨村南部村口处建有全神庙和戏台。关圣庙则位于村落东口的东西主街上，主体建筑与戏台隔街相望。上寿圣寺位于村落南北轴线北端较高处，下寿圣寺偏于村庄东部。

（2）下董寨村

下董寨村建于温河谷地南岸山腰的巨石之上，村落结合地势，形成东西方向较长、南北方向较短的"十"字形布局。壁立千仞的巨石与飞流直下的瀑布，造就了独特的村口景观。建筑顺地势而成，坡度较陡处多依靠山体起靠崖窑，坡度平缓处起锢窑，厢房倒座多为起脊房。

图3-2-116　下董寨村平面图

与上董寨相似，下董寨村南入口也由吊桥与温河南岸相连。村内由商贸古道和与其平行的街道形成东西向干道，连同三条南北向街巷共同构成"三纵两横"的主干道网络。古街西接上董寨，东通娘子关，东西向贯穿下董寨村。

村内主要以村落中心的老剧院为轴线中心，沿古街向西经关帝庙到村西口平安阁，向东则通往村东口的朝阳阁。南北向则以位于村北最高点的显泽山大王庙为起点，向下经戏台、老剧场直到村南口的吊桥，再向南延伸到温河南岸的凤凰山。下董寨村古时曾有三道寨门，分别位于村子的东、西、北三个方向。由于村子南临温河龙渊，地势险要，可为天然屏障，故未设门。而东门作为村防重地，寨门内外落差极大，地势尤为险要。据当地人介绍，下董寨村当年曾出于风水的考虑，在村落四个方位都建有庙宇，东有观音庙，西有关帝庙，北有大王庙，南有牛王庙，现仅存大王庙和关帝庙。

4.街巷

（1）上董寨前街

上董寨前街始建于明代，沿温河而建。街道全长 1060 米，宽 4~5 米，青石砌筑，街东西两头分别筑有接龙桥、凌云阁。街道南侧临崖，崖下为温河，临崖砌矮墙；北侧为店铺和住宅，均为砖石结构。

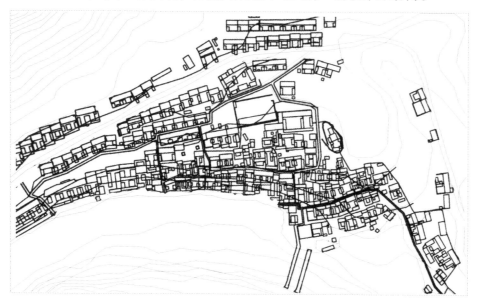

图3-2-117　上董寨前街平面图

（2）下董寨街

下董寨街东西贯穿全村。明清时期，客栈店铺林立，较著名的有恒兴店、聚合成、隆聚号、南药铺、德胜魁、小店房、三文店、万和成等。店铺种类多样，有茶楼、骡马店、药店、小型手工作坊等。古街东高西低，全长 500 米，街宽 3.5~4.5 米，刚好满足两辆马车并驾。街面由青石砌筑，沿街采用典型的宽大门、活门槛。全街分为东西两个大街，二者通过一个小广场联系。东街较短，没有道路交叉口；西街较长，由 6 条巷道相连，即"一街六巷"的形式。

沿街店铺大多为一层，界面封闭连续，仅在与其他街道的相交口处断开。砖石砌筑的建筑虽饱经风霜，但大多保留原有风格。随着时代的变迁，古街不似当年繁华，许多商铺已不再经营，只留下建筑，但街道形态基本保存完整，古商道的痕迹清晰可见。街道由大小不一、形状不规则的石头铺成，地面凹凸不平。每年正月十六，下董寨都会在此举办跑马活动。

下董寨古街各店铺立面相似而不重复，增强了识别性。古街上没

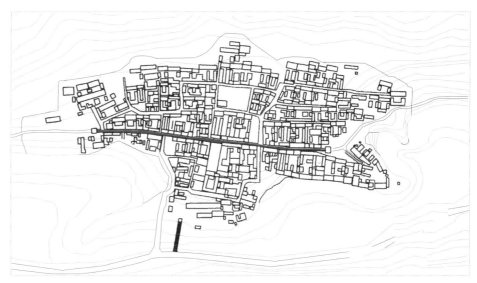

图3-2-118　下董寨古街平面图

图3-2-119　与下董寨古街相连的街巷

有任何两座建筑物是完全一样的，如店面相差仅几皮砖的高度，房屋前后位置错开几十厘米，开间的微小变化，门窗位置的改变，屋缺刻细微差别等。这些差异的产生并非偶然，而是由古代等级制度所规定，如晚辈的房屋规格不能超过长辈的房屋，以显示晚辈对长辈的尊敬；大户人家的房屋比普通人家的房屋建得高，以象征主人的地位。久而久之，便形成现在错落而整齐的沿街立面。

四、官沟古村

官沟古村位于山西省阳泉市西郊，距市区 8 千米，包括张家大院和双喜院两部分。张家大院属官沟自然村，双喜院属沙湾自然村，两村南北并行排列，之间是农田，有两条小路相连。古村北、西、南三面邻山，东侧紧邻官沟河。村落南北长约 460 米，东西宽约 180 米，总占地面积约 83000 平方米。村中大部分历史建筑为清中期所建。

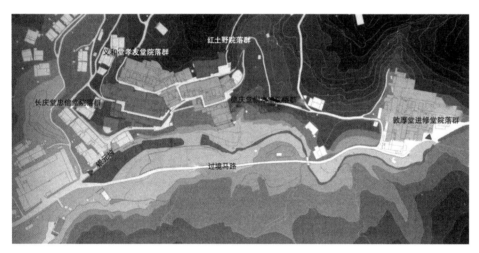

图3-2-120　官沟古村建筑组团分布图

（一）村落选址

官沟古村主要由张家大院和双喜院两部分组成，其中张家大院坐落于菜山山腰，沙湾双喜院位于菜山洼，这两处古村建筑皆坐西朝东。村落地势西北高、东南低。

（二）村落布局

官沟村张家大院建于山地，进村须通过一段陡峭的坡道，这段坡道俗称"银元坡"。上巷北端的一组建筑群在官沟村中建成较早，称红土堰院。上巷南侧条形组群是义合堂及其周边院落，呈并列式布局。偏南为忠信堂、长庆堂及其附属院落，偏北是德庆堂、崇本堂及其场院、陪院等附属院落。两组院落皆贴合地形修建,与山势交错而生。

官沟村中院落最初只有几眼靠崖窑洞,后来随着家族人丁壮大开始建造由靠崖窑洞、厢房、倒座和门楼共同组成的院落。院落的主要组织方式有三合院和四合院两种形式,三合院由正窑、厢房、门楼组成,四合院由正窑、厢房、倒座组成。另外,由于山势陡峭,用地局促,也有仅由正窑和院子组成的长条形院落。官沟村中的重要院落是张家堂院,多为四合院形式,其他长工院和杂役院则主要由三合院或长条形院落组成。这些院落相互连接,组成既相互关联又相互隔离的建筑群。

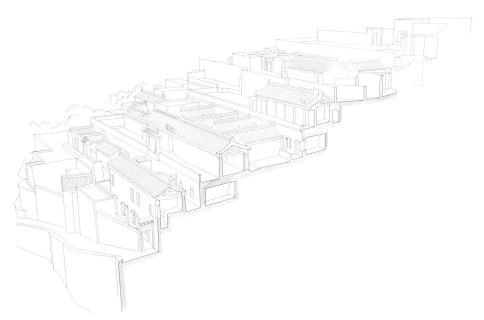

图3-2-121 长庆堂、忠信堂建筑群剖透视图

(三)张家大院

清代和民国时期,官沟村内只生活着张氏一族,村内建筑主要为居住建筑,分布在菜山及其北的沙湾。

菜山的张家大院,以巷道为界,可以明显地分为四个群组,即上巷红土塌的土窑院,上巷义和堂及其周边院落,下巷长庆堂、忠信堂及其附属院落,下巷德庆堂、崇本堂及其附属院落。其中,红土塌的建造时间最早,位于上巷北端;继而修建的是义和堂及其周边院落,位于上巷南端;下巷院落建宅较晚,其中以长庆堂和忠信堂为主体的院落群位于下巷南端,德庆堂、崇本堂及其附属院落位于下巷北端。

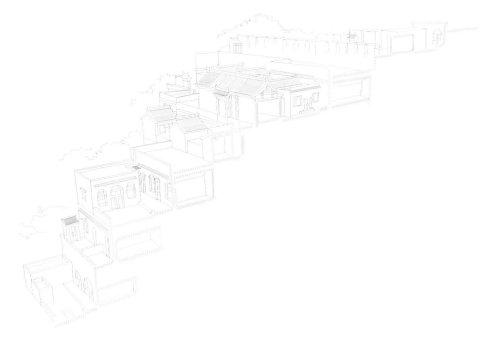

图3-2-122　德庆堂、崇本堂建筑群剖透视图

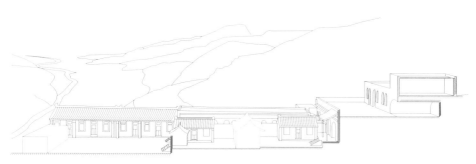

图3-2-123　双喜院剖图示图

这种由半山开始向下发展的建宅规划十分独特。

1. 长庆堂与忠信堂及其附属院落

下巷南端有长庆堂、忠信堂院落（即打更房、学堂院、磨房和长工院）。这些堂号的张氏子孙属于文秀—得威一支，院落的修建时间晚于上巷，具体时间已经无法考证。清光绪年间，忠信堂的主人张士林是一位爱国绅士。他重视教育，兴办私塾，参加过轰动一时的"争矿运动"，国民政府曾赠送他一块"急公好义"的匾额，以表彰他的德行。其子张恒寿在国学方面颇有建树。

这组院落共分为四层：最高层为小高房，坐落于长庆堂正房窑洞之上；第二层是长庆堂、忠信堂两座大院；第三层是学堂院和长工院；底层为打更房和磨房。下巷的这组院落修建年代较晚，装饰构件遗

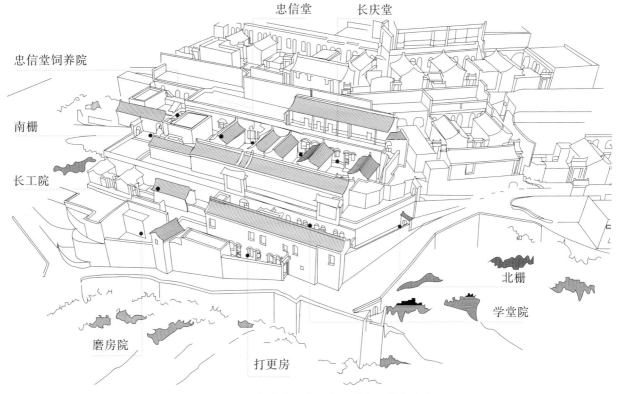

忠信堂　　长庆堂

忠信堂饲养院

南栅

长工院

北栅

学堂院

磨房院

打更房

图3-2-124　长庆堂与忠信堂及周边院落鸟瞰图

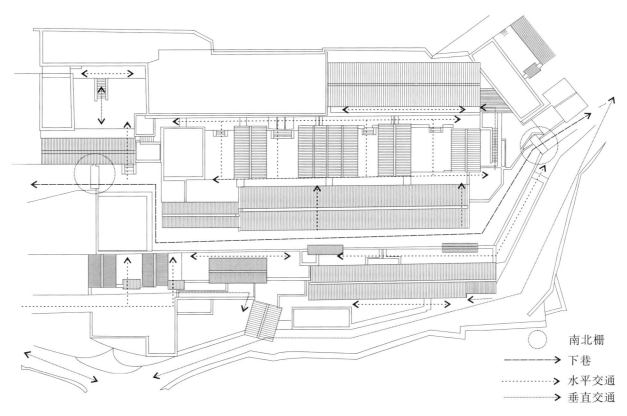

南北栅

――――▶ 下巷

············▶ 水平交通

·············▶ 垂直交通

图3-2-125　长庆堂与忠信堂及周边院落交通流线

存丰富，保留了官沟古村的历史风貌。

下巷从这组院落穿过。在南北两端各设一座高大的门楼作为关卡，村民称它们为南栅与北栅。两座门楼都是砖石结构的拱券门洞。正脊上镶嵌砖雕，门洞内外都镶嵌着砖质匾额，北栅上为"畏蛮其祥"和"度積有馀"。南栅上为"忠贯金石"和"信格豚急"。匾额的首字分别与邻近的长庆堂和忠信堂堂号相呼应。南北双栅都与上山的银元坡相接，它们之间的这段下巷道路平整宽阔、视线通达，至今仍是深受居民喜爱的活动场所。

（1）长庆堂

长庆、忠信二堂沿下巷一字排开，长庆堂位于北侧，为一座两院并联的单进四合院，院落空间宽敞，进深17米多。偏院位于北侧，正院位于南侧，两院通过一条过道连接起来。偏院面向下巷设置入口，北厢房后有一条石阶，从此拾级而上，便可到达小高房。

院落地坪沿纵深方向逐级升高，倒座前的过道与倒座地坪基本平齐，两厢之间的庭院主体被抬高约30厘米，正房窑洞前的台基与庭院又形成约半米的高差。庭院空间方正，过道狭长。窑前台基是主人走的，过道是下人走的，两条路一高一低，可见，官沟古村在院落空间中也渗入了长幼尊卑的等级观念。两条过道向南延伸，与忠信堂相通，两家兄弟既独立，又互相走动。

长庆堂的院门开在偏院，为一座屋宇式门楼。位于倒座最北端的一间，共七檩六架椽。门内外均设影壁，形成幽深的灰空间。门楼内、外檐下各设一攒斗栱。位于里间的平身科斗栱的耍头上雕刻草龙。檐檩、坐斗、平板枋及额枋上均施彩绘，以青绿色为主色。

图3-2-126 南栅

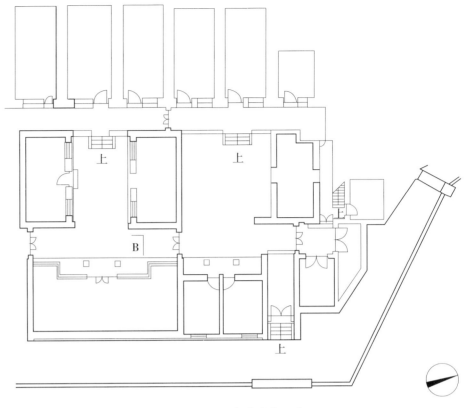

图3-2-127　长庆堂平面图

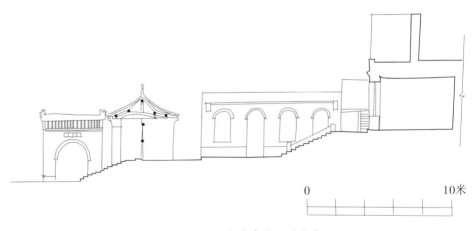

0　　　　　　　　　10米

图3-2-128　长庆堂偏院剖面图

正院的正房窑洞的窗雕有"五福捧寿"纹样。正立面与上层地坪的交界处做很小的出檐，采用砖雕仿木结构，枋、檩、椽、斗栱、垂花应有尽有，要头都雕成麻叶头，厢栱雕刻草龙，空隙中镶嵌寿桃、暗八仙；垂花正面雕龙头与寿桃，两翼雕拐子纹与盘长纹，寓意福寿绵长；垂花处上下雕刻宝相花、中雕荷叶、最下端为金瓜。砖制檐枋之下间隔饰以砖雕，或为蝙蝠古钱，或为狮子滚绣球，或为琴棋书画。

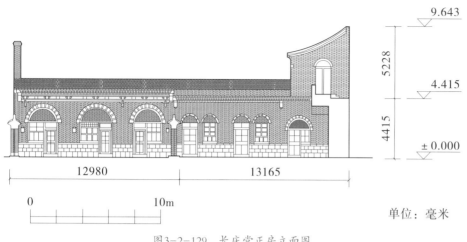

图3-2-129　长庆堂正房立面图

图3-2-130　长庆堂剖面图

屋檐上是约1米高的封护檐墙。

　　小高房位于正房窑洞之上,北面三间为下巷张氏(文秀—得成支)的祠堂,里面供奉祖上三代的牌位。南面五间为家庙,供奉的是"天王老神"。依照规矩,家庙本应建在祠堂后面,但是由于地势的限制,家庙只能建在祠堂一侧了。祠堂与家庙后有暗窑,将祠堂与家庙串联起来。家庙中两端建有暖阁,明为神仙的寝宫,实际为祭拜繁忙之际看护人员的休息之所。祠堂为三间,檐部雕有5个龙头。家庙为五间,檐下有9个龙头,象征"九五之尊"。斗栱的龙头皆为螭龙,厢栱透雕卷草纹,中间镶嵌石榴、佛手、寿桃、牡丹等寓意吉祥的花卉瓜果。瓜栱透雕拐子纹,龙纹缠绕其间,栱垫板上绘制烟云纹样,赭石色经层层褪晕,渐变成淡粉色,色彩细腻。正心檩上或以墨绿色打底绘制缠枝纹,或以墨色为底间隔描绘花卉,或以墨色为底间隔描绘花卉诗文,清新雅致。柱头科斗栱与平身科斗栱在形态上稍有不同,柱头科的龙头连接在挑尖梁头的端头,构件稍厚,易于表现三维形

图3-2-131　小高房张氏祠堂斗栱

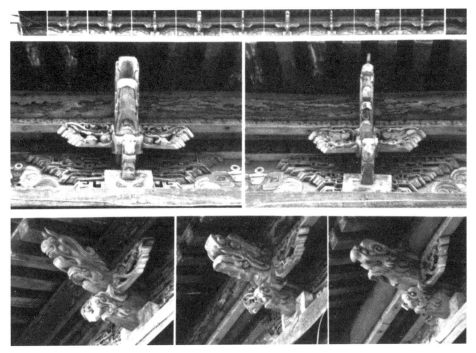

图3-2-132　小高房家庙斗栱

体。平身科的龙头连接在耍头上,稍显单薄。山墙墀头雕刻琴棋书画、鲤鱼跳龙门、狮子滚绣球及宝瓶、牡丹、麒麟、蝙蝠、马、鹿、仙人等纹样,其精细程度与正门相比有过之而无不及,体现了人们对祖先及神明的尊敬。

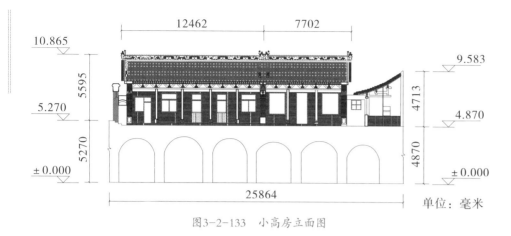

图3-2-133　小高房立面图

（2）忠信堂

忠信堂位于长庆堂南侧。忠信堂由正院、偏院、饲养院三组院落构成，进深与长庆堂相似。忠信堂正院靠北，偏院居中。饲养院靠南，院落空间呈"工"字形。忠信堂偏院的正窑与南厢之间原有一道过门，连接偏院和饲养院。正院和饲养院各建一座门楼。

忠信堂的院落布局和装饰彩画与长庆堂并无太大区别，只是正院正房窑洞前建造了一座单坡歇山式屋顶的檐廊，侧面无山花，两

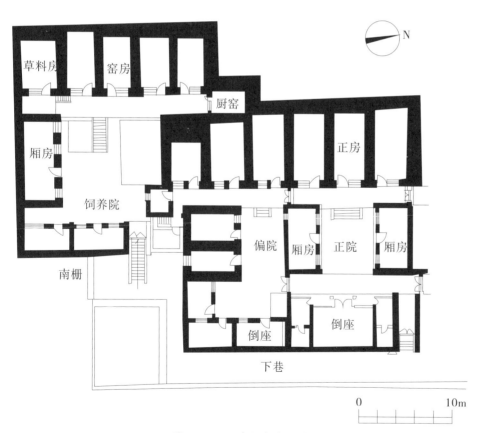

图3-2-134　忠信堂平面图

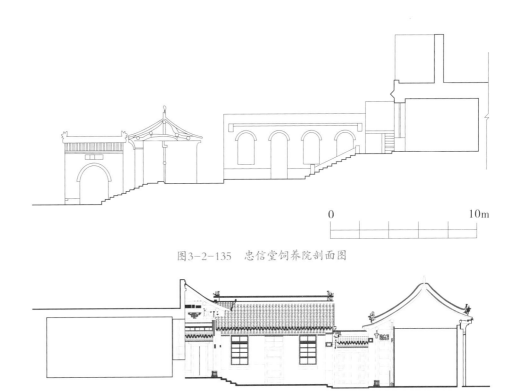

图3-2-135　忠信堂饲养院剖面图

图3-2-136　忠信堂正院剖面图

图3-2-137　德庆堂崇本堂院落群鸟瞰图

条戗脊向上翘起，檐下布置三攒斗栱，额枋下与檐柱之间透雕挂落，檐柱下为束腰覆盆式柱础石。

　　檐廊屋顶的重量由梁柱承担，斗栱已经装饰化。角科斗栱四面均设假昂，层层出挑，四角出45°角斜栱。上层的三组假昂雕成螭龙形象，下层一组雕成凤凰祥纹，寓意龙凤呈祥。平身科的厢栱上透雕草龙纹及牡丹花。挂落正心雕以圆形"寿"字，其余部分透雕二龙戏珠及祥云。正房輮窗雕有"五福捧寿"纹样。

忠信堂偏院为下人住处及厨房所在,雕刻彩绘均较少,建筑造型也相对简单。偏院南厢为平顶锢窑,西山墙与正房间有楼梯通往窑顶,便于晒粮食。院落正中有一座地窖,用于存储粮食和蔬菜。

2. 德庆堂与崇本堂及其附属院落

官沟古村下巷北部分布有德庆堂和崇本堂两个堂号。该组建筑群始建于张家五世张汉忠时期。最初为永和堂,位于现在崇本堂的位置。而后汉忠生四子,六世尔字辈将永和堂分成长庆堂(尔彦)、德庆堂(尔杰)、忠信堂(尔彬)和永庆堂(尔华)四个堂号。再至后来,尔华家生三子,其下第七世大字辈将三义堂又分为敦厚堂(大聘)、进修堂(大儒)和崇本堂(大猷),崇本堂即原来的永庆堂。

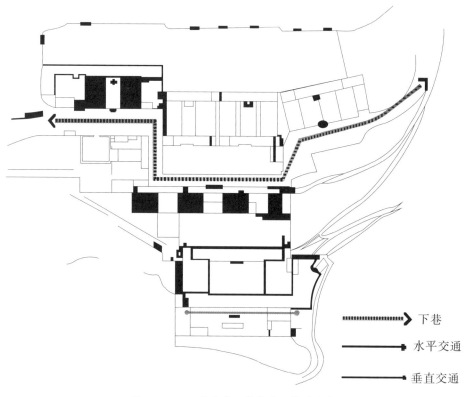

图3-2-138 德庆堂、崇本堂院落群流线

下巷德庆堂、崇本堂院落群坐西朝东,略偏北,沿山势逐层向下,呈阶梯状,共有六层院落。最上为德庆堂打谷场院,第二层为德庆堂、崇本堂两堂主院和偏院。下巷以东沿地势向下依次布置为长工院、杂役院、农具院和固基窑洞四层院落。其中,德庆堂、崇本堂正院和偏院通过下巷街道连通,其附属院落群通过山路连通。

德庆堂和崇本堂院落群,除堂号所属院落有高大的倒座外,下层

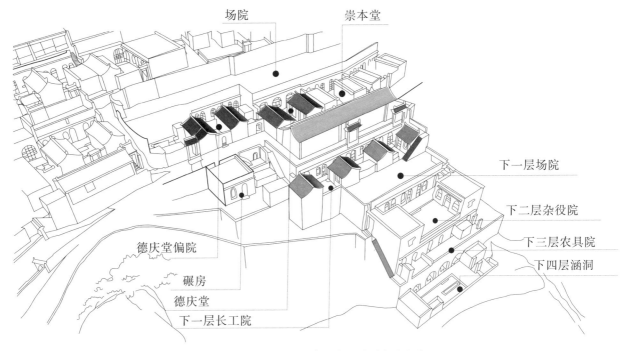

场院　　　崇本堂

下一层场院

下二层杂役院

下三层农具院

下四层涵洞

德庆堂偏院

碾房

德庆堂

下一层长工院

图3-2-139　德庆堂崇本堂院落群堂号分布

德庆堂偏院

德庆堂

崇本堂

厢房

厢房

厢房

厢房

厢房

厢房

下巷

碾房

倒座

倒座

N

图3-2-140　德庆堂及崇本堂平面图

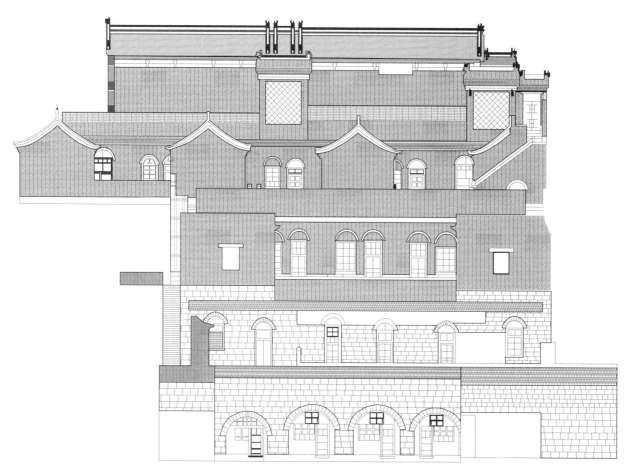

图3-2-141　德庆堂整体立面图

图3-2-142　德庆堂主院俯视图

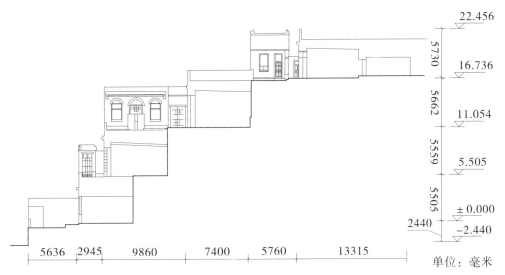

22.456

5730

16.736

5662

11.054

5559

5.505

5505

± 0.000

2440

-2.440

5636 2945 9860 7400 5760 13315

单位：毫米

图3-2-143　德庆堂下院纵剖面图

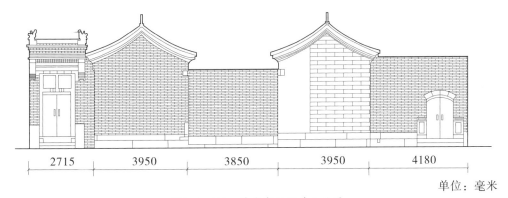

2715 3950 3850 3950 4180

单位：毫米

图3-2-144　德庆堂配院外立面图

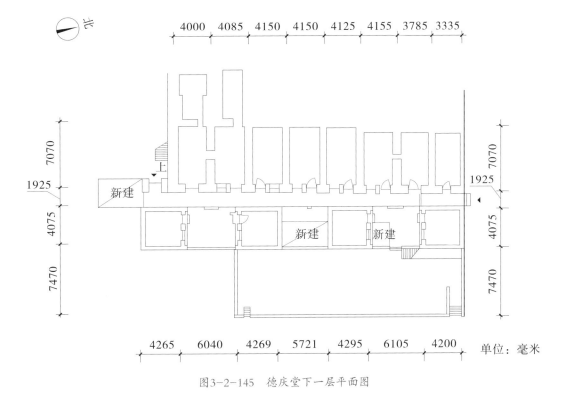

北

4000 4085 4150 4150 4125 4155 3785 3335

7070 7070

1925 1925

4075 新建 4075

上

新建 新建

7470 7470

4265 6040 4269 5721 4295 6105 4200 单位：毫米

图3-2-145　德庆堂下一层平面图

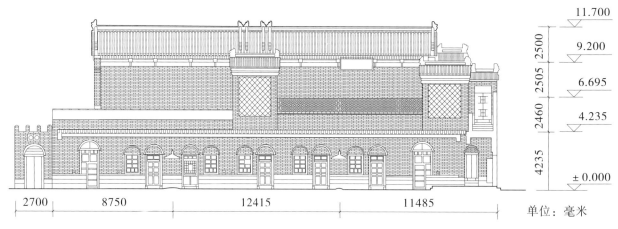

图3-2-146 德庆堂下一层立面图

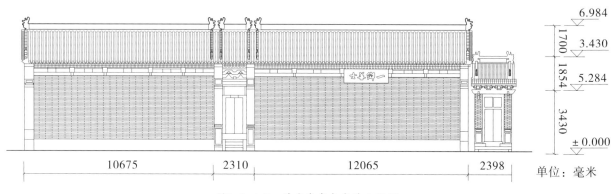

图3-2-147 德庆堂崇本堂外立面图

多呈敞院空间，俗称"野院子"。它们不同于豪宅大院的规整沿革，质朴中饱含着山村野趣。

德庆堂位于下巷北部，崇本堂南侧，为三个单进院落并置，进深17米。正院居于北，南侧依附两个偏院，三院皆有连通下巷的院门，南侧偏院内设一条坡道，可通向晒谷场。偏院和主院之间靠窑前台基相连，但由于偏院较主院退2米有余，故两院之间形成一个较小的缓冲地带，称为"过院"，此处增设一门。

德庆堂主院为四合院形制，由面东的三眼靠崖砖窑、南北两厢以及倒座组成，院落空间呈"工"字形，布局严整紧凑。院落宽约3.5米，进深7.5米，从此处上四级台阶即至窑前台基，抵达正房前，地坪逐层升高。

3. 上巷义和堂及其周边院落

官沟古村上巷分布有义和堂、致和堂、忠和堂、天赐堂、孝友堂

图3-2-148 德庆堂窑洞（上）和正房（下）立面图

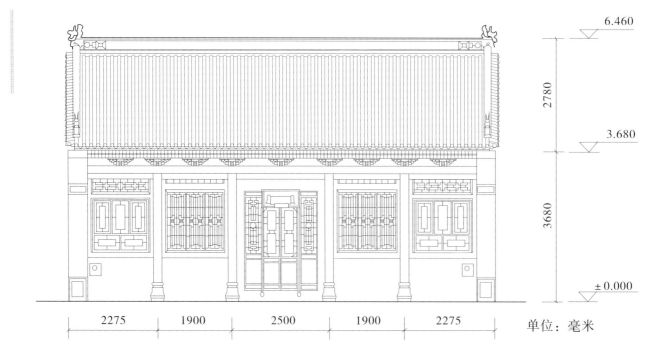

2780

6.460

3.680

3680

± 0.000

2275 1900 2500 1900 2275

单位：毫米

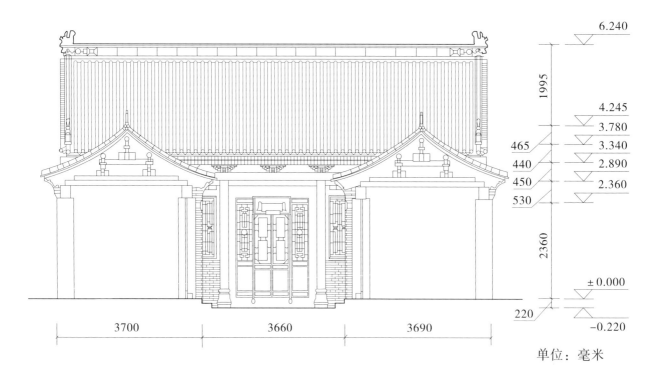

6.240

1995

4.245
3.780

465
3.340

440
2.890

450
2.360

530

2360

± 0.000

220
−0.220

3700 3660 3690

单位：毫米

图3-2-149 德庆堂倒座（上）立面图和厢房（下）剖面图

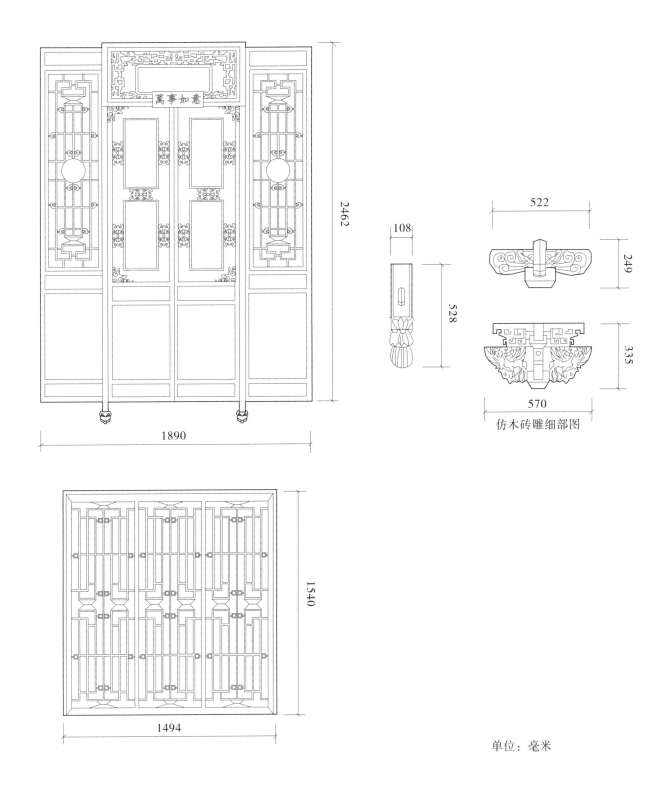

萬事如意

2462

1890

108

528

522

249

335

570

仿木砖雕细部图

1540

1494

单位：毫米

图3-2-150　德庆堂倒座房大门窗格细部

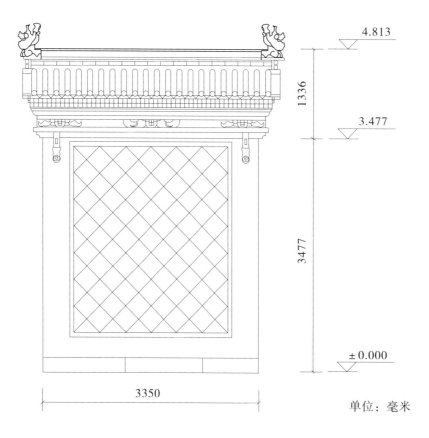

4.813

1336

3.477

3477

± 0.000

3350

单位：毫米

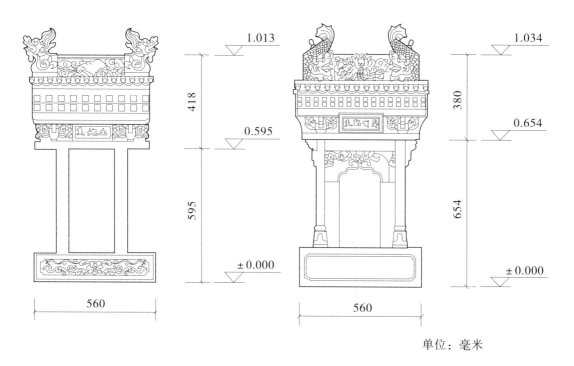

1.013

418

0.595

595

± 0.000

560

1.034

380

0.654

654

± 0.000

560

单位：毫米

图3-2-151　德庆堂影壁（上）立面图德庆堂、崇本堂土地龛（下）立面图

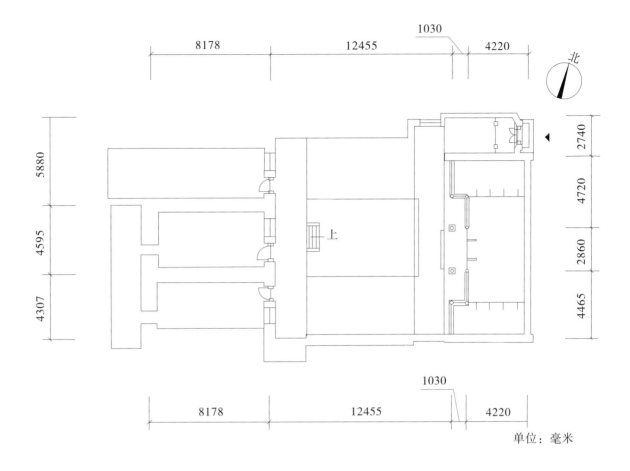

単位：毫米

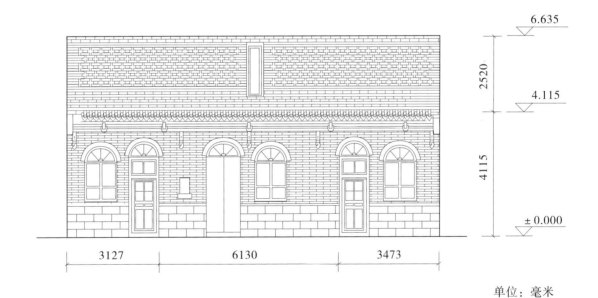

単位：毫米

图3-2-152　崇本堂平面图（上）和崇本堂窑洞立面图（下）

等五个堂号，属张氏文秀—得高一支。上巷现存院落的修建时间晚于北侧的红土堰，但较下巷诸院为早。上巷诸院分三层布置，最上为义和堂窑顶的大高房，是张氏上巷一支的家庙祠堂，可通至孝友堂院落群的窑顶场院，背靠张氏祖坟；义和堂和孝友堂位于第二层，坐落于巷道以西，依山势成角布置；最下一层为致和堂，位于义和堂的下首，坐落于上巷东侧。上巷院落由于修建年代较早，少有繁复的装饰，故而院落风貌远不及下巷的精致齐整。

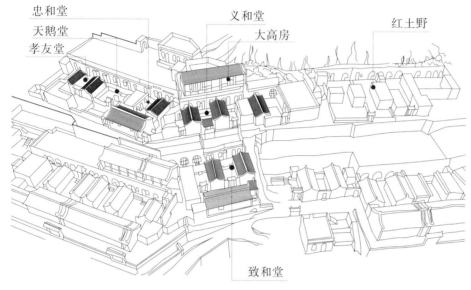

图3-2-153　上巷院落分布图

义和堂位于上巷中部，为三院并置的一组单进院落，进深约9米。正院居中，南北各有一个偏院，三院皆有连通上巷的院门，此处经由北偏院内的石级可以通至大高房。

义和堂主院现由坐西朝东的三眼靠崖砖窑、南北两厢及朝东北的门楼组成。这种三合院的模式，在官沟全村有堂号的宅院里属特例。主院同为单进院落的长庆堂与崇本堂则均为带倒座的四合院。义和堂的北偏院只有两口砖窑和一个北厢，空间较为局促。南偏院更甚，因山势转折，无法保持规整的方形平面。

义和堂主院大门为一道悬山式屋顶的垂花门，位居院落的中轴。门楼外间垂花及挂落因年久日深，皆已毁损。内外檐斗栱皆为三攒出三踩。梁头均为麻叶头，平身科的要头则内外檐相同。外檐要头东侧（朝外）雕成龙形，口内含珠，线条简洁，西侧仍为麻叶头。坐斗两侧的万栱，外间刻成如意头样式，支撑着上方的屋檩；里间则较简略，

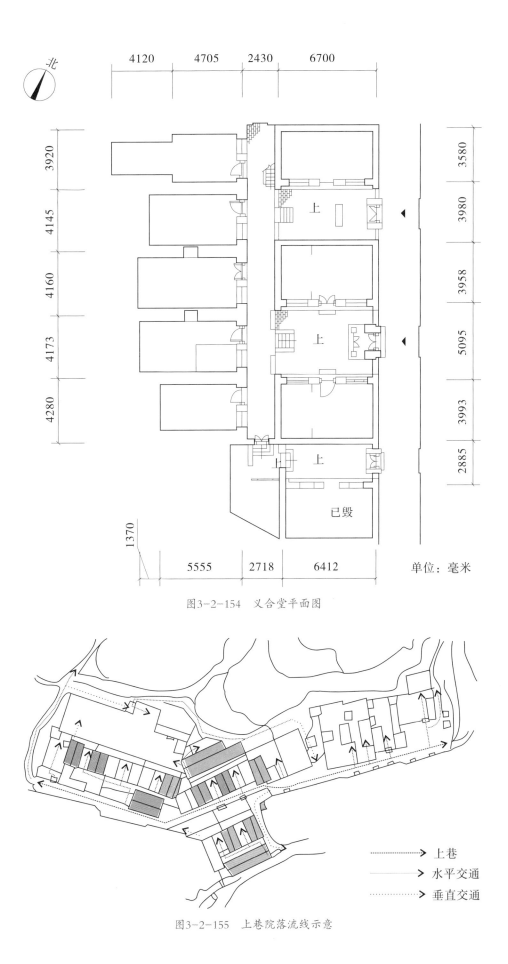

北

4120 4705 2430 6700

3920
4145
4160
4173
4280

1370

3580
3980
3958
5095
3993
2885

上

上

上

已毁

5555 2718 6412

单位：毫米

图3-2-154 义合堂平面图

.......→ 上巷
———→ 水平交通
.........→ 垂直交通

图3-2-155 上巷院落流线示意

柱头科也不加雕饰。两侧的博风板上，悬鱼、乳钉等装饰一应俱全。

（四）沙湾双喜院建筑群

双喜院位于沙湾村，东临官沟河，分布有进修堂和敦厚堂两个堂号，属于张氏文秀—得威一支。道光年间，永庆堂下支修建此院。院落布局巧妙，平面神似中国传统"囍"字，故取名双喜院。但是，由于历史原因[1]，进修堂并未修筑完全，"囍"字也不得完整，非常可惜。

双喜院坐西朝东，其中敦厚堂与进修堂南北并列放置。由于修建时有意对场地进行过规划，所以双喜院主要建筑都在平地上展开，没有太多地形高差变化，故这里的建筑风格与张家大院差别较大。

敦厚堂位于双喜院南部，共三进院落，进深达 60 米。这三进院落分布在一条东西向轴线上，由东至西依次为前院、正院、场院，其中正院分为上院和下院两进，偏院紧邻正院南端。

前院由倒座房、门楼、围房组成。院落东西长 21 米，南北长 13 米，场地十分开阔，但后来这里加建了大量房屋，院落原始的空间被极大破坏。历史建筑中，现只存南侧部分围房。围房分为上五间和下五间，为硬山式坡屋顶结构，用作杂物间，长工还在基座下增加了须弥座。

学堂院的天地龛较为简单，屋脊刻画莲花，两端安置鸱吻，檐下有两柱一枋，均为竹节形，挑尖梁头向前突出，雕刻麻叶头，基座正面雕有卷草与宝相花纹样，都用线雕的手法表现。龛内

图3-2-156　上巷北端鸟瞰

图3-2-157　双喜院北端鸟瞰

---

[1]　根据张承铸老人描述，当时主人运送银两回家，途中遭遇不测，主人丧命，钱财尽失，故进修堂未按照计划修建。

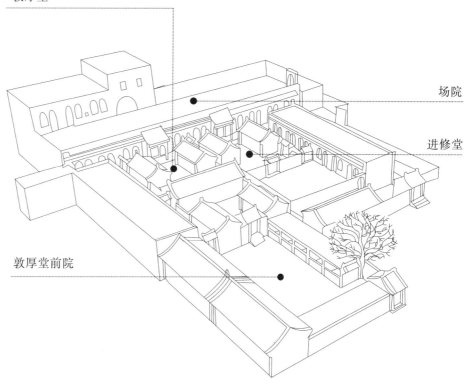

图3-2-158　双喜院复原想象体块图

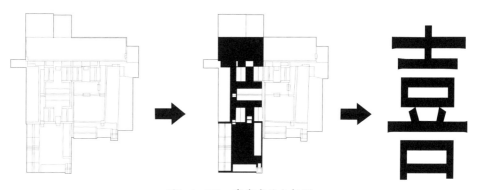

图3-2-159　喜字布局分析图

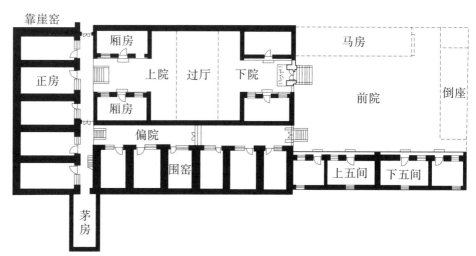

图3-2-160　敦厚堂平面图

正位供奉天皇老神像，龛前供着少量艾草。

德庆堂正房外墙上的神龛较为精致。屋脊雕刻正面龙纹纹样，周围饰以祥云，吻兽为龙首鱼尾，鱼尾上翘，形象生动。瓦当、滴水、飞椽、檐檩、斗栱、牌匾、平板枋一应俱全，屋檐之下悬挂着一副匾额，刻有"高明配天"四个大字。雀替饰以卷草纹，石柱下端为束腰覆盆柱础，覆盆四角雕有宝相花花瓣，下部基座正面对称雕有两只凤凰，空白处以祥云纹样填充。整座土地龛比例匀称，建筑构件粗壮有力，装饰纹样巧夺天工，是官沟村诸多土地龛中最有"力度"的一座。

德庆堂厢房侧面的一例土地龛也较为精细，屋脊雕刻蝙蝠与祥云，斗栱装饰如意卷草纹，下部基座正面雕有缠枝牡丹，瓦当也一一雕出表情。

图3-2-161　学堂院天地龛　图3-2-162　德庆堂正房天地龛　图3-2-163　德庆堂厢房土地龛

五、小河古村石家大院

（一）小河村概况

小河村位于山西省阳泉市郊区义井镇，因泊水流经村落腹地而谓之"小河村"，现存清代石家大院、李家大院、财主院、智水仁山院等。整个村落依山而建，一组组砖木结构与窑洞相结合的院落分布于泊水两岸的山坡之上。清朝时，小河村商业发达，以石氏家族最为突出，他们在京城以及平定到京城的沿线开有不少商号。此外，由于族中诸多子弟在朝为官，儒贾并举。

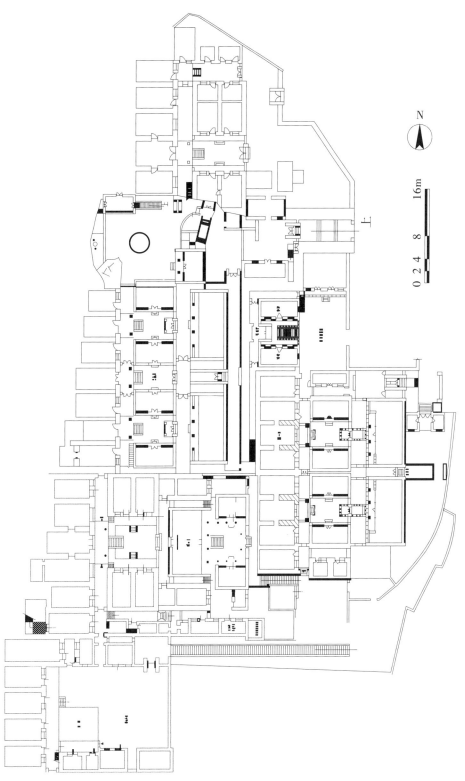

图3-2-164　石家大院总平面

1.建筑群落因山就势

小河村的主要建筑都布置在由龙岩山、虎岩壁等山脉环拱形成的盆地里，存在着许多丘陵和台地。大院多因山就势，多为窑洞形式，如靠崖土窑洞，或做起脊房，层层跌落，又以石级相连，组合成形态不断变化的院落。

2. 院落组织

小河村建筑多为一层，综合了木结构与窑洞等结构形式，以合院为基本单元。四合院由正房（正窑）、两厢、倒座与大门四面围合形成，以院落为基本单位向四周伸展，又形成倒座院以及配院。正房常常靠山做窑，中间窑洞多采用一明两暗三开间形式。两厢系窑洞或抬梁木结构顶形式。四合院顺应地形或街道，可于倒座与厢房之间的墙上开门，朝向内院，院内形成活动场地。

（二）小河村石家大院

小河村石氏由明迄今世代经商务农，又不乏书香俊秀。清雍正年间，石思虎家（石氏一支）艰苦创业、严谨治家，积累了大量财富，修建了石家大院。该院落规模宏大，建造讲究，距今已有270多年的历史，大院主人也因此被当地人称作"花园石家"。

石家大院位于小河村西南，背山面水，主宅部分建筑面积1万余平方米。大院包括泊水西岸三元堂、含清堂、明远堂所组成的主宅和泊水东岸的崇德堂，气势磅礴，布局讲究，装饰精致，集小河村雕刻艺术之精华。西岸主宅院落中，有窑洞65眼，脊房112间，21个小院。

1. 三元堂

石家大院共有4个堂，其中三元堂规模最大，最精致严整。

三元堂坐西朝东，呈横向并列布局，南侧下为含清堂，上达三元堂正院，院门西侧为三元堂小花园，北侧为配院所在。

正院呈规整布局，东端设倒座，两侧各五间，中夹三间堂门。门内并排3个方院，由合用的4座厢房分隔开，大院方正规整。小花园设在正院北侧，地势较高。花园内书房、绣楼、鱼池、假山、小桥、古柏填充其中。

2. 含清堂

含清堂取含垢忍辱、清心寡欲、藏而不露之意。含清堂位于三元堂东南侧下部，背靠西山，面朝东方，院落呈南北向排列。两座大

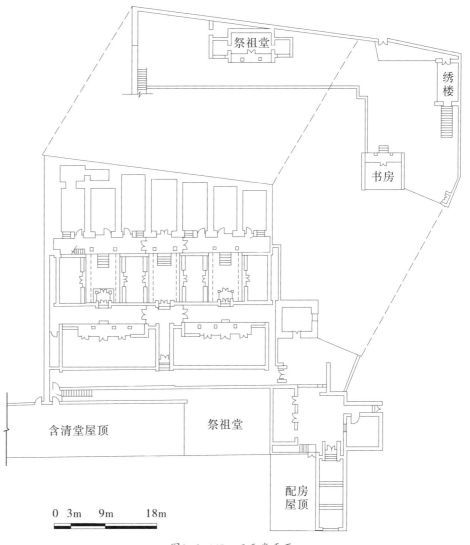

图3-2-165　三元堂平面

门楼位于东部中间位置。门内南侧为主院，东北角为下人院，西北角是含清堂最高的小楼祭祖堂和绣楼。主院由两个并排对称的二进院及其侧跨院组成，中夹堂门，内有二门和正房窑洞。由含清堂主院南可通明远堂、祭祖堂，西可达三元堂。

3. 明远堂

明远堂位置最高，地势高差大，在主院后部。与其他两堂相比，明远堂在布局上是主院落呈纵向展开的一部分，由下层马棚向上至主窑，共有五进院落之深，且每进院落都逐级升高，由最底层至最高院石阶抬高达76级之多。

明远堂没有高大厚重的门楼，由下部砖石拱券大院门进入外院，

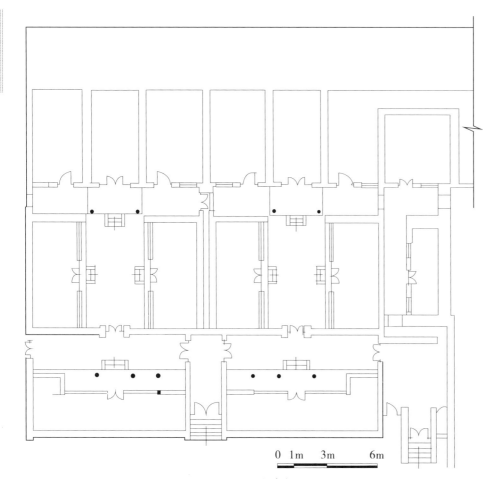

图3-2-166　含清堂平面

图3-2-167　含清堂门楼立面

0　0.5　1　　　　2m

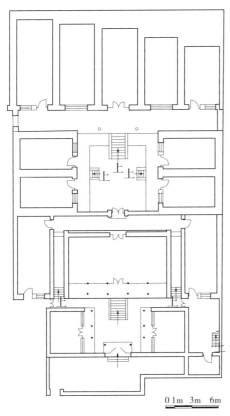

图3-2-168 明远堂平面

0 1m 3m 6m

图3-2-169 崇德堂正门

0 0.5 1 2m

西侧有一条长阶梯把院落分为南北两部分，北侧为主院，南侧为佣人院，由明远堂可以通往含清堂与三元堂。正院分前后两层，包括前面的马房等共五进，前层院在马房之上，由主入口垂花门、两厢、正厅堂及其柱廊组成，厢房后均有侧院，正厅堂两侧也并设耳房，两侧耳房和正堂之间均有窄通道，可通后院。后院两厢进深较大，且由砖木结构转变为窑洞。后院尽端正窑并排5口，窑前月台可通南侧厨房配院与佣人院。

4.崇德堂

崇德堂位于小河东侧，门朝谷底小河，西南侧临路。院落为纵向伸长，分前后两层大院。前院为主人院，横列3座院落，门楼开在中间二进院落侧面，与后厢房并列。向内靠山一侧为第三进中心院落，由正窑、小院门、正厢房、后厢房组成。后院为长工下院，原为长工居住及马匹器械贮藏之所。崇德堂有前后两门，前门高大，通往主人院，为迎客之用；后门宽大，里面就是长工院，供车马之用。

六、昔阳县楼坪村古民居——"天聚生"

"天聚生"坐落于山西省昔阳县城东南的赵壁镇楼坪村，距昔阳县城35千米。天聚生古民居位于村西南隅，建于清末民国初年，背靠西北山丘，面朝东南，前面为4个主院。祠堂、偏院和后院，共由大小9个院落组成，现保存基本完整，为传统的北方民居四合院建筑形制。它设计巧妙，布局严谨合理，建筑面积1520平方米，占地面积2627平方米，是一座规模较大、颇具影响力的传统古民居建筑群。

（一）概述

楼坪村李家为本地人，在清乾隆年间立堂号"天聚生"，起始经商，主要做布匹生意。李家的前辈生活俭朴，为人诚实本分又吃苦耐劳，生意不断发展。清末，到了李怀乾、李进乾、李贵乾这一代，家中生意起始由老大李怀乾主持。在经营方面，兄弟三人有着较细的分工，老大李怀乾主要分理做布匹生意，老二李进乾分理做牲畜买卖，老三李贵乾分理田地。经过几年的努力经营，老三李贵乾经营有道，其精明强干逐步显露，老大李怀乾让贤，改老三李贵乾主持经营李家生意。这时，李家生意逐渐兴隆，资金渐厚，开始广置田产，兴建宅院。李家的土地遍及周边几十个村庄，生意迅速扩展到和顺的牛川以及河北的邢台、内丘等地，方圆数百里，威名远震。李贵乾主持"天聚生"时，广善施舍，仁慈济贫，义捐修建学校。抗战期间，李贵乾爱国仇敌，向八路军捐助粮食，支援抗战。至今，"天聚生"宅院已有百年历史，仍完整屹立，建筑华丽、优美，其历史、艺术、科学价值颇高，在山西省古民居中具有重要的影响力。

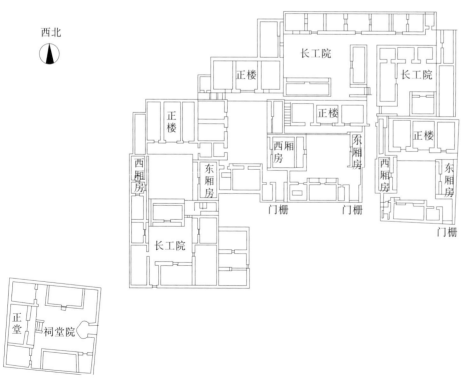

图3-2-170　昔阳楼坪村天聚生平面图

图3-2-171 天聚生宅院鸟瞰

图3-2-172 李贵乾西院门

（二）宅院的内部空间处理

"天聚生"宅院依地形而建，背靠土丘，坐西北，面朝东南，宅院地形平缓，平面呈长方形，总面阔79米，总进深66米。其院由房屋和垣墙包绕，对外不开放，面向内院，环境优美、布局合理、日照充足，适合当地气候。其布局形式和建筑规模等级都受封建社会宗法制度和伦理观念的影响，多为严谨的四合院形式。大院总宅门现已不存，大宅院内共有9个院落。由东向西，面东南第一个宅院及后院是老大李怀乾院，第二个宅院及西偏院是老三李贵乾院，面东的宅院及南偏院是老二李进乾院，兄弟三人每人两院，东面祠堂院为共有。

李怀乾院分前、后两院，前院为院主人居住，后院为下人居住。前院为四合院形式，门楼为两层，一层为拱券门，二层为砖木结构，硬山顶，院内两侧厢房、倒座各三间。正面为二层楼，一层筑三孔窑洞，二层五间瓦房，砖木结构，硬山顶。后院为长工、佣人居住。后院分为东、西两院，东院开东门，院内设正房两间，东、西厢房各四间，南房二间；西院开西门，院内东房、南房各三间，西面为墙，仍保持小院格局，正房七间，房间向东延伸至东院东墙。

李贵乾院分东院及西院，西院为院主人居住，东院为二姨太居住，两院均为四合院形式，门楼同为二层，一层拱券门，二层木结构，硬山式。两侧厢房及倒座各三间，砖木结构，硬山顶。正房有二层，一层三孔窑洞，二层面阔七间，前檐设廊，硬山顶。

李进乾院呈中轴对称式，两进院落，大门开两个，过厅东面院墙开主门，南面开次门。一进院为长工、佣人居住，出入走南门；二进院为主人居住，出入走东门。一进院有倒座三间，过道一间，两侧有厢房四座，各有房五间；二进院南设客厅三间，两侧厢房各三间，砖木结构，硬山顶。正房为二层楼，一层为三孔窑洞，二层为七间瓦房，前檐中五间设廊，砖木结构，硬山顶。

图3-2-173 李贵乾东院照壁　　　　图3-2-174 李怀乾前院厢房

图3-2-175 李氏祠堂正堂　　　　图3-2-176 李贵乾院正楼

李氏祠堂院位居大院前东侧，现祠堂有屋宇式大门，东西耳房各一间，砖木结构，卷棚顶。东西配房各三间，硬山顶。正堂三间，前檐设廊，砖木结构，硬山顶，明间前设五级石阶。

"天聚生"宅院中的照壁共有4座，均嵌砌于主院门楼之内，东厢房南墙上成为一个既与街巷相通，又有间隔的过渡空间。"天聚生"宅院的院落空间还体现了"尊卑有序、男女有别"的封建伦理，长辈住上屋，晚辈住厢房，女眷处内院，佣仆处偏处，各得其位，不得逾越。

"天聚生"宅院的各主院在布局上也受风水思想的影响，选择山丘土坡上，有好的朝向和日照的地方。大门开向和位置取传统风水理论意象"坎宅巽门"，大门设在东南位，茅厕置于西南位。同时，布局上还强化了祖祠地位，专门设祠堂独立院落，反映了院主人注重宗法血缘，体现了宗法等级的严明。此外，还合理地安排了旱井的位置，因其所处的地区缺雨干旱，在雨季蓄水，便于日常使用。

"天聚生"宅院各个院落之间巧妙相通，或通偏门，或走暗道，或上楼与其他院落联系。在主院还分别设有套房、厨房、照壁、楼梯、过道、厕所，使院内有限的空间富有较多的变化，让人感到环境优美、舒适优雅。

（三）宅院的主要建筑结构

"天聚生"民居建筑风格优美，各种建筑造型独特，具有明显的地方特征，是房主人和能工巧匠共同智慧的结晶。它既传承了山西传统民居的做法，又根据当地自然气候、地质地貌、风情民俗建造出适合当地条件的民居建筑。

"天聚生"李氏祠堂院大门作屋宇式，平面近似方形，不设木柱，两侧砌山墙，门道两山墙内中部置抱鼓门枕石，石上装槛框，中槛上装走马板，大门为板门。山墙前、后上挑出戗檐，前戗檐砖雕莲花、葡萄吉祥图案。两山墙内前端上部置额枋、平板枋，枋上座平身科一攒，斗栱为一斗二升交象形要头，正心瓜栱作成云形。斗栱上承正心枋、正心桁。脊桁、正心桁全部置于两山墙，由山墙传承屋顶荷载。脊桁、前后正心桁上布椽，椽上木基层，屋顶布灰筒板瓦、垂脊兽，屋顶硬山式。

"天聚生"宅院中共有照壁3座，嵌砌在主院大门之内及东厢房南墙上。3座照壁形制基本相同，以李贵乾东院照壁为例。李贵乾东院照壁嵌砌于东厢房南山墙上，下部坐在墙基石上，照壁下部砌成须弥座，座上砌壁身，壁身周起两圈线砖，外圈作立、顺砖抹角，内圈雕竹节。壁心砖雕大"福"字，字体苍劲。壁顶作砖叠涩出檐，分层为枋、斗、椽及灰筒板瓦、砖脊屋顶。

"天聚生"李怀乾前院东厢房，平面呈长方形，面阔三间，进深一间，建在20厘米台基之上。台明前砌青石质压沿石，前身明间设门，两次间为窗。明间两侧出穿插枋，穿插枋出头装翼形栱，翼形栱作云形。穿插枋承垂莲柱，柱间装额枋、平板枋。明间五架梁通达，出头平直截取，由两墙承屋顶荷载，五架梁上立瓜柱承三架梁，三架梁头托金檩，中部立脊柱，设短替承脊檩，脊檩两侧以叉手支撑。脊瓜柱头纵向置顺脊串连构。

"天聚生"宅院中的主院正房均为二层楼，共有4座，全部保存完整。一层为三孔砖石砌窑洞，二层为砖木结构硬山建筑，李怀乾院、李贵乾东院二层开间为五间，其他两院为七间。因形制、结构大致相同，选择李贵乾西院正楼为例。

李贵乾西院正楼，平面呈长方形，共两层，一层面阔三间，二层面阔七间，进深同为5.5米，硬山顶。楼台基高52厘米，台明前砌青石压沿石，方砖墁地。一层砌三孔砖窑，其中中窑前出抱厦，单坡悬山式，前立两柱，柱上置额枋。枋上斗栱一斗二升，坐斗前正出梁头，做麻叶头，梁后尾插于窑体。正心瓜栱作云形，承托挑檐枋，挑檐枋与梁相交承檐檩。额枋下、柱间装雀替，雀替作云形、卷草纹图案。檩上椽飞出檐。抱厦顶布灰筒板瓦，正、垂脊捏花卷草图案，脊上扣脊砖瓦，垂脊外侧作排山勾滴。一层窑下砌墙基石三层，窑上作砖椽飞叠涩出檐，檐上勾滴收檐。二层明、次、梢间前檐带廊，尽间砌墙与一层前墙平齐。明、次、梢间前檐廊柱头设额枋、平板枋，枋上置单步梁，梁后尾插入墙内金柱。五架梁前端置于金柱之上，后端置于后檐墙，出头平直截取，五架梁上立瓜柱承三架梁，三架梁头托金檩，中部立脊瓜柱，设短替承脊檩，脊檩两侧以叉手支撑。脊瓜柱头纵向置顺脊串连构。屋顶布灰筒板瓦，正脊捏花卷草，中五间正脊高，两头置兽，吞口向外，尽间正脊低，用勾头收脊，不设垂脊。

正楼一层窑洞明间装六抹隔扇门，门棂纹式作"圧""井"字图案，顶窗分两层，下层作美人框，上层作斜方格。次间板门装于里侧，窗装于外侧，窗棂下的夹顶窗作拐子锦。次间作窗，窗棂中间为正方格，两侧及顶窗作步步锦。梢间亦作窗，窗棂上、下均作正方格，下大上小。

李氏祠堂院正堂，平面呈长方形，前檐带廊，面阔三间，进深一间，硬山顶。石台基高1.2米，台明前砌青石压沿石，方砖墁地，"丁"字缝。明间立廊柱两根，两次间不设柱，柱上置额枋、平板枋。枋上斗栱一斗二升，柱头科坐斗出梁头，作麻叶头形要头，梁后尾插于柱身。

平身科坐斗前后均作龙形耍头。正心瓜栱作云形，承托挑檐枋，承檐檩承椽飞出檐。正堂梁架为抬梁式，五架梁前端置于金柱之上，后端置于后檐墙，出头平直截取，五架梁上立瓜柱承三架梁，三架梁头托金檩，中部立脊瓜柱，设短替承脊檩，脊檩两侧以叉手支撑。脊瓜柱头纵向置顺脊串连构。屋顶布灰筒板瓦，正脊捏花卷草图案，脊两侧吻兽收脊。

正堂外檐装修，明间作六抹隔扇门，门棂纹饰步步锦图案，门上装走马板。次间为窗，窗棂作一码三箭图案。

（四）宅院的民居装饰艺术

山西民居的装饰至关重要。它因地制宜，结合民俗民风，利用当地材料、工艺、技术，通过石、砖、木等材料的雕琢，精心制作出品种繁多、美观华丽的建筑装饰。这一点在"天聚生"宅院内有着充分的体现，在主要建筑上的显著部位（如大门前墙、墀头墙、柱础、戗檐等）施以华丽的吉祥装饰图案，把一幅幅与生活紧密相关、寓意深厚、吉利祥和的图案精心创作、雕刻出来，以表达人们对美好生活的热爱和向往。

七、大阳泉儒商大院——魁盛号

大阳泉村保存较好的居住院落大多分布在阳泉街以北的阳坡上，北部多商贾大院，南侧多儒生住所，形成古村亦商亦儒的文化氛围。

村内堂号院落为了安全，将院墙修得很高，院落建筑布局也很紧凑。此外，大院还修建暗窑，窑中挖井，以防不测。

院落多横向并列，坐北向南，北部窑洞院都

图3-2-177　魁盛号屋顶鸟瞰

相通，院落主院布置在中间，主院两侧展开东西院及偏院。院落在纵深方向上依次递进，最尽端通常为正房窑洞。大阳泉院落正房多是平顶的窑洞，厢房多坡屋顶木结构房屋。院落与院落按照纵向、横向，或者纵横兼有的形式组合。院落与院落之间，以及院落与外部空间之间的联系因地制宜，富于变化。

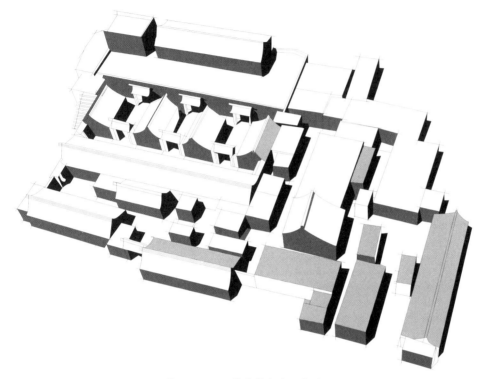

图3-2-178　魁盛号体块示意图

魁盛号坐落于大阳泉村北、北岭阳坡之底，是清代巨商郗永寿的大院，它作为平定州最大的商号，见证了郗家180年的沧桑。因郗氏家族严于治家、怜贫惜弱、赈灾济贫、乐善好施，魁盛号大院于光绪二十六年（1900年）被御封为"都悃府"。

魁盛号依山势而建，坐北朝南，占地约40000平方米。平面呈长方形，总面阔90.35米，总进深48.24米，总面阔比总进深长42.11米。环院围墙为青砖砌成，高6.67米，遥望大院全貌，形似元宝，因而得名"元宝院"。

大院由主院、配院、旁院和"龙庭"组成。主窑院由东、中、西三院并联而成，其中中窑院的正窑为郗家祠堂。主窑院内又分3个三合院，各有3眼正窑，以中窑院中轴对称。主窑院各有东、西配房三间，东配院又有两眼正窑。从主宅正窑后顺坡而上，建有高房七间，

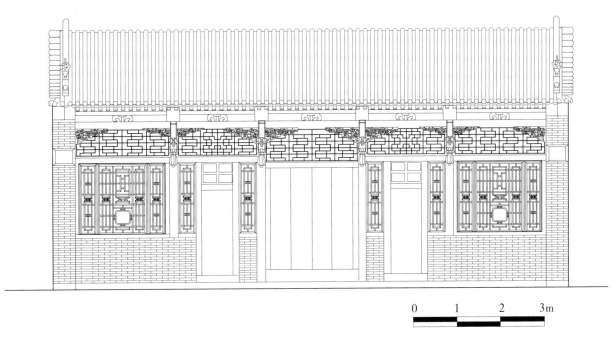

图3-2-179 魁盛号立面图

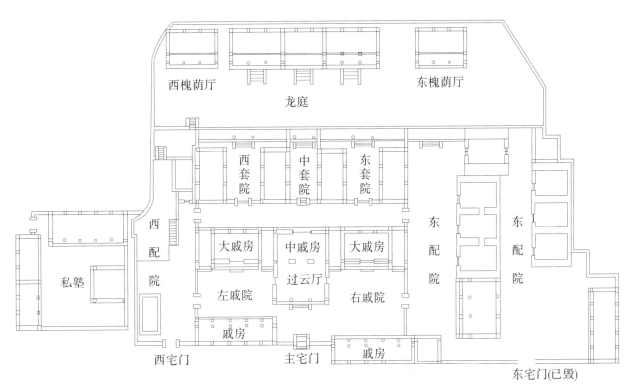

图3-2-180 魁盛号一层院落平面图

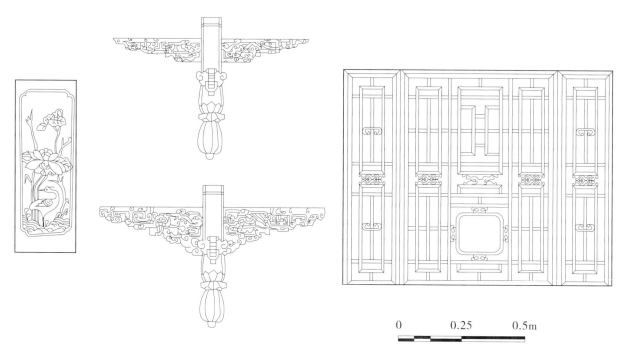

图3-2-181　魁盛号细部

名曰"龙庭","龙庭"两侧为东、西槐荫厅。

魁盛号院落曾有大门、二大门、三大门，门户共 72 道，门门相通，院院相连。院门根据需要打开或关闭，形成各自独立的小院。大院东南角有城门式门楼，供车马物资通行，其他方位还设有走通宅外的通道。

魁盛号大部分的院落都被高高的院墙围合，隐隐只露出鳞次栉比的屋顶。进入垂花门，一条横通东西的走道展现在眼前。走道将院落分为南北两部分，南面是东西向的 13 间厅堂，中厅宽敞明亮，12 间过厅分居两侧；北面是 3 个并联的主窑院。中窑院是郗家祠堂，中窑院垂花门的做工和装饰精美。垂花门为砖木结构，宽 1.38 米，门垛两侧石基分别雕有牡丹图案。东西主院皆为三合院，正房 3 眼正窑，东西厢房各 3 间，檐下施斗栱，檐口栏额，砖石木雕。

正房与东西厢房围合，台基与庭院地面通过 3 级台阶相连。院内青砖铺地。正房挑檐上部与女儿墙相连。女儿墙的高度为 1 米左右，兼做围栏。西主院正房 3 眼正窑为一明两暗式，石墙砌封。正中窑洞外接单坡廊步。两侧明柱上部与厦檐由窑内墙壁上伸出单步梁承廊顶。

院落的整体布局按照中心轴对称布置。大院布局分为平行的三纵轴线，中线主宅门正面是过云厅，是院主人接待宾客或家庭办理要事的客厅；两侧为东、西院，可从主宅门分两面进入，也可从过云厅内山墙两侧设的拱券门进入。东、西院是亲戚朋友、来往贵宾住宿之所，其位置处于东、西轴线上，分别有正房三间，倒座五间。东院较大，装修普通，西院较小，装修豪华，为招待贵客起居处，有通道分别和东、西配院相通。通道正面为 3 座主套院大门，每院正窑两侧设拱券门，院院相通。主套院之后为高院，高院高于前两院一个平台，高院正中一字排开"龙庭"七间，暗九间。每三间由墀头墙分隔，其中"龙庭"中间房，前廊为一间，里为三间。"龙庭"两侧各建东、西槐荫厅三间。东配院主要作为厨房、储室和佣人住所。西配院内砌筑台阶 31 级，为登临"龙庭"及东西槐荫厅专设，另外还有西房三间和柴厕之所。在西配院西侧还设有西旁院，为郗家私塾学堂。

第三节　经典民居

一、润城砥洎城

润城，初名"老槐树"，春秋时期因水得名，称"少城"，镇东北紫台岭下的玄镇门上雕"少城"二字，镇南烟霞山下的峪沟前原有一拱券，上书"少城归宿"四字，是其见证。战国时的润城是韩赵相争的一个军事重镇，地位日趋重要，润城由此逐渐发展。

（一）砥洎城

砥洎城位于润城古镇北部沁河岸边，是一座明代防御性的堡寨。砥洎城平面呈椭圆形，占地3.7万平方米，周长704米，兼具居住与防御功能，砥洎城之名源于绕城而过的沁河。《水经注》中记载："沁水即洎水也，或言出谷远县羊头山世靡谷。三源奇注，径泻一隍，又南会三水，历落出左右近溪，参差翼注之也。"城堡建于"洎水"之中的一块大砥石上，三面环水，南依润城镇，远望恰如砥柱，故名"砥洎城"。

砥洎城系明万历年间润城杨氏家族之杨朴为防御流寇而建。杨朴（1569—1639），字贲闻，少丧父，由其祖父抚养，未及成人，祖父丧，生

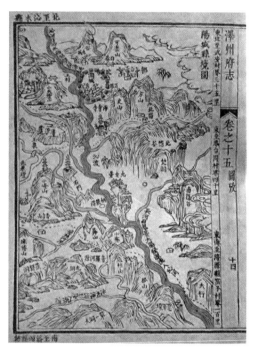

图3-3-1　《泽州府志》"阳城县境图"中的润城镇

图3-3-2 玄镇门上有"少城"二字，已十分模糊

计更加艰难。同窗好友张慎言谓其曰："虽家徒四壁，昂藏磊落"。明万历丙午年（1606年）中举，时年37岁，历15年，会试不中。念母年事已高，及52岁方做官。《阳城县志》称其"为吏干敏精核，当世称其有刘晏才"。

明朝末年，流寇四起，仅崇祯四年（1631年）至六年（1633年）间，阳城县有记载的兵乱就有9起之多。据《阳城县乡土志》记载："五年（1632年），紫金梁等犯县之郭谷、白巷、润城诸村，杀掠数千人而去。八月，贼自沁水入县之。"崇祯五年九月、十月、十一月，崇祯六年二月、五月、九月，亦有战乱。《同阁记后续》中也有相关记述。杨朴时任大兴知县，于崇祯五年、六年筹备修建砥洎城，以防流寇袭扰。

砥洎城自崇祯六年动工，历经5年竣工，建成后为防御流寇起到重要作用。城内现存《创置土碾记》碑中记载了清顺治年间砥洎城两次遭遇兵厄，百姓塞门防御、日夜候春的事迹，是砥洎城不朽之功的真实写照。

杨朴于砥洎城建成后的第二年病逝。此后，族内接连出现伤亡事故。阴阳先生称："此地西有白虎圪堆，东北有卧虎山，羊（杨）在其中，又在圈里，于风水大忌"，于是杨家便将砥洎城卖于张氏。

砥洎城自创修以来有史料可考的增补共有3次。第一次在清顺治十年（1653年），乡人集资修筑了砥洎城后瓮城，并建水门。《修后瓮城并水门碑记》中记载："顺治十年正月二十一开工，本年十一月止。创修后瓮城并水门所用银两，依照地亩公派每亩地分派银六两。"修建后瓮城后，"山泽通气"，同时也方便了城内居民的洗濯和通行。

图3-3-3　砥洎城模型

图3-3-4　砥洎城补修西城并两瓮城东西围墙壁记碑

第二次约在清乾隆、嘉庆年间，据《旧城县乡土志》载："张依仁，敦仁兄。刚方好义。里有堡旁临沁河，岁久址互裂。依仁倡捐千金，完筑如故。"此处"里有堡"即为砥洎城。张依仁系张敦仁的大哥，因经商颇有家资。第三次修葺在咸丰三年（1853 年）九月，现存于南城门楼上的《补修西城并两瓮城东西园墙壁记》中有载。

砥洎城中有文昌阁、关帝庙、三官庙、黑龙庙、祖师阁等公共建筑。民居院落相互串联，其中有数学家、汉学家张敦仁的故居"简静居"，陕西巡抚张瑃的故居"敦伦居"，敕封鸿胪寺鸣赞郭登云的府第"鸿胪第"，福建盐运司王崇铭的府第"师帅府"（已毁）等。

砥洎城因防而建，以居为主，体现了极强的防御思想，呈现"城墙环绕，南北两口，丁字巷纵横，文昌阁居中"的格局。平面呈类椭圆状，外围高墙环固，坚不可摧。南有正门，北有水门，城墙四周设马面、炮台、哨所等。文昌阁居中，居民院落依地形而建，环绕四周。城北低洼地带建后瓮城，沿瓮城建藏兵洞，并辟水门。

砥洎城被划分为十个街坊，相互之间由过街楼连接，坊名刻在过街楼上。如今，过街楼已损毁多处，各街坊的形制与边界已很难分辨。城中道路错综复杂，多为"7"字形和"丁"字形，防御性很强。

城内地势较为平缓，略有起伏，东高西低，北高南低，东北城墙上的黑龙庙为全城制高点。"懿文硕学"院旁的地势随着3个连续门洞而逐一降低，形成北高南低的坡地。虽然整体看来城内高差并不显著，但局部的变化使空间丰富多变，错落有致。

旧时，砥洎城内院落按家族分布，主要有张氏六甲张璇家族院落、五甲张敦仁家族院落、王崇铭王氏家族院落以及敕封鸿胪寺鸣赞郭登云的"鸿胪第"等。

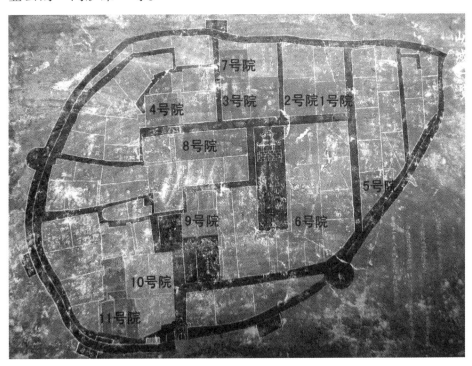

图3-3-5　旧时砥洎城院落分布

（二）润城的居住建筑

润城古代商业和手工业发达，富甲一方的商人很多，于是宅邸便成为他们心声的表达和地位的显示。对于乡绅士大夫、为官者而言，官邸更是衣锦还乡、光宗耀祖的标志，是人们的精神家园。润城古镇现存的住宅院落以明末清初时期的建筑风格居多，有单个院落和院落群两种形式。

单个院落可以分为单院、两进院和三进院。所谓"单院"，就是一个院子，四四方方的院落一目了然，如润城民居中的衍庆居。第一进和第二进院落之间多以过厅相连。有时因为宅基地的限制，第一进稍小，多用做牲畜饲养或下人生活；第二进院较大，是主人生活与会客之所。三进院落，有的在厅房院前附加一个书房院，有的在内院后面修建阁楼或者花园，这种形式在润城现存较少。

院落群是若干院落的组合，如三门街郭家院落群及南边街以"皇明戚里院"为代表的张家院落群等。院落群以宗族血脉为联系，占地较广、规模较大、建筑等级分明、功能布局清晰，设有专门的厅房院、马房院、书房院、内院、客人院、花园等。

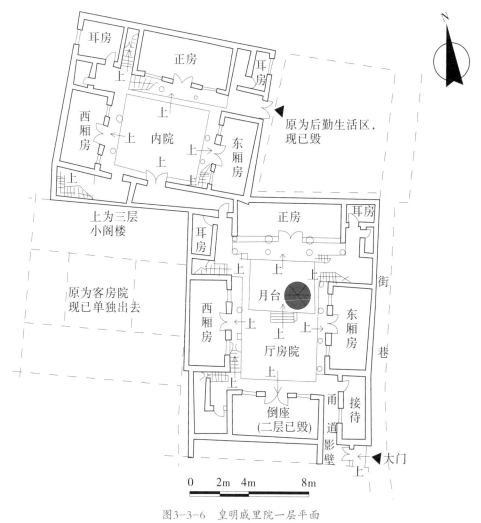

图3-3-6　皇明戚里院一层平面

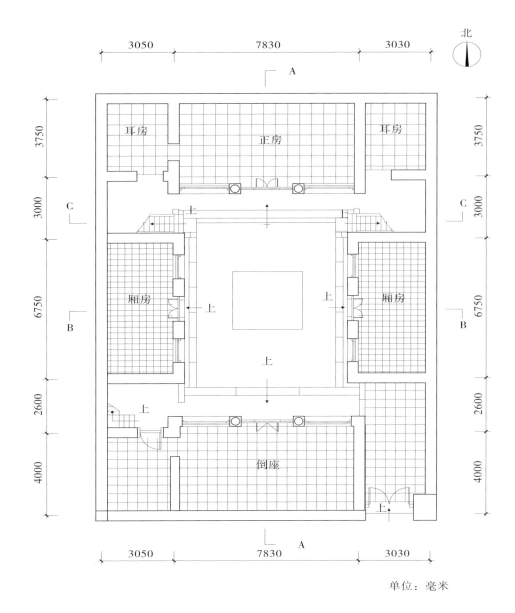

3050 7830 3030

北

耳房 正房 耳房

3750

3000 C

上 上

厢房 上 厢房

6750

B

上

2600

上

倒座

4000

上

3050 7830 3030

单位：毫米

图3-3-7 衍庆居一层平面图

8.628
7.006 1622
7.500
9.380
5281
3436
3.570 4.099
3570 3704
± 0.000 0.395
-0.400
-0.400 400 4900 10650 5200 795

单位：毫米

图3-3-8 衍庆居A-A剖面图

8.638
7.611   1028
6.241   1369
        3146
3.096
        3096
± 0.000
−0.398   398
        3800   6800   3800

单位：毫米

图3-3-9　衍庆居B-B剖面图

8.631   301
8.330
        3456
4.874
        2424
2.450
        2450
± 0.000
        3770   6500   3970

单位：毫米

图3-3-10　衍庆居C-C剖面图

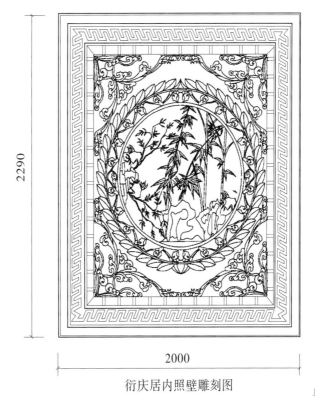

衍庆居内照壁雕刻图

单位：毫米

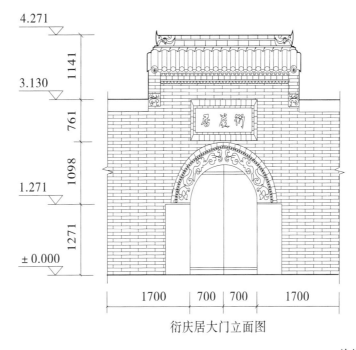

衍庆居大门立面图

单位：毫米

图3-3-11 衍庆居大门与照壁

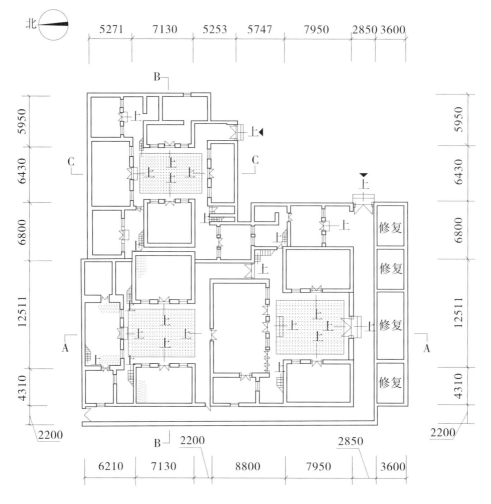

北

5271　7130　5253　5747　7950　2850 3600

B

5950

6430

C　　　　　　C

6800

修复

修复

12511

修复

A　　　　　　　　　　　　　　　　　　A

4310

修复

2200　　　　　　　　　　　　　　　　　　2200

5950

6430

6800

12511

4310

2200

B　　2200　　　　　　2850

6210　7130　　8800　　7950　　3600

单位：毫米

图3-3-12　郭宅一层平面图

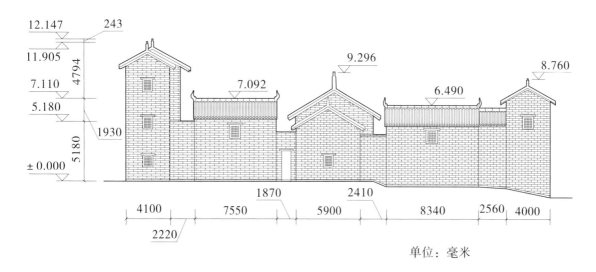

12.147　　243
11.905
　　　　4794
7.110
5.180
　　　　1930
± 0.000　5180

9.296

7.092

8.760

6.490

1870　2410

4100　7550　5900　8340　2560 4000

2220

单位：毫米

图3-3-13　郭宅西立面图

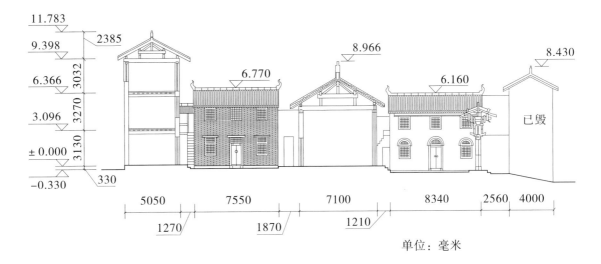

11.783
9.398
6.366
3.096
± 0.000
−0.330

2385
3032
3270
3130
330

6.770
8.966
6.160
8.430

已毁

5050 7550 7100 8340 2560 4000
1270 1870 1210

单位：毫米

图3-3-14　郭宅A-A剖面图

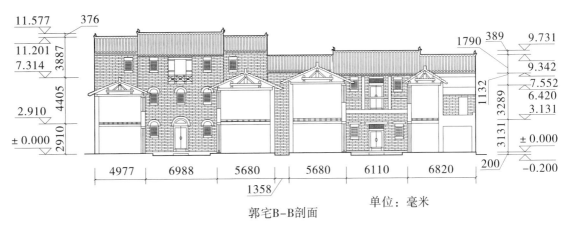

11.577
11.201
7.314
2.910
± 0.000

376
3887
4405
2910

1790
389
9.731
9.342
7.552
6.420
3.131
± 0.000
−0.200

1132
3131 3289
200

4977 6988 5680 5680 6110 6820
1358

郭宅B-B剖面

单位：毫米

图3-3-15　郭宅B-B剖面图

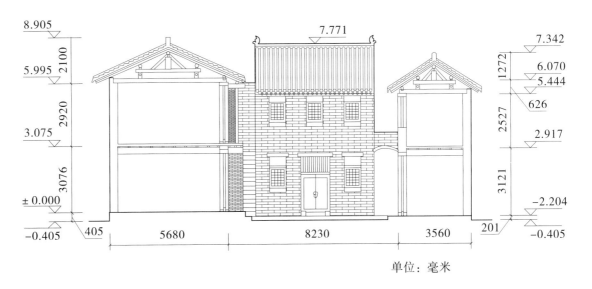

8.905
5.995
3.075
± 0.000
−0.405

2100
2920
3076
405

7.771

7.342
6.070
5.444
626
2.917
−2.204
−0.405

1272
2527
3121
201

5680 8230 3560

单位：毫米

图3-3-16　郭宅C-C剖面图

1. 建筑

润城古镇的居住建筑以砖木结构为主，多用木材和青砖砌筑，简洁朴素。最为常见的是面阔三间[1]，进深五檩，双坡硬山顶，抬梁式木构架——主梁搭在柱上或墙上，梁上架檩，檩上架椽，椽上铺望砖或望板，再上覆瓦片。有些梁架上还用叉手，形成三角屋架，使结构更为稳定。

（1）正房

正房多为二至三层。若为二层，最常见的是一层当心间镶嵌四扇格扇门，两次间开窗；二层通常有檐廊，宽约1米，三间通长。有的正房一层前檐廊有柱子支撑，有的没有廊柱，二层走廊直接从悬臂梁出挑，梁头或作麻叶状等雕刻，或护以雁翅板。走廊外侧为木栏杆，样式不一，装饰性强。

图3-3-17　厢房和正房之间形成跑马廊

正房若为三层，则更加高大，凸显其在整个院落中的地位。二层或设檐廊，个别正房三层也有檐廊。

正房底层多用作居住。明间墙壁上常有字画对联，或明志、或怡情。靠墙设条案一张，上面供着排位，案前置一八仙桌，左右各放一把椅子，简单却不失文雅。左右次间通常用作卧室，靠窗各设一个大炕，一般是家长带着未成年子女居住，这种格局被称为"一明两暗"。正房二层一般用于贮藏物品，若家里人多住不下，也会用来居住。

（2）厢房

厢房多为成年子女居住，二层三开间，双坡硬山顶，一层住人，二层储物。格局与正房一样，一明两暗，陈设也与正房类似，唯稍显随意。

---

[1]　也有的面阔五间，如厅房院；有的面阔七间，如小八宅。

厢房形制比正房略低，高度也较低，因此正房的屋檐多搭在厢房屋檐之上。厢房也有带前檐廊和不带前檐廊之别，如果有前檐廊，则其形制和正房相同或相似，但因厢房层高小于正房，因此前檐廊也较正房前檐廊略低。厢房的前檐廊有独立的，也有与正房和倒座相连形成跑马廊的。如果没有前檐廊，则厢房的立面多为一整面砖墙，上下对齐，左右对称地开门洞，镶嵌素木门窗，构图简洁利落。

（3）倒座

倒座一般位于院落南侧，与正房相对，也是三开间。倒座立面与正房类似，以木门窗为主，少有素面砖墙，二层多有檐廊。倒座两边的耳房通常处理成入口和厕所。

2. 院落

庭院是建筑四面围合的结果，在人们的生活中起着举足轻重的作用。民居中的院子，是一片有归属感的天地。庭院的开敞和建筑的封闭正好一阴一阳、一正一负形成互补。

润城古镇居民的庭院多为方形，边长从 7 米到 9 米不等，院中的铺地为青砖或 20 厘米见方的方砖。根据当地习俗，院子中心或摆放一簇盆栽，如兰花、月季等，或以砖石垒砌半米高的小方台，再把盆栽放置于上面。有的庭院会种些石榴等观赏树木，盛夏时节，红花绿树，为院子增添许多生机。门第显赫的家族，正房前有月台，在一定程度上体现着正房的地位，还可以作为活动表演的场所。院落地面比四周建筑低一到两级台阶，角落处留有排水孔，方便雨水排出。

院落形制为"四大八小"。"四大"是指东、西、南、北四面各有四间大房，即正房、东西厢房和

图3-3-18　梁家院倒座

图3-3-19　街巷的出粪口

倒座；"八小"是指每个大房山墙旁又各有两个耳房，也称"厦房"，一共 8 个。有时因为基地大小等原因，只在合院四角各建一间厦房，形成"四大四小"，又称"紧四合"。有的院落没有倒座和两边的耳房，称为三合院。

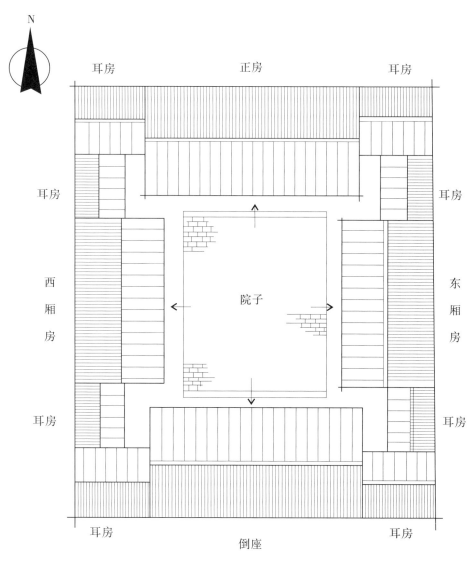

图3-3-20　"四大八小"示意图

二、祁县乔家大院

（一）乔家大院概述

乔家大院位于祁县乔家堡村，占地面积 8700 平方米，建筑面积 4175 平方米。始建于清乾隆二十年（1755 年），当时修筑了两个大院，光绪年间（1875–1908年）增建了三个院落，民国十年（1921年）又增建了一个院落和一处花园。这六处大院虽然历时百余年完成，但建筑风格保持一致。整个大院有高耸的青砖灰墙、巨大的拱门，显示出北方民居的特征。梁思成先生称赞乔家大院为"清代民居建筑艺术的一颗明珠"。

大门坐西朝东，门楼高大。大门对面是砖雕"百寿图"照壁。从窑洞式大门进去，是一条长80米、宽7米石条铺砌的甬道，为乔家第三代人乔致庸在第一次扩建乔家大院时所修，将六处大院分为南北两排，即北面的老院、西北院、书房院，南面的东南院、西南院、新院。每处大院由三五座小院组成，院中有院，院中套院，共套20座小院，313间房屋。北面3座院落均为廊庑出檐大门，面阔三间，车轿可自如穿行。每座院落均为三进，由5个小院组成，是晋中一代典型的"里五外三"穿心楼院格局，即里院南北房和东西厢房都是面阔五间，外院东西厢房均为面阔三间，里外院之间由穿心过厅相连，里院正房和外院南房都是高二层的楼房。南面3处院落均为二进四合院，院门为半出檐台阶式门楼，硬山顶。每座院落由3个小院组成，主人居正院，佣人和客人住偏院。南北两排院落相对，但院门却错开。甬道尽头是祖先祠堂，与大门遥遥相对。庭院结构形式多样，有四合院、穿心院、偏正套院、过庭院等。各宅院外部都是封闭的高厚砖墙，似一座城堡。墙上砌垛口，可巡行。每套四合院的正房都采用单数，两侧各建半间耳房。屋顶造型丰富多彩，有歇山顶、悬山顶、硬山顶、卷棚顶及平屋顶。院内各建筑门窗式样丰富，颇具艺术感，精美的木雕、石雕、砖雕随处可见。所有房屋屋檐下均有彩绘，各门庭均悬挂牌匾。

乔家大院是在长达160年的时间里分4次扩建形成的封闭建筑群，主体格局在乔致庸一代完成。在严格的封建礼制束缚下，建造这样的宅第是为封建制度所不能容许的。清同治年间（1862–1874年），平遥票号东家侯殿元曾修建了面阔七间的住宅，但被人揭发，被视作挑战皇权而获罪。乔家首先是官阶护身，乔致庸的官位是"二品补用道"，分省候补，赏戴花翎。其次子乔景僖以二品道身候补，三子乔景俨先是三品，后晋升为二品，以道员分省候补，于是名正言顺地将东北院和西北院的过厅，也就是厅堂，修成了五间八架形式。

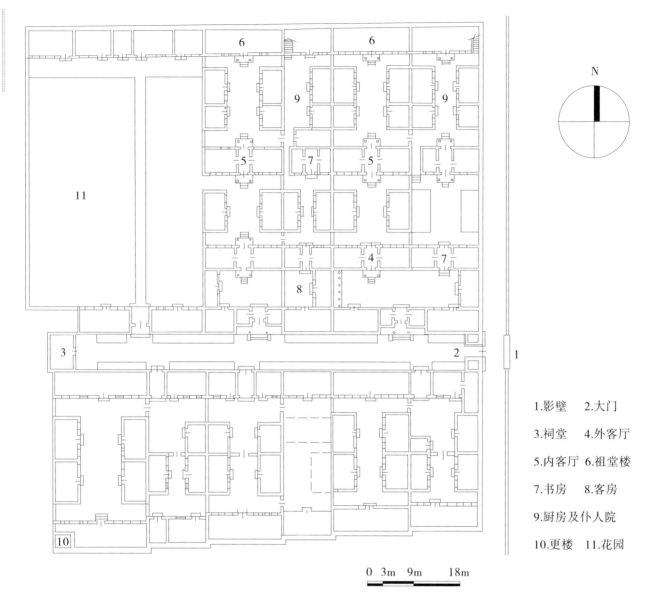

1.影壁　　2.大门

3.祠堂　　4.外客厅

5.内客厅　6.祖堂楼

7.书房　　8.客房

9.厨房及仆人院

10.更楼　　11.花园

0　3m　9m　　18m

图3-3-21　乔家大院平面

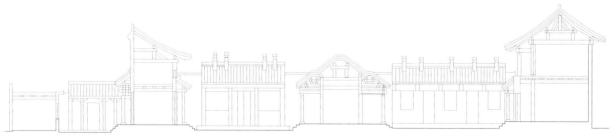

图3-3-22　乔家大院剖立面

其次将正堂保持在五间以内，向高空发展，修二层以上的广厦。乔家大院的堡墙高达 10 多米，厚 3 米，上面建有眺阁、更楼。从某种意义上讲，乔家大院凸显出清代经济生活色彩。

（二）乔家大院的文化追求

山西祁县乔家大院作为北方古建民居的一颗瑰宝，早已为人所熟知。从历史角度来看，大院的建筑格局除了体现北方民居所独有的高、阔、深之特色之外，凸显出民居建筑中深厚的文化。

乔家的主人乔致庸是个颇讲礼法的人物，在他的思想中，礼法是永远不可逾越的。他明确规定，乔家用餐，男子在大灶，女子在各自的小灶，从大院尚存的建筑中还可以领略到当时的森严礼法。此外，封建的主仆关系在乔家大院中也有着鲜明的规定。乔家大院内套的 6 个院落中，除内宅花园以外，其他 5 个院落均为一正两厢，主人所住正院为硬山式瓦屋面，院落与居室开间宽敞明亮，仆人所住偏院均为平顶式砖铺屋面，其他院都较正院狭窄低矮。

乔家大院的屋宇上有许多脊兽，多为闭嘴兽，但乔家的筒楼院有两组张嘴兽。乔家通过花钱捐官走上官商结合的道路，结识了许多达官显贵。他的 6 个儿子几乎全部都有封爵品秩，尤其次子景仪官爵最高，为花翎二品衔，补用道员。

清代的各类等级制度非常森严，体现在建筑物上也有严格的限制和界定。但乔家有钱有势，大院门楼上有斗栱设置，工艺考究，制作华美。大院的建筑完全体现了中国传统文化模式在民间百姓中的传承，它彰显在吉祥的砖木石雕以及彩绘图案中。吉祥物也就作为一种信仰、一种理想、一种追求融入生活，化为民俗。乔家大院的整体建筑为我们呈现出一个大吉大利的双"喜"字形，在一种祥和的氛围中昭示出一派喜庆之意。而福、禄、寿是人生的三大追求，福、禄、寿三星在大院中处处有表现。此外，大院中的某些雕刻还极为明显地体现了人们传统观念中对生命的膜拜和对于子嗣的重视，如乔家大院的门楼雀替中经常可见的"葡萄百子图"，女墙眷雕中的"香炉博图"等，喻义多子，永传香火。

梅、兰、竹、菊合称"四君子"。民间素来就喜欢梅花，因为它于冰雪严寒之中傲然开放，显示出一种高洁雅致和无所畏惧的情怀。唐代诗人孟浩然的诗清淡幽远，具有一种隐逸风格，因其喜欢梅花，故而将孟浩然踏雪寻梅作为一种精神的享受，在乔家大院的彩绘图案中有所体现。兰是民间最为熟悉的一种芳草，早在春秋时期，兰就被称为国香。兰最早的含义为爱，是爱的吉祥物。由于屈原在诗歌中将兰比喻为君子，后人也把兰理解为隐士高洁的象征。因此，乔家大院中也多有兰的图案。竹为坚贞的象征，古人认为，修竹、茂林乃君子之居所。故此，在乔家大院中，我们经常可以看到竹的图案。如大院东南院偏院门两侧有一组砖雕照壁，最顶端为流云，底端为大海，中间为枝叶茂盛的竹。百姓认为，门前有竹的人家，必有有才德的贤人。菊花代表长寿，由于东晋大隐士对于菊的偏爱，使得后世文人将菊作为一种人格的象征，与陶渊明追求自由、隐逸的风格结合在一起。我们同样能在乔家大院中看到许多菊的图案。凡此种种，或取其形，或取其意，皆从一个侧面反映出人们传统的理想化的审美观。

乔家大院的福德祠位于筒楼院正对府门处，高5.33米，阔3.62米。福，旧意为福运、福气，与祸相对，《韩非子》卷六云："全寿富贵之谓福。"此外，福还有护佑之意，德为恩德。福德祠是过去百姓用来供奉土地爷的地方，因为土地爷是万物之本，人们希望土地爷能够庇佑他们。整个照壁采用高浮雕的技法塑造了临风而立的梧桐、松树、寿山石，以及仪态安详、两两相依的梅花鹿，土地爷的神龛则巧妙地嵌在寿山石之下，两边的对联为"职司土府神明远，位列中宫德泽长"，把土地位列中央，恩泽百姓的地位一语概出。整组照壁不仅雕工精细，且寓意吉祥，与大门口的百寿图遥相呼应，合为"门迎百寿，院纳福德"，既合于传统的风水观，又增加了大院的审美情趣。

乔家大院大门对面的照壁上刻的是精彩的砖雕"百寿图"，百寿壁上的这100个"寿"字，抽象演绎成了符号图案，据说是"在中堂"乔致庸的女婿，也是山西著名书法家常赞春之手笔，壁肋为左宗棠题赠的篆体"损人欲以复天理，蓄道德而能文章"，楹额为"履和"。乔家大院还有三面砖制影壁精品：一幅是刻有传统纹饰的"龟背翰锦"，寓意长寿如龟年；一幅是分隶为正文、魏楷题落款的赵铁山书法壁，抄录的是南宋吕祖谦的《省分箴》，旨在告诫家人要自觉自律、安分守己；一幅是福德祠影壁，为一组浮雕图案，上有寓意吉祥的梧桐、松树、梅花鹿、寿山石等图案。进入大门，走完那长长的甬道，西尽头处是雕龙画栋的乔家祠堂，与大门遥相对应。祠堂装点得十分讲究，三级台阶，庙宇结构，狮子头柱，汉白玉石雕，寿字扶栏，通天棂门木雕夹扇。出檐以四条柱子承顶，两明两暗。柱头有玉树交荣、兰馨桂馥、藤萝绕松的镂空木雕，装饰精彩，富丽堂皇。额头有匾，上书"仁周义溥"四字，为李鸿章所题。祠堂里原陈列着木刻精雕的三层祖先牌位。

乔家大院作为宏伟壮观的建筑群，一砖一瓦、一木一石上都体现着精湛的建筑技艺。南北6个大院，院内砖雕、木刻、彩绘到处可见。从门的结构看，有硬山单檐砖砌门楼、半山檐门、石雕侧跨门、一斗三升十一踩双翘仪门等。窗子的格式有仿明枝棂丹窗、通天夹扇菱花窗、栅条窗、雕花窗、双启型和悬启型大格窗等，各式各样，变化无穷。再从房顶上看，有歇山顶、硬山顶、悬山顶、卷棚顶、平房顶等，造型多样，交互错动，每处都别有洞天，细细看来，切实让人赏心悦目，品味无穷。

（1）木雕：乔家大院现存有木雕艺术品300余件，件件造型优美、栩栩如生，如"八骏马""三星高照图""天官赐福""麒麟送子""四季花卉""八仙献寿"等等。

（2）砖雕：乔家大院砖雕题材十分广泛，刻工精细。如有的院子大门上雕有4个狮子，名曰"四狮（时）叶云"；马头上雕有"和合二仙"，抬着金银财宝；砖制掩壁上刻有传统的装饰纹样"龟背翰锦"，象征着宅主人龟年长寿。

（3）彩绘：彩绘在整个大院所有的屋檐下部都有体现，内容以人物故事为主，除"燕山教子""麻姑献寿""满床笏""渔樵耕读"外，几乎全是花草虫鸟的画面。这些图案所用金箔纯度很高，虽然长期风吹日晒，至今仍然光彩夺目。

（4）牌匾：乔家大院各个门庭所悬的匾额很多。除李鸿章亲自书写的"仁周义溥"、慈禧太后谕送的"福种琅嬛"、傅山亲笔题写的"丹枫阁"外，还有"古风""彤云绕""百年树人""慎俭德""为善最

乐""静观轩""松年""佑启后人""丹枫夕照""别有洞天""宁静
致远""梯云筛月"等。以上牌匾,不但制作精美,而且内容丰富多彩,
充分体现出乔氏家族的文化底蕴。

　　古人认为,家宅的入口大门含义诸多。大门可以表现家族的社会
地位、财富和权势等,"门第高低""门当户对""家门兴旺"等成语
都是此种比喻。

三、灵石王家大院

(一)王家大院概述

　　王家大院位于山西省灵石县城东 12 千米处的静升镇静升村,现
有高家崖、红门堡和孝义祠堂 3 组建筑群,共有大小院落 123 座,
房屋 1118 间,占地面积 15 万平方米,建筑面积 4.5 万平方米。王家
以商贾起家,货殖燕齐,后步入官场。清康熙年间(1662—1722 年),
在静升老街道首建"拥翠""锁瑞"两处住宅区,雍正年间(1723—
1735 年)建崇宁堡。乾隆年间(1736—1795 年)兴修红门堡、拱极堡、
东南堡住宅区,嘉庆元年至十六年(1796—1811 年),又建高家崖
住宅区,形成黄土高坡城堡式住宅,使大院有了居高临下的气势和

图3-3-23　王家大院

开阔的视野，与山西其他几处大院相比，其规模更大，景观更丰富，雕饰更繁丽，配置也更齐全。

高家崖是王氏十七世孙王汝聪、王汝成兄弟的宅第，坐北朝南，顺势而建，为一处不规则形的城堡串联住宅群，层楼叠院，错落有致。城堡四面各辟堡门一道，东堡门辟于主院前大通道的东端，西堡门辟于大偏院的西南角，南堡门辟于主院前大通道中间，北堡门辟于小偏院的东北角。南堡门外是一条长 50 米、宽 3 米的石板坡路，直通村中的五里后街。主院前的大通道长 127 米，宽 11 米，全部用青石铺成。大通道的南面是高高的砖砌花墙，墙内建有 60 多米长的风雨长廊。堡内有 3 个大小不同的矩形院落，中部是主院和北围院，东北部是俗称"柏树院"的小偏院，西南部是大偏院。主院门前建有高大的照壁、上马石、旗杆石、石狮和石台阶等。主院建有宽敞的正院、偏院、套院、穿心院、跨院等。院内建有堂屋、客厅、厢房、绣楼、过厅、书院、厨房等。院内因地而异，修有甬道、幽径、低栏、高墙等。院中有院，门内有门，窑顶建窑，房上座房。主院后为护堡院，为窑洞式建筑。

红门堡始建于清乾隆四年（1739 年），建造时间长达半个多世纪，有大小院落 28 座，房屋 834 间，占地面积 19800 平方米，是一处规则的城堡式封闭型住宅群。只在南堡墙稍偏东处辟堡门一道，并正对城堡主街。堡门为红色，遂称"红门堡"，为两进两层，上悬青石牌匾一方，上刻"恒祯堡"。堡墙外高 8 米，内高 4 米，厚约 2 米，青砖砌筑，堡墙东北角和西北角各建更楼一座，堡墙上砌有垛口。堡内有一条大块河卵石铺成的主街，南北向，人称"龙鳞街"，街长 133 米，宽 3.6 米，将红门堡划为东、西两大区。东西向有 3 条横巷，将西大院分为南北 4 排。1 条纵街和 3 条横巷相交，正好组成一个很大的"王"字。王家大院的建造严格按照封建社会的住宅等级制度，拥有五品官职的住宅为二进院，更高官品的为四进四合院，中宪大夫第、奉直大夫第和州司马第等宅的门厅豪华讲究，其余的较为简朴。

王家大院的石雕、砖雕、木雕精致，使得满院生辉。雕刻的手法多样，圆雕、半圆雕、高浮雕、剔底起突、减地平钑等各种技术都得到了充分的展示。雕刻内容既营造了大院的环境氛围，又起到了教化作用。王家大院以窗作画的艺术达到了极致，由"凤戏牡丹""喜鹊登梅""一品青莲""杏林春宴"等工艺图案组成的窗景取代了简单的几何线条的窗棂，营造了如画美景的居住氛围，可称是北方民居建筑艺苑中的一颗璀璨明珠。

（二）王家大院的建筑艺术

1. 建筑形态与"三雕"

据王家史料和现存的实物考证，明万历年间（1573—1620年）至清嘉庆十六年（1811年），静升王氏家族的住宅随其族业的兴盛不断扩大，王家大院的建筑有着清新典雅、明丽简洁的乡土气息。其选址居高临下、负阴抱阳，占据静升村北山坡黄土高地，背阴可以阻挡北风，向阳能使阳光照射充足，夏日层峦叠翠，冬来银装素裹，堪称理想之宅居宝地。其建筑多采用前院为木构架形制，后院为两层窑楼，底层为前檐穿廊的窑洞，二层为梁柱式木结构房屋的形式，构成典型合理的梁柱式木结构建筑与砖石窑洞式建筑相结合的建筑形式。穿廊上的斗栱、额枋、雀替、坊头等处的木刻件及柱础石、墙基石等石刻装饰件，形式多样，做工精细。其院落布局，虽大都为多进式院落，但样式多变，组合得体。整个建筑设置集官、商、民、儒四位于一体，既遵循了中国古代传统的阴阳五行之说，又合乎了尊卑有序、内外有别的伦理道德礼制。大院为多元文化体的艺术大殿堂。外观上堡墙高筑，顺物应势，庭院深巷，曲幽多变。在保持北方传统民居共性的同时，又显现出卓越的个性风采，为我国民居建筑艺术之精品。

王家大院的"三雕"（即砖雕、木雕、石雕），是整体建筑艺术的重要组成部分，也是王家大院建筑装饰的典范。所谓"建筑必有图，有图必有意，有意必吉祥"，便是王家大院雕刻艺术的真实写照。它们应用很广，随处可见；雕品形象逼真，惟妙惟肖，件件都是上乘之作。

其砖雕艺术品，多采用高浮雕、透雕、剔凸雕等表现手法雕制而成。譬如，门前照壁上活灵活现的"狮子滚绣球"，松竹院门楣上玲珑剔透的"凤戏牡丹""松竹梅兰"，门额窗下栩栩如生的"八仙"图案，以及多处镶嵌的"四季花卉"等，都是匠心独运的精工之作。而且在众多题材中，含蓄地表达了主人或企盼吉祥如意，或追求功名利禄，或希望安居乐业的美好意愿。其木雕大都采用圆雕、浮雕、镂雕等多种手法，把题材各异的图案展现于挂落、窗棂、帘架、隔扇、垂花门、梁枋等部件之上，且样样雕造自如，寓意深刻。如绿门院通廊挂落木雕《满床笏》堪称其中的代表之作。它以唐将郭子仪六十寿辰时七子八婿来贺，朝笏满床之典，寄托了院主人福禄寿考、子孙世代为官的憧憬。

其石雕艺术更是精美有加。在大大小小的庭院里，触目皆是石刻制品，如柱础石、墙基石、石门框、石窗框，还有石刻照壁、过门石、拦板石、石狮子……它们在艺术表现手法上，或阴或阳，或浮或镂，集众家雕技和工艺于一体。不论何种题材，表达何种意向，其造型独特而不怪异，雕工精细而不绮靡，画图充盈而不俗滥，意蕴庄重而不肃杀。其中，竹林书院雕有竹子的石门框，称得上是国内石刻艺术的极品。它用4块大青石构成，底部寿石盘根，两侧竹子节节拔高，顶部枝叶交错相绕，喜鹊报喜，形象突出，富有哲理。

王家大院的砖雕、木雕、石雕艺术品，题材广泛，内涵丰富，各有典故，且工艺考究，集中体现了清代典型的纤细繁密的艺术风格。加之文人、画工和雕刻艺人的默契配合，相辅相成，将儒家文化的严谨秩序、道家文化的天然选择和佛家文化的空灵境界合而为一，融注于精美的艺术佳作之中。

2. 尊礼的理念

王家大院的建筑格局，继承了我国西周时期既已形成的前堂后寝的庭院风格。院内居所的格局定位，沿袭"尊卑分等，贵贱分级，上下有序，长幼有伦，内外有别"的封建等级制理念。在庞大的建筑体内，宅居前低后高的设计思想，既提供了对外交往的足够空间，又满足了内在私密氛围的要求，且起居功能一应俱全，充分体现了官宦门第的威严和宗法礼制的规整。

高家崖的敦厚宅和凝瑞居两主院就是典型范例。两院均为多进式四合院，前院中轴南北两厅（仅指敦厚宅，凝瑞居无南厅）为会客之所，北为接待贵宾的主客厅，南厅供接待普通客人，东西厢房为账房先生与管家住所。穿过正厅后的小院入垂花门，便进入主人的后寝院。正北五间窑洞，形成进深，为长者居处。主窑顶部是祭祖阁，为祭祀祖先之所。东厢和西厢,底层为儿孙住处,楼上为小姐闺房（即绣楼）。主院东侧有"内三外四"七门三院,为厨院就餐之所。院内主仆分为上、中、下三个等级,不同等级的人走不同等级的门,在不同等级的厨房就餐。在厨院南面,设有各自独立的书塾。另外,还有共同的花院、书院、长工院、围院（护院家丁住所）。两主院由于主人兄弟俩的官职大小不同,在建筑的高矮、装饰及门庭的设置上有些差异,但居所格局基本相同,妙在大大小小的院落,既珠联璧合,又独立成章,院内有院,门里套门,院门竟多达65道之多。在如此复杂多变的深宅大院里,主仆起居习俗多有规矩,不可逾越。

3. 建筑的窗户与匾额

良好的居住条件和优美的环境,可以陶冶人的情操,提高素质,保持健康,使人心情舒畅,延年益寿。王家大院把众多的吉祥寓意图案、图画,经过艺术加工制作,精细地雕刻并装饰在建筑物上,这是从"卧游"到"居游"的演进,由此将崇高的审美意识和至上的道德追求紧密地结合起来,使人们在起居生活中形成一种有节奏、有法度、有理想、有探求的行为规范。窗户对王家大院来说,已经超越了通风、采光等物质的实用功能,而更注重它的精神审美意义。

王汝成后室东西厢房明间上有"鱼穿莲"图纹,是王家大院一处特殊的木雕窗棂图案。在山西民间有"鱼穿莲,十七、十八儿女全"的说法,企盼早生贵子;也有用"鱼儿戏莲花,夫妻结下好缘法",祝贺新婚夫妇和谐、白头到老。这里的"鱼"象征男性,"莲"象征女性。这种纹图,在民间剪纸中出现较多,一般作为新婚、新年时窗花装饰之用,但作为窗棂木雕装饰则极少见。王家大院的"鱼穿莲"纹图,通过对鱼、莲自然形态的借用,并加以美化,赞颂人类的生养繁殖。

与窗棂艺术可媲美的是王家大院的匾额艺术,它装饰着各种院落入口处的门楣和厅堂。从质地上讲,有木雕、石雕、砖雕,随着门框的建筑形式与材料的不同而异,拱券门用石雕或砖雕,木框门则用木雕。从形状上看,有碑文额、手卷额、秋叶额（亦称贝叶额）、此君额、册页额等,分别装在书院、花园等带有儒雅之气的门框上。从字体上说,真、草、隶、篆都因地、因境而用。从色彩上看,木雕或蓝底金字,或金底黑字，或黑底金字，并饰以相应色调的边框，绚丽多彩。从内容上看，匾额数量达120块之多，大都取之于《易经》《尚书》《诗经》以及史书、子书之中，可以说无一字无来历，无一事无出处，意蕴丰厚。这些匾额形式多样，富于变化，对王家大院既起到一种装饰作用，又达到画龙点睛的艺术效果，使建筑物意境深邃、引人联想、令人深思。尤其是书院、花园门上的册页、此君等石雕匾额，雕刻艺术精湛，形象生动，表现手法有浮雕、阴刻、阳刻等。如秋叶额正反三折叠，脉络清晰，阴阳有别；册页额为浮雕，此君额为剔地起突，分别嵌在书院左右腰门上，为文人的清高洁雅增添了几分秀气。这些匾额形象，均创自清代美学家李渔之手，他曾说："凡予所为者，不徒取异标新，要皆有所取义。凡人操觚握管，必先择地而后书之，如古人种蕉代纸，刻竹留题，册上挥毫，卷头染翰，剪桐作诏，选石题诗，是之数者，皆书家固有之物，不过取而予之，非有蛇足于其间也。"（《闲情偶寄·居室部·联匾》）意思是说，古人提笔写字，先要选择地方，蕉叶、桐叶、石头、册页、手卷等，都是文人墨客提笔挥毫表达胸臆的地方。

书院腰门为石雕此君额，篆刻"笔鉏"二字，是说用笔在砚田辛勤耕耘。右为册页额，书正楷"汲古"二字，汲古则是说像一桶一桶从井中汲水一样，一点一滴地从古人所著古书里学习经验和知识。这两块匾额是教育启迪后人要努力学习，专心致志，一举成名成家，光宗耀祖。书院前院西月洞门匾额为"探酉"二字，酉即酉室，在湖南沅陵县的小酉山上，室内藏书千卷，传说秦人曾就学于此。因此，"探酉"的内容是研究学问，探讨知识，并点明这里是书院，具有深层次的文化内涵。尤其是配以对联"篾簌风敲三径竹，玲珑月照一床书"，更加有情有景，情景交融。这组匾额造型虽创自李渔，但李渔当时是把字题写在竹、木、芭叶等实物上，相对简陋、朴实、经济，王家则把它发展到石雕镌刻，虽豪华昂贵，但可以保存很长时间，并且把绘画、雕刻、书法、文学艺术融为一体，可观、可赏、可读，既有造型艺术，让人们直接观赏，又有文化内涵，使人联想悟得，发挥其无穷的想象力。有了这种表达方式，就可以让人们通过匾额的形制文辞，了解其建筑主题，将观者引入一个扑朔迷离的艺术境界。

王家大院有匾牌120多块，其中有题一个字的，如"福""寿""喜"，也有题两个字的、三个字的、四个字的，还有多达十六字的。这些匾额有些是歌颂时政的，如翁方纲为王家所题匾额为"规圆矩方，准平绳直，祥云甘雨，丽日和风"，就是对清政府太平盛世的歌颂。另外，如"寅宾"出自《尚书》，"视履"来自《易经》；"恒贞"是明志，"宁静"是清静；"叠翠轩"引人入胜，"安汝止"祝君平安；"守四箴"不贪享受，"敦五典"继承传统；"青箱世望"是家风，"缥缃世业"是家教；"行鸣佩玉"重礼节，"桂馥兰芳"佳子弟。有的匾额不仅有落款，还有序言与说明。通过它的衬托，建筑的内涵更深刻，因此又可以说匾额是王家大院建筑物的注释。很明显的"大夫第""司马第"就不必说了，王家大院围院是家兵家丁居住区，它的第三道防线，也就是第三道大门上，其匾额是"敦固"二字，意为朴实坚定，无限忠于主人，是对家兵家丁的美称。可见，匾额还发挥着向导的作用。

四、榆次常家庄园

榆次常家庄园位于山西省晋中市榆次区南17千米的东阳镇车辋村内，由常氏第九代传人常万达、常万玘兄弟始建于清康熙初年，含"南常""北常"两部分，分属两宗。此后子孙繁衍，街随宅延，形成聚族而居、楼峙街横的大型坞堡。今存旧日"北常"大部，仍占地11万平方米（含花园）。

图3-3-24　榆次常家庄园全景

常氏家族是清代北方的一个大族，集读书、做官、经商三位于一体。常氏一门，自清乾隆开始直至清末，一直从事对外贸易，子孙相承，在山西众多票号中，经营历史最长、规模最大。家族中还有科考入仕人物，拥有清代"外贸世家"和"教育世家"的美誉。常氏家族以儒商文化独树一帜，既有进士、举人、秀才，又不乏书画名家，所以在宅第建筑上亦有自己非凡的独到之处。

常氏始祖常仲林原系太谷人，明弘治年间初迁居榆次车辋村，受佣放牧，辗转多年，渐有积蓄。到清康熙年间（1662—1722年）开始经商，积聚了大量财富。到光绪年间（1875—1908年）成为全国屈指可数的贸易大家，更成为晋中望族。随着其商业规模的发展，家宅也不断扩建。从清道光至光绪年间（1821—1908年），富甲一方的南、北常家大户投入巨资扩充修建宅院。常万玘由南向北建成一条街，俗称"西街"；常万达在村北购置土地，建起一条新街，俗称"后街"，遂有"常家两条街"之称，形成宅院占地200余亩（13.33万平方米）的规模，建有院落20多座，房屋1500多间，堪称华北第一。院内楼厅台阁，雕梁画栋，蔚为壮观。另有7处园林，名花古木、高阁低亭、曲廊斋坊、水溪池潭，实现了主人可燕居、可耕读、可修身、可遐想、可观赏、可浏览、可悦心、可咏叹的"八可"庄园。

从布局上看，主体建筑以雄浑方正的庭院为主体，每个正院均分内外两进，外院南房倒座一律临街，东侧辟各式门楼。前院有东西厢房各五间，正北则有一处倒座南房，正中设垂花门。里院则呈长方形，庭院宽敞，约为外院一倍，上房与南房相对称，东西各有厢房，面阔八间、九间或十间不等。如上房、南房面阔八间时，便按正五偏三的模式，隔出偏院，从不越"方正之规、等级之矩"，充分显示了名门望族的气势，附属建筑则充分显示了园林建筑的灵秀。

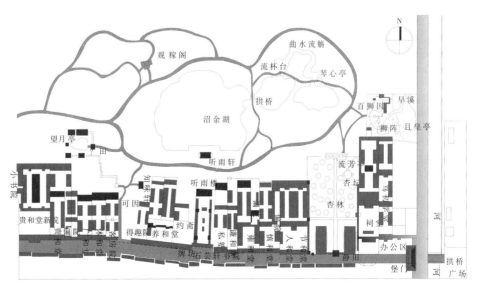

图3-3-25 榆次常家庄园平面示意

图3-3-26　榆次常家庄园观稼阁（左）与后花园（右）

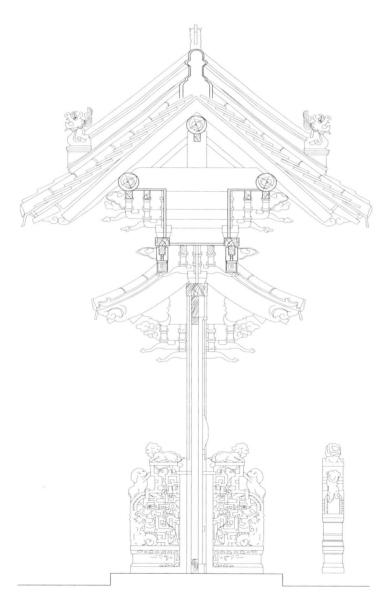

图3-3-27　牌楼剖面图

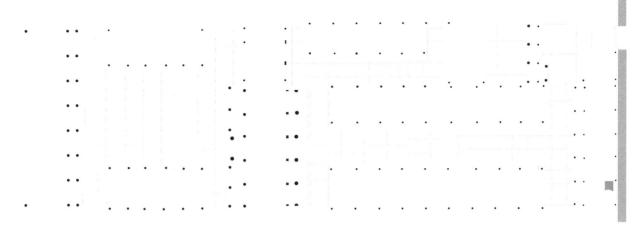

图3-3-28　一层平面图

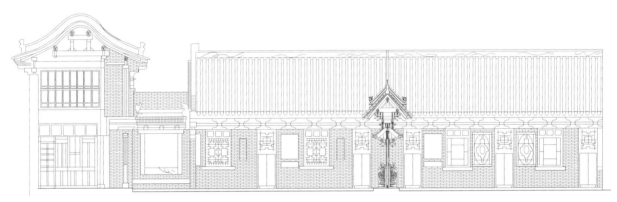

图3-3-29　中轴剖面图

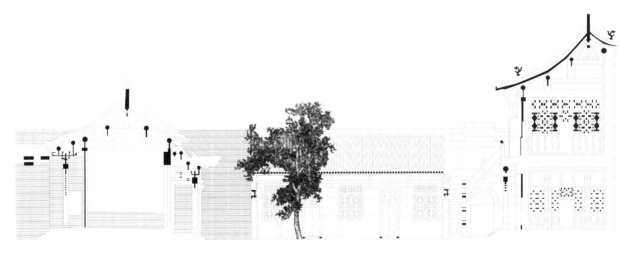

图3-3-30　贵和堂中轴剖面图

南常的建筑群共有六组院落，布局严谨，工艺精美。院门均为坐北朝南，每院进门都建有照壁。每一座院又分为里、外院，里院正中都建有一座小巧玲珑的木结构牌楼，牌楼两侧各有砖雕花墙，宛如镶嵌宝石的扎带，为方正雄浑的北方庭院增添了画龙点睛般的北方园林秀色。牌楼与花墙将正院分为里五外五、里五外四或里五外三多种形式，具有独特风格。各院落之间与院落之后大多建有花园、菜园，有小门与正院相通。进园之后有甬道贯通，曲折迂回，其间点缀回廊、亭榭、小桥流水，或草石农舍，或奇花异葩，匠心独具。每座院落中砖雕、木雕、石雕随处可见，木构件上施彩绘，别具风采。里院正厅五间，东西厢房各五间，中间建有夹牌楼，南房五间。房屋为砖木结构，雕梁画栋，浑厚坚实。世德堂是南常的主要宅第，大门坐西朝东，门顶飞檐挑角，与其他的街门有所不同，人们称之为"南挑角院"。入大门，有一条长百余米的石砌通道，称为"石头巷"，巷的尽头建照壁一座。

图3-3-31 榆次常家庄园贵和堂

世和堂是常万达修建的庭院。常万达在生前为他的 10 个子孙分别建造了一处宅院，并各自以堂命名，形成"品"字格局，整齐地排列在一条街上。每个大院的面积约为 1500 平方米，分为内外两进或三进，布局为外方内长的内外四合院形式。外院临街，正院大门偏东，南楼倒座。内有厢房各五间，正北为一处倒座南房，正中设二门。里院正面是高大宽敞的五间明楼，楼上是大厅，东西厢房均明阔十间，正中建有夹牌楼，将里院又分为前五后五、前四后五或前三后五的前后院。每个院落又设偏正院、书房院、后院、客院、车马院、厨房院等。

贵和堂为其中规模较大的一座宅院，其首进倒座楼为新建，二、三进夹牌楼及正房、堂楼为面阔七间之单坡硬山顶建筑，内檐彩画完整精美。

五、祁县渠家大院

渠家大院是明清时期晋商巨贾渠氏家族所建的院落，位于祁县古城东大街，坐北朝南，为城堡式院落，内分 8 个大院、19 个四合小院，共有房 240 间，占地面积约 5300 平方米，建筑面积为 3271 平方米，人称"渠半城"。始建于清乾隆年间（1736—1795 年），后经不断扩建，清同治至光绪年间（1862—1908 年）形成群体规模。整体呈封闭结构，有高大围墙隔离。院落之间有牌楼、过厅相接，形成院套院、门连门的格局。宽敞高大的阶进式大门洞上高耸着玲珑精致的楼阁，蔚为壮观。院内以四合院为建构单元，沿中轴线左右展开，院院相连，形成庞大的建筑群。院内主院、侧院主次分明，是中国封建制度推崇"礼制"的完美体现。

渠家大院四周围墙高达 17 米，墙头设垛口并添建女儿墙，是一处封闭式的建筑群体。整个院落设东西轴线一条，南北轴线两条，形成院中套院、门里有门，回廊甬道、婉转曲折、庭院深深之格局。石雕栏杆院、五进式穿堂院、牌楼院和戏台院主次分明，堪称渠家大院的四大建筑特色。

石雕栏杆院也称客厅院，有一座高约 10 米的木制牌楼耸立院内。大门左侧是牛房院，主院西侧有一条青砖通道，道北面是两座统楼院，南面是两座小四合院。五进式穿堂院是渠家大院的精华所在，全长 99.8 米，取"九九回春"之意，五进院的大门不在同一条轴线上，每道门都比前道门向东偏，且位置比前道门高，宽度也增加一些，表达通达富贵之意。牌楼院内置牌楼一座，悬匾一方，上书"载

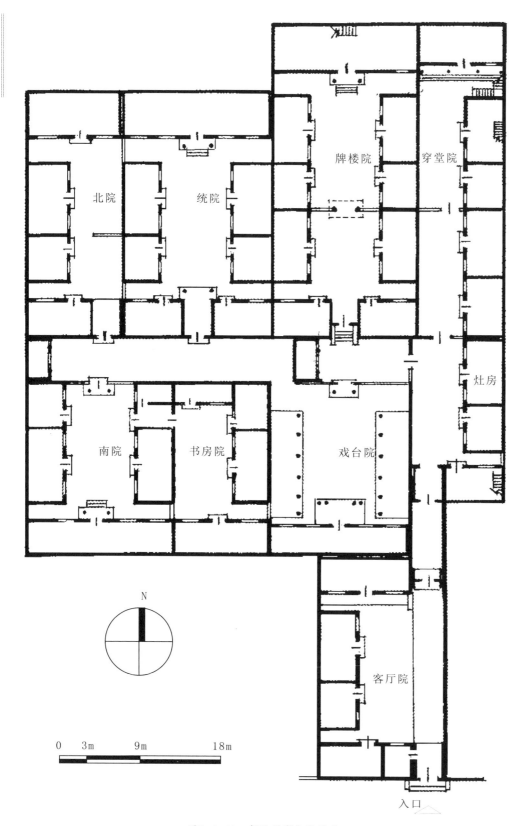

北院　　统院　　牌楼院　　穿堂院

灶房

南院　　书房院　　戏台院

N

客厅院

0　　3m　　9m　　18m

入口

图3-3-32　祁县渠家大院平面

籍之光"，在建造牌楼院时，渠家族有人为官三品，所以使用了十一踩斗栱。戏台院的设置更是山西省宅院中的唯一一家，其坐南朝北，面阔五间，卷棚顶。东西厢房配制活动隔扇，看戏时拆除隔扇便成包厢，设计精巧，方便实用。渠家大院屋顶形式丰富多彩，有歇山顶、悬山顶、卷棚顶、硬山顶等。清末，渠家出过进士、三品京官渠本翘，所以住宅的建筑布局与装饰带有官邸特色。

图3-3-33　祁县渠家大院牌楼（左）　　　图3-3-34　祁县渠家大院侧门（右）

六、太谷"三多堂"

驰骋万里的山西商人在明清的商业领域雄踞一方。辽宁朝阳曾广泛流传这样一首民谣："先有三泰号，后有喇嘛庙；先有曹家店，后有朝阳县。"朝阳是清朝的"龙兴之地"，是清王朝的发迹之地。太谷曹家的兴盛与关外的贸易关系重大，三多堂的建造便是曹家财富积累的一个重要体现。

曹家大院是晋商曹氏家族的宅院，又称"三多堂"，位于太谷县城西南3千米处的北洸村东北隅，坐北朝南，集明、清、民国三代居住建筑群于一体，东西约108米，南北约98米，占地面积10638平方米，建筑面积4000平方米。

曹家始祖曹邦彦是太原晋祠花塔村人，明洪武年间（1368—1398年），曹家迁移到太谷北洸村，以卖砂锅为生，兼以耕作。到

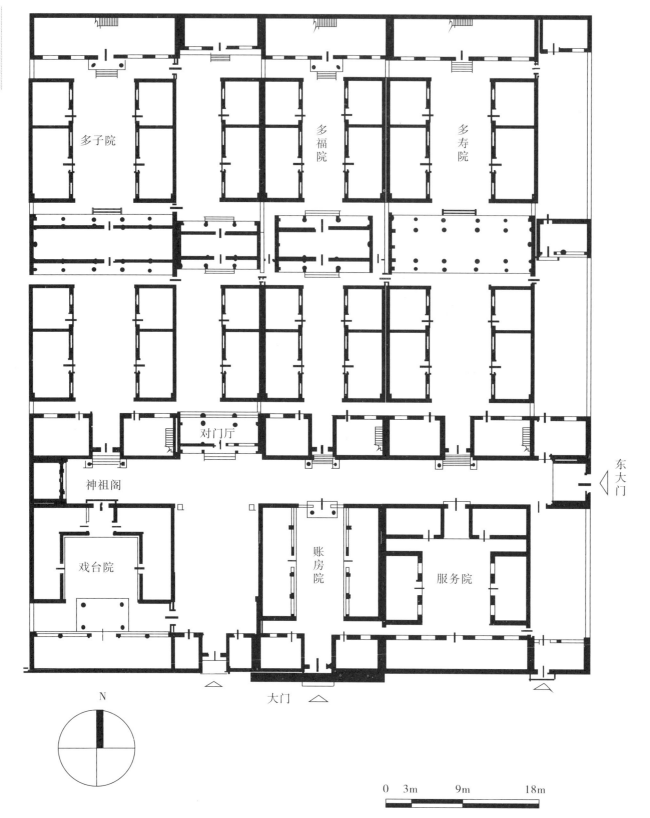

多子院　多福院　多寿院

对门厅

神祖阁

东大门

戏台院　账房院　服务院

大门

N

0　3m　9m　18m

图3-3-35　太谷曹家大院平面

图3-3-36 太谷曹家大院入口

图3-3-37 曹家大院过厅（上）
与多福院（下）

第14代时，曹三喜独闯关东做买卖，获利甚丰。清兵入关，又把生意做到关内，首先在太谷设号，然后向全国辐射。在清乾隆至咸丰年间（1736—1861年）的120多年中，曹家产业达到极盛，640多个商号遍布全国各地的大中城市和重要口岸，甚至扩展到了万里之远的莫斯科等欧洲地区。晋绅刘大鹏对太谷的富庶和繁华有这样的记述："太谷为晋川第一富区也，大商大贾多基本于此间，城镇村庄亦多富室，故风俗奢侈为诸邑最。"曹家是太谷的首富，有雄厚的经济实力，在家乡大修宅第、炫耀门庭不足为奇。曹家在北洸村建楼宅7座，在太谷县城建楼房宅院多达17处。嘉庆初年，曹家第16代曹兆运为7个儿子定下堂名，将家业分为七门，独立经营发展，同时设立了总领七门的管理机构"曹七合"，后因一门过继给同族人，将"曹七合"改为"六德公"。道光年间（1821—1850年），曹家第18代五门曹凤翔德高望重，又起堂名"承德堂""承善堂""承业堂"，合称"三多堂"。经过几百年的风风雨雨，曹家建筑或被拆除，或被改为他用，只存留15个院落，3座倒座楼，3个厅堂，3座主楼，287间房屋。

曹家大院正门在南向，为栱形大门，两旁用长30米的廊檐斗栱装饰，一条宽4.5米、由石条铺砌的甬道横贯东西，甬道东西各开一道门。甬道将大院分为南北两部分，南面为外宅，分别为药铺、账房、厨房、客房、戏台等，是家族公务活动之地；北面为内宅，即"三多堂"大院的主体建筑，由东向西排列，各自分隔但又相互连属。内、外宅隔道相迎，院门相对，组成一个完整有序的建筑群体。

曹家大院以四合院为建筑单元，各院均由倒

座、前院、过厅、后院、主楼、偏院组成。从平面布局来看，是并列的三座二进四合院和二进四连环套院，前有倒座楼二层五间，后有统楼三层五间，厅堂及前后院的东西厢房各五间，东西院的东墙辟有垂花门与偏院相通。中部第一进院空间敞朗，前建山门，单檐悬山顶。东西第一进院布局紧凑，建筑小巧。正厅台基较高，面阔五间，进深四椽，前出面阔一间的抱厦，卷棚顶，檐下设五踩斗栱。二进四合院沿南北轴线依次布列有影壁、前院、中厅、后院、后楼，两侧为对称的东西厢房，并设夹道，是三组院落之间的内部穿行道。东西院中厅均面阔五间，进深五椽，前出廊，硬山顶，灰布筒板瓦覆盖，檐口设沟头滴水，正脊作雕。梁架采用平梁之上设瓜柱、叉手的手法，檐下设柱头科和平身科斗栱各一攒，形制均为三踩，露明处梁枋均施彩绘。前后檐明间辟门。各院主体建筑是并排的三栋高三层、面阔五间的统楼，由东至西分别为"多子""多福""多寿"，是三多堂的精华所在。

图3-3-38　曹家大院正房门廊（上）
与大院院落群（下）

七、太谷孔祥熙故居

　　孔祥熙故居坐落于太谷县城内南街，原本是当地破落地主孟广誉的宅第，清乾隆年间（1736—1795年）开始兴建，至清咸丰年间（1851—1861年）告竣。1930年前后，孔祥熙出巨资购买并进行修缮。现宅院建筑保存较好，存有正院、书房院、戏台院、墨庄院、西花园、部分损毁的东花园以及厨房院等，保留了清代民居建筑的风格。

　　宅院坐南朝北，东西长91米，南北宽69米，占地面积约6300平方米，由多个横向排列的套院组成，套院多为二进或三进四合院。各院间用明廊、

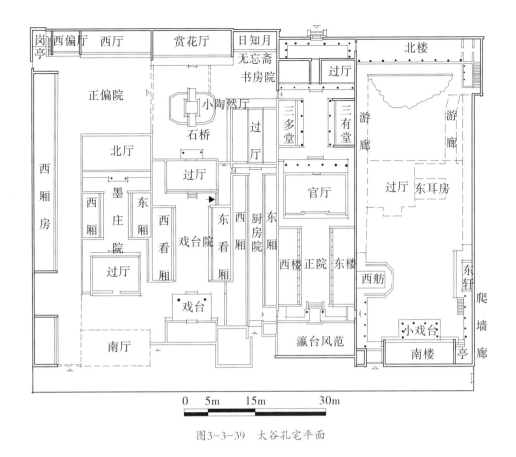

图3-3-39 太谷孔宅平面

过厅相隔，院落与院落之间以垂花门、宝瓶门或月洞门相通，隔墙则用多种造型的窗户予以装饰。木构部分雕梁画栋，沥粉堆金，宛似七彩虹霓。宅院造型各异，风格多样，整体典雅纯正，细部玲珑剔透，浓淡相宜，显得十分和谐。

　　全院的主体建筑正院为三进院落，木构门楼，檐下斗栱华丽，东西两厢建有敞轩。二门为砖雕垂花门，后为卷棚式过厅，过厅迎面为官厅，是接待宾客和举行礼仪之地。两侧为东西厢房。穿过过厅为第三进院落，正面楼为全院的最高建筑，高二层，底层设抱厦，轴线两侧为东西厢房。正院西侧为书房院和厨房院，其中书房院西侧为西花园，院中凿地为池，池中石基上建有小巧古朴的陶然亭，颇具南方园林特色。西花园南为戏台院，与西面的墨庄院相连。戏台造型华丽，雕画精美，两侧为看厢。孔祥熙故居既有北方民居的特点，又有南方园林的特色，是南方园林与北方住宅相结合的典范。

第四节　村落、住宅风水布局

一、风水概述

风水理论是我国古代有关居住环境的构成原则，其观念与基本模式普遍而深刻地影响着古代城市和住宅的建设活动，为中国传统建筑文化中的一种特殊现象。

风水学说的世俗化深深影响着古代社会各个层面，尤其在传统建筑的选址、规划布局和建造等方面发挥着指导作用，上至京都、皇家宫苑、陵寝，下至山村、民舍、坟茔的营建，都受到风水学说的影响。在选择风水环境的实践过程中，人们逐渐积累了许多经验，于是产生了抽象的理论认识，并逐渐形成体系，即风水和堪舆的理论。风水理论在其长期发展过程中，妥善关照了中国古代社会的伦理道德观念，并将其始终贯穿于建筑实践活动中，能契合和满足世俗观念及现实生活的种种需要，所以能够长期存在并不断发展。

从明代开始，宋明理学日趋兴盛，以五行生克、阴阳八卦等理论基础为构架的风水也随之兴盛，风水活动遍及皇室乃至民间。《永乐大典》收录了一些典型的风水理论，《四库全书》中所列宅经共有729种，对建筑的影响之大不言而喻，民间各种风水书籍也纷纷出笼，各种各样的风水理论和风水流派对明清建筑有不同程度的影响，主要体现在以下几个方面。

（一）风水与选址

中国古代建筑在选址上，重视自然景观的选择，通过赋予自然环境一定的人文意义，使建筑与自然环境形成有机的整体。建筑基址的选择观很早就已出现，在殷墟甲骨文中就有许多"卜宅"的记载，周代则出现了"相宅"的三步程序：陟、观、度，即通过实际勘测、衡量以选择最佳建筑基址。秦汉以后，特别是唐宋时期，建筑环境的选择学说逐步完善。

在城市基址的选择上，风水学说注重城市的"气"大，"龙"旺，"脉"远，"穴"阔。在风水原则指导下选择的实例很多，平遥古城址的选择就是成功的一例。古城设在东高西低的平缓台地上，造成城址"青龙压白虎"的局势；城南地域开阔，深远而气旺；东部以中条山为龙脉，向西伸展，形成龙穴，成为风水学说中理想的建城之地。

襄汾县丁村是乡村选址的成功实例之一。丁村位于襄汾县城南5千米处的汾河东岸，地势东高西低，沟壑纵横，气候温和，土地肥沃，水源充足，盛产麦棉。按照风水理论，这里具有"塬势之藏纳"与"地势之高燥"的自然环境。从村居民建筑的楹联题记"赋埌壏""知水""训垧莆田"等中可以看出，丁村是一处凝结在"穴"位上的村落位置。从地理位置来看，丁村位于汾河东岸的土坡上，交通便利，又具有良好的朝向和日照，有世外桃源的意境，是理想的居住环境。

然而，自然界中与风水选址原则完全符合的地理环境并不多，于是风水学说中有了一系列补救的办法。加建风水建筑就是其中的一种，如建文峰塔、厌胜塔、水口塔以及宝塔等，以期留住福气以及财气等。风水宝塔的选址往往要求很高。文峰塔要建在高处，或建于平地，作为兴文运、昌科举的象征。厌胜塔是用来消灾避邪的，要建在山势最高的地方。城镇、村落大力营建风水建筑，使得风水建筑遍布城乡各地。

明清两代以来，风水理论中的形势宗大兴于世，各地建造了大量的风水塔，有的将其称为文昌塔、文星塔、文笔塔等，实际是由佛塔转型而改变了宗教性质的一种建筑类型，在风水的名义下，塔可以"通显一邦、纪地灵、壮人文、正风尚"，塔挺拔的建筑形象也作为"通显一邦、延衮一邦之仰止，丰饶一邑、彰扬一邑之观瞻"的标志。历史文化名城大同，在城东南的文昌方位上修建了一座风水塔，塔的轴线直指文庙，便是希望当地文运亨通，文人多入仕途。

（二）风水与住宅

《宅经》云："夫宅者，乃是阴阳之枢纽，人伦之规模，非夫博物明贤，未能悟斯之道也……凡人所居，无不在宅，虽只大小不等，阴阳有殊，纵然客居一室中，亦有善恶……"，在住宅基址选择上，主要采用负阴抱阳、背山面水的基本原则，院落基址选在阴阳交合、灵气聚合之处。

风水理论认为，环境的好坏决定住宅的吉凶，住宅的吉凶又关系到人的身心健康和命运好坏，因此风水理论按照"修身齐家治国平天下"的传统社会观念，强调"宅者，人为本。人以宅为家，居若安，即家代昌吉，若不安，则门族衰微"。宅居选址是风水理论特别注重的部分，"风水术"和"堪舆学"相应而生，通过对选址地质、地文、水文、日照、风向、气候、气象、景观等一系列自然地理环境因素作出评价和选择，提出相应的规划设计，采取相应的措施，达到趋吉纳福和辟邪避凶的目的，创造适合长期居住的良好环境。

大型住宅院落群，根据仪礼功能的不同而给予相应的设计和布置。一般设一处宽大敞亮、气势庄严的主院落，是主人身份、社会地位的标志，主要用于礼仪活动。其他各院落也有自己的主院落，形成不同结构的主从关系，次轴线上的院落级别稍次，称为套院、跨院或别院。在整体院落的布局上更强调"纵深意识"。独立院落的布局和空间组合体现《周易》中"列贵贱者存乎位"的思想，讲究遵从礼制和尊卑等级秩序，同样营造前卑后尊、左右关联、内外有别的严整秩序和高低呼应的空间秩序，在附属建筑上同样考虑阴阳次序。风水中的形式宗或理气宗都强调建筑朝向，强调人与天地之间的和合关系。在传统四合院中，居上者为正房，左右为厢房、偏房，长辈住上屋，晚辈住厢房，女眷处内院，仆人置于偏处，各得其位，不得越矩。

丁村民居的住宅即是以祖宅院为核心，子孙后裔的宅院围绕这一宅院有序分布，组成以血脉相维系的组群建筑和支族生活区域，形成既独立又统一的居住群体。北方常常采用一种"坎宅巽门"的四合院住宅，主房设在北面（坎）位朝南，门设在东南（巽）位。巽东南，为风，为进退，有出入畅达、通行无阻之意。从山西四合院的平面布置来看，大门设在这一位置的居多，依伏羲八卦，东南方是巽，是生"气"方，是吉利方。位于路南的住宅，其大门设在西北角上，因为西北方是乾卦，乾为山，这种门的释意是"山泽通气"，为次好方向。

中国古代许多公共建筑都是按照风水理论来布局的，《宅谱问答指要》有云："府州县城，内立衙署、仓库、文昌阁、魁星楼、城隍庙、关帝庙诸祠，外建社稷坛、里记、历坛于北，风、云、雷、雨、山川坛、旗纛庙于南"。从山西各地现存的建筑来看，基本依此而布置。"城市之地，其正穴多为衙署诸基用，余者无论东南西北四向，总以高地为吉，低处为界水，不可居。"（《阳宅会心集》卷上"城市说"）"京都以皇殿内城作主，省城以大员衙署作主，州县以公堂作主。"（《相宅经纂》卷一"阳宅总纲"）在古代城市建筑布局中，衙署是一方行政中心，地位至关重要，风水论对此则有"京都以朝殿为正穴，州郡以公厅为正穴"的理论，这里的"正穴"未必是城市的几何中心，但却是可以居高临下控制全城并预防水患的城中高地。风水学说在古代特定的条件下创造出了许多优秀成果，其中一些合理的科学成分在今天的建筑创作中，仍是可以吸收的。

平遥古城的设置按照"龟前戏水，山水朝阳，城之攸建，以此为用"的风水学建造，有"龟城"之称，取其吉祥之意，门外的两眼水井象征龟的双目，北城门为龟尾，是全城的最低处，城内的所有积水都从此流出。城池以市楼为中心，城墙和各大街小巷组成一个庞大的八卦图案，并以龟背上的寿纹形式呈现，龟体的形式被充分体现出来，并且使龟表现为静中有动，动中有静，欲动而不得，卧地而永固。古城居民大多依照相宅中吉凶定位的大游年法来确定宅院内道路及流水的引入和放出方位，民居中平屋顶上多建有风水楼或风水影壁以崇其形式。

二、村落、住宅的风水布局

（一）张壁古堡的风水布局

1. 现状

张壁古堡地处介休市区东，东西长 374 米，南北长 244 米，周长

1100米，面积约10万平方米，整体布局表现出半理性半自然的状态。村南面对绵山，村北、东、西三面临沟。从村落的现状格局来看，村内街道是经过严格构思形成的，中央一条南北向主街宽5米，主街两侧7条东西向的支巷宽3米左右，有的支巷又分出2米宽的次支巷，道路层次清晰。堡内处处可见堡中堡、巷里巷、院中院，民居院里窑套楼，房上建阁，窑后有窑，窑内通地道，堡门、瓮城、庙宇、祠堂、民居、巷门楼、小店铺等高低起伏，层次分明。

2. 张壁古堡的布局

张壁古堡的布局理念就是"阴阳五行"理论的具体体现。

（1）堡内布局与五行

张壁古堡的整体布局就像一张不规则的太极八卦图，龙脊街两侧有东西涝池，西涝池为石榴形，寓意为"生"，启示多子多孙；东涝池为桃形，寓意"镇死"，启示延年益寿。东西涝池和龙街一体，组成一副"先天"太极图样，与七条巷道、八处巷口合为八卦，加上南北二门共为"十口"，又合乎道学"阴阳精气神、金木水火土"。南门外的关帝庙和北门外的二郎庙，是阻挡煞气的标志性建筑物。街中央六株宋代古槐（现仅存槐抱柳），传说是按照"南斗"星座的排列落地生长的。一旁有块四方形的空地，多年来不设任何建筑物，属阴阳五行的"中央土"，而街道的东西南北分别代表"木、金、火、水"，合称堡内五行。西南方为城堡的"死门"，城外又有一座很大的土丘，现已发现为宋元时期的古墓群。所以，在城市的西南角堡墙内放置练兵校场，"以兵象镇死门，以武气填煞气"。

（2）堡外布局与五行

古堡外有窑湾沟沼泽、葫芦经、魁星楼、龙神庙、藏风桥等景观，代表着五行中的"水、木、火、土、金"，寄希望于这五行能够锁住村子的风水。

窑湾沟——五行之"水"。窑湾沟位于堡外西、北两面的堡础以下。沟随塬向，蜿蜒曲折。沟内现存几处古窑穴遗迹，窑湾沟即由此而得名。窑湾沟在方位上属六白"乾"宫，五行属"金"，金能生水，所以在这里建造属性为"水"的事物来迎合。而窑湾沟正是沼泽地带，正好迎合了风水理念。

葫芦经——五行之"木"。葫芦经是张壁古堡外东北 500 多米处的一个长 20 米、宽 4 米、高 3 米的土台，是古堡的北门户。有迹象证明它和道东的塬土本是一体，其形状很像一个头向西方（沟）的葫芦体，葫芦经即由此而得名。葫芦经在方位上属八白"艮"宫，五行属"土"，木能克土，民间传说古堡居民为挡风水，才在台上种树（五行属"木"），故栽七星树，让财气风水流出北门后即转而向东，再折返回来，反复造福张壁。

魁星楼——五行之"火"。魁星、文昌君寄托着封建社会老百姓对功名利禄、美好生活的向往与追求。作为精神载体的魁星楼便是张壁古堡的标志性建筑之一。魁星楼在方位上属四绿"巽"宫，五行属"火"，木能生火，所以在这里建造属性为"木"的事物来迎合。据清道光十一年（1831 年）《重建魁楼、山门碑》记载："村南罕王庙粪地（东南）旧建文昌（魁星）楼,历有年矣。嘉庆戊辰岁（1808）移建村外。不几年而基址毁裂，意神灵之不欲迁移……文昌（魁星）楼仍于村内旧址建立。"据当地人回忆，前人为了填补五行无火的缺憾，张壁魁星楼曾被迁至堡外东南方向，后因基址毁坏又被重新移回堡内旧址。

龙神庙——五行之"土"。张壁村东南方，曾经有一条源自绵山的河流,后不知因何断流,常年干涸,河道内遍布杂物。如遇山洪暴发，河内水流不畅，洪水肆虐，危及当地百姓。为控制水害，村民在河滩里修建了龙神庙，以镇水患。龙神庙是按照阴阳五行中火生土理念建设而成，建在河滩里具有"水来土掩"的意义。

藏风桥——五行之"金"。藏风桥坐落于南门外百米处的南河上，南就塬势，北临关帝庙。桥面铺石如鱼骨架形，石栏两端的立柱上雕甜瓜顶，寓意苦尽甜来。桥洞两侧建有"八"字挡水墙，横穿桥下的涵洞大进小出。桥呈东南—西北走向，外形酷似马鞍形，寓意"常安"。据说，张壁村里清代进士张九成捐资修桥时，主张将桥洞与龙神庙、魁星楼侧成一线，以合乎"火（魁星楼）生土（龙神庙）、土生金（藏风桥）"之理念。

（3）张壁古堡的坐山立向

张壁古堡南高北低，以峻山为坐山，以绵山为朝山，有悖于古代城市选址"子午"坐城需北高南低的规律。为了解决南高北低的"子午相冲",守住城中的"水财",不使之外流,又将原来"正子位"的北堡门出口堵死,在北堡门的中心折向正东,构筑了用于奸敌的瓮城。故在"子"位上建了两座庙宇,一为真武庙,一为二郎庙,一曰"挡",二曰"拦"。《重建二郎庙》碑载述:"闻之堪舆家谓,张壁村址坐县南去棉(绵)山不远,其接摩斯顶之脉者较他村为甚近。惜乎堡中形势南高北低,风水之自山来者易泄难留,藉非北门外瓮城中二郎庙为之屏蔽,其何以收风水而成富庶之乡哉? 倘此庙而再高数仞(其时北门上已有真武庙,但高度不及"挡风水"的标准),则藏风敛气而兴发是村者,当更不知其何如盛也。"二郎庙建在北门处用作挡风水的主要意图,在碑文中记载很明确。同时,也使二郎庙的庙顶标高超过南堡门,以使北高南低。

由于绵山的地势高陡,"冲"气足,故又在南堡门外建造了关帝庙,以遮挡来自绵山的"煞气",使张壁古堡符合了古代城市规划的风水要求,构思巧妙。

(4)张壁古堡的街道

在街巷组织上,张壁古堡主次街道分明,南北主干道(龙脊街)与东边三巷、西边四巷构成"丁"字结构。堡内七巷,西四巷为西场巷、贾家巷、王家巷、户家园,东三巷为靳家巷、大东巷、小东巷。沿龙脊街由北向南行走称作"爬龙身",龙街为"S"形走向,所以由南门直视不到北门,是按照门与门不相对的风水理念设计而成的,道教称之为"口口不相冲",寓意和气。整个龙形街道形态逼真,寓意独特,意为步步登高、前程似锦。

张壁古堡南堡门为"龙首",门头有龙首石雕,"龙首"安置在南门栱中央,寓意"龙抬头",门下向南铺设九道竖向红条石路,象征龙须。向北的主干道为龙身,为使龙形更加逼真,在清朝时又专门将横向铺设街道的青石板起出,改为三道竖向的红石板,象征龙的脊背,龙脊街尾端消失于北门外,寓意"神龙见头不见尾",以东西四巷象征龙的肋骨。主干道两侧城中心偏北位置的水塘、槐抱柳,共同象征龙的两肾和陈抟太极图的阴阳鱼。

除主街为南北向外,堡内其他街巷均呈"丁"字形,并交汇于主街。

每个丁字巷口的对面墙上，都镶嵌一块长方形"泰山石敢当"，可以说处处都有讲究和寓意。

（5）张壁古堡的南北堡门

北堡门原为张壁古堡的正门，"丁"字结构，在北门以外建有瓮城。古堡内阴阳五行之水经三门流出，财气经过道门易流失于堡外，于是"丁"字门改作曲尺状，通往二郎庙的过道门遂被移入瓮城。

南堡门正对堡外的关帝庙，门东侧有断面墙与古堡墙一体，现存南门是在原址基础上后移数米后的建筑实物。据实地观察和文献来看，古堡南门曾是一座土门，后经重修才改为石砌。

（二）王家大院的风水布局

王家大院所在地灵石县以灵石天降而得名，其所在地静升镇在明清之前就有一条横贯东西的"五里长街"及"九沟八堡十八巷"的民居建筑。王家大院依山势而建，巧妙地结合地形，顺势而为，被誉为"九凤聚鸣"之地，风水极佳。

王家大院整个宅院呈"王"字形结构，仔细辨别，隐约间能看出一个"龙"形，建筑与文脉别具匠心地结合在一起。大院朝向合乎"负阴抱阳"的堪舆选址原则，保证这片宅居"高毋近旱，而水用足"。

礼制观念是伴随着农耕社会的发展而逐渐形成的。"礼"的精神就是"秩序"与"和谐"，其核心内容是宗法和等级制度。在以宗法制度为主的封建社会，家庭经济以自给自足的农业生产为基础，以血缘纽带来维系，保障社会稳定的精神支柱则是儒家的伦理道德学说。礼制思想的内涵提倡父慈子孝、兄友弟恭、夫义妇随、男女有别、宾主有异的社会秩序与人伦和谐，并且崇尚几代同堂的大家庭共同生活，以此作为家族兴旺的特征。中国以宗法制度为轴心的社会观念反映在民居布局上，表现为整体以庭院为中心、室内以厅堂为中心。在山西民居中，处处透露着对中国传统伦理道德的遵从。王家大院的总体布局中隐含着一个"王"字，意在将王家的祖姓留在这片土地上；而红门堡的主道"龙"的形象，隐喻着龙的传人的名门望族龙飞凤起。王家大院大多数院落都以"间"作为基本单位，由"间"组成"幢"，再由"幢"合成"庭院"。正院为主人所住，侧院安排厨房、佣人等房间。王家大院前后七道门，将院落分为上、中、下三个等级，不同等级的人进出不同的门，在不同餐厅就餐。这层层组成的有机整体中又有着相互的影响与制约，整个建筑群落即以庭院为单位组合而成。

王家大院总面积达25万平方米，目前开放东大院、西大院和孝义祠三部分，建筑群轴线分明，左右对称、封闭。历经明清两代发展，数百年努力，建成以龙、凤、龟、麟、虎五瑞兽为意象上且具备完整意义的古代寨堡形态，雄踞静升古镇，有"青龙升腾"（恒贞堡）、"凤凰翔舞"（视履堡）、"龟拉尧车"（和义堡）、"麟吐玉书"（拱极堡）、"虎卧夕阁"（崇宁堡）的美称。王家大院历经二百年的潜心经营，方有今天的宏伟格局，其建筑规划非常科学，两院以沟为界，西片称西堡院，又叫红门堡，东片称东堡院，又叫高家崖，两片之间的跨沟由石桥相连。

东大院俗称高家崖，建于清嘉庆初年，是一个不规则形城堡式串联住宅群。城堡总的特征是：依山就势，随形生变，层楼叠院，错落有致，气势宏伟，功能齐备，基本继承了我国前堂后寝的格局。鸟瞰东大院，由三个大小不同的矩形院落组成：中部是两座主院和北围院；东北部是俗称"柏树院"的小偏院；西南是大偏院。城堡的四面各开一个堡门。东堡门位于主院前大通道的东端，西堡门开在大偏院的西南角，南堡门开在主院前大通道的中间，北堡门开在小偏院的东北角。南堡门外是一条长50米、宽3米的石板坡路，直通村中的"五里长街"。主院前的大通道长127米，宽11米，全部用青石铺成。大通道的南面是高高的砖砌花墙，墙内建有60多米长的风雨长廊。东大院主体建筑是两座三进四合院，院门前都有高大的照壁、上马石、旗杆石、石狮、石台阶等。从布局来看，每座主院都有宽敞的正院、偏院、套院、穿心院、跨院等。按用途分，有堂屋、客厅、厢房、绣楼、过厅、书院、厨房之别。院内因地而异，修有甬道、幽径、低栏、高墙等。院中有院，门内有门，窑顶建窑，房上坐房。主院西南角的大偏院是由两座花园式庭院组成的，可供主人小憩。主院正北的后院由一排13孔窑洞组成而又分隔为4个小院的护堡院。整个东大院建筑规模宏大，结构严谨，大小院落既珠联璧合，又独立成章，其或隐或现、多种多样的门户，给人一种院内有院、门里套门的迷宫式感觉。

出东大院的西堡门，走过一条马蹄形的沟涧小道，就是西大院。西大院俗称"红门堡"，是一处十分规则的城堡式封闭型住宅群，面向与背靠同东大院完全相同。俯视西大院，其平面呈十分规则的矩形，东西宽 105 米，南北长 180 米。只有一个堡门，一方刻有"恒贞堡"的青石牌匾镶嵌在堡门正中央，因堡门为红色，所以人们都叫西大院为"红门堡"。堡墙外高 8 米，内高 4 米，厚 2 米多，用青砖砌筑，堡墙上有垛口。堡门外正对堡门的地方，有一座砖雕照壁。堡门左右及堡墙东北角、西北角各有一条踏道可上堡墙。堡内南北向有一条用大块河卵石铺成的主街，人称"龙鳞街"，街长 133 米，宽 3.6 米。主街将西大院划分为东、西两大区，东西向有三条横巷，横巷把西大院分为南北四排。从下往上数，各排院落依次叫底甲、二甲、三甲、顶甲。一条纵街和三条横巷相交，正好组成一个很大的"王"字。堡墙东北角和西北角各有更楼一座。堡内东南角、西北角各有水井一口。堡内共有院落 27 座，除顶甲为 6 座外，其余三甲均为 7 座。各院的布局大同小异，多数为一正两厢二进院，正面以窑洞加穿廊为主，顶层有建窑洞或阁楼的。大部分院落以南北中心线为对称轴，东西基本对称。也有一部分院落为偏正套院，院门偏在东南方向，院门内是一条较长的通道，通道西侧南端是通往前院的门，北端是通往后院的门。

"阴阳五行"是中国古代关于宇宙生成的理论，影响着古代中国人对世间事物的认识，同时也影响着传统建筑的布局、结构、装饰及环境设计等。中国传统建筑的布局以向纵横方向展开的院落布局为主，一般情况下，单体建筑的安排皆遵循前阳后阴的原则。百姓的居室亦以阴阳为界，一般情况下，前院为正堂和客厅，强调高大雄伟、富丽堂皇的阳刚之美；后院为闺房、绣楼，强调婉媚秀丽、幽深静雅的阴柔之气。

据王家史料记载，当年王家在修建红门堡、高家崖堡、西堡子、东南堡和下南堡 5 座堡群时，分别以龙、凤、虎、龟、麟五种灵瑞之象建造，以图迎合天机。即红门堡居中为"龙"，高家崖堡居东为"凤"，西堡子居西为"虎"，三者横卧高坡，一线排开，态势威壮，盛气十足。东南堡为"龟"，下南堡为"麟"，二者辟邪示祥，富有稳家固业传世之寓意。"堂"是宗族拜祭祖宗、天地的地方，亦是举行家族盛事之所。王家大院的"堂"位于中轴线的核心位置上，堂前庭院的一片空地直对上天，构成完整的天地对应象征。

在中国建筑史上，影壁及其装饰是与祝福、祝寿、加官晋爵、镇宅辟邪联系在一起的。影壁在风水学说上也称作"隐壁"，树在门内者为"隐"，以遮挡隐蔽院内，门外人难知虚实；树在门外者称"避"，可以抵挡恶风，减缓风势，在减少气冲煞的同时，还可以起到辟邪的作用。

（三）乔家大院的风水布局

乔家大院是一座雄伟壮观的建筑群，从高空俯视院落布局，仿佛一个象征大吉大利的双"喜"字。进入乔家大院大门是一条长80米、笔直的石铺甬道，把6个大院分为南北两排，甬道两侧靠墙有护坡。西尽头处是乔家祠堂，与大门遥相对应。大院有主楼4座，门楼、更楼、眺阁共6座。各院房顶上有走道相通，用于巡更护院。纵观全院，从外面看，威严高大，整齐端庄；进院里看，富丽堂皇，井然有序，显示出我国封建大家庭的居住格调。整个大院布局严谨，建筑考究，规范而有变化，即使是房顶上的140余个烟囱也都各有特色。全院亭台楼阁，雕梁画栋，堆金砌粉。

乔家院落的组成，完全按照《易经》中"数"的观念来划分。民俗认为，偶数中的"六"与"禄"谐音，有官运象征，以求乔氏家族名利双收、"六六大顺"。乔家大院北面有3个大院，按逆旋八卦，由震卦（东方）、坎卦（北方）、乾卦（西北方）依次由正东向西北逆时针旋转排列建造；南面有3个大院，按顺旋八卦，由巽卦（东南方）、离卦（南方）、坤卦（西南方）依次由东南向西南顺序排列建造，最终交会于兑卦（正西方）。这是一种按照"太极"运行轨迹建造房屋的方法，属于古代高层次建筑规划师所为。上下四方谓之"六合"，寓意圆满，六院有"六爻"之喻，六爻和八卦，是谓"全卦"。

三、屋顶的风水楼和烟囱

门神、对联与过年有直接关系，属于建筑装饰的一部分。过年才贴门神和对联，中华民族沿袭这一传统已达几千年。民居房顶正中间都有一个小楼，叫"风水楼"，实际上那个楼是为过年的习俗准备的。按民间迷信的说法，腊月二十三把神送上天了，神在天上待7天以后，除夕回来，要到民间和老百姓一起过年，回来的歇脚地就是风水楼，要在那儿休息一会儿。午夜12点交子时，在各家各户的炮声中，神都回到人间，在风水楼稍事休息。子时响的炮叫"迎神炮"，早上再响的那个炮叫"开门炮"，也叫"安神炮"。开门炮响了以后，神各回各的岗位。

烟囱和年俗也有关系。灶王爷是经烟囱上天的，传说灶王爷上天的途径是从灶到炕，再从烟囱上天。还有一个把守烟囱的神叫张弓爷，老百姓认为，天狗要从烟囱口爬进来伤及小孩，有张弓爷守在烟囱口，并射走天狗，就可以保护小孩。清代张弓爷的画像是身穿黄马褂、绿大袍，一副清代官员的打扮。他手里拿着弓，弓上戴着铁蛋子，做"对天弹射"的姿势，就是射天狗。其实，这是很早以前的传说，到后来又变了，张弓爷不仅保护小孩，而且成为送子的神仙。民间有两副对联说得很形象，第一副上联是："打出天狗去"，下联是："保护膝下儿"，这里提到保护小孩；第二副上联是："金弹打出天狗去"，下联是："玉弓引进子孙来"，这里就有了送子的意思。

第四章

佛教建筑

第一节 佛教在明清时代的状况

　　山西现存宗教建筑以明清两代所建数量为最，佛寺平面布局基本采用庭院式，即以间为单位组成单座建筑，再以几个单座建筑组成庭院，各庭院相组合，构成各种风格相似又有差异的群体院落。每个院落大多以纵向为轴心线，横向为轴辅线。主体佛殿神堂位于佛寺的核心位置，山门、钟鼓楼、天王殿、大雄宝殿、藏经楼，按顺次排在这条中心线上，烧香礼佛的活动也沿着这条中心线展开。轴线两侧建东西配殿等，一般东配殿常为伽蓝殿，西配殿为祖师殿，法堂、藏经殿及生活区之方丈殿、斋堂、云水堂等设于寺院后部，或设于两侧小院中。建于府县的寺院，特别是敕建寺院，多采取这种平面设置，体现了中国祠堂建筑的规整和对称；建于山村乡野的佛刹，则因地制宜，其布局规整中求变化，分布于四大名山的佛寺大多属于此类。规模较大的寺庙在寺侧另辟罗汉堂，如五台山显通寺，以便于七众受戒。经过特许的某些大寺院常设有永久性的戒坛殿，如五台山碧山寺。明清时期，在藏族、蒙古族等少数民族分布地区和华北一带，新建和重建了很多喇嘛庙，大都不同程度地受到汉族建筑风格的影响，有的已经相当汉化，但总是保留着某些能体现独特风格的特点，使人一望而知。

　　明清时期的佛塔形式多样，在造型上，塔檐和檐下斗栱纤细，环绕塔身如同环带，轮廓线也与以前不同。塔身高耸，形象突出，成为一种佛寺的标志。道教和伊斯兰教等宗教也建有一些带有独特风格意蕴的塔。民间大量营建风水塔（文风塔）以及灯塔，这些塔在造型、风格、意匠和技艺等方面，都受佛塔的影响。

　　明清两代，佛教的普及化和世俗化进一步加深，诸宗归一，相互融合，成为明清佛教发展的主流。传统佛寺在明清两代已不太兴盛，但在民间仍有广泛影响，尤其在山西表现突出。唐宋以来的佛寺重建与重修活动相当频繁，与此同时，还建造了一批新的寺庙。佛教在这个时代极力宣扬四位菩萨显圣的说法道场，即文殊菩萨显圣的山西五台山，观音菩萨显圣的浙江普陀山，普贤菩萨显圣的四川峨眉山，地藏菩萨显圣的安徽九华山。这四山成为僧侣巡礼和朝拜的圣地，其中，五台山最为著名，被列为四大佛教名山之首，人们以"金五台，银普陀，铜峨眉，铁九华"给予形象的比喻。

第二节 佛教圣地五台山

五台山位于山西省忻州市五台县境内，被誉为"清凉胜境"。五台山以东、西、南、北、中五座顶似平台的山峰而得名，五座主峰环互林立，傲立苍穹。明清是五台山佛寺发展的兴盛时期，永乐初，成祖罢"僧道限田制"，促进了寺院经济的发展。

清朝在入关以前就确立了利用藏传佛教怀柔蒙、藏民族的政策，不仅对清代蒙、藏族地区的政治、经济、文化的发展起到重要的作用，而且影响了清初统一国家的历程。清代的皇帝大多崇佛敬僧，尊奉喇嘛，"国家以黄教绥柔蒙古"。清代诸帝，特别是顺治、康熙、雍正、乾隆、嘉庆五帝，尤尊五台山佛教。

康熙年间（1662—1722 年），朝廷将统辖内蒙古、青海佛教事务的大活佛章嘉呼图克图迁住五台山镇海寺，以鼓励蒙古族佛教徒朝拜五台山。康熙共朝台5次，修建寺院20余座。康熙四十四年（1705年），敕令五台山菩萨顶、罗睺寺、寿宁寺、三泉寺、玉华池、七佛寺、金刚窟、善财洞、普庵寺、涌泉寺等 10 座寺庙为喇嘛庙，并请西藏达赖喇嘛的堪布至五台山传戒，拜为皇子师，从此形成由达赖喇嘛委派大喇嘛驻五台的制度，汉地佛教与藏传佛教在五台山并传至今。雍正皇帝也崇佛敬僧，尊崇喇嘛，并自号"圆明居士"。乾隆皇帝效法前代皇帝，倾仰五台山，崇奉文殊菩萨，礼遇喇嘛僧徒。他先后六度朝礼五台山，每次朝台都要敕赐珍物，并下令重葺了中台演教寺、东台望海寺、西台法雷寺、南台普济寺，修葺了文殊寺（菩萨顶）、显通寺、殊像寺、罗睺寺、广宗寺、寿宁寺、碧山寺、涌泉寺、栖贤寺、镇海寺、白云寺等 10 余处寺庙。

从宗教的角度来说，五台山是中国鲜有的汉藏佛教圣地，其宗教作用正如《清康熙皇帝御制〈清凉山志〉序》中所说："为诸藩部倾心信仰，进关朝山顶礼者，接踵不绝，诚中华卫藏也。"五台山在清代绥靖蒙藏众部，加强民族团结，巩固边防和安定社会中发挥了重要作用。

第三节　五台山寺庙建筑述评

一、全山整体布局

五台山是人工建筑与大自然紧密相融形成的一个佛教圣地，综观整个五台山，各寺庙的建造并不是孤立、静止的，都是全山整体中的一个个有机环节，以中台翠岩峰为核心，互相映衬，最终连成一个丰富的整体，形成通体的磅礴气势。5座台顶以其独特的夷平面台顶以及冰缘地貌自然景观与佛教文化相互交融，构成五台山的最外围布局，引得佛教信徒们的顶礼膜拜，由此产生一种盛大的佛事活动——"大朝台"和"小朝台"。所谓"大朝台"，是遍礼全山佛寺，并亲临五大高峰，拜佛祈祷。"小朝台"则是为方便众信徒朝拜而设，无须登临五座台顶，在台怀镇附近各寺巡礼，并登临象征五台山五大高峰的黛螺顶即可完成朝台之愿。

五台山在五座台顶的怀抱下，以台怀镇为中心，寺庙、店舍、民居毗邻，形成集镇，珠联璧合地将自然地貌与佛教文化融为一体，将对佛的崇信凝结在对自然山体的崇拜之中。明代时，台内、台外共有佛寺103处，清代时增至122处，形成典型的中心布局式的宗教圣地格局。随着时间的推移，寺庙有的发展壮大，有的维持使用，有的颓败不存，现存7个朝代的寺庙68座。

二、单座寺院的布局与环境

五台山各寺院在总体布局上采用中国传统的中轴线对称原则，突出中轴线建筑，各建筑严格按照等级制度建造，以程式化的布局表现宗教的氛围。建筑多为坐北面南，主要建筑建于寺中轴线上，其余建筑一般作为寺院配殿建在中轴线的东西两侧。中轴线一般建山门、天王殿、大雄宝殿、毗卢殿、藏经楼、方丈殿等。各寺院的山门一般设一道，也有设两道或三道的，其中设三道三门的象征"三解脱门"，即"空门""无相门"和"无愿门"。天王殿是寺院的第一座重要殿堂，殿内正中供弥勒佛，佛座背后供奉手执金刚杵的韦驮菩萨，东西两侧设四大天王。大雄宝殿是寺院的主要殿堂，称为正殿或大殿。"大雄"是对释迦牟尼威德至高的称颂，以建在第二殿的为多，也有建在第三殿的，有的称"圆通殿"，也有的称大悲殿（主要是供奉观音），还有的叫佛殿。毗卢殿是供奉毗卢佛或毗卢遮那佛的楼阁式殿堂，由于阁上层设万佛或存放经文，又被称为万佛楼或藏经楼。法堂一般建在大雄宝殿后面，殿内布置严肃清静。藏经楼是存放佛经的地方，有的楼内建造转轮藏，因此被称为"转轮藏殿"。方丈殿是寺院住持所居之所。明清以来，随着佛教的世俗化和寺院规模的逐渐扩大，住持的丈室之居已不能适应"非高其位则其道不严"的要求，因此方丈室改建为方丈殿，一般建在法堂之后，或另择地建造，称为方丈院。

中轴线两侧或寺院其他地方建下列建筑：禅堂、祖师殿、伽蓝殿、观音殿、地藏殿、三圣殿、罗汉堂、香积厨、斋堂等。禅堂，古称僧堂或云堂，是禅宗寺院的重要殿堂。堂中设一龛，内奉十六罗汉中的宾头卢，或是五百罗汉中的桥陈如，也有供文殊菩萨或迦叶尊者的。禅宗寺院一般将祖师殿建于大雄宝殿的西侧，殿正中供禅宗初祖，即印度的达摩法师，左侧供达摩的六传弟子唐代禅宗六祖慧能禅师，右侧供慧能的三传弟子百丈怀海禅师。其他宗派则供奉本尊祖师。伽蓝殿一般建于大雄宝殿的东侧，与祖师殿相对称。殿正中供波斯匿王，即伽蓝菩萨，左侧塑祇多太子，右侧塑给孤独长者。观音殿是专门供奉观音的殿堂，又称大悲殿、大悲阁、圆通殿等。如果供圣观音，是一首二臂，结跏趺坐，手中持莲花或结定印，天冠中还有阿弥陀佛像。观音殿也有供四十八臂观音或千手观音的。地藏殿是专门供奉地藏的殿堂。地藏菩萨称为"幽冥教主"，能拯救六道众生中的恶鬼。菩萨殿一般设在寺院钟楼之下或宝塔的底层。地藏菩萨一般结跏趺坐，右手持锡杖，示爱众生，也表示戒修精严；左手持如意宝珠，表示满众生愿。有二位侍者，即道明及其父闵公。三圣殿是专门供奉三圣的殿堂，有西方三圣、东方三圣以及华严三圣等多种，其中西方三圣是西方极乐世界的教主，即一佛二弟子，阿弥陀佛位于中间，左、右分别为观音菩萨和大势至菩萨。罗汉堂是专门供奉罗汉的殿堂。十六罗汉或十八罗汉一般供奉于正殿的东西两侧，如果将五百罗汉都供奉其中，正殿小的就容纳不下，于是有的寺院专门建罗汉堂供奉罗汉。香积厨即厨房，里面供奉监护僧食的洪山大圣，元代以后多供奉大乘佛教中的紧那罗王。在密宗寺院中，多奉摩诃迦罗，又称大黑天，护持五众，使其不受损耗。其形象一般为身黑色，极愤怒形，头发上竖，三面六臂。斋堂即寺院的食堂，按古印度的制度，在斋堂中供宾头卢尊者。唐代不空三藏奏请天下食堂置文殊菩萨为上座，从此斋堂供奉文殊菩萨，且以比丘形象出现。

殿堂一般按照殿内所供主佛而命名，如供奉佛的大雄宝殿、毗卢殿、药师殿、弥陀殿、三圣殿、弥勒殿等，供奉菩萨的文殊殿、观音殿、地藏殿，供奉天王的天王殿，供奉金刚的金刚殿；或是按照殿堂的用途而命名，如安放佛骨的舍利殿，存放法宝的藏经楼，安放祖师像的祖师殿、开山堂，安奉罗汉的罗汉堂、影堂，讲经说法的法堂、禅堂、板堂、学戒堂、念佛堂等，接纳四方来者的云水堂、云会堂，剃度受戒的戒坛，生活接待用的斋堂、香积厨、客堂、寝堂（方丈）、茶堂，供僧众居住的寮房等。

佛寺宣扬和传播佛教的基地，是人们的礼拜之地，建造者往往结合园林的构景手段，创造出"仙山琼阁"的境界，以"寓教于乐"的方式达到宣扬宗教的目的。五台山的单座寺院建造大多结合优美的自然环境，体现"天人合一"、与自然相融合的自然观。

台怀镇的中心寺庙，如显通寺、塔院寺、菩萨顶、殊像寺、碧山寺等，分别建于灵鹫峰之前、之上或之下，是五台山的核心和灵魂，在周边寺庙的衬托下，更突显其壮观。显通寺内中轴线上各建筑前后古树参天、松柏苍郁，东西两侧建筑前设低矮的花栏，清净幽雅，院面多为片石嵌草铺墁，历史风貌尽显。塔院寺高大的白塔巍然矗立，塔底层转轮经围绕，塔四周殿堂、亭阁维护，再现了以塔为核心的

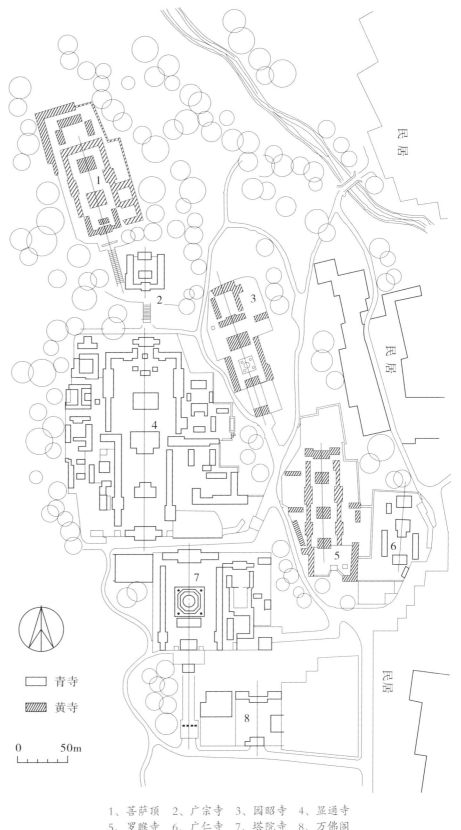

民居

民居

民居

■ 青寺
▧ 黄寺

0 50m

1、菩萨顶 2、广宗寺 3、园昭寺 4、显通寺
5、罗睺寺 6、广仁寺 7、塔院寺 8、万佛阁

图4-3-1 山西五台山台顶佛寺分布图

早期寺院特征。菩萨顶雄踞灵鹫峰顶，全寺主体建筑按照皇家宫室建筑形式建造，黄琉璃瓦覆盖，金碧辉煌，彰显皇家寺庙风范。殊像寺坐落于凤林谷口北侧，背靠中台，右迓凤林，结宇山阿，左临般若泉，面对梵仙山，山水环抱，紫翠千岩，是一处聚气藏真的圣灵福地。清康熙皇帝曾作诗赞曰："开基台畔，结宇山阿。谷迓凤林，环千岩之紫翠；堂临鹿苑，俯万壑之烟霞；峰曰梵仙，望层峦于天际；泉称般若，落清涧于云中。"可谓一座风光如画的梵林禅宇。碧山寺寺后山体植被良好，对面古树浓茂，寺属塔林建于其间，更显佛国氛围。南山寺背依案山，面临清水河，海拔高，跨度大。站在最高处佑国寺的平台上，近可看见台怀地区的梵仙山、寿宁峰、菩萨顶和黛螺顶。寺中有望峰台，远可看见五台山的西台、南台、中台和北台，是欣赏五台山风景的形胜之地。寺所在地四周树木、花草茂盛，环境极为幽雅。属于清凉景区的金阁寺，犹如一条巨龙横卧于金阁岭上，气势磅礴。寺周围群山如黛，万花弥布，门含万壑云烟，极为清净。寺前对面山体植被良好，山上树木浓茂并建有现代塔林，气氛浓郁。属于九龙岗景区的龙泉寺，背靠九龙山，九峰环抱，气势雄壮，风景优美。寺内汉白玉雕饰的牌楼、拱桥、幡杆、普济和尚墓塔尽显石雕艺术氛围。

纵观五台山现存寺庙，多以自然景观来体现寺院的质朴和清幽，如菩萨顶、碧山寺、殊像寺、金阁寺、南山寺、龙泉寺以及五座台顶寺庙，都是借助所处地理位置来体现与自然融合的外围环境；或是借助建筑的营造、园林式的手段来体现寺内的气氛，通过自然灵活、曲折幽深、层次丰富的空间布局来创造渗透、连续、流动的寺院空间环境，如南山寺、显通寺、塔院寺、罗睺寺、尊胜寺。同时，根据各自所处地形和景观条件，灵活调整宗教与观赏的关系，采用园林中的亭、廊、桥和楼阁等建筑形象，并建造塔、经幢、放生池等宗教小品建筑点缀寺院环境，将构景范围从寺院扩展至寺外自然环境，形成特有的园林环境氛围，一定程度上打破了封闭、孤立和单一的寺庙空间形态，以满足宗教和观赏的双重功能。

三、藏传佛教寺院规则

藏传佛教是佛教传入西藏后形成的一个支派，有多种称谓，因藏语中称藏传佛教中取得佛学学位之僧人为喇嘛，便有"喇嘛教"之称；又因格鲁派僧人在做法事时头戴黄色的帽子，又有"黄教"之称，藏传佛教寺院也因此有了喇嘛庙和黄庙之称。与汉地佛教相比，其教义、仪式都有很大差别，寺院规则也有所不同。

藏传佛教寺院一般包括信仰中心、宗教教育建筑、管理机构以及辩经场、僧舍、库房、厨房、管理用房等。信仰中心即为佛殿、佛塔，宗教教育建筑即为学院，藏语称之为"扎仓"，管理机构即为活佛公署。有的寺院拥有多座学院及佛殿，因此规模较大。

山西的喇嘛庙主要是汉式或汉藏混合式的，大多是在清王朝统治阶级的相关营造机构的主持下建造的，除具有喇嘛教建筑的共同风格外，大多不同程度地带有汉族建筑的风格和色彩。

清军入关后，藏传佛教的政治力量进一步强大，遂将北京作为内地藏传佛教的中心，之后又发展出热河藏传佛教中心。康熙皇帝于康熙四十四年（1705 年），将五台山 10 座青庙改为黄庙，让蒙古族地区的教民到此参拜，西藏僧侣进京时也经五台山参佛，使五台山成为内地又一处藏传佛教中心。康熙、乾隆又大兴帝王朝台之风，康熙五次朝台，乾隆六次朝台，每次朝台都开设道场，发帑银修建寺庙，康熙还亲封菩萨顶大喇嘛丹巴扎萨克为清修禅师，充分发挥了五台山维系民族团结、巩固边疆、稳定社会的"黄金纽带"作用。康熙认为扶持佛教"事有禅于劝俗，聿弘觉善之门"，雍正皇帝在其撰写的《善因寺碑文》中这样写道："因其教，不易其俗，使人易知易从，此朕缵承先志，维护黄教之意也。"乾隆皇帝对黄教的认识是"不可不保护之，以为怀柔之道而已"。为了达到利用藏传佛教怀柔蒙、藏民族的目的，清政府采取的一项重要举措就是广建寺院，鼎盛时期，五台山佛寺增至 122 处，其中黄庙 25 处、青庙 97 处，汉藏佛教比肩发展。

第四节　五台山的寺庙建筑实例

一、显通寺

显通寺位于台怀镇,是五台山五大禅处之一。寺的规模已经很大,周设十二院,前有高塔耸立（今塔院寺）,后有菩萨真容（菩萨顶）。后寺院遭到破坏,致使"空廊留古像,毁殿落新泥;幡断犹存字,苔封不辨碑"。据《清凉山志》记载,明初"敕重建",因"感通神应,自昔未有,故赐额大显通"。永乐三年（1405 年）后,塔院寺和菩萨顶从显通寺独立出来,另立山门,自成格局,显通寺仅留中心一部分,并于东向另辟山门。明万历年间（1573—1620 年）,建无量殿、铜殿、铜塔等。明神宗敕建的"七处九会大殿"赐额"护国圣光永明寺",改称"永明寺"。清康熙二十六年（1687 年）,康熙皇帝以显通寺灵应显通,复名"大显通寺"。乾隆十一年（1746 年）重建文殊殿,光绪二十五年（1899 年）重建大佛殿。

（一）显通寺文殊殿

文殊殿位于显通寺一进院北,是寺内中轴线上自南而北的第二座殿宇,坐北面南,面阔五间,进深六椽（前后坡均为三椽）,单檐歇山顶,建筑面积 386.34 平方米。文殊殿后置倒座式抱厦,抱厦坐南面北,面阔三间,进深一间,重檐硬山卷棚顶。

1. 台基与地面

文殊殿整个台基呈"凸"字形,台明通面阔 25.48 米,通进深 18.11 米。

图4-4-1　显通寺文殊殿

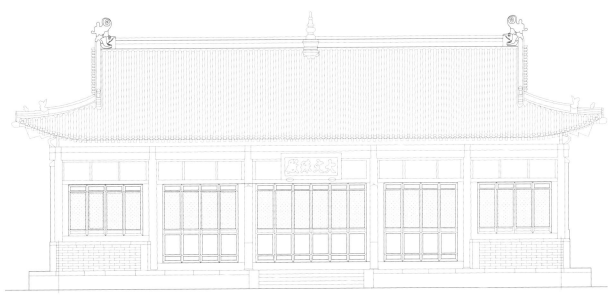

图4-4-2　文殊殿南立面图

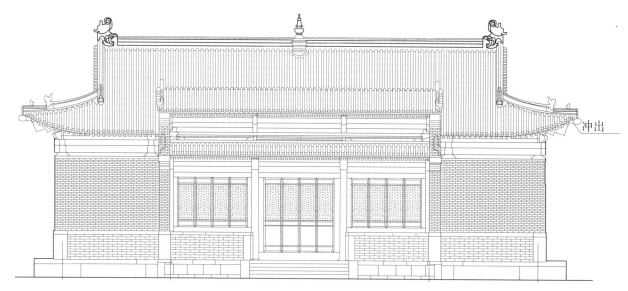

图4-4-3 文殊殿北立面图

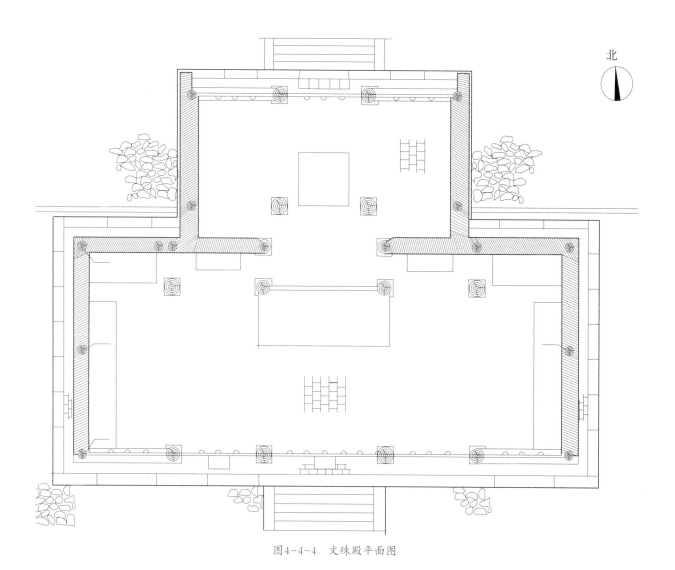

图4-4-4 文殊殿平面图

（1）文殊殿台基与地面

文殊殿台基由条石砌筑，台明用条石压檐。殿外台面条砖顺格铺墁，殿内地面方砖铺墁。前檐明间设 5 步垂带式条石台阶，通面阔 25.48 米，通进深 11.68 米。

（2）抱厦台基与地面

抱厦台基前檐用条石砌筑，两山由条砖砌筑，台明用条石压檐。殿外台面条砖顺格铺墁，殿内地面方砖铺墁。前檐明间设 5 步垂带式条石台阶，通面阔 13.80 米，通进深 6.43 米。

2. 柱网布置与开间尺度

（1）文殊殿柱网布置与开间尺度

文殊殿明、次间每缝梁架用柱 3 根，山面设角柱和山柱，用柱亦为 3 根，共计 18 根。柱础石质，础座方形，础盘覆盆式。檐柱高 4.99 米，柱径 0.38 米。文殊殿明间面阔 5.68 米，次间面阔 4.29 米，梢间面阔 4.26 米，通面阔 22.78 米，通进深 9.05 米。

（2）抱厦柱网布置与开间尺度

抱厦柱网布置较为简单，仅设前后两列檐柱，用柱共计 6 根。柱高 3.97 米，柱径 0.38 米。抱厦明间面阔 4.26 米，次间面阔 4.10 米，通面阔 12.46 米，通进深 4.82 米。

3. 梁架

（1）文殊殿梁架

文殊殿明、次间梁架为六架梁对后单步梁，通檐用 3 柱。前后檐柱柱头施额枋、平板枋。六架梁头直接置于前檐柱头平板枋上，并承前檐檐檩，梁尾插入后檐金柱柱身。梁身下附设随梁，梁身上前部立瓜柱承五架梁头。

后檐单步梁头置于后檐柱柱头平板枋上，并承后檐檐檩。后尾插入后檐金柱柱身。五架梁头由瓜柱支撑，并承前檐下金檩，梁尾直接由后檐金柱支撑并承后檐下金檩。梁身下附设随梁，梁身上前后置合榙，立瓜柱承三架梁。三架梁首尾分别承前后檐上金檩，梁身下附设随梁，梁身上置合榙，立瓜柱承脊檩。

山面梁架用爬梁，梁头置于山面檐柱头上，梁尾爬设在六架梁身上。四角施抹角梁。爬梁与抹角梁上置合榙,立瓜柱承山面踩步金梁。

踩步金梁前后置合㭼，立瓜柱承山面三架梁。三架梁首尾分别承前后檐出际上金檩，梁身上置合㭼，立瓜柱承出际脊檩。各檩之间布设屋椽，前后檐均为三椽，山面一椽，四周檐椽加设飞椽。

（2）抱厦梁架

抱厦梁架为上下层结构。下层为三架梁，通檐用二柱。前檐柱头施额枋、平板枋。三架梁头置于前檐柱头平板枋上，并承前檐檐檩，梁尾直接置于后檐柱头上。梁身前部架设承椽檩枋，以承托前檐椽后尾。梁身下附设随梁，并且加设"井"字方格天花。上层亦为三架梁，通檐用二柱。前后檐柱分别立于下层，为三架梁首尾，并承前后檐檐檩。梁身上施连体合㭼，立双瓜柱承月梁。月梁两端托双脊檩。前后檐檩与前后脊檩之间架设前后檐椽，双脊檩之间架设前罗锅椽。上下层前檐加设飞椽，后檐无飞。

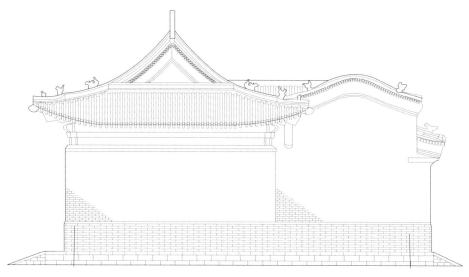

图4-4-5　文殊殿东立面图

（3）文殊殿与抱厦勾连搭构架

文殊殿与抱厦中轴线之间设置横向勾连搭构架。具体方法为：在文殊殿后檐上金檩与抱厦后脊檩之间架设横向勾连搭脊椽，在大文殊殿后檐下金檩与抱厦后檐檩之间架设横向勾连搭檐椽，勾连搭脊椽与檐椽间架设木椽，两坡割角的45°角交线上置承椽木枋承托割角椽。

4.墙体

文殊殿两山与后檐梢间筑以墙体护围，墙体下部砖砌槛墙，上部外墙砖砌，内里筑土坯墙。前檐梢间窗下砖砌槛墙。抱厦两山上下层筑有通高墙体护围，墙体下部砖砌槛墙，上部外墙砖砌，内里筑土坯墙。两山墙为砖砌墙尖，砖檐博风。

5. 屋顶

文殊殿、抱厦及勾连搭屋顶均为筒板瓦扣瓦，捉节夹垄，檐步施勾头滴水剪边。正脊以素灰脊筒砌筑，中央矗立圆形塔式脊刹，两端置剑把式大吻。两坡垂脊兽后为素灰脊筒砌筑，兽前为条砖砌筑，置抿口翘尾式垂兽。戗脊为条砖砌筑，置抿口翘尾式戗兽，四角置套兽。

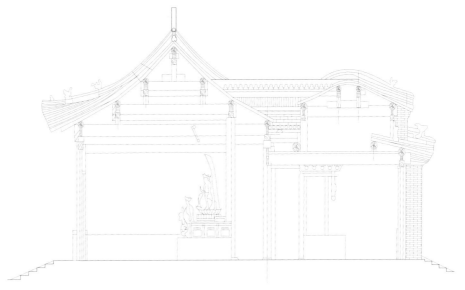

图4-4-6　文殊殿明间横断面

6. 门窗装修

文殊殿装修置于前檐柱间。明间、次间均设四扇六抹隔扇门，心屉均为斜方格。梢间砖砌槛墙，设四扇四抹隔扇窗，心屉亦为斜方格。门窗上部空间则以门（窗）头板填充封护。

抱厦装修置于前檐柱间。明间设四扇六抹隔扇门，心屉均为斜方格。梢间砖砌槛墙，设四扇四抹隔扇窗，心屉亦为斜方格。门窗上部空间则以门（窗）头板填充封护。

7. 其他

文殊殿内佛坛上供着6尊文殊像，中间为木雕骑狮大智文殊，其余5尊为铜铸文殊，暗喻五台山的东南西北五座台顶，合称"五方文殊"。殿内两侧供十二圆觉菩萨，倒座式抱厦内供护法韦驮。文殊殿及倒坐抱厦内外檐上架木构件、天花施以彩绘，下架木构件及门窗均进行油饰。

（二）寺内其他主要建筑

1. 木牌楼

位于显通寺东通往菩萨顶的路上，清代建筑。坐北面南，四柱三楼硬山顶，四柱为冲天式。明楼斗栱6攒，七踩三下昂。次楼斗栱6攒，五踩双下昂。冲天柱头戴云冠。

2. 大钟楼

位于显通寺东，明代建筑。坐北面南，钟楼基座为石砌高台，2层3檐，十字歇山顶，上下四周回廊。钟楼梁架悬吊巨大铜钟一口，高164厘米，厚8厘米，外径180厘米，重达4999.75千克，为五台山之最。

3. 小山门

位于显通寺东，大钟楼之西，清代建筑。坐北面南，面阔三间，进深四椽，单檐硬山顶。分心柱构造。明次间置板门三道。

4. 粮仓楼

位于显通寺大山门外东北侧。原为粮仓楼，中华人民共和国成立后坍塌，现为佛国藏珍楼，建于20世纪80年代。坐西向东，面阔三间，进深三间，3层单檐硬山卷棚顶。四面设小拱形窗35个，楼内设有楼梯，楼板分层。楼内3层均为五台山文物展览厅。

5. 大山门

位于显通寺内一进院东南角，钟楼之北，明代建筑。坐西面东，面阔三间，进深六椽，前后单步梁、双步梁分心造，通檐用五柱，单檐硬山顶。前置月台，月台两侧砌筑须弥座式"八"字影壁墙。明次间置板门3道。山门正面高悬一面竖匾，蓝底金字，上书"大显通寺"，字体端庄，遒劲有力。山门前檐两侧置立石碑4通，其中著名的龙虎碑分置左右。月台北侧立"友谊长存"碑一通，记述1994年中国显通寺与日本群马县仁叟寺建立友好寺院关系的情况。

6. 观音殿

位于显通寺中轴线最南端，清代建筑。坐南面北，面阔五间，进深七椽（前坡四椽，后坡三椽），五架梁对前后单步梁加前檐廊部单步梁，通檐用六柱（五架梁下中央支设撑柱）。前出廊式，单檐硬山顶。观音殿内主供"三大士"，明间供观音菩萨，两次间分别供文殊菩萨、普贤菩萨，每尊佛像两侧均立侍者，佛像共7尊。因该殿主供"三大士"，也称"三大士殿"。两山置经书阁，藏明正德五年（1510年）版《大藏经》3210本，故观音殿又名"藏经殿"。同时，观音殿又是五台山"水陆法会"的道场，因此，观音殿亦称"水陆殿"。

7. 六角碑亭

位于显通寺一进院大文殊殿前甬道左右，清代建筑，六角攒尖顶。左亭内立康熙皇帝御书碑，右亭内立无字碑。

8. 大雄宝殿

位于显通寺二进院北，是寺内中轴线上自南而北第三座殿宇，坐北面南，又称大佛殿，清光绪二十五年（1899年）重建。坐北面南，面阔九间，进深八椽。石砌台基，殿基平面呈"凸"字形，重檐庑殿顶。前设重檐卷棚抱厦，四周环廊。前檐施通间雀替，上镂雕有龙凤图案，刀工精细。前后檐明、次间均设隔扇门窗。殿内佛台上供三世佛，两侧为十八罗汉，背面供"三大士"像。殿内悬有清康熙皇帝御书"真如权应"木匾一方，为五台山最大的一座大雄宝殿。

9. 七处九会殿

位于显通寺三进院北，是寺内中轴线上自南而北第四座殿宇，明代建筑。坐北面南，面阔28.2米，明七间，暗三间，进深三间，高20.3米，砖石建筑结构，重檐歇山顶。大殿前后檐明、次、梢间设拱券门，门楣花罩雕刻华丽。前檐上下层各间砌筑高大的檐柱，柱础束腰覆盆相叠，后檐和两山上下层悬垂莲柱，上下层柱头均施额枋、平板枋。其上斗栱密布，每间设平身科3朵，为五踩单翘单昂形式。二层挑出勾栏平座。大殿正面每层设7个阁洞，上镶嵌砖雕匾额。殿内3个连续栱并列，左右山墙成为栱脚，各间之间依靠开拱门联系。整个殿宇形制奇特，结构合理，雕刻精湛，宏伟壮观，是我国古代砖石建筑艺术的杰作。此殿纯系砖石结构，殿内不施梁柱，故俗称"无梁殿"。因殿内所供毗卢佛具有无量无边无数的法力，所以亦称"无量殿"。

殿内明间佛坛上塑毗卢佛，高 2 米。东次间内安放八角十三级密檐式木塔 1 座,高 7.75 米,镂刻精细,为元代作品。殿内存《华严经塔》一幅,为清康熙年间（1662—1722 年）苏州人许德心用 12 年的心血,以蝇头小楷恭书《华严经》80 卷, 总计 630043 字, 组成高 5.67 米、宽 1.67 米的七级浮屠图案的经字塔画卷, 为显通寺珍贵的附属文物。

10. 千钵文殊殿

位于显通寺四进院北,是寺内中轴线上自南而北第五座殿宇,清代建筑。坐北面南,面阔三间,进深五椽,卷棚硬山顶。殿内佛坛上塑千钵文殊像,高 5.4 米,乃较为罕见的坐狮造型。

11. 五座铜塔

位于千钵文殊殿后高台上,显通寺清凉庙高处。铸造于明万历三十八年（1610 年）。因隐合五台山的五座台顶,象征"文殊五智",表示五方如来之冠, 故又名"五方佛塔"。五座铜塔置于方形石质须弥座塔座上,塔座二层束腰须弥式,塔身由覆钵和十三层楼阁式塔组成, 上承露盘二重, 宝珠式塔刹安于塔顶。覆钵内铸有铜龛,内供坐佛 1 尊。可惜其中 3 座在中华人民共和国成立前夕被毁,所幸 20 世纪 90 年代初, 显通寺众僧筹资补铸, 恢复原样。

12. 铜殿

位于显通寺五进院北,是寺内中轴线上自南而北第六座殿宇。为明万历三十四年（1606 年）铸造,是一座稀有的青铜建筑。殿宇坐北面南,三间见方,平面略呈方形,宽 4.7 米,深 4.2 米,高约 5 米,重檐歇山顶。殿内四壁上塑有小佛万尊,故又名"万佛殿"。殿身比例和谐, 铸造精致。四周隔扇上的灵花图案和裙板上的花鸟、人物雕饰共计 36 幅, 雕造工艺精致, 富有生活情趣。殿内佛台上塑高约 1 米的铜铸文殊坐身像, 造型优美。整个建筑金光闪闪, 灼灼照人。

13. 藏经殿

位于显通寺六进院北,是寺内中轴线上自南而北的第七座殿宇,也是最后一座殿宇,故亦称"后高殿",清代建筑。殿宇坐北面南,面阔五间,进深五椽,二层楼阁式,重檐硬山顶。殿内藏有《大方广佛华严经》等多部经书,中央供甘露文殊铜像,两侧供"八大论师"。

14. 钟鼓楼

分别位于显通寺内一进院东南、西南角,清代建筑。坐南面北,平面呈方形,面阔、进深各三间,重檐歇山顶。

15. 地藏殿

位于显通寺内一进院东南角,钟楼之西,观音殿之东,清代建筑。坐南面北,面阔三间,进深五椽(前坡三椽,后坡二椽),四架梁对前后单步梁,通檐用四柱,前出廊式,单檐硬山顶。地藏殿内砌筑"凸"字形神台,塑像1尊,主供地藏王菩萨。

16. 西归堂

位于显通寺内一进院西南角,鼓楼之东,观音殿之西,清代建筑。坐南面北,面阔三间,进深五椽(前坡三椽,后坡二椽),四架梁对前后单步梁,通檐用四柱,前出廊式,单檐硬山顶。西归堂的建筑结构、形制与地藏殿完全相同,只是殿内敞空,不置佛坛,不供塑像。作为寺内僧侣圆寂归西超度之所。

17. 关帝殿

位于显通寺内一进院西南角,鼓楼之北,清代建筑。坐西面东,面阔三间,进深五椽(前坡二椽,后坡三椽),五架梁对前单步梁,通檐用三柱,前出廊式,单檐硬山顶。

18. 祖堂

位于显通寺内一进院西侧,关帝殿之北,清代建筑。坐西面东,面阔三间,进深五椽(前坡二椽,后坡三椽),四架梁对前后单步梁,通檐用四柱,前出廊式,单檐硬山顶。祖堂室内后部明次间连通砌筑"一"字条形神台,塑像5尊,主供华严五祖。

19. 伽蓝殿

位于显通寺内一进院东侧,山门之北,清代建筑。坐东面西,与祖堂对称。面阔三间,进深五椽(前坡二椽,后坡三椽),四架梁对前后单步梁,通檐用四柱,前出廊式,单檐硬山顶。伽蓝殿建筑结构、形制与祖堂完全相同,只是殿内主供伽蓝圣众塑像9尊。

20. 二进院东西僚房

位于寺内大雄宝殿前,二进院东西两侧,清代建筑。面阔十间,进深五椽,前出廊式,单檐硬山顶。

21. 三进院东西僚房

位于寺内七处九会殿前，三进院东西两侧，清代建筑。面阔九间，进深五椽，前出廊式，单檐硬山顶。

22. 罗汉堂

位于寺内千钵文殊殿前，四进院东侧，坐东面西，清代建筑。面阔五间（暗七间），进深五椽，五架梁对前单步梁，通檐用三柱，单檐硬山顶。内供五百罗汉，其中有190尊是明代的铁铸罗汉，余者为泥塑贴金罗汉，为五台山罗汉雕塑中的上佳作品。

23. 禅堂

位于寺内千钵文殊殿前，四进院西侧，清代建筑。坐西面东，面阔五间（暗七间），进深五椽，五架梁对前单步梁，通檐用三柱，单檐硬山顶，为寺内僧人禅坐之所。

24. 千钵文殊殿之东西配殿

位于寺内千钵文殊殿之左右，清代建筑，坐北面南，面阔三间，进深四椽，前出廊式，单檐硬山顶。

25. 东西小无量殿

位于寺内铜殿之左右，明代建筑。坐北面南，面阔三间（暗一间），进深一间，砖石建筑结构，二层重檐歇山顶。其建筑形制、结构和风格完全仿七处九会殿（大无量殿），只是体量小些而已。

26. 东西配殿

位于寺内东西小无量殿之左右，清代建筑。坐北面南，面阔三间，进深四椽，前出廊式，单檐硬山顶。

27. 东西配楼

位于寺内藏经殿之左右，清代建筑。坐北面南，面阔三间，进深五椽，前出廊式，二层单檐硬山顶。

二、殊像寺

殊像寺与显通铜寺、塔院寺、菩萨顶、罗睺寺并称为五台山五大禅处，因殿内供奉文殊菩萨而闻名。寺院坐北朝南，占地面积2.7万平方米，创建年代不详。前秦年间，寺内30米高的大殿被毁，入唐之后，作为五台山唯一珍藏文殊真容的道场，其发展进入鼎盛时期。

康熙皇帝于康熙二十八年（1689年）为殊像寺题匾"瑞相天然"，康熙三十七年（1698年）发帑金三千两重修。乾隆皇帝以殊像寺是蔓殊演教之场为由，于乾隆十四年（1749年）"爰发金泉"，重修殊像寺，并赐匾"大圆镜智"。乾隆皇帝第三次（1761年）至五台山时，又瞻礼了殊像寺，并命重修寺宇。由于皇帝和高僧的大力宣传，殊像寺从明代的中小寺庙之列跨入清代五台山的五大禅处行列，成为五台山的著名古刹。

寺内文殊殿又称文殊阁，为五台山台怀地区最大的文殊殿堂。据殿内脊檩题记载，重建于明弘治二年（1489年），明万历年间（1573—1620年）及清康熙三十七年（1698年）重修。大殿石砌台基，高1米，前设长21米、宽9.7米的月台。殿身面阔五间（2.64米），进深八椽（19.63米），重檐九脊歇山顶，屋顶琉璃剪边。檐下斗栱密置，平身科五攒，柱头斗栱与平身科形制相同，均为五踩双昂。前檐明、次间设隔扇门4扇。殿内藻井以小型构件拼接，层层叠收，中间雕升龙。殿内塑像的整体配置在殿堂中颇为少见，正中供奉文殊菩萨骑狮像，为明弘治九年（1496年）的作品，通高9.87米，雕塑工艺精巧，为五台山众多文殊像中最高的一座，头戴化佛冠，面颊丰满，两耳垂腮，端坐于狻猊上，双目微启，凝视前方。坐骑狮子四蹄蹬地，昂首而立，似有腾云而行之意，火焰形背光富丽而精致，是五台山文殊塑像中的精品。殿内两侧悬塑"五百罗汉过江"，长47.2米，高6.8米，共塑罗汉455尊，分上下四层，一层罗汉脚踏各种水兽，以不同姿态泛于大江之上，其上三层众多罗汉以不同姿态置身于溪流、山涧、殿堂、棚舍之中。扇面墙后壁塑南海观音和善财童子像，西南隅塑铁林果禅师像，佛龛背面塑药师佛、释迦佛、阿弥陀佛像。

三、碧山寺

碧山寺又名普济寺、护国寺、北山寺，位于台怀东北2千米的北台山麓，是五台山最大的十方禅处。寺院南偏东29°，占地面积23785平方米。山门建有影壁和牌坊，寺中轴线分五进院落，建有天王殿、毗卢殿（雷音殿）、戒坛殿、藏经楼，两侧建有钟楼、鼓楼、伽蓝殿、祖师堂、客堂等。寺中轴线两侧分别建东、西偏院；寺区外围建有 3 座闭观院，计有殿堂、楼阁、禅房等建筑 62 座，建筑面积 9350 平方米。

据《佛祖统纪》卷三十八记载，寺始建于北魏孝文帝延兴二年至太和十七年（472—493 年），之后，越千年无人重建，致使寺庙荒芜，明初仍为一处持戒静修的穴居岩窟。成化二十二年（1486 年），圆照寺住持孤月禅师在此慕缘建寺，建大雄宝殿五间，天王殿五间，山门三间，伽蓝殿一间，方丈室及僧舍五间，东西厢房各十六间，另外还建了部分斋堂、茶灶、客房等，次年竣工，朝廷赐匾额"普济禅寺"，颇具规模。据《敕赐普济禅寺重修碑记》记载，明弘治末年，"寺宇圮毁，佛像尘污，不堪瞻礼"。弘治五年至正德七年（1492—1512 年），孝宗皇帝敕谕对寺进行大规模修复，成为"丹尘灿烂，金碧净光，飞甍杰构，凌切云霄"的名刹。之后，由于缺乏维修，逐渐衰落。据祖印《皇明五台山敕赐普济禅师太空满禅师重修功德记》记载，明嘉靖四年（1525 年），太空满禅师重修寺宇，"构前后之殿宇，三间之方丈、伽蓝之祖师、钟鼓之楼阁、庖庚之库厩、禅堂之廊庑、离位之排楼、乾艮之别院、碾磨之室"，古刹得以重兴。清顺治七年（1650 年），募造罗汉像。清康熙年间是碧山寺兴盛的一个重要时期，康熙初年改寺额为"护国"，康熙三十七年（1698 年）"圣主仁皇帝又发帑金，重修寺宇，改名碧山寺"，康熙皇帝御书匾额"人云天籁"，康熙三十八年（1699 年）重修雷音殿。清代末年，寺宇凋敝，香火零星，寺田产典当殆尽。光绪三十二年（1906 年），乘参、恒修二僧于北台创建"广济茅蓬"，供僧俗朝台食宿之用。但由于北台离台怀镇较远，便在碧山寺购置了房产，后来广济茅蓬与碧山寺合成一体，碧山寺也由子孙庙改为"十方丛林"。由此，碧山寺广结善缘，聚集高僧名师，在全国乃至东南亚佛教界都有一定的声誉。民国二年（1913 年），住持乘参、恒修重修了祖堂院。从此，朝礼五台山的十方僧众，大多数在碧山寺或广济茅蓬挂单，或长期居住。之后，碧山寺和广济茅蓬成为五台山唯一的十方丛林。

天王殿面阔五间，进深三间，前后檐出廊，单檐歇山顶。殿正中塑弥勒佛，背后塑护法神韦驮，两侧塑四大天王。门额悬横匾一块，上书"护国碧山十方普济禅寺"金字木匾。

雷音殿又称毗卢殿，面阔五间（25.3 米），进深三间（18.70 米），后置歇山顶抱厦，单檐庑殿顶。内置塑像 50 余尊，正中供奉毗卢遮那佛，高 3.4 米，端坐在莲花座上，头顶宝盖，身后置华丽的背光，前有幡幡、经幢。两侧侍立大梵天王和帝释天护法神，高 2.7 米，殿两侧塑十二圆觉菩萨。殿内梁上悬挂乾隆皇帝御书"香林宝月"金字牌匾。门两旁悬挂木制对联一副："敷演清凉，四时瑞雪常飘，幻出银装世界；恢宏极乐，六月莲花始放，翻成金色乾坤"。大殿四周墙壁上嵌有五块石板，上刻明清两代诗人所题诗。其中，明代杨彩的诗题名为《南峪口》，诗云："驱车南峪口，顿令心地清。无边古松色，泉听野鸟鸣。迢迢几烟屋，隐隐横山坪。更有最幽处，一览世事轻。"彬庵山人的诗题名为《宿北山寺》，诗云："落日北山寺，萧然别是天。苍烟人迹少，古木乌声连。移榻亲云树，焚香坐石泉。幽栖真素癖，惆怅令言旋。"关中雁峰王传的诗《五台北山寺观百岁老僧》为四首，其中第二首云："眼昏不辨天花落，口说前朝事可凭，铁棒五郎曾护驾，铜台大显五台僧。"此外，还有泰山樵子仁和孙枝书所题的《过华严岭》《宿北山寺》。

戒坛殿平面长 24.5 米，宽 17 米，面阔五间，进深三间。前檐出廊，重檐歇山顶。内置佛像 3 尊。殿内正中有绿青石砌成的方形戒台一座，边长 5 米，高约 1 米，须弥座四面雕刻莲瓣。《四分律》在北魏孝文帝时开始弘扬，据《佛祖统纪》记载："五台北寺（今碧山寺）法聪律师，为众专讲《四分律》。门人道覆录为义疏，此解《四分律》之始。"《四分律疏》是中国最早解释《四分律》的论著，为碧山寺戒坛的形成奠定了基础。明成化年间建戒坛，清顺治七年（1650 年）重修，是五台山地区唯一的一座戒坛。殿内供奉玉佛一尊，为民国十八年（1929 年）镌刻，高 1.4 米，玉质洁白，细腻荧光。释迦牟尼像坐于莲花台上，造型优美。大殿两侧是脱沙十八罗汉塑像。

四、菩萨顶

菩萨顶初名真容院，位于五台山台怀镇北侧的灵鹫峰上，坐北向南，依山而建，是五台山五大禅处之一。寺分山下与山上两部分：山下建有"佛"字影壁，山门前平台上建有木牌楼、东塔、西塔等；山上为寺的主体，中轴线上有五进院落，主要建筑有天王殿、大雄宝殿、大文殊殿、藏经楼、文殊堂。中轴线东侧是由三个院落组成的方丈院，西侧是由两个院落组成的行宫院。全寺计有殿、堂、楼、阁、禅房、僧舍等建筑 110 多间，占地面积 9160 平方米，建筑面积 4621 平方米。

菩萨顶始建于北魏孝文帝时期，是大孚灵鹫寺（今显通寺）的十二院之一。唐会昌五年（845 年）灭法时遭到毁坏，唐宣宗即位即复兴佛教，真容院得以修复。北汉世祖刘旻即位后，因国用拮据，请真容院僧人继颙出资助汉，继颙将积蓄拿出以佐国用，挽救了北汉政权的财政危机。睿宗即位后，于天会七年（963 年）诏授继颙为"五台山十寺都，赐师号广演匡大师、鸿胪寺，参与国政"。继颙广纳布施，兴建了真容院四面廊庑及楼阁，并塑造山罗汉三十二堂。据《佛祖统纪》卷四十五记载：太平兴国五年（980 年），太宗令"内侍张延训往代州五台山造金铜文殊万菩萨像，奉安于真容院"，又"诏修五台十寺"，真容院为其一。宋景德四年（1007 年），宋真宗又赐真容院重建阁，内安真容菩萨，赐额"奉真阁"。此时的真容院"绮焕珠丽，映耀林谷"，盛极一时。元至元二年（1336 年），元世祖"造经一藏，敕送台山善住院，令僧披阅，为福邦民。十二佛刹，皆为葺新"，菩萨顶为十二佛刹之一，得以修缮。明永乐予以改建，称名"大文殊寺"。明成化十七年（1481 年），明宪宗敕令重修真容院，并钦定大文殊寺为藏传佛教的道场。清康熙年间，菩萨顶改为喇嘛庙，遂成黄庙。清康熙二十二年（1683 年），圣祖带着太子胤礽等人巡幸五台山，驻跸菩萨顶，敕赐帑金 1000 两，并遣官修庙。康熙二十三年（1684 年），圣祖敕命"改覆本寺大殿琉璃黄瓦"。康熙三十年（1691 年），又敕命"阖寺改覆琉璃黄瓦"，从此菩萨顶成为一处金碧辉煌、耀眼夺目的皇家道场。雍正年间（1723—1735 年），菩萨顶成为五台山 26 座黄庙的首府，统管所有黄庙的一切事务。乾隆二十六年（1761 年），山西巡抚鄂弼为乾隆皇帝在菩萨顶兴建行宫，乾隆赏银八万两作为贴补行宫、搭建桥梁与道路之费用。

山下"佛"字影壁长 9.5 米，高 6.5 米，厚 1.2 米。石砌长方形束腰须弥座，束腰部分雕石狮、莲花、云纹、花草等。壁身四角镶嵌砖雕，有蝙蝠、云纹等图案，正中嵌一个红色的"佛"字。上面有砖雕枋、垂帘柱、斗栱、椽、飞等，黄琉璃瓦覆顶。

木牌坊为清康熙年间建造，四柱三门七楼式，庑殿顶，通面阔14.13米，总高约10米。四柱为圆形，高5米，柱头上施双层龙门枋，中设垫板。前后戗柱围护，明、次楼柱头前后共设戗柱8根，戗柱石四周雕仰覆莲。明、次楼分别立于明、次楼龙门枋上，夹楼建于其中，边楼建于两侧。明楼平身科5攒，角科2攒，均为七踩重栱单翘双下昂，耍头卷云式，昂嘴琴面式。次楼平身科2攒，角科2攒；夹楼平身科3攒；边楼平身科2攒，角科1攒，形制相同，均为五踩双下昂重栱造。明楼、次楼为庑殿顶，夹楼为悬山顶，边楼外侧为庑殿顶，内侧为悬山顶，均以黄色琉璃瓦覆盖。牌坊表面绘制和玺彩画，栱枋以蓝、绿相间，枋心饰金，上绘"二龙戏珠""双凤朝阳"等题材，色泽明快。牌坊正、反两面均嵌康熙三十三年（1694年）御匾一方，上书"灵峰胜境"。

山门为清代建筑，面阔三间，进深四椽，单檐歇山顶，黄琉璃瓦覆顶。前檐砖砌，明间辟拱券板门，次间设拱券假窗，后檐敞阔，两山砖墙封护。门前设三阶并列楷道，中为御道，两侧为石台阶。殿内设清代塑像4尊。

鼓楼、钟楼结构相同，为康熙年间所建，平面呈方形，面阔、进深均为一间，高两层，顺梁造，倒歇山顶，黄琉璃瓦覆盖。下层台基砖砌，鼓楼东侧和钟楼西侧各辟拱券板门一道，琉璃缠腰，四周博脊。楼身四周壁板装修，中辟壶门。钟楼内悬铜钟一口，口径1.3米，高1.7米，为康熙四十一年（1702年）所铸。

天王殿为清代建筑，面阔三间，进深四椽，五架梁通达前后檐，单檐歇山顶，黄琉璃瓦覆顶。门口两侧悬挂对联一副："山门霭浮，三千觉树托金莲；鹫峰云封，百八台阶浸银汉。"殿内两侧的平台上，彩塑四大天王，高2.7米。

大雄宝殿为清代建筑，平面呈倒"凸"字形，台基石砌筑，须弥座式，面阔13米，进深12.3米，周匝回廊，前置重檐抱厦，抱厦面阔三间，进深一间，五架梁对前后单步梁，通檐用四柱，后檐柱与大殿前檐柱共用，下层为半庑殿式，上层为卷棚悬山顶。檐下设斗栱，形式五踩，抱厦回廊斗栱为三踩。梁架上悬挂着乾隆御匾一方，上书"心印毗昙"。殿内设佛坛，正中供释迦牟尼佛，身穿袈裟，双臂自然弯曲，双手端放胸前，作说法印，其左右分立迦叶、阿难两大弟子。右供阿弥陀佛，左供药师佛。三尊佛像后皆有椭圆形背光，上塑龙、羊、狮、象、云彩、花卉，顶端造金翅鸟，施彩绘，异常华丽。殿内另塑藏传佛教格鲁派创始人宗喀巴大师和其两个弟子的塑像。佛台之下，两侧塑韦驮菩萨和密迹金刚。殿门悬挂对联一副："灵鹫鹫灵灵鹫灵，真容容真真容真"。

大文殊殿，俗称滴水殿，为清代建筑，殿基石砌，须弥座式，四周设汉白玉栏杆。面阔三间（18.8 米），进深三间（14 米），四周环廊，单檐庑殿顶，黄色琉璃瓦覆盖，前檐明次间均置隔扇门 4 扇。殿内佛坛正中为文殊菩萨，左侧为观音菩萨，右侧为普贤菩萨，合称"三大士"。文殊菩萨结半跏趺坐于狮子背上，狮子口张露舌，眼睛如珠，绿眉、绿尾，通身银白无瑕。普贤、观音结跏趺坐于双层莲花座上，清净无染。观音手持甘露瓶、杨柳枝，以示普洒甘露，遍布佛法，救度众生。殿内悬挂乾隆皇帝御匾一方，上书"人天尊胜"。殿两侧置佛龛，上存放经书，下藏木雕十八罗汉像。殿前檐悬挂对联一副："两千年香火断断续续，又是晨钟悠扬，晚磬清彻，香烟缭绕，胜幡蹁跹；五百里道场风风雨雨，依然日出东台，月挂西峰，花发南山，雪霁北巅。"描述了五台山佛教盛况和五座台顶的旖旎风光。

札萨克大堪布名咒塔殿，面阔五间。殿内正中置玻璃佛龛，内立明万历十年（1582 年）碑一通，碑高 1.15 米，宽 0.66 米。前有塑像两尊：一为清凉老人阿王老藏，一为老藏丹巴。佛龛两旁列灵塔 20 座，均为藏式塔，是为纪念从康熙三十七年（1698 年）至 1937 年的 20 位提督五台山番汉札萨克大喇嘛。塔高 0.5 米，塔基方形，覆钵式塔身，塔刹由十三层相轮、仰月、圆光、寿桃组成，以七彩宝石装饰，十分华贵。文殊堂面阔五间，进深三间，前出廊，三架梁对前后单步梁；双坡硬山顶，板瓦覆盖，"边三垄"。明间设隔扇门 4 扇，两次间和梢间设槛窗。藏经楼面阔五间，进深四椽，上下前出廊，三架梁对前后单步梁，单檐硬山顶，筒板瓦覆盖。

菩萨顶由于地处灵鹫峰顶，多数建筑以黄色琉璃瓦覆盖，在台怀镇众多寺庙中金碧辉煌，体现了皇家道场的独特气势。

五、罗睺寺、广仁寺

（一）罗睺寺

罗睺寺在五台山台怀镇显通寺东南侧，为喇嘛庙，是五台山五大禅处之一。唐代，罗睺寺为大华严寺（今显通寺）的十二院之一，名为善住阁院，是专供罗睺罗的道场。明成化年间，赵惠王重建善住阁院和罗睺殿，并将其从大华严寺中独立出来，改名"罗睺寺"，明弘治五年（1492年）重建。明万历年间，李彦妃为祈子登极许愿，施巨款重修，从而使罗睺寺成为一处规模宏大、建筑宏伟的寺院。清康熙四十四年（1705年），康熙皇帝将五台山的十大青庙改为黄庙，罗睺寺为其一。乾隆皇帝崇佛法，尤崇喇嘛，多次朝台，并于乾隆五十七年（1792年）下令重修。

罗睺寺坐北朝南，平面布局呈长方形，中轴线上从南至北依次建有天王殿、大佛殿、文殊殿、藏经阁，东西两侧为厢房、配殿、廊屋、禅院。其中，天王殿面阔三间（14米），进深9.5米，单檐歇山顶。大佛殿面阔五间（17.6米），进深12.8米，庑殿式屋顶。前檐设重檐抱厦，梁架规整。殿内奉三世佛及八大供养菩萨。天王殿、大佛殿内的塑像造型和色彩均根据喇嘛教《佛说造像量度经》的规定塑制而成。文殊殿同大佛殿面阔等同，进深略微大些，为1.36米，单檐歇山式屋顶，四面出廊。殿内文殊菩萨塑像较为特别，与其他寺院的文殊菩萨像塑造不同，其姿势采用卧于莲台，体现了喇嘛庙文殊菩萨像的塑造特点。藏经阁面阔五间，进深12米，重檐歇山顶。阁中心为一木制圆形佛坛，坛上周雕水涛和十八罗汉过江，当中荷花颈部下方设有木制大圆盘，圆盘上塑有二十四诸天像，四角设四大天王。圆盘正中设莲花一束，由八片莲瓣组成，内雕方形佛龛，四方佛分坐其中，内设转动机关，可以呈现"开花献佛"的胜景，是五台山著名的景点之一。寺内东南角还设有一座藏式砖塔，高约7.5米。塔基四层，层层内收。塔身通体为白色。砖雕文殊为彩绘，色彩对比鲜明，风格独特。塔腹雕有文殊像，故名文殊塔。

（二）广仁寺

广仁寺，又名十方堂，位于五台山台怀镇罗睺寺东侧，是蒙藏僧侣朝拜五台山时的居住之所。寺规模不大，占地面积仅 600 平方米，但布局严谨，建筑秀丽。广仁寺的建造与罗睺寺的发展有直接关系。清康熙二十二年（1683 年），罗睺寺同五台山其他九座青庙改为黄庙，常住藏族喇嘛，青海、甘肃等地的藏族佛教徒朝台时就居住于此。后来，该寺又度汉人喇嘛，并有汉人喇嘛当总管的堂住，僧众逐渐增多。于是，于寺门前辟地，增建招待处所，迎接藏族僧俗佛教信徒。清道光年间，有土族人印堂住募化修建了十方堂，即东、南、西、北、东南、西南、东北、西北、上方、下方十个方位，意为四面八方，包容天地，又称广仁寺，取广施仁慈之意，专门招待从远地而来的喇嘛和各民族善男信女。由于该寺没有地产，日常开支费用仍由罗睺寺承担，实为一体，因此，不以独立的寺院出现，后独立为寺。

广仁寺中轴线上建有三座殿堂，分别是山门、中殿（宗喀巴大师殿）和后殿，轴线两侧建廊房，整体布局整齐，寺内建筑具有明显的藏式风格。天王殿面阔三间（9.7 米），进深 6.80 米，单檐歇山顶，檐下无斗栱设置。正脊中央有镀金铜法轮和宝羊一对，与中殿和后殿正脊上的镀金铜宝刹前后照应，金光灿烂。殿内正中所供佛像神态安然，慈眉善目，坐姿端庄，背肩装饰华丽，人称"绿度母"或"救度母"，是藏传佛教的女神和救度八难的本尊佛母，为观音菩萨多种应化身影的一种，旨在普度众生，护持吉祥。殿前悬挂清光绪皇帝御书"十方堂"匾额一方。中殿本名三宝殿，内供宗喀巴大师，又称宗喀巴大师殿，平面方形，面阔、进深均为三间，四周出廊，前檐明间出抱厦，重檐歇山顶。内供宗喀巴大师、药师佛和释迦佛三尊，四周设佛龛千尊，故亦称千佛殿。后殿又称弥勒殿，面阔五间，前出廊，单檐悬山顶，内设天花藻井，殿中供弥勒佛及宗喀巴大师像，两壁置经架，存放清道光版《甘珠尔》。《藏文大藏经》由《甘珠尔》和《丹珠尔》组成，西藏自 7 世纪传入佛教后，至 14 世纪释译了大量佛教典籍。14 世纪后半叶，蔡巴噶举的衮噶多吉编订了《甘珠尔》，日喀则夏鲁寺的布顿·仁钦朱编订了《丹珠尔》。《甘珠尔》意为佛语部，即《藏文大藏经》中佛说的经律。《丹珠尔》意为论部，即《藏文大藏经》中佛弟子及祖师的著作。据相关资料统计，两部经典共收佛教经典书籍4569种，内容浩繁，除佛教经律论外，还有文法、诗歌、美术、逻辑、天文、历算、医药、工艺等内容，是研究佛学和古代各门学科的重要文献，因此，具有极高的文物价值，是五台山佛经藏书的重要组成部分。由于广仁寺主修密宗，所以殿内还有许多铜铸的牛头佛、马面佛、双身佛等。后殿面阔五间，檐下悬挂木匾一方，上书藏文"弥勒殿"。殿内主供弥勒菩萨像，身着菩萨衣装，头戴天冠，并非常见的大肚弥勒佛形象。殿内两壁设木制藏经格，存放藏文经书，系道光年间版本，包括经律的阐明和注疏、密教仪轨和五明杂著等，分赞颂类、咒释类、经释类、目录类四大类。广仁寺融入了藏传佛教的精华，寺内保存众多的密宗佛像，体现了密宗造像艺术。

六、镇海寺、观音洞、三塔寺、南山寺

（一）镇海寺

镇海寺，位于台怀镇南清水河西侧，坐北朝南，占地面积1.6万平方米，计有殿堂楼房100间。寺的选址科学且独具匠心，左右两侧山峰环绕，寺矗立于两山合抱的石山嘴上，宛若一颗二龙嬉戏的宝珠。入寺四望，南侧山峰高峻挺拔，密密麻麻的松树、杉树和杨树布满山间，随山风摇曳不停，西面峰峦叠嶂、松林茂密、杂草葳蕤、百花争艳，北侧崇山峻岭，古松悬于岩上，东面清水河宛如一条银色的飘带，在青山群峰中轻歌曼舞。三面环山，一面临河，可谓一处敛心舍欲的禅林宝地。康熙皇帝御写碑文赞其美景："兹镇海寺者，乃交口之幽丛，当台怀之胜概，崇基峻刹，缁流禅诵之堂，奥境灵区，法驾经行之地。"

寺内现存山门、钟鼓楼、天王殿、大佛殿、宣教殿和左右配殿等，各殿佛像俱全。寺南侧为永乐院，第十五世章嘉活佛饶补达尔计每逢夏季来五台山避暑时，居于风景优美的镇海寺，后寺改为黄庙，乾隆五十一年（1786年）圆寂于北京，灵骨运到镇海寺，寺僧建墓塔以供瞻仰。塔建于一长方形平台上，长7.9米，宽7米，高1.3米。塔基八角形，每面雕刻人物图案并着彩，八角各雕刻大力士一尊。

塔高约 9 米，状如藻瓶，腹部雕坐佛 3 尊，其外围雕立像 8 尊。塔周身雕刻佛传故事，上部为四方佛像。

（二）观音洞

观音洞位于台怀镇南 5 千米的栖贤谷口北侧，坐北面南，依山而建。洞右侧是悬崖峭壁，左侧为贡布山林海，中有清澈见底的小河流淌，环境清静幽雅。寺分上下两院，下院建在山脚河畔，碧树掩映，上院筑于峭壁悬崖，高危奇险。

观音洞下院宽敞，院内建有过厅、东西偏院。穿过过厅，便是攀登崖壁的石磴古道，盘亘曲折，凸出的石岩崖壁上建有小巧玲珑的飞来亭，平面呈六角形。亭子旁傍崖壁筑有僧舍 10 余间。沿石阶云梯而上到达上院，坐落于一处凹陷的山坳中，紧傍崖壁建有积佛殿，面阔七间，殿内墙壁上绘姿态各异的十八罗汉，个性鲜明。之后，长长的石台阶引领至观音殿，面阔三间，殿内佛坛上正中供八臂十一面观音像，高 1.7 米，形象奇特，每面呈现不同色彩，表示慈悲为怀的观音菩萨有多种应化身影，可拯救十一种人间最大疾苦和灾难，观音两侧塑八大菩萨像等。

观音殿后有天然石洞两个，东洞既小又低，仅可容一人结跏趺坐。据传，此洞是观音菩萨显圣之地，故名观音洞。相传，六世达赖仓央嘉措在康熙年间来此避难时，曾于洞内静坐 6 年。西洞宽约 1.2 米，高 2.1 米，深约 3 米，壁塑观音像。洞顶潮湿，洞底积水为池，名观音泉，甘甜清冽，终年不溢不涸，佛教徒认为是观音菩萨恩赐的圣水。

（三）三塔寺

三塔寺位于台怀镇西沟村，坐西向东，分上下院，上院存有清代遗构大雄宝殿，下院前有照壁，后新建天王殿（兼山门），并建有佛塔三座，寺因此为名。据《清凉山志》记载："三塔寺在灵鹫峰之西，万历初敕建。"寺内大雄宝殿为清代建筑，面阔三间（12.8 米），进深 11.7 米，单檐硬山顶，明间置卷棚抱厦。殿内塑像为新塑。寺内三座塔呈"一"字形排列，中间为文殊塔，北为普贤塔，南为观音塔。三塔等高，式样相同，高约 3 米。塔基方形，边长 2.8 米，束腰须弥座。

覆钵塔身，塔顶建有相轮七重和塔刹。此三塔原为砖塔，因年久失修，渐呈颓唐之势，1987年维修，改为汉白玉塔身。寺西南侧建有一座妙峰祖师塔，建于明万历四十一年（1613年），为万历皇帝敕建，平面八角形，砖石结构，高五层，仿木构建筑，砖砌斗栱、椽飞。

（四）南山寺

南山寺位于五台山台怀镇南约2千米处的南山坡上，坐东向西。整个寺院由七层三大部分组成。下三层为极乐寺，中一层为善德堂，上三层为佑国寺。三寺均采用中轴线对称的平面布局形式。寺内有殿堂、亭台、楼阁、房屋、窑洞、牌坊、照壁、塔等各种不同类型的建筑物和构筑物300余间，占地面积6万平方米。

南山寺始建于元贞元年（1295年），落成于大德元年（1297年），元成宗赐额"大万圣佑国寺"。至顺三年（1332年），真慧国师重建。明嘉靖二十年（1541年），法亨禅师鸠工重建。清乾隆年间，乾隆皇帝"敕禅寺重修"。道光十年（1830年）补葺。光绪元年（1875年），普济和尚募集布施，开始大兴土木、修建寺院，至光绪九年（1883年）结束。民国年间，普济禅师度就的东北善人姜福沈继续重修、扩建佑国寺，将原来的佑国寺、极乐寺、善德堂三寺连为一体，统称南山寺。

"大方光明"照壁，面阔三间（18米），高8米，厚1.6米。石砌束腰须弥座，壁身磨砖砌筑，每间壁身中央镶嵌汉白玉雕刻的题字，壁顶砖砌斗栱，单檐五脊顶，青灰瓦覆盖。汉白玉石牌坊，坐南面北，面阔13米，高8米，四柱三楼，仿木结构，椽飞、斗栱、瓦、脊俱全。牌坊南北两面明柱、次柱、龙门枋和迎风板上雕刻有对联和题词。"三摩地"钟楼亦为门楼，坐南面北，高二层，下层为石券门洞，上层为木结构建筑，重檐歇山顶。下层正中辟大门洞，东西两侧辟小门洞各一，各门洞洞口饰汉白玉浮雕，内容有"二龙戏珠""福禄寿三星""八洞神仙"等。该钟楼下层敦厚，上层精美，为五台山钟楼建筑的精品之作。穿过钟楼便是极乐寺，共有六大院落，分别为千佛殿院、天王殿院、大雄宝殿院、祖堂院、朝阳洞院、五官堂院。其中，天王殿院内建天王殿，两侧建掖门、钟鼓楼。天王殿为清代建筑，面阔三间（12.3米），进深12.6米，平面近方形，单檐硬山顶。

殿内泥塑四大天王、哼哈二将、弥勒佛、韦驮，均为清代作品。殿正面悬塑弥勒佛龙华树下说法场面。大雄宝殿院建有大雄宝殿、戏楼、南楼，院中心建曹魁祖师墓塔。大雄宝殿为清代建筑，坐东面西，面阔三间（20.2 米），进深 13.5 米，单檐硬山顶。殿内佛坛上供释迦牟尼佛，高 2.5 米，结跏趺坐于莲花台上，端庄肃穆，头顶螺发，双耳垂肩。释迦牟尼前为文殊骑狮像，两侧为阿难和迦叶，高均为 2.1 米，为清代作品。再往两侧为石雕送子观音像和木雕十八臂普贤菩萨像，均为民国时期的作品。殿南北两侧筑供台，上置像龛，内供泥塑十八罗汉，为元代作品，塑造得极为传神。十八罗汉面相、姿态不同，或眉清目秀、或老态龙钟、或嫉恶如仇、或泰然自若，个个栩栩如生，被冠以五台山"泥塑一绝"的美誉。殿内东西两壁绘有彩绘壁画近200 平方米，均为明代作品。殿内悬挂慈禧太后"真如自在"御匾一方。毗卢殿位于大雄宝殿南侧，高二层，下层为窑洞，上层为木构建筑。殿内塑毗卢遮那佛，其左右塑大梵天、帝释天。殿内东西两侧塑像三层，其中上层为十大明王，下层塑二十四诸天，均为清代所塑。

佑国寺三层大殿层层高起。第一层平台上建天王殿，为清代建筑，面阔五间，进深六椽，单檐硬山顶。五架梁对前后单步梁，明次间为隔扇门，两梢间为隔扇窗。殿内供汉白玉石雕弥勒佛像一尊，南北两壁绘敦煌壁画中有关五台山的山河地形、池沼、景物和历史建筑，是研究五台山的珍贵历史资料。第二层平台上建大雄宝殿，为南山寺唯一的一座明代建筑，面阔五间，回廊周匝，单檐歇山顶。殿前后明间、次间设隔扇门，梢间设隔扇窗，隔心为三交六椀起双线，工艺复杂。廊下设斗栱，补间二攒，柱头和补间斗栱形制相同，均为五踩。第三层平台上建雷音殿，亦为清代建筑，面阔五间，进深六椽，前出廊，硬山顶，五架梁对前后单步梁，无斗栱设置。明、次间设隔扇门，隔心为三交六椀起三线，梅花嵌艾叶。佑国寺的三座大殿是标准的明清官式建筑，结构规范，用材规整，装饰精细，在体现官式建筑技术和艺术的同时，还表现出五台山地区佛寺建造的特点。

附属在佑国寺各建筑上的石雕是南山寺的精华所在，寺内主要建筑的勾栏、券栱、槛墙、角柱、墀头、影壁以及甬路上皆饰有精美的石雕作品，共计 1482 幅。雕刻内容佛、道、儒三教兼而有之，宗教故事、历史故事、文学故事、神话传说、戏剧人物、传统吉祥动物与植物无所不包，题材非常广泛，造型生动，构图巧妙，刀法细腻，雕刻技艺高超，树具其形，花展其容，鸟得其姿，兽演其态，人表其情，把寺院装饰得华丽壮观。寺内石雕采用圆雕、浮雕、线刻、剔地起突等不同的雕刻技法，构图饱满，形象逼真，刀工精细，尽显中国古代石雕艺术精华，被誉为"现代石雕艺术的宝库"。

第五节　山西其他各地佛寺建筑

一、寿阳普光寺

普光寺创建及重修年代不详。坐北朝南，由寺院和东院组成。现存建筑 11 座，建筑遗址 4 座，总占地面积 1651.90 平方米，建筑面积 871.08 平方米。寺院为一进院落布局，中轴线上由南而北依次建有山门、大殿，山门两侧建有东西便门，大殿两侧建有东西跨院。东跨院现存东房，西跨院现存娘娘殿（西耳殿）、南房。大殿前隅东西两侧分别建有钟楼、鼓楼、龙王殿（东厢房）、药王殿（西厢房）、观音殿（东配殿）、地藏殿（西配殿）。东院为一进院落，现仅存禅房四间。

根据寺内现存建筑的特征来看，大殿主体构架，如梁架结构、檐柱及斗栱形制、用材大小基本保留了宋代建筑的风格，其他建筑如观音殿、地藏殿、龙王殿、药王殿及娘娘殿等主体构架均显示了清代建筑特征。由此可推断，普光寺至迟在宋代已创建，清代曾重修或增建。

（一）观音殿与地藏殿

位于寺院东西两侧，两殿建筑形制相同，创建年代不详。砖砌台基，高 1.08 米。

平面形制：观音殿面阔三间（1.204 米），进深四椽（7.21 米），明间面阔 3.49 米，两次间面阔 3.2 米。地藏殿面阔三间（11.01 米），进深四椽（7.21 米），明间面阔 3.45 米，两次间面阔 3.15 米。平面

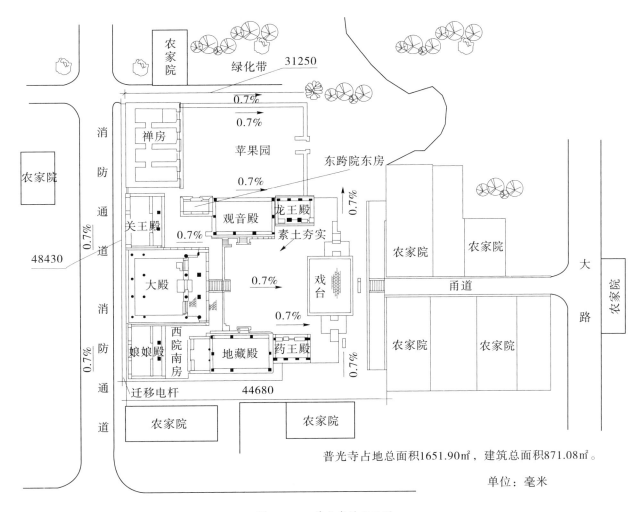

普光寺占地总面积1651.90㎡，建筑总面积871.08㎡。

单位：毫米

图4-5-1 普光寺总平面图

呈长方形。

斗栱：两殿前后檐不设斗栱，为清小式建筑。前后檐柱间设额枋、平板枋连接。额枋、平板枋看面施有花卉和二龙戏珠彩绘图案。

梁架：两殿梁架均为五檩无廊式。平梁上设角背、蜀柱、叉手、丁华抹颏栱承脊槫，叉手顶端与脊槫相交。五架梁两端与前后檐柱相交，其上设柁墩承平梁。

屋顶瓦面：两殿屋顶为单檐硬山顶，筒板瓦屋面。檐部勾头、滴水及脊饰为清代常见花草、兽面等图案。

装修：观音殿前檐装修已被后人改制，明、次间均设木制窗扇，下部后人用砖墙封护，并于北山墙侧开一长方形门。地藏殿前檐装修亦被后人改制，明间设门，两次间上部设木制窗扇，下部用砖墙封护。

（二）龙王殿与药王殿

位于寺院东西两侧，两殿建筑形制相同，创建年代不详。砖砌台基，高 0.57 米。

平面形制：龙王殿、药王殿均面阔三间（6.39 米），进深三椽（4.76 米），明间和两次间面阔均 1.83 米，平面呈长方形。

斗栱：两殿前后檐不设斗栱，为清小式建筑。后檐砌墙，前檐柱间设额枋、平板枋连接。

梁架：两殿梁架均为四檩无廊式。平梁上设角背、蜀柱、丁华抹颏栱承脊槫。四架梁两端与前后檐柱相交，其上设柁墩、蜀柱承平梁。

屋顶瓦面：两殿屋顶为单檐硬山顶，筒板瓦屋面。檐部滴水、筒板瓦为清代常见花草图案和形制。

装修：龙王殿前檐装修已被后人改制，明间设门，两次间置窗，窗下部后人用土坯墙封护，门窗不存。药王殿前檐装修亦被后人改制，明间设门，两次间设窗，门窗不存。

（三）东跨院东房

东跨院位于大殿东侧，现仅存东房，与观音殿、龙王殿"一"字排列。创建年代不详。

平面形制：东房面阔三间（5.47 米），进深二椽（3.31 米），明间面阔 1.69 米，两次间面阔 1.59 米，平面呈长方形。

斗栱：前后檐不设斗栱，为清小式建筑。后檐砌墙，前檐柱间设额枋、平板枋连接。

梁架：东房梁架仅设前坡，为双步梁无廊式。

屋顶瓦面：屋顶为单坡硬山顶，筒板瓦屋面。檐部勾头、滴水、筒板瓦形制及脊饰为清代常见花草图案。

装修：前檐装修被后人改制，明间设门，两次间土坯墙封护，门为后人改制单扇门。后檐墙正中设一方窗，已被封护。

东房建筑形制为清代小式建筑特征。

（四）西跨院建筑

西跨院位于大殿西侧，现存娘娘殿（西耳殿）、南房。娘娘殿与南房相对而坐。创建年代不详。

平面形制：娘娘殿面阔三间（9.5 米），进深四椽（6.59 米），明间面阔 2.88 米，两次间面阔 2.92 米，平面呈长方形。南房面阔二间（3.75 米），进深二椽（3.5 米），平面近方形。

斗栱：娘娘殿仅前檐设柱头和平身科斗栱 2 种，共 7 攒，后檐砌墙。前檐柱头和平身科形制相同，均为三踩单昂，昂为如意形，平身科昂被后人锯断。昂上部设麻叶形耍头。南房前后檐不设斗栱，为清小式建筑。后檐砌墙，前檐柱间设额枋、平板枋连接。

梁架：娘娘殿梁架均为五檩前廊式，即四架梁对前单步梁用三柱。平梁上设角背、蜀柱、叉手、丁华抹颏栱承脊槫。四架梁两端与前金柱、后檐柱相交，其上设柁墩、蜀柱承平梁。单步梁后尾、四架梁前端相交于前金柱上，单步梁前端与前檐柱头斗栱相交，并制成麻叶形耍头。南房梁架仅设前坡，为双步梁无廊式。

屋顶瓦面：娘娘殿屋顶为单檐硬山顶，筒板瓦屋面。筒板瓦、脊饰为清代常见形制和花草图案。

装修：娘娘殿前檐装修已被后人改制，明间设门，东次间置窗，西次间与明间后人用土坯墙封护，独立成间，前檐设门窗。

南房二间，前檐装修亦被后人改制，一间设门，一间设窗。

娘娘殿建筑形制为清代建筑特征，南房为清代小式建筑风格。

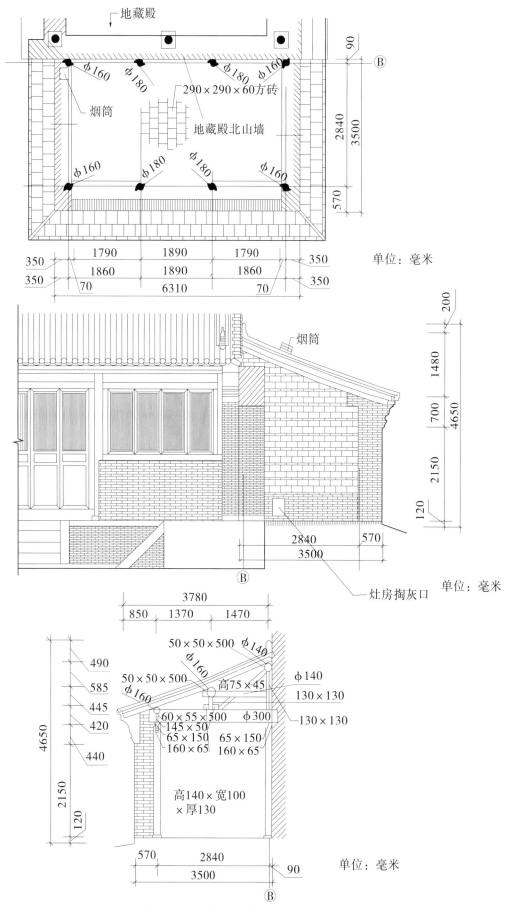

图4-5-2　西跨院南房平、立、剖面设计图

（五）东、西便门

位于寺院前部山门（上部兼作戏台）两侧。创建年代不详，现存为清代建筑。东、西便门均为砖券拱门，单坡硬山顶。两门均宽1.49米，深1.36米，高2.74米，原木制板门已不存，仅存上槛门簪各2枚，门簪为八角形。

（六）东院禅房

东院位于寺院东侧，坐北朝南，创建年代不详，现存为清代建筑。院内仅存禅房，为土坯券窑洞4眼，面阔14.75米，进深10.06米，平顶。前檐装修被后人改制，东次间设拱券门，其余各间设拱券窗。

二、大同观音堂

观音堂在大同市城西7.5千米处的一座小山冈上。这里群山环绕，叠嶂峥嵘。寺的创建年代，据明万历三十五年（1607年）碑记载："……云中城以西越十五里之遥，有观音古刹。流传原地名蛤蟆石湾，怪物扰害其间，民用不宁，道路阻塞。辽重熙六年六月又九日，忽大士现六丈金身，偕左右菩萨明王，从秦万佛洞飞往水门顶山头，从此妖魔降灭，地方宁谧，父老聚族而议，山势峻坑不便修庙得移平地，蒙神显灵异顿徙坦途，由是大众鸠共立寺。"这段神话般的传说记载了观音堂的由来。寺建成之后，每逢六月十九日，远近的善男信女持各种贡品摩肩接踵来此顶礼朝谒，人数之多难以计算，灵应之声传至方远。"灵应"和信仰是这处建筑得以保存的重要原因。

早在北魏王朝建都平城期间，这里就是通往北魏初都之地——盛乐的交通要道，蛤蟆石正是进入小站村山谷后东西的山丘伸向十里河的一块凸出之地，势如蛙跃河中，因名蛤蟆湾。由于蛤蟆石的伸出而使河道窄小，形如水门。蛤蟆石扼东西两面，实为险要之地。

观音菩萨即观世音菩萨，在我国佛教里为"西方三圣"之一，具有三十二神菩萨像。"观世音"是说它能听到声音随音而至，不论在什么地方，遇难后只要口念"观世音菩萨"即可获救，这些在观音殿的壁画中描述得尤为详尽，因而民间普遍有供奉观世音菩萨的习俗。

观音堂占地面积约2000平方米，辽重熙六年（1037年）建寺，保大二年（1122年）金兵攻陷西京时毁于战火，明代予以重修，清顺治六年（1649年），因"姜让之变"又毁于兵火。现存建筑系清顺治八年（1651年）山西兵部侍郎佟养量所修。寺平面布局紧凑，沿中轴线由前至后排列着戏台、观音殿、三清殿，台殿楼阁叠层升高。不同于一般寺院布局的是，山门位于中轴线东侧，低于寺院的地平。山门结构为砖券门洞，门额上嵌石刻横碑，上书"观音堂"三字。门外正面有双面琉璃龙壁，长12米、高6米，每面波涛江水中有三龙飞舞，其姿栩栩如生。烧造琉璃色泽鲜艳，造型风格与九龙壁相似，当为明代遗物。

门低院高，为此寺布局的一个显著特点。山门地平高于路面，门前设有小台阶踏道，阶级10余步，踏步而上即是寺的前院。伏地戏台坐南向北，建造在距地8米高的券洞上，洞下即人行车马之道，形成过街戏楼。戏台面阔三间，进深两间，元宝布瓦顶。戏台与正殿（观音殿）以腰墙相隔，进入腰门，左右两侧各置钟鼓楼和碑廊。正殿面阔三间，进深两间，悬山式，绿色琉璃瓦覆顶，殿前增置抱厦以扩大佛事活动场地。殿内正中为高6米的石雕观音像，头饰花冠直达屋顶。观音两侧各置2米高的石雕胁侍立像两尊，合称四大金刚菩萨。这些雕像均为金色粉粧，面容慈祥，衣纹流畅，其雕造手法与辽风格相同。

最后一座建筑是砖券窑洞与木构楼阁相结合的三真殿。下层砖券窑洞3间，宽敞明亮，原有三真像（儒、释、道）居于中间。殿外东西两端各设砖梯楼道，可踏级而上。上层即五间木构楼房，前有外廊可俯览全寺面貌，山河景色尽收眼底，微风拂面，清爽宜人。

观音堂自清顺治八年（1651年）重修后，又经乾隆、道光和民国年间不断修缮，使得保存。

第六节　佛寺中的塔

一、五台尊胜寺与万藏砖塔

尊胜寺位于五台县茹村乡龙王堂村，据寺北现存石碑记载，初名"翠山院"。相传印度僧人佛陀波利于唐仪凤元年（676年）来朝台时巧遇文殊菩萨显圣，唐嗣圣元年（684年），他在长安完成尊胜陀罗尼经的翻译后，再次返回五台山并住翠山院，其间对原寺进行扩建，更名"善住阁院"。北宋天圣四年（1026年）重修，易名"真容禅院"。明万历年间改称"尊胜寺"，现存建筑多为清末遗构。

寺院坐北朝南，依山而建，占地面积3.23万平方米。中轴线上从南到北依次设有观音阁、天王殿、三大士殿、大佛殿、藏经阁、毗卢殿、五文殊殿、万藏塔。殿宇逐级向上，层叠有致，其余殿堂楼阁、配殿、厢房分布于东西两侧。全寺计有殿阁房屋（洞）210余间，为一处规模宏大的寺庙建筑群。寺前东西两侧各建一楼洞，下层为砖券洞，上层为木构建筑，西侧的楼洞楣上刻有"五峰咽喉"四字，洞下是上五台山的岭凹通道。寺内主体建筑天王殿、三大士殿、大佛殿、毗卢殿、五文殊殿，均为木结构建筑，结构形制也大致相同，面阔均为五间，进深13~15米不等，硬山顶，门窗全部予以彩绘，显得十分华丽。各主体建筑原均存有彩塑，现已毁。唯东侧角楼内存24尊泥塑莲花坐佛。藏经阁形式有所不同，为楼阁式建筑，上下两层，设16根明柱，形成环形走廊，重檐歇山顶。楼内下层供十二圆觉菩萨，上层奉四方佛，面目清秀，比例和谐。

万藏砖塔矗立于寺最高处，九层十三级，高约33米。密檐式塔，塔身平面为十二边形,外观清秀柔和,正面设券门,为民国元年(1912年)所建。

二、晋祠奉圣寺塔

　　奉圣寺塔位于太原市晋祠内南端奉圣寺浮屠院中央,创建于隋开皇年间(582~600年),宋宝元二年(1039年)重修,现存为清乾隆十三年(1748年)所建。坐北朝南,楼阁式砖塔,八角形,七层,通高38米。塔基高1.3米,边长6.4米,塔底部为条石砌筑的须弥座,高1.85米。塔逐层叠涩出檐,一层檐下每面设砖雕斗栱4攒,其余每层每面置砖雕斗栱3攒,五踩双翘,翘头作如意昂形。一层塔身南向劈砖券拱门一道,博脊上置有行龙、牡丹等琉璃饰物。二层以上东、南、西、北四面均辟有拱门,其余四面为装饰门。每层外壁都设有砖雕塔檐,檐下置砖雕斗栱、阑额、普柏枋和椽飞等,上覆以琉璃瓦。塔身中空,每层设阶梯踏道可登临,塔室为叠涩穹隆顶。塔内每层均设面南的神像。第一层设菩萨像,第二层设佛像,第三层设四手神像,第四层设六手菩萨,第五层设菩萨立像,第六层供文昌帝君,第七层设魁星神像,内容丰富。塔顶以双重琉璃宝珠收刹,黄色琉璃覆盖,并镶饰八条行龙,塔身收分和缓,比例优美,雕饰华丽,是清代砖塔中的佳作。塔每层均有题词,一层南门额曰"形明动化",北壁有"舍利生生塔"的石刻大字,为杨廷璇所题。二层至七层东、南、西、北四面均有题额,二层分别为"迓迎生气""慧日腾光""平对灵山""宝地映彩";三层分别为"法幢高树""人天瞻养""福地重隆""隐迹舒光";四层分别为"熙连绕砌""超越三有""檀特支轩""等视一切";五层分别为"皇图巩固""佛慈广布""帝道遐昌""法轮常转";六层分别为"崇桂籍""振云路""耸文峰""焕桐封";七层分别为"观澜""指南""望翠""射斗"。塔一层内壁镶嵌清乾隆十三年(1748年)的重建题记,并绘有部分残留壁画。登上塔顶,凭栏远眺,晋阳风光尽收眼底,有诗赞曰"凌空浓翠画中披,点缀红霞也自奇",所以有"宝塔披霞"之誉,为晋祠"外八景"之一。

三、临汾大云寺塔

大云寺位于临汾市西南隅，因为寺内宝塔下供奉铁铸佛头，又称铁佛寺。始建于唐贞观六年（632 年），历代屡有修葺，清康熙三十四年（1695 年）毁于地震，康熙五十四年（1715 年）重建，现存多为此次重建后之遗构。

寺由山门、献亭、中殿、方塔、藏经阁等建筑组成，其中方塔为寺内的主体建筑，也是全寺精华之所在，六层，通高约 30 米。第一至五层为方形，底层边长 12 米，二层至五层逐层收缩，第六层为八角形，按八卦方位分别镶嵌"乾、坤、震、巽、坎、离、艮、兑"等八卦符号。塔各层均设塔檐，底层每面砌依柱 4 根，分作 3 间，二层以上无依柱，且四面皆作束腰须弥座。塔身四壁向内雕砌，构造别具一格。塔第二层至第六层四面共镶嵌黄绿相间的琉璃浮雕 64 块，内容为佛、菩萨、罗汉、弟子的传说故事，间有人物、花卉、草木等，造型刚劲，丰富多彩，形神具备，气韵生动，为山西阳城县工匠的杰作。每层塔檐围脊均铺设黄绿色琉璃瓦，构栏望柱、飞檐脊兽等饰件全部为琉璃制，使宝塔显得绚丽多姿。八角攒尖顶，当心围砖脊一周，之下设琉璃仰莲平台，莲瓣三层，上有刹座、覆钵、项轮和宝珠。塔顶由风磨铜铸而成，其特点是不锈不蚀，且越来越耀眼夺目，百姓称之为"金顶宝塔"。塔底层供唐代铁铸释迦牟尼佛头 1 尊，由 300 多块长宽各约 50 厘米，厚 6～10 厘米的生铁铸接而成，高约 6 米，周长约 16 米，五官端正，比例适当，脸颊丰满，眉骨隆起，额高鬓宽，螺发满头，两耳垂地，鼻梁直挺，双目凝视，嘴唇微闭，端庄慈祥，不仅继承了北魏造像的传统手法，而且融汇了南北朝雕塑的艺术特点，为典型的初唐艺术精品，显示了唐代高超的铸造工艺水平。

第五章

道教建筑、祠祀建筑和娱神建筑

第一节　道教建筑

道教的宫观庵庙等建筑是供奉、祭祀神灵的殿堂，也是道教教徒长期修行、生活和进行斋醮祈禳等仪式的场所。道教的宫观建筑是从古代中国传统的宫殿、神庙、祭坛建筑发展而来的。金元以降，全真道兴起后，建立了道教丛林制度，宫观成为全真道士出家后集体诵经的修养之地。道教有三十六洞天、七十二福地之说，相传这些洞天福地是仙人居住游憩之处，是通天之境，故后人多在这些地方兴建宫观，并于内潜心修养。在历代王朝的尊奉和扶植下，道教宫观遍布全国各地。

晋祠设道教的时间已经不可考，但是晋祠置道观、蓄僧员是比较早的。晋祠内不但设有祭祀老子的老君洞，还有祭祀三清的昊天神祠、祭祀吕洞宾的吕祖阁、祭祀齐天大帝的东岳祠等。三清洞位于唐叔虞祠东北，坐北面南，始建年代不详，明初就有祭祀，清乾隆十六年（1751年）改建为石洞5间，其中，中3间内塑三清神像。洞上建玉皇阁，砖木结构，面阔三间，四周围廊，歇山顶，内供玉皇大帝。

一、清代对道教的态度

清初，出于稳定政治和笼络汉人的需要，顺治、康熙、雍正三朝都明确地对道教施行保护与支持的政策，但鉴于当时道教和民间秘密宗教的密切关系，对道教严加防范，以防其"蛊惑愚众"，随即逐步采取种种限制措施。康熙时甚至有"一切僧道原不可过于优崇"之谕，加速了道教的衰落进程。从乾隆起，清朝廷对道教活动的限制日趋严格，道教的地位不断下降，组织发展基本停滞。据《续文献通考》卷八十九记载：乾隆四年（1739年），敕令"嗣后真人差委法员往各省开坛传度，一概令行禁止。如有法员潜往各省考选道士、受箓传徒者，一经发觉，将法员治罪，该真人一并议处"。在清代，道教始终处于受贬损的地位，其社会地位逐渐降低。

由于道教逐渐走向世俗化，儒、道、释进一步合流，许多宫庙佛、道并祀，城乡村镇建有大量民间信仰的宫庙，以祀奉所崇信的保护神。祀奉对象五花八门，有供奉统帅一切的玉皇大帝而营建的玉皇阁、玉皇庙、玉皇殿、玉皇观、玉帝观等；有供奉执掌阴阳生育、万物生长和大地山河的后土而营建的后土庙、后土祠、圣母庙、圣母殿等；有供奉掌管文昌府和功名科禄的文昌君而营建的文昌宫、文昌阁、文昌殿、文昌祠等；有供奉忠义神武、气肃千秋的关圣大帝而营建的关王庙、关帝庙、关圣殿、关岳庙、武圣庙、武庙等；有供奉掌管不死之药的神仙而营建的药王庙、药王殿、药王洞、孙真人庙等；有供奉航海守护神妈祖而营建的妈祖庙、妈阁庙、妈祖阁、天后庙、天妃庙、天后宫、天妃宫、娘娘宫、妈祖宫等；有供奉行雨止旱、主管水域一方平安的水神而营建的三元宫、三官堂、大王庙、海神庙、湖神庙、水神庙、龙王庙、广仁王庙等；有供奉息灾弭乱、驱邪施福的火神而营建的阏伯祠、阏伯庙、火祖殿、火星台、火神台、火神庙、火德真君庙等；有供奉城市保护神城隍而营建的城隍庙；有供奉地域主管神土地公而营建的土地庙、老爷庙；还有供奉五岳大帝、道教八仙、祀奉历史名人等的道观，覆盖面极为广泛，可谓应有尽有，满足了民众不同的供奉愿望。

二、宫观走入城镇，建筑小型民居化

道教崇尚清静无为、修持成仙，所以早期宫观多于山林清静之地结茅清修，如早期道家宣传的成道真仙之地——三十六洞天和七十二福地。清代，道教更趋向世俗化，为了获得更多民众的支持，人口稠密的聚居地成为道观营建的重要选址地，以便群众礼拜，道观走向城镇是自身发展的需要。再者，日益兴盛的商业对道教信仰有很大冲击，道教对现实人生的指导意义趋于淡化，道教的神圣性逐渐流失，使原本已经式微的道教进一步走向社会生活的边缘，不得不走向城镇以谋求新的发展。明末清初，道士开始脱离原有宫观，在各地建立民间道坛进行布道，成为"世俗化"道士。清代以来，世俗道坛和世俗道士日益增多，表现出前所未有的发展潜力与社会影响力，宫观在走向城镇的同时，更加民间化，主要表现为扩充各地居民习惯崇拜的神祇作为道教神祇，因为在一定情况下，它们比道教的正统神更为重要，如文昌、八仙、吕祖、关帝、天齐王等，都是从凡人持道修炼成仙的，其慈善行为与平民生活休戚相关，堪为人间楷模，于是特意为它们单独设置宫观，以形成更大的宗教吸引力。于是,各地普建的文昌宫、文昌阁，供奉主宰天下功名、禄位的文昌君，以繁荣地方文运。东岳庙亦可说是道教的民间化与社会化的最好诠释，东岳大帝即为泰山之神，原为自然神，自宋以来，道家创说东岳大帝是天上主管人间生死之神，也是统帅百鬼之神，所以各地普建东岳庙，而不限于泰山一地。宫观走向城镇具有广泛的影响力和群众基础，每逢节日，庙内举行庙会，利用道观中的戏台或临时搭建戏台酬神，热闹非凡，道观成为平民祈福求寿、游乐购物的重要场所。为了与社会贫民有较好的沟通，道观的规模较小，采用独院式民居形式，以营造不脱离实际和接近人们实际生活的氛围。

三、道教宫观

（一）泽州县北义城玉皇庙大殿

北义城玉皇庙，坐落在泽州县北义村西北，二进院落，布局规整。玉皇殿是玉皇庙内的主要

图5-1-1　泽州县北义城玉皇庙大殿

建筑，坐北朝南，单檐歇山顶，建筑结构简洁，举折平缓，出檐深远。整体稳健，庄重大方。

1. 历史

因庙内记事碑碣散佚殆尽，尽管玉皇庙历史悠久，但不知肇建自何年何月。其历史沿革和历代修缮情况仅能通过部分残留的石雕及建筑结构和题记等进行分析和判断。据前廊当心间石柱上"泽州晋城县莒山乡义城村重修玉皇殿宋大观四年（1110年）岁次庚寅二月十五日甲申……"题记，玉皇庙大殿为北宋末期建筑遗构。另据建筑东南角石柱题记，玉皇殿于清"雍正六年（1728年）重修"。

2. 平面

玉皇殿平面呈方形，面阔、进深各三间，前为廊，通面阔7.59米，通进深7.59米，当心间宽3.11米，次间宽2.24米。

地面铺墁方砖，且正中有以9块方砖合拼而成的方形相套图形。台明高1.34米，东西长10.44米，南北深10.11米，砖砌台基。台明四角上方设角兽（角石），规格为42厘米×74厘米×46厘米，下方施角柱石，周施压阑石，长度不等，断面尺寸为29厘米×20厘米。台明下出檐，西侧为1.33米，东侧为1.43米。殿前正中设置砂石踏道7步。

角石石雕手法，按宋《营造法式》规定共有4种，即剔地起突（高浮雕及圆雕）、压地隐起华（浅浮雕）、减地平钑（平面浅浮雕）和素平（平面细琢），另外，在实物中还有一种平面线刻的做法。玉皇殿角石为剔地起突做法。

角兽和角柱的广泛使用，系早期（宋、辽、金）建筑常用的手法。

3. 柱子

前廊柱4根，37.5厘米见方，八棱，青石质，平柱高度为3.04米，角柱高度为3.08米，柱子的侧脚、生起十分明显。其余为圆形木柱，柱径32厘米，柱头无卷刹。

柱子的侧脚为8厘米，生起为4厘米。四周柱头施普柏枋，柱间施阑额，均素面无饰，普柏枋至角柱出头而阑额不出头。柱头通面阔7.43米，当心间宽3.11米，次间宽2.16米。柱网排列每面均为4根，另外设置檐柱2根，柱底施莲瓣覆盆柱础。

4. 铺作

铺作可分为 6 种：前檐柱头铺作、内檐柱头铺作、后檐柱头铺作、两山柱头铺作、前廊柱头铺作、转角铺作。材宽 13.5 厘米，材高 18.5 厘米，栔高 9 厘米，接近《营造法式》规定的五等材。斗栱出跳 45 厘米，略大于法式规定。铺作总高 98.5 厘米，是柱子高度的 32.5%，接近宋代建筑的比例特征，进一步证明玉皇殿为宋代重修的建筑遗构。

前檐柱头四铺作出单杪，横向外出华栱上托耍头和撩檐枋结点，华栱为劄牵出头，耍头后尾叠压劄牵之上和罗汉枋相交。纵向施泥道栱、素枋，外施斜面令栱及替木。

内檐柱头铺作栌斗之上横向托劄牵和三椽栿，牵里转呈楮头，三椽栿上设蜀柱、襻间枋支撑平梁结点，纵向则施泥道栱。

后檐柱头铺作、两山柱头铺作外转构造与前廊柱头铺作相同。不同点在于前廊柱头铺作里转为劄牵，而后檐柱头铺作里转华栱后尾呈楮头托三椽栿，两山柱头铺作里转托丁栿，上施合楷、蜀柱及系头栿节点。

图5-1-2 泽州县北义城玉皇庙剖面图

转角铺作外转顺身出跳，与其他柱头相同，角昂上出由昂，且均为真昂，托撩檐枋交角处及上部的大角梁和仔角梁、续角梁节点。里转则出华栱一跳（外出华头子），上施靴楔承托角昂及上部的角梁后尾节点，大角梁后尾之上立蜀柱，置大斗，承接平槫和系头栿节点。

5. 梁架

殿内梁架彻上露明造，后三椽栿前压剳牵通檐用三柱，前一间为廊，左右施丁栿，主体结构为宋代建筑特征，构架梁栿等大木构件制作较为规整。

横向剳牵、三椽栿及纵向丁栿构件均搭交于前檐柱头节点之上。三椽栿上设蜀柱、大斗支撑平梁与平槫结点，后部蜀柱下施合楷，三椽栿后尾伸出檐外呈异形耍头。平梁上正中置合楷，合楷上立蜀柱，置大斗，托纵向捧节令栱、替木和脊槫。两侧叉手戗托脊部节点的高度位于大斗斗口和替木之间。

每缝梁架之间则以纵向襻间枋连接。建筑举架檐部为 0.55 举，脊部为 0.85 举，梁架总举高与前后撩檐枋中距之比约 1：3.5。次间梁架，梢间为丁栿，梢间丁栿为自然弯材，用材粗细适中，曲度恰到好处。前端搭在山面柱头铺作之上出异形耍头，后尾搭交于三椽栿之上且与合楷叠压。丁栿上部施合楷、立蜀柱、置大斗托实拍襻间枋、合楷、蜀柱、叉手及其上的脊部节点。与众不同的是，头栿位于合楷外侧。两端与平槫相互搭交于前后转角作里转大角梁后尾之上。

脊槫、平槫等构件皆挑出歇山构架以外，宋《营造法式》称为山花出际、槫头钉博风板、悬鱼，各构空挡用土坯封砌。歇山构架与当心间梁缝中距 60.5 厘米，两山出际约为 158 厘米，略显大。

6. 梁架特点

（1）平梁上蜀柱立于合楷之上

在唐代以前的早期建筑中，梁架脊部并无蜀柱和合楷构件的设置，而是用叉手在捧节令栱位置直接承托脊部，如五台山佛光寺东大殿（唐，857 年）。而五台山南禅寺大殿（唐，782 年）和平顺天台庵大殿（唐，907 年）梁架脊部的蜀柱和合楷已经在修缮和勘察过程中被证实系后人所加。

蜀柱立于合楷之上的做法，在五代和宋代建筑中已经被普遍应用。

如平顺大云院大佛殿（五代，940 年）、高平开化寺大殿（宋，1073 年）和晋城青莲寺释迦殿（宋，1089 年）等与玉皇殿梁架年代相近，建筑结构近似，这对玉皇殿早期建筑的身份也是一个佐证。

（2）叉手位置在替木与蜀柱上斗口之间，未插至脊槫

此类做法也是多数早期建筑结构的一种表现形式，如高平崇明寺中佛殿（宋，971 年）和榆次永寿寺雨花宫（宋，1032 年）。但并非绝对，同样属于同时期的建筑类型，叉手的位置也有不同的做法，将其叉到脊槫之上，如五台山佛光寺文殊殿（金，1137 年）、朔州崇福寺弥陀殿（金，1143 年）、文水则天圣母庙大殿（金，1145 年）、壶关三峻庙大殿（金，1175 年）等建筑。

（3）横向无丁华抹颏栱，纵向施捧节令栱

纵向施捧节令栱的做法在历史上由来已久，且一代一代延续下来，而横向的丁华抹颏栱直至辽金时才增加，并成为以后建筑的传统技术手法。如陵川西溪二仙庙后殿（金，1142 年）、朔州崇福寺大殿（金，1143 年）、文水则天圣母庙大殿（金，1145 年）、壶关三峻庙大殿（金，1175 年）等建筑。这一时期大部分建筑的蜀柱已经插入合㭼之中。

（4）平梁前端超出檐柱缝节点，头部悬挑平槫

古人为增大廊部使用空间，将内柱后移 60.5 厘米，使得前平槫重心偏离内柱。这一做法虽然在一定程度上减弱了平梁中部的荷重，但也因重心偏离导致力的传递出现了拐点。

综上所述，无论是大殿的檐部举架，平梁头向前挑出 60.5 厘米承托平槫且平梁下蜀柱已插入合㭼的做法，还是靴楔后尾成槽头形式承托三椽栿的结构特征，都可以看出除平梁以上部分（不含平梁）及个别斗栱附件仍为宋代遗构外，其余大部分木构已是金代所为。

7. 木基层

脊槫、平槫、撩檐枋之上所搭椽子全部为木质圆槫，椽上铺设望板，檐椽采飞。檐部椽头带有明显的卷刹，椽身直径 12 厘米，而椽头直径经过卷刹后仅剩 8.5 厘米，而卷刹长度则达到 45 厘米。建筑外观出檐深远，上出檐尺寸总计 143 厘米。其中，椽出 90 厘米，飞出 53 厘米，椽飞出的比例与《营造法式》规定的数据相符。

8. 屋面

屋面是古代建筑重点装饰的部位之一。玉皇殿屋面为青灰筒板瓦覆盖，坡度曲线非常柔和，宋代遗留的瓦件被集中放置在前坡。大吻和脊刹为琉璃制品，正脊块图案为行龙、花卉，而垂首也是灰陶烧造，垂脊和戗脊图案仅为花草而已。

屋面所用勾头和滴水大小不等，型号杂乱，特别是瓦当的图案差异更大，既有单独的龙形图案和组合的"龙凤呈祥"图案，又有精美的"化生童子"图案和多样的"虎头"图案，不胜枚举。据不完全统计，龙形图案有升龙、降龙、盘龙三种，"龙凤呈祥"图案有一种，"虎头"图案则有五六种之多。

值得一提的是，"龙凤呈祥"图案的勾头如今在大殿仅留存一件，其烧造质地非常细腻，尺寸也较大，个别长度达到 73 厘米。除此之外，瓦当的构图非同寻常，"凤在上，龙在下"，这在古代是有悖常理的。结合与其同时期"化生童子"图案瓦当的时代分析，至少可以说明，这样大胆的想法只有在唐代的武则天女皇时代才敢于付诸实现，由此证明玉皇殿的创建年代应该在盛唐时期。

9. "化生童子"瓦当

玉皇庙通常供奉的是民间的神灵，建筑瓦当上面的童子像应是佛教中的"化生童子"。《观世音菩萨授记经》中记载："昔于金光狮子游戏如来国，彼国之中，无有女人。王名威德，于园中人三昧，左右二莲花化生童子，左名宝意，即观世音是，右名宝尚，即得大势是。"所谓"化生"，是佛教所说的"四生"之一，即胎生、卵生、湿生、化生。佛教宣称：凡无所依托，唯以业力而忽起者，谓之"化生"。

古代有在钱币上錾刻"化生童子"的工艺，特别是在唐朝金银器辉煌发展的时期，延至宋代已经比较少见。这种在古代建筑瓦当上雕造和烧制类似图案的形式，在别处较难见。

"化生童子"瓦当主要保存于前檐勾头之上，系质地细腻的青灰烧制，存量不多且偶有残缺，但刻画手法洗练，工艺精湛，体现出那个时代高超的艺术水平。玉皇殿上的"化生童子"图案，神态各异，塑造自然，刻画生动，造型丰富多彩，手捧莲花等吉祥缠枝花卉，现存有坐姿和俯爬姿势两种，人物刻画活灵活现，寄托了百姓祈盼美好未来的幸福愿景,恰似一幅秋天里童子天真、戏水采莲、人间仙境生活画卷的再现。"化生童子"胖乎乎的,完全是唐朝崇尚的肥美之风,外圈亦与唐代的莲花瓦当装饰法近似,缠枝花卉和童子的工艺又明显和唐代工艺类同,可以说是中国古代建筑中微雕艺术之精品。另外,玉皇殿属大观四年(1110年)重修之物,而"化生童子"则透着唐代所追求的雍容华贵和肥硕高雅的自然神韵,图案明显为唐朝风格,当属宋代之前的遗留物件。

由此分析,宋代重修的玉皇庙前身有可能是一座唐建的佛教寺院,或是一座多教合一的庙院。

玉皇殿"化生童子"运用在建筑上主要起装饰的作用,同时也有佛教供养的寓意,应该是当时的信徒为供佛而特制,"化生童子"的发现为研究唐代的精湛工艺和风俗文化、佛教文化等提供了很好的实物证据。令人可惜的是,因年代久远,"化生童子"在自然风雨等多种因素的共同作用下,大部分图案已经变得漫漶不清。

10. 墙体

墙体由砖砌槛墙和上部的土坯墙组合而成,山墙和后墙为原墙保留。槛墙用经过砍磨的青条砖丝缝砌筑,技法高超,内外墙体均自下而上逐层收分,至最上一层向外叠出后抹边。槛墙之上垒土坯,高度直达阑额,土坯均为平砌(这是晋东南地区的普遍做法),内外抹灰泥。

11. 装修

玉皇殿的装修位于檐部当心间和东西两次间位置,不知何时早已被后人拆毁,但东西次间的石地栿尚存,原有的框架和卯口基本保留。据此分析,确定当心间、次间均为隔扇门。这种装修的设置,符合晋东南地区传统古建筑的式样和风格,带有明显的地方性。

12. 壁画与彩画

壁画是体现建筑物内涵的重要元素之一。据初步统计,玉皇殿内四周现存栱眼壁画约8平方米。壁画色彩大部分以红、白为主调,黑色描边。画面内容有行龙、树木、人物、花卉等图案,部分画面是将原有的画面覆盖后重新绘制的水墨山水画。

壁画的绘制手法相对粗糙,完整保存者数量较少。现存壁画整体出现褪色的现象，有的早已模糊不清。

彩画是油饰技艺中最重要的组成部分，在建筑上零星分布，画面由红、黑、黄、绿等色彩构成。在当心间三橡栿上内侧中部相对应的位置，分别彩绘行龙一条，整体保存完好。

13. 地面方砖图案

玉皇殿内地面由方砖铺墁，正中又以 9 块方砖拼接成一个完整的方形，其上雕刻有精美的艺术图案，可惜其中有两块缺失。由于图案整体已经碎裂或缺失，导致内容无法辨别，所以主题更加难以明确。只有局部残迹依稀可辨，可初步揣度其中所表达的主题思想及其文化内涵。

方砖为在一个大的正方形内再对角套一个小的正方形，中部为一个小圆圈，所有的空当内均雕刻花卉（或卷草）等吉祥图案。古人这样做，目的何在，意在说明什么，或是想通过无声的图案给后人传递信息？令人费解的同时，我们不妨做一点粗浅的探讨。

方砖铺地，一般满足的是建筑地面使用功能方面的需求。而将砖雕作为装饰，便是对地面进行点缀性的艺术处理。据记载，唐代常用模印莲花纹方砖铺于重要建筑的坡道和甬路上，宋以后多为素平铺装。而玉皇殿内这样的铺装方式在别处实难见到。

砖雕是由设计者先行构思，再因料制宜，表现既定主题，它所寄托的内涵在于借物寓意。应该说，庙院中的砖雕作品是设计者或信教群众思想灵魂的寄托，含义包括：吉祥如意、多子多福、五谷丰登、年年有余等，体现了劳动人民对所处生存环境的一种自我安慰，虽自我解嘲但自得其乐。它以丰富的想象力将互不相关的事物和谐地组合在一起，使之具备了超越事物本身的社会内涵。

古建筑砖雕作品具有鲜明的地方风格和民族特色，既形式多样又内涵丰富，也是民俗文化的重要组成部分。但对旧的题材或内容的认识，由于岁月的不断变迁，时代的发展和进步，离我们渐行渐远了。

面对前人留给我们的艺术遗产，只有认真去揣摩、继承并潜心探究，才能将其作为文化遗产继续传承并发扬光大。也许，它是至高无上的玉皇大帝对虔诚朝拜者的一种心里暗示，图案的寓意与作用只有初创者自己明白。

（二）方山北武当山

北武当山，又名真武山，位于方山县境内。整个风景区由72峰、36崖、24洞组成，主峰香炉峰，海拔2254米，总面积约80平方千米。它集"雄、奇、险、秀"于一身，是我国北方道教圣地之一。香炉峰四周几乎都是陡壁悬崖，只有一条人造"天梯"可攀。全山有1400余级就山凿筑的石阶，沿着石阶而上，周围尽是奇松异石，庙宇石刻淹没于葱郁的山林植被之中。主要山石景观有：古猿望日、石猪受难、九龙出洞、石象守山、天壶倾露、石羊朝圣、石龟下蛋、石虎、石蛤蟆、龟蛇斗智等。北武当山的南天门、千级天梯、水火峰、渡仙桥、千仞壁、"乔松恨"、舍身崖、玄天大殿、太和宫、威镇北天牌坊等景点及众多神仙庙宇，成为登山、朝拜和赏奇的绝好场所。

据现存碑刻资料记载，早在唐宋时期，北武当山就有道教活动。山名本作"龙王山"，据明万历二十五年（1597年）镌刻的《龙王山新建玄天上帝宫记》记载："北方之伟观也。中一峰孤峻，上有玄帝庙一楹，肇创始末无所稽"，这里的玄帝庙即指真武庙。山西的北武当山与湖北的武当山一样，无疑都是名副其实的道教历史名山。

清康熙五十九年（1720年）五月，玄天大殿被毁。雍正二年（1724年），在山头建正殿，系无梁砖窑一眼。乾隆二十三年（1758年），又开始修葺，两年内相继建成玄天庙、老母殿、龙王庙、灵宫庙和山下太和宫。道光二十八年（1848年），南天门修整一新，并在大门上刻了"武当山"三字。清咸丰至光绪年间，数次修葺。北武当山现有的道教庙观建筑群多系明清或近代遗物。

（三）太原纯阳宫

纯阳宫位于太原五一广场西北隅，坐北朝南，占地面积8563平方米，是供奉吕洞宾的宫观，在道教建筑中拥有很高的地位。专祀吕洞宾的纯阳宫、吕祖庙，同观音庙、关帝庙一样遍布全国各地。明万历年间，本已衰落的道教又复兴起来，晋藩王朱新扬、朱邦祚于万历二十五年（1597年）重新规划纯阳宫，进行了大规模的扩建和改建，使宫内出现了许多洞、楼、亭、阁等具有园林特点的建筑，设计新颖，构筑奇巧，建造出是宫不像宫，非园胜似园的景象。清乾隆时期，郡守郭晋以及太谷人士范朝升曾先后出资对纯阳宫进行新建和再扩建，使整个建筑更加富丽精巧。另据《山西通志》载："最高处，名曰小天台，登其巅，可览太原全景朔望日香火之盛，全省首屈一指。"由此可以想象当年这里的盛况。正楼背后有魏阁三层，名为小天台，为乾隆年间所建，可扶梯而上，登阁远眺。此处的建筑没有受清规戒律和营造制度的束缚，用想象创造出一种虚幻的现实，建筑创作较为自由，具有浓郁的园林风采，给人一种曲径通幽的意境。

图5-1-3　纯阳宫正门

第二节　祠祀建筑

　　自然界中大至天地日月山岳河海，小至五谷牛马沟路仓社，都有神灵司之于冥冥之中，人是万物之灵，圣贤英雄、仁人义士死后被奉为神更是顺理成章之事，这就形成一个庞大的神灵系统，祠祀建筑相应成为一个广泛而芜杂的类型。

　　从祭祀对象上来说，大体可分为天神、地祇、仙真和人鬼。天神包括三清、玉皇、四御、三官、日月星辰、风雷雨电等天界神仙；地祇包括土地、城隍、社稷、五岳、四渎、山川百物之神；仙真和人鬼包括先神、先哲、先祖、先师以及一切有功德于人间或通晓修炼道术而得道者，如孔子、老子、庄子、七真、五祖、八仙、关帝、岳飞等。明清时期，在正统道教衰微后，民间开始大兴对城隍和真武的崇拜，同时，对关帝、妈祖、药王乃至财神、门神、灶君等的祭祀风行全国。由此可以看出，民间的信仰范围非常广泛，所信奉的神灵仙佛也非常多。山西现存祭祀上述对象的庙宇、道观、祭坛遍布全省各地，数量众多，成为山西文化的一个重要组成部分。

一、清代祭祀礼仪活动概述
　　中国古代是以农业生产为主的社会，"民以食为天"，农业的丰歉与人民的生活和国家命运休戚相关，与农业有关的保护神自然成为人们崇拜的重点。出于对冥冥上天与苍茫大地的崇敬，相关的天神、地神、山神、海神、太阳神、月神、火神、水神等被创造出来，并建造了大量用于祭祀天、地、日、月的祭坛，以祈祷上天和日月星辰等的正常运转，祈望风调雨顺的年景，历朝历代对社稷长期性的广泛祭祀就充分说明了这一点。《礼记·祭法》曰："山林川谷丘林，能出云，为风雨，见怪物，皆曰神，有天下者祭百神……此五代之所不变也。"

明代，各种符合封建道德的神祇被推而为尊，有关中国原始宗教的坛、祠、庙得到兴建，城隍庙、旗纛庙、关帝庙、东岳庙、真武庙、文昌祠、名宦祠、乡贤祠等寺庙成为各府州县必不可少的祭祀建筑，并针对坛、祠、庙先后制定了一系列制度、礼仪，成为坛庙建筑发展的兴盛时期。明代中叶以后，社会制度允许村镇士庶营建祖庙，宗祠在各地大量建造，大的宗祠在其中还建立戏台，供祭祀活动时举行演出使用。

城隍是东汉末年以及三国时期民间开始信奉的城池守护神，城隍起到"使人知畏，人有所畏，则不敢妄为"的作用，其中"京师城隍，统各府州县之神，以监察民之善恶而祸福之"，城隍成为铲除恶霸、护国保邦的神灵，因而各地府、县一级都建城隍庙，各府、州、县都把城隍列入祭典，并由知府、知州、知县主祭。新官到任，祀诸神于城隍庙，并在城隍面前就职宣誓。

与此同时，各地还设山川坛、社稷坛、厉坛，还建立了名目繁多的庙宇，如龙王庙、土地庙、水神庙、八蜡庙或八蜡坛等，其中八蜡庙原是祭祀农作物害虫的综合神庙，在每年十二月农事结束后，于此祭祀八种与农业相关的神。

二、祭祀建筑实例

（一）万荣后土祠

据清光绪版《山西通志·山川考》记载："后土祠在汉汾阴故城西北二里，在今宝鼎镇西北十余里原汾河与黄河的交汇处。"汾阴原有轩辕黄帝扫地坛，据《蒲州府志》云："《三辅黄图》载：'汾阴有万岁宫，武帝祀后土时作。'"根据现存北宋汾阴庙貌图可知，当时后土祠相当壮观，其中轴线上建有山门、太宁庙、承天门、延禧门、坤柔之门、坤柔之殿、寝殿、配殿、旧轩辕黄帝扫地坛等，轴线两侧

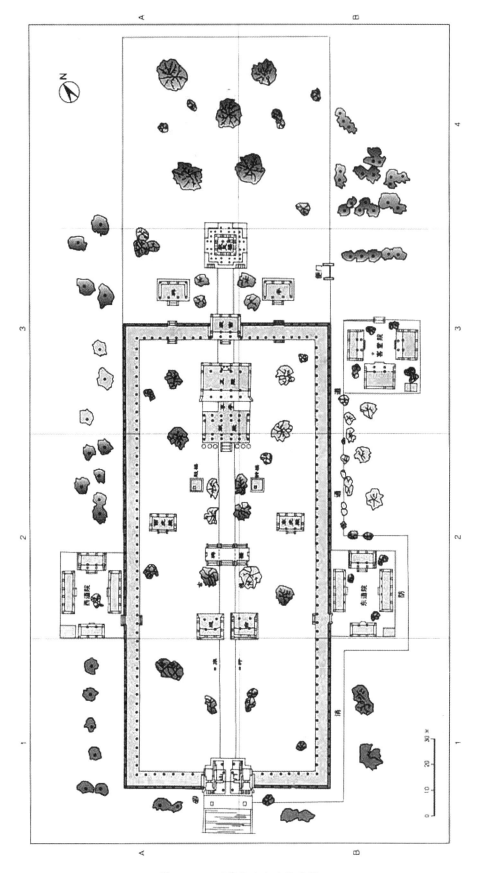

图5-2-1　万荣县后土庙平面图

图5-2-2 万荣县后土庙鸟瞰图

建有真武殿、六甲殿、五道殿、二郎殿、判官殿、钟楼、鼓楼、唐明皇碑亭、宋真宗碑亭以及东道院、西道院，被誉为"海内祠庙之冠"。元时，于庙前建秋风亭，置放汉武帝《秋风辞》碑。明隆庆年间，秋风亭没于水，又建了秋风楼。

清顺治十二年（1655年），黄河肆虐，楼台正殿尽没于洪涛之中，只留下秋风楼和门殿一座。康熙元年（1662年），汾河再决，楼殿淹没，汾阴睢上旧物荡尽，秋风楼移地重建。同治元年（1862年），又被黄河所沦。同治九年（1870年），再移于现址。现存庙宇除秋风楼为明代建筑外，其余都是清同治九年（1870年）重建后的遗构。

现存后土庙坐北向南，平面呈矩形，占地面积25286平方米。中轴线上建有山门、戏台、献殿、享亭、圣母殿、秋风楼，献殿两侧为东西五虎殿，圣母殿东侧为碑亭。山门面阔三间，歇山顶，两侧建便门，亦为歇山顶，与山门连构一体，形成三门组合式格局。后檐插廊，制成献神乐楼，庙内并列戏台两座，与山门倒座戏台连为一体，平面呈"品"字形，故有"品"字戏台之称。建造中采用移柱手法，台面开阔。献殿面阔五间，进深四椽，单檐硬山顶。檐下斗栱四铺作，脊部垫板上有"大清同治十三岁次……立柱"题记，是大殿建造的确切年份。圣母殿面阔五间，进深六椽，单檐悬山顶。梁架结构为五架梁对前后抱头梁，通檐用四柱，构造简洁。

后土庙雕刻技艺高超，各建筑的柱子、斗栱、梁枋和雀替等构件均采用不同的雕刻技法，雕有不同的图案式样，极富生活气息。献殿以花卉图案为主，松、竹、梅、兰各具韵味；戏台前檐镂空雕饰花卉、动物等图案栩栩如生，是清代寺庙雕塑艺术的珍贵实物。

（二）介休后土庙

介休后土庙位于介休城内西北隅，坐北朝南，包括三清观和后土庙两大部分，占地面积9196平方米。现存多为明洪武年间（1368—1398年）至清道光年间（1821—1851年）多次修建、扩建而成。庙前设有影壁和山门，庙内建有过殿、东西神堂、献殿、三清殿、戏台和后大殿。其中，三清殿上建八卦楼（俗称三清楼），其两侧建钟鼓楼，后殿两侧建有垛殿，形成一组完好的道教建筑群。

戏台坐南面北，与正殿对峙，面阔三间，进深三椽，重檐歇山顶。为了达到"神上而乐下"的目的，戏楼在高度上要比阁殿略低一些，明间突出而两次间缩进，平面呈"凸"字形。台口有四根檐柱，通面阔12.7米，中间设四根通柱，把台身分为前后两间，通进深9米。清光绪年间予以重修，为了扩大表演区，重修时向前突出2米，形成抱厦一间作为前台，扩大了演出场地。台身为彻上露明造，梁架叠构，并以蜀柱、叉手承托。台基下设高2.5米的通道，抱厦前檐下设斗栱3攒，檐下设斗栱5攒，均为九踩双翘双昂。乐楼装饰性强，额枋镂空雕刻博古图案，前檐雀替雕七凤戏牡丹，阑额、普拍枋及雀替上施木雕、彩绘，造型逼真，立体感强，殿顶置黄绿琉璃吻兽。为了加强音响效果，舞台两侧砖砌"八"字琉璃影壁，上施砖雕斗栱，壁心雕神兽，重檐歇山顶。影壁两侧建有钟鼓二楼，十字歇山顶，与主楼浑然一体，构成一组宏伟的古建筑群。后土庙戏台是依附式戏台，与所依附的建筑共用一个屋架，两者互为依靠，丰富了戏台造型，扩展了戏台空间，同时使寺庙院落得以充分利用，是明代戏台改革后出现的一种新形式。

后土庙内所有建筑几乎全部采用黄色、绿色和蓝色琉璃瓦覆盖。庙内前部建筑多采用三色琉璃瓦覆盖，中间建筑黄色琉璃瓦逐渐增多，到后部全部采用黄色琉璃瓦覆盖。各种艺术构件，如勾头、滴水、

脊兽、宝刹、悬鱼、博风板等，形状秀美，色泽鲜艳，是明清琉璃
艺术构件中的精品。

（三）汾阳后土庙

汾阳后土圣母庙位于汾阳市栗家庄乡田村，创建于唐，明嘉靖
二十八年（1549年）、清乾隆年间重修，现存为明清遗构。庙坐北朝南，
原为四合院布局，现仅存正殿一座。面阔、进深均为三间，单檐悬山顶，
筒板瓦覆盖，绿色琉璃瓦剪边，五檩前廊式构造。檐下施柱头科，为
五踩。前檐施六抹隔扇门。殿内东、西、北三壁绘有明代壁画74.7
平方米，其中北壁为《夜宴图》，东壁为《迎驾图》，西壁为《巡行图》，
均为工笔重彩，沥粉贴金。

（四）北和村炎帝庙

炎帝庙位于长治县城西南4千米处的北呈乡北和村中。关帝庙坐
北朝南，四合院布局，南北长38.99米，东西长21.08米，占地面积
821.91平方米。中轴线上自南而北为倒座戏台、香亭、正殿，两侧
为大门、梳妆楼、钟鼓楼、东西厢房、东西耳殿，共13座建筑。现
存主要建筑有正殿（元代）及清代建筑东西耳殿、东西配殿、东厢房。
据庙内现存重修碑记，清乾隆、道光年间均有修葺。

据史书记载，炎帝神农氏于公元前26世纪在黎岭建都立国，因
北和村位居炎帝建神农城的羊头山之地，故得名。炎帝庙创建年代
不详，通过对正殿结构特征的分析，判断为元代遗构，耳殿及配殿
为清代建筑，该庙历经时代更替，建筑形制逐渐演变至今。

该庙布局紧凑，错落有致，轮廓优美。正殿金柱下设仰覆莲础石，
雕饰精美；檐檩旋子彩画，梁、枋红黄相间木纹彩绘，纹饰古朴典雅；
铺作耍头为龙形，造型生动，质感强烈，突显厚重的文化底蕴。

该庙斗栱用材硕大，气势恢宏，高度为柱高的1/3；梁架粗大，
不甚精工，颇显元代遗风。而殿内减柱造及内檐做法具备了元代特
有风格。该殿是我国传统建筑由唐宋时期的齐整规范向金元时期的
粗犷不羁过渡的典范，是研究我国元代建筑的重要遗存之一。

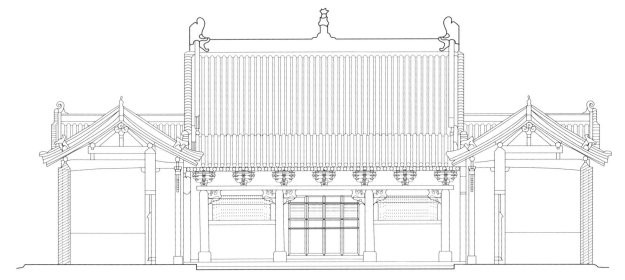

图5-2-3 炎帝庙正立面图

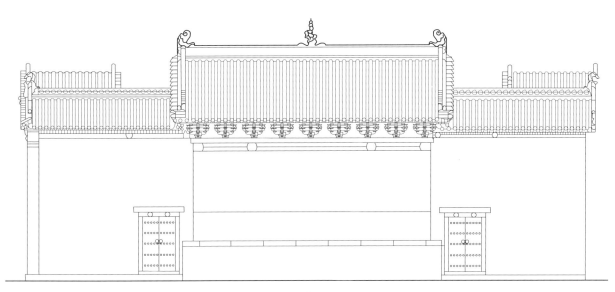

图5-2-4 炎帝庙背立面图

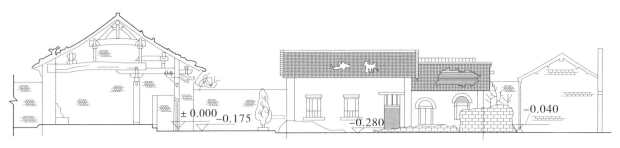

图5-2-5 炎帝庙院落剖面图

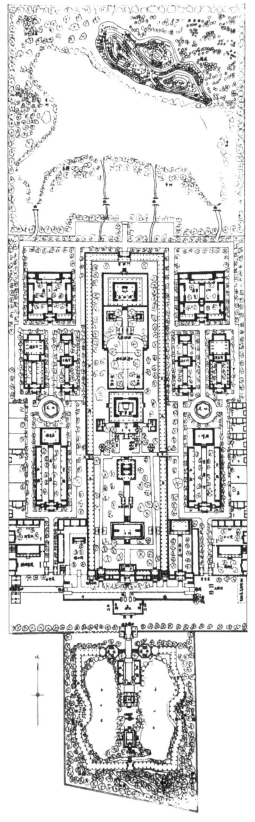

图5-2-6　解州关帝庙平面图

（五）解州关帝庙

关帝庙是为纪念三国蜀将关羽的忠义行为而建，以宣扬封建统治阶级倡导的忠孝节义，同时也是为配合孔庙的建造而倡导兴建的，以形成文襄武弼之势。明代初年，罗贯中的一部《三国演义》使富有传奇色彩的关羽成为民间妇孺皆知的英雄，被誉为勇武和忠义的化身，是儒家所宣扬的忠义典型人物，成为朝廷和民间共同供奉的神明。

据庙内现存《重修关帝庙记》记载："万历初建麟经阁（春秋楼）二十八楹，高九丈，翼以二楼，廊七十四……增筑东西门、钟鼓楼"。万历四十八年（1620年）于庙前空隙地创建莲池、莲亭、道院等，并栽植桃柳花木，形成结义园的雏形。至此，关帝庙的格局得以完善，形成全国武庙之冠，规模空前宏大。清康熙四十一年（1702年），关帝庙遭火焚，"千年胜地，荡为瓦砾，荒凉丘墟，神人俱灭"，庙内原有建筑、塑像、壁画和碑碣几乎全部被焚。之后锐意修复，历经多方努力和多次兴建，至清嘉庆十四年（1809年）大功告成，庙貌威严如故。嘉庆二十年（1815年），解州又遭地震之难，春秋楼破坏尤其严重。道光四年（1824年）开始修复，但因资金不足，没有进行彻底维修。同治九年（1870年）再次对春秋楼和庙内其他建筑进行维修。光绪三十三年至宣统元年（1907—1909年），关帝庙连遭火灾，殃及午门、大门、乐楼、东西角门、东西华门、钟楼、庙外西侧木枋、部将祠、追风伯祠、官厅、崇圣祠及廊房百余间，万幸的是中轴线上的建筑得以完整保存。民国年间，火灾中被焚的建筑陆续补葺完备。

关帝庙南北长500米，东西长216.5米，占地面积约 10.8 万平方米（不包括庙后属地）。在平面布局上，最前为结义园，中部为正庙，后部为寝宫，遵循了中国古代"前朝后寝"的格局。庙宇四周以宫墙垛堞围护，形成封闭式城堡，体现了全国武庙之冠的森严。中轴线上设主体建筑，从南至北依次建有端门、雉门、戏台、午门、山海钟灵坊、御书楼、崇宁殿，轴线两侧辅以木牌坊、石牌坊、钟鼓楼、文经门、武纬门、精忠贯日坊、大义参天坊、钟亭、官厅、官库等建筑近 200 间。其中，端门为明代遗构，面阔三间（13.61米），进深 3.75 米，歇山顶。砖砌门洞三道，高大朴实。端门檐下四周设五踩斗栱，耍头雕龙卷草。雉门面阔三间（14.22米），进深四椽（7.75 米），歇山顶，黄绿琉璃瓦覆盖，并饰以脊兽。明间穿通，两次间在中柱位置砌墙。檐下四周设为五踩双下昂斗栱，耍头外端分别雕刻卷草纹、单云头、龙头等。午门为民国九年（1920 年）所建，面阔五间（26.36 米），进深三间（10.83 米），庑殿顶，黄绿琉璃瓦覆盖。中三间前后敞朗，两梢间在中柱位置砌墙。后台基设石阶踏道，踏道当心间铺设云路，上剔地突起云龙图案，中间为二龙戏珠，四周流云卷草。檐下四周设三踩单翘头斗栱，耍头上雕单浮云。

东西钟鼓楼位于端门与雉门之间的两侧，结构形制大体相同，平面为方形，高二层（17.19 米）。下层为砖砌高台，高 6.25 米，并设东西门洞贯通。楼身面阔三间（8.56 米），四周设檐柱 12 根，内设金柱 4 根。四面沿金柱砌筑砖墙，东西两面辟券洞门一道。两层檐柱柱头上均施额枋和平板枋各一周。楼身上下层檐下均设斗栱，其中上层檐斗栱每面四攒，五踩，前后均施双翘头；下层檐柱头科与平身科形制相同，为三踩单翘头。楼顶形式为重檐歇山顶，黄绿色琉璃瓦覆盖，脊兽吻饰皆备。楼身比例适度，造型挺拔秀丽。

御书楼，原名八卦楼，因康熙皇帝御书"义炳乾坤"而更名。建于高大的方形台基之上，楼身面阔、进深均为五间，平面呈方形，高两层，通高 17.04 米，三重檐，歇山顶，筒板瓦覆盖，瓦件、勾滴和吻兽全部用黄绿色琉璃制成。上下二层皆设围廊和勾栏。底层当心间凸出龟须座一间，上置门楼瓦顶。后檐出抱厦三间，单檐卷棚顶，这种后檐抱厦大于前檐者的形制较为少见。底层和二层楼檐下斗栱形制完全相同，均为三踩单翘头，外观呈"品"字形。三层楼檐下

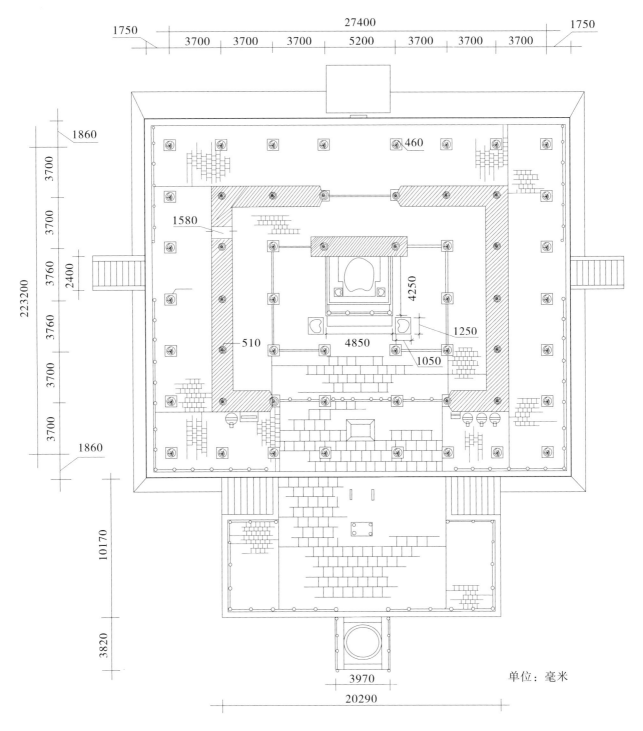

27400

1750 3700 3700 3700 5200 3700 3700 3700 1750

1860

3700

3700

3760

2400

3760

3700

3700

1860

223200

460

1580

4250

510

4850

1250

1050

10170

3820

3970

20290

单位：毫米

图5-2-7　解州关帝庙平面图

柱头科为五踩双翘头。御书楼梁架结构简练，用材经济，望柱、栏板石上布满精美的石刻，增加了楼的雄健和挺秀。

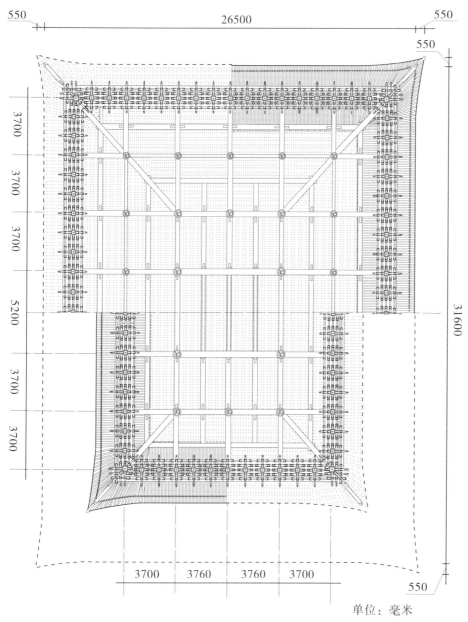

单位：毫米

图5-2-8　解州关帝庙两檐斗栱梁架仰视平面图

1. 崇宁殿

崇宁殿为关帝庙的主殿，位于庙内中轴线后部，造型巍峨，气势恢宏。殿前有御书楼接应，殿阁前后门道畅通，殿后有寝宫中的春秋楼为屏障。殿宇为重檐歇山顶，雕龙柱环列四周，置崇台副阶，月台宽敞，勾栏围护。前面有旗杆、焚炉、华表对峙，三面阶级唯正面当心雕蟠龙云路。

崇宁殿之名源于北宋，据有关方志和典籍记载，它与宋帝赐关圣封号有关。《关圣帝料圣迹图志全集》曰："解州崇宁宫，《古纪》云：宋大中祥符甲寅岁（七年，1014 年），帝（关羽）假阴兵，破蚩尤，复盐池，奉敕修建……庙貌宏丽甲于天下。元祐壬申（七年，1092 年）又敕重修。崇宁中封帝（关羽）为崇宁真君，榜曰：崇宁宫。"解州关帝庙，宋代曾以"崇宁宫"为额。明万历年间封关圣为"协天伏魔大帝"尊号后，庙名遂改为"关帝庙"，但庙内祀奉关圣的主殿却仍以"崇宁殿"为额。迄今，诸多关帝庙中多循此规。

（1）殿宇空间格局

崇宁殿位于关帝庙内中轴线后部，气势巍峨。殿为重檐歇山式，总高 20.32 米。殿周副阶周匝，廊柱石质，蟠艳雕于其上。台明四周有阶级和条石铺压，殿顶黄绿色琉璃覆盖，廊下敞朗，前檐隔扇五楹，四周朱色垣墉矗立。

崇宁殿前面月台宽敞，台周石雕勾栏，台当心设铜案一张，做古式铜质香炉倚案鼎立。月台两侧石台阶各一道，月台正面坡道宽阔，石雕蟠龙和流云满布，形成宫廷云路之制。殿内明间二金柱上雕巨型蟠龙，自底至顶蜿蜒而上，龙头对峙，翘首呼应。殿内当心神龛，雕工精细，玲珑剔透，是清代遗存的小木作精品。龛内关圣帝王装坐像，端庄凝重。龛前供案、香炉、蜡台等，一应俱全。月台前面石雕华表一对，左右分峙。东西两侧有铁铸焚炉各一座。它们为两层八角楼阁式，雕工精致，前面两隅，铜质旗杆对峙，铁狮蹲于其侧。

崇宁殿乃庙院中祀奉关圣的主殿，体量宏大，居其主位。建筑恪守以"礼制"为本的古代建筑规范，体现在建筑群的相互关系和布局上，有诸如五方四象[1]、突出中心、强化中轴、面南为尊等一系列汉民族文化传统"礼制"和历史形成的布局格式。《吕氏春秋·慎势》

---

[1] 五方，即东、西、南、北、中。四象，指古代标志四方或四色的四重灵兽，即左青龙（东方，青色）、右白虎（西方，白色）、前朱雀（南方，红色）、后玄武（北方，黑色）。四方四色以灵兽为象征，四方之内为中，中是统治的象征，也是神权至尊的征兆。中心主位，突出主体，四方维护中心，正是维护统治和神权的表现。这些概念应用于建筑或城池中，大约始于周代。城池之中四角设角楼，中心设高大的市楼或鼓楼，官衙居其正位；建筑群中，四向起翘，中心凸出，前后设以门庑。这些都有五方四象的象征和含义。

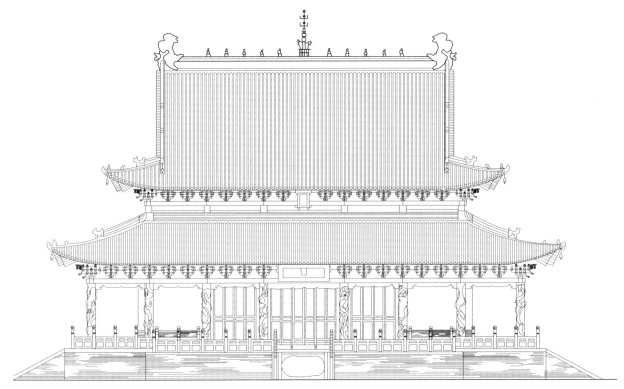

图5-2-9　崇宁殿正立面图

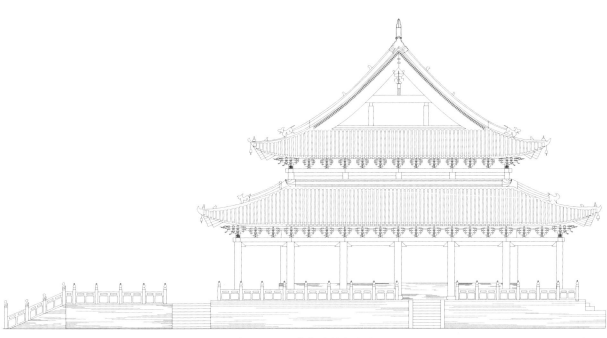

图5-2-10　崇宁殿侧立面图

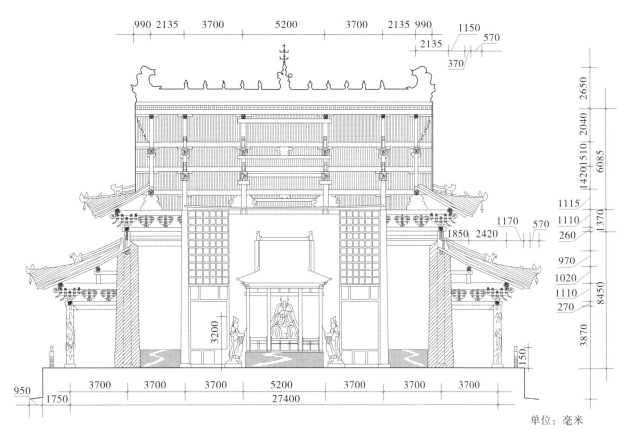

图5-2-11 崇宁殿纵断面图

单位：毫米

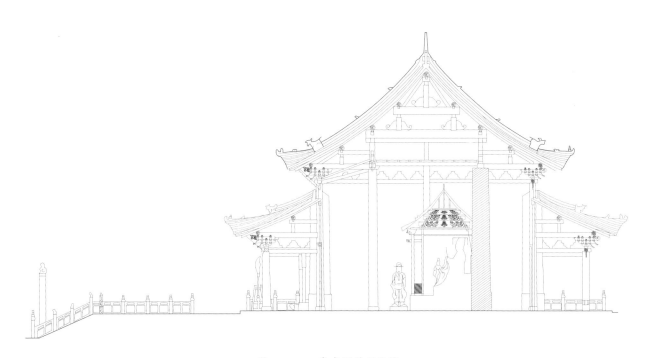

图5-2-12 崇宁殿横断面图

云："古之王者……择国（即都城）之中而立宫。"关圣帝宫（即关庙）的主殿居于中心地位，象征着护国佑民和至尊高贵。

崇宁殿体量宏大，位居当心，地位显赫，气势威严，大有冠于全宫的气概。崇宁殿与周围建筑的间距和高差，是调节庙院建筑之间相互关系和形成空间的要素，布局井然有序，主从有致。崇宁殿前檐距御书楼后檐柱33米，距御书楼当心41米，楼身体量微小。人们若站在御书楼后檐下瞭望，至崇宁殿顶吻端，其视角为20°，若站在御书楼至崇宁殿间庭院当心视之，至檐下视角为13°和18°，至殿顶吻端视角为30°，皆属平缓舒展之列。殿的南面，午门、雉门、端门、结义园等皆为单层建筑，体量较小，间距较远，其高度多是崇宁殿的1/2左右。

崇宁殿北面紧临寝宫。寝宫前部原有圣母殿（即关夫人殿，俗称娘娘殿）、嗣圣殿（即儿子关平、关兴夫妇二殿），1947年被毁，形成一片较为宽阔的隙地，后辟为花坛；寝宫后部为"气肃千秋"坊、刀楼、印楼、春秋楼、厚载门等建筑。其中，"气肃千秋"坊位居正中；刀楼、印楼为二层重檐歇山顶，位居两翼；春秋楼居中轴线最后，二层三檐歇山顶，体量较大。这些建筑与崇宁殿后檐间距分别为：圣母殿29米，"气肃千秋"坊56米，刀楼、印楼66米，春秋楼90米。绕过崇宁殿，迈步进入寝宫，视线豁然开朗。后宫建筑是总体建筑群的尾声，唯春秋楼是这一群体中的最高建筑，体量与崇宁殿近同，高度超过主殿3米有余（总高23.41米）。

崇宁殿两侧廊庑环峙，与廊庑的间距约20米。东华门和西华门在崇宁殿前两侧，遇有庙会人流过多，人们由此而入，恰好至主殿前拜祭关圣。廊庑北部，厚载门位于中轴线尾端，门楼略高。廊庑单层，檐头仅及主殿廊柱脚下，廊庑前檐敞朗，环庙院四周。东西二宫在廊庑之外，前沿与雉门横向平列，后尾与厚载门齐，每宫各有一道轴线，以廊庑后墙为内外分隔。东宫以崇宁宫、三清殿和道众公所为主体。西宫以稷益庙和道正祠为重点，诸道院环列。崇宁宫和稷益庙均距崇宁殿75米，道众公所和道正祠均距崇宁殿98米。各类建筑大者五开间，高者二层，体量和高度皆小于崇宁殿。

崇宁殿与周围建筑在立体空间方面主从得当，体量和高程皆相适宜。崇宁殿檐下副阶周匝，环廊宽阔通畅。殿内进深四间，除了檐墙，前后空间约 13 米；面阔五间，除了两山墙，左右空间约 18 米；殿内无天花，彻上露明造，上下间立体空间约 15 米；当心置神龛一间，宽、深各 4.85 米，关圣帝王装像端坐其中；龛外除了金柱，空间广阔。前檐三间和后檐神龛背面一间，安装棂花密集的隔扇，余皆筑以厚壁，无窗，殿内光线幽暗。步入其中，在深邃的空间和暗淡的光线中，关帝塑像若隐若现，极具神仙气氛。

（2）台基月台

崇宁殿台基是解州关帝庙中最大的台基，殿前月台也是此庙中最醒目的月台。台基总宽 30.86 米，台基总进深 26.34 米，台基随院内自然地平面各有差异，前半部及西侧为 1.76~1.86 米。台基四面砖砌部分露明，通称台明墙。台明以内按柱网分布位置构筑磉墩，余皆不以黏土填实。台基四周靠地面处无土衬石，青砖自基底砌至阶条石（亦称压檐石）以下。台明墙收分甚微，仅 2 厘米，约合 1%，堪称基本垂直。台明上沿四周阶条石铺压，阶条石宽 45 厘米，厚 20 厘米，转角处以方形角石联结。台基上原为方砖铺墁，后因游客踩损严重，将廊下地面改为石板铺设，殿内仍保留方砖地面，前后檐廊柱中缝之外距台明边沿 1.86 米，两山廊柱中线之外距台明边沿 1.75 米，廊下泛水 1%，廊柱中线以外泛水 1.5%，雨后排水通畅。

台明上沿，除了后檐和前檐当心三间为出入通道，其余两山面及前檐两梢间和两尽间皆安置石雕勾栏。前檐次、梢间可见望柱各 7 枚，长身栏板各 6 方，两山面可见望柱各 18 枚，长身栏板各 17 方，望柱之间距离 1.55 米左右。近人于两山面中心处后间卸去栏板各 3 方，增设台阶一道，使山面台明勾栏分作前后两段，从而使两侧面可见望柱各 16 枚，栏板各 14 方。望柱平面方形，高 1.5 ~ 1.6 米，柱头上多数雕蹲狮一尊，但有少量雕蹲猴和化生童子像。栏板长 1.33 ~ 1.45 米，高 1.15 ~ 1.18 米。望柱和栏板直接安装在阶条石上面，栏板两侧雕有边柱，中央刻心柱将板面分成两方，其上刻有上枋和捍杖，隐刻云形栱作承托式，栏板上刻有团龙、行龙、升龙、降龙、二龙戏珠以及狮、虎、麟、人物、花卉等图案，剔地突起做浮雕和半圆雕，图案典雅，手法苍劲。

月台是设置在崇宁殿前面的一个宽敞的平台，高出庭院地平1.6米（一步台阶）。月台总宽20.29米，总深10.17米，平面呈长方形。月台后面与台明前沿衔接，其余三面（即两侧面和前面）皆砌以砖壁。月台两侧靠近台明处，向内收缩砌设"凹"形青石台阶各一道，宽2.76米，无垂带与斜坡勾栏，月台正面当心设云露（又称御路）坡道，宽3.93米，长3.82米。坡道前沿安有土衬石，两侧置垂带，垂带上安斜坡勾栏。坡道上面以青石雕制一个大圆坛，坛内雕二龙戏珠图案，祥云满布，龙体忽隐忽现，坛外上下两沿和转角处雕眷草花卉，龙首较小，额骨隆起，足为四爪，图案中流云无固定格局，卷草宛转自如，豪放有序，四角花饰相似而不绝对相同。

月台上沿，除了台阶、坡道和台明衔接处，余皆置以石雕勾栏围护。月台两侧，栏板各6方，望柱各7枚，依其向内收缩的台阶折角安装。月台正面勾栏，自明间坡道口通行处分成左右两段，每面栏板5方，望柱6枚。正面坡道两侧垂带石上，依坡势安装有斜坡勾栏各3方，望柱各4枚。望柱之间距离，依其月台各段尺度分置，为1.61～1.82米不等。望柱平面呈方形。月台周沿望柱高1.41～1.49米。坡道两侧望柱高度不等，中部两枚各高1.38米，上端一枚高1.53米，下端一枚高1.8米。各方勾栏栏板均高82厘米，长1.46～1.62米，平面呈长方形。栏板下沿浅雕地栿横置，上沿雕撑杖和云墩，栏板两端雕边柱，中间雕心柱一枚将板面间隔成两方。版画上分别浅雕蟠龙、夔龙、丹凤、花卉、人物、禽鸟、狮、麟、虎、吼、兔、羊、鹿、马等图案。雕刻手法和图案与殿身台明上勾栏不尽相同，似乎不是一次或一批匠师雕凿而成。月台前面坡道下端两侧，即斜坡勾栏最底一枚望柱之外，不施斜角卷云和抱鼓石戗固。

（3）柱网与柱

崇宁殿面阔七间，进深六间，重檐歇山式屋顶。通面阔27.4米，前后檐明间宽52厘米，其余两隅次、梢、尽间各37厘米，总进深22.32米，中两间各3.76米，前后四间各3.7米，平面近似方形。台明四面阔度不等，前后檐尽间廊柱中线以外至山面台明外边沿处1.75米，两山面前后边间廊柱中线以外至前后檐台明边沿处1.86米，即前后檐台明比两山面台明大11厘米。殿宇柱网配置规整有序，内外三围。外围为廊柱（清式称檐柱），前后檐可见者各 8 根，两山面可见者各 7 根，周匝 26 根；中围为檐柱（清式称老檐柱或重檐金柱），前后檐可见者各 6 根，两山面可见者各 5 根，周匝 18 根；殿内金柱一围，前后槽各 4 根，两山面各设中柱 1 枚，周匝 10 根。柱底各设柱顶石 1 枚，鼓式，高 25~30 厘米，鼓石下平盘为方形。廊柱下鼓式柱顶石直径 53 厘米，底面平盘每面长 88 厘米；檐柱下鼓式柱顶石直径 57 厘米，底面平盘每面长 96 厘米；金柱鼓式柱顶石直径 64 厘米，底面平盘每面长 1.08 米。廊柱（清式称檐柱）为石质，平面为圆形，每柱雕蟠龙一条，柱高 3.37 米，直径 46 厘米，高径之比为 1:8.4。廊柱蟠龙与柱身乃一块石料剔地突起雕造而成。前檐柱蟠龙为圆雕，凸出柱身平面约 2/3 以上；两山面及后檐柱上蟠龙为半圆雕，龙体虽有凸起，但不类前檐柱上龙体显著，凸起程度约超出柱身平面 1/3 以上。龙首向上，蟠绕柱身。前檐柱上多数蟠龙龙首至柱顶端而转折向下，呈降龙姿态；两山及后檐柱上蟠龙，盘绕向上，无折首状，呈升龙之势。龙长 5.4 ~ 5.88 米不等，龙首不大，躯体姿态不拘一格，龙尾不分叉，雕造手法略显粗犷。根据碑文记载，廊柱为明嘉靖三十七年（1558 年）雕造。

檐柱（即重檐金柱，亦称老檐柱）一周，除前檐明次三间和后檐当心间因安装隔扇柱子露明可见外，余皆筑入檐墙以内。柱子为木质、圆形，柱高 8.2 米，柱直径 51 厘米，高径之比为 1:16.8。殿内金柱高 9.6 米（后槽金柱高 9.9 米），柱直径 56 厘米（后槽柱直径 54 厘米，山面柱直径 52 厘米），高径之比为 1:17.1。与清代官式建筑相比，崇宁殿内金柱用材颇为经济。《工程做法则例》规定："重檐金柱柱径 7.2 斗口。"以此推算，崇宁殿每斗口 10.5 厘米，按柱直径 7.2 斗口计算，折合 75.6 厘米，实物仅 51 厘米或 56 厘米。与之相同的实例，在山西金、元、明木结构建筑中都可以见到，如朔州崇福寺金建弥陀殿，殿内后槽金柱（包括山面及前槽两次间柱）高 9.57 米，柱直径 50 厘米，高径之比为 1:19；崇福寺弥陀殿前槽四金柱（次间中线上二金柱及前槽两端角柱），因减柱移柱后跨度增大，荷载加剧，柱径略有加大，即柱高 9.57 米，柱径 68 厘米，高径之比为 1:14，与《工程做法则例》规定相比甚小。再如洪洞广胜下寺，元建前殿和大雄宝殿殿内金柱直径皆小，前殿金柱高 4.95 米，柱径 40 厘米，高径之比为 1:12；大雄殿檐柱高 5.65 米，柱径 38 厘米，高径之比为 1:14.6；大雄殿金柱高 5.95 米，柱径 50 厘米，高径之比为 1:12。此两殿均为减柱移柱造，金柱荷载较正常构造之金柱增大 1/2，前殿仅有 2 根金柱，金柱荷载增约 1 倍。前殿近 5 米高的柱子，柱直径仅 40 厘米，后殿近 6 米高的柱子，柱直径仅 50 厘米，诚属瘦柱之列。运城盐池神庙建有 3 座大殿，殿内金柱高径之比为 1:14.5；平遥双林寺大雄宝殿，殿内金柱高径之比为 1:14；太原多福寺大雄宝殿，殿内金柱高径之比为 1:15。

廊柱柱头上，顺开间置额枋各一道，两端插入柱头内，前檐额枋正面玲珑剔透，雕制成华丽的通间雀替，枋之两端下面以龙首或龙尾形式制成短替，用以承载额枋榫头剪点。两山面及背面额枋无雕饰，高 35 厘米，厚 9 厘米，尚不及斗口宽度，形状有金元建筑上的阑额之制，但用材较薄。前檐额枋高 38 厘米，厚 18 厘米，前面厚 12 厘米为透空镂雕，图案既有行龙、升龙、降龙、夔龙、二龙戏珠，又有人物、流云、禽鸟、花卉，还有狮、麟、马、鹿等，设置华美，层叠有序，刀工苍劲，龙兽皆具灵性。额枋背面木板仅厚 6 厘米，饰以木雕，周檐柱头上施平板枋一道，平板枋断面 26 厘米见方。这是檐头承负平身科斗栱的主要构件。

重檐金柱柱头上，顺开间施额枋、垫板、平板枋 3 件，额枋和垫板两端均插入柱头内，平板置于其上。额枋断面高 22 厘米，厚 12 厘米，厚度略大于斗口，额枋四角抹楞，微显装饰之意。垫板断面高 24 厘米，厚 8 厘米。平板枋断面 26 厘米见方。三者叠构于顺开间柱头中心线上，共同承负周檐斗栱和檐部荷载。平板枋每间一材，于柱中心线上直缝对接。三者又是柱间联络材，用以稳固柱头位置，防止柱身倾倚。转角处额枋、垫板皆不出头，平板枋出头亦较短。

（4）斗栱

崇宁殿两层檐下各施斗栱一周，顺建筑开间依柱头、平板枋中线横向布列，规整有序。崇宁殿斗栱用材虽然不大，但还保持着一定的结构功能，对内缩短梁枋的净跨荷载，对外承托伸出廊柱或檐柱以外的屋檐，承上启下，传递着檐头全部荷载。

崇宁殿廊檐下的斗栱，分布于周檐柱头、补间和转角处。柱头中心平板之上各施柱头科（即柱头斗栱）1 攒。转角处柱头上平板枋搭交中心点置角科（即转角斗栱）各 1 攒。柱与柱之间于平板枋上置平身科（即补间斗栱），前后檐明间开间较大，置平身科各 3 攒，其余前后檐次、梢、尽间及两山面各间，置平身科各 2 攒。在外观上，廊檐下正背两面斗栱可见者各 23 攒，两山面斗栱可见者各 19 攒。周檐斗栱柱头科 22 攒、平身科 54 攒、角科 4 攒，廊檐总计 80 攒。崇宁殿上层檐下的斗栱布列方法和每间攒数，与廊檐下的斗栱相同。所谓上檐，即减去四周回廊各一间后凸出廊庑上的殿身檐部，面阔五间，进深四间。上檐斗栱，前后檐可见者 17 攒，两山面可见者 13 攒。周檐斗栱共 56 攒，其中柱头科 14 攒、平身科 38 攒、角科 4 攒。上下两檐斗栱之和为柱头科 36 攒、平身科 92 攒、角科 8 攒，总计 136 攒。斗栱分布均匀，间距基本相等。上下两檐前后明间平身科 3 攒，斗栱空当间距 1.3 米，其余正、侧、背面各间平身科各 2 攒，斗栱空当间距皆为 1.23 米。

斗栱构造，上下两檐完全相同，为五跳双下昂，要头雕以龙首和单浮云。根据斗栱的不同位置、功能和构造，每层皆设以柱头科、平身科和角科 3 种，前檐柱头科和平身科近同，两侧面和背面各科与前檐略异。前檐柱头科，五跳双下昂，坐斗上向前面伸出的两层为下昂，昂身微薄，昂首卷头作如意式，后尾为双翘头（即重栱），昂上和翘头上皆置十八斗承托里外拽瓜栱、万栱和厢栱，两层昂和后尾两翘头上为厢栱与要头相交，前面要头雕龙头式，张口前伸，口内衔着一颗宝珠。后尾要头雕饰为斜刹线略向内幽页的蚂蚱头式。内外各跳间距皆 28.5 厘米，前要头伸长 51 厘米，后要头 38 厘米，前要头外伸部分（即龙头部分）特高，为 29 厘米，接近 3 斗口之和，龙首脑门（即上沿）与挑檐枋上沿平齐，要头和厢栱交叉卯口上，驮着挑檐枋和挑檐桁。坐斗口内左右横施正心瓜栱和正心万栱，栱头上皆置槽升子；前后第一层昂和第一层翘头上，分置内外拽瓜栱和内外拽万栱，栱头上皆用三才升；第二层昂和第二层翘头上，分置内外厢栱和要头十字相交。各栱上皆施枋材一道，正心枋、挑檐枋和内拽枋断面为正方形，边长 10.5 厘米，井口枋较其他枋材断面微大，恰是栱子断面一材，高 12.5 厘米，宽（即厚）10.5 厘米。上檐正心枋与挑檐枋之间安有盖斗板，将双步梁外伸部分和斗栱上面的椽子、望板隐蔽其中。斗栱上的双步梁，前端与挑檐枋和挑檐桁相触，内外拽枋和算程方插入梁身两侧。平身科耍头上枋材横置，前端挑檐桁贯通，无双步梁叠压，余皆与柱头科相同。

两山面和后檐柱头斗栱，亦为五跳重昂，后尾作双翘头，昂嘴斜向截取，不作卷云如意式，耍头外伸部分高32厘米，超出挑檐枋之上，在结构上形成防止挑檐桁外闪的戗墩，简洁而有效。耍头后尾蚂蚱头式不作内颤。其余与前檐柱头科相同。两山面和后檐平身科斗栱和横枋上无双步梁叠压，余皆与柱头科相同。

两檐角科，自坐斗口内向正侧两面各出下昂两层，殿身前俯昂嘴为卷云如意式，侧面和后檐昂嘴皆为琴面式，昂嘴斜向截取不作装饰，昂的后尾为正心瓜栱和正心万栱，正如《工程做法则例》中所指：搭角正翘头（此殿为昂）带正心瓜栱，搭角正头昂带正心万栱。第一、二跳昂之上十八斗口内十字搭交向左右伸出下昂一道、耍头一枚，其层次与坐斗口内伸出的第二跳下昂和耍头相平，昂和耍头的后尾为正侧两面外拽瓜栱和万栱。此即清式建筑中的"搭角闹头昂后带单材瓜栱，搭角闹蚂蚱头后带单材万栱"。两者不同的是，清式规定外拽瓜栱和万栱皆为单材，而此殿角科皆为足材，与正心瓜栱、万栱相同。第二跳昂上把臂厢栱外端至转角斜线上交叉后，伸至正侧两面制成翘头承负随檩枋和挑檐桁尽头处。转角45°斜线上出角下昂两跳，前檐两角下昂为卷云如意式，后檐两角下昂为琴面式，昂头斜向截取无装饰，角昂后尾皆为斜角翘头。昂上和翘头上各置十八斗一枚，承斜角耍头。角昂后尾翘头上十八斗口内，横置异形栱各一道，栱材较薄，雕单浮云。角耍头外端伸长雕象鼻子，后尾作蚂蚱头。廊檐下的角科耍头后尾蚂蚱头斜线微向内凹，上檐角科耍头后尾蚂蚱头雕刻斜线无颤。殿前面各攒斗栱耍头雕饰龙头，上下两檐略有差异。

斗栱用材，大斗上宽38厘米，下宽27厘米，上深30厘米，下深22厘米，总高23.5厘米，其中耳高9.5厘米，腰高4.5厘米，底高9.5厘米。权衡大斗比例，深度不足，耳、腰、底高度适当，底刹斜面尚存早期内幽页遗风，体量实际用材偏小，仅及唐、辽时期殿堂斗栱中交互斗和散斗规格，显系清式。十八斗上宽、上深各16厘米，

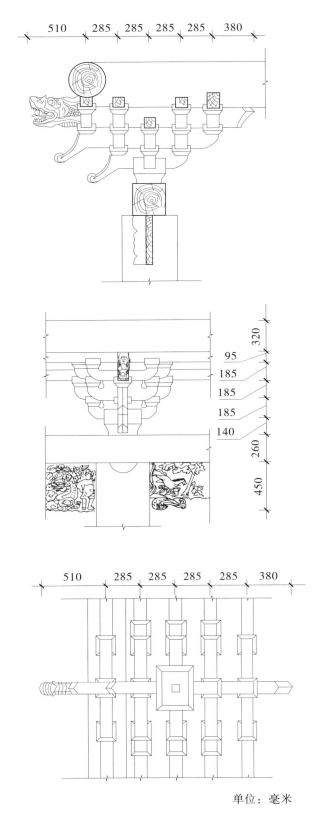

单位：毫米

图5-2-13 崇宁殿前廊檐柱头科斗栱大样图

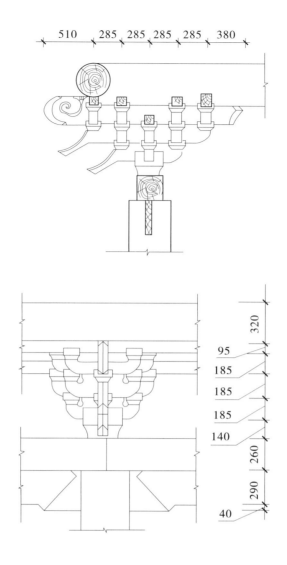

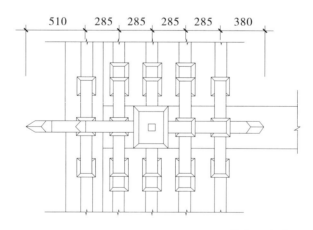

单位：毫米

图5-2-14 崇宁殿后檐、山面一层柱头斗栱

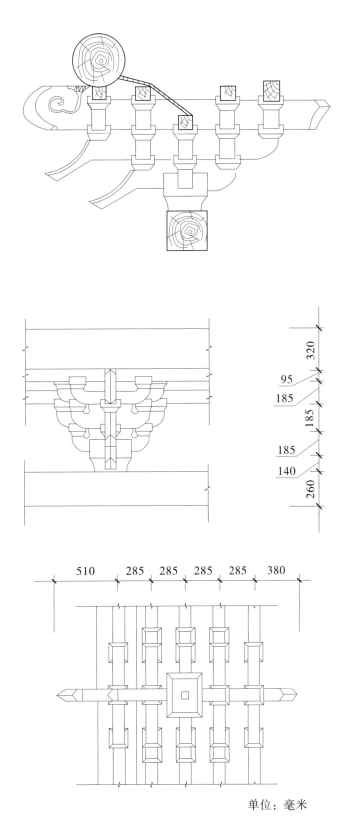

单位：毫米

图5-2-15　崇宁殿后檐、山面一层平身科

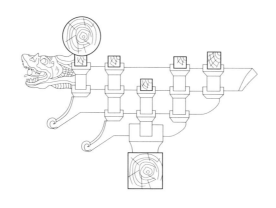

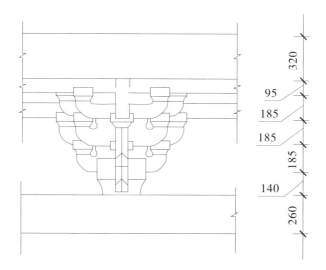

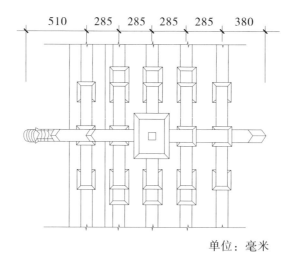

单位：毫米

图5-2-16　崇宁殿前檐一层平身科

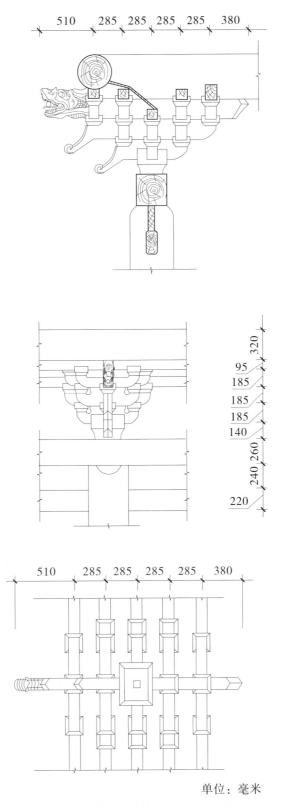

510 285 285 285 285 380

320
95
185
185
185
140
240 260
220

510 285 285 285 285 380

单位：毫米

图5-2-17 崇宁殿前檐二层柱头科大样图

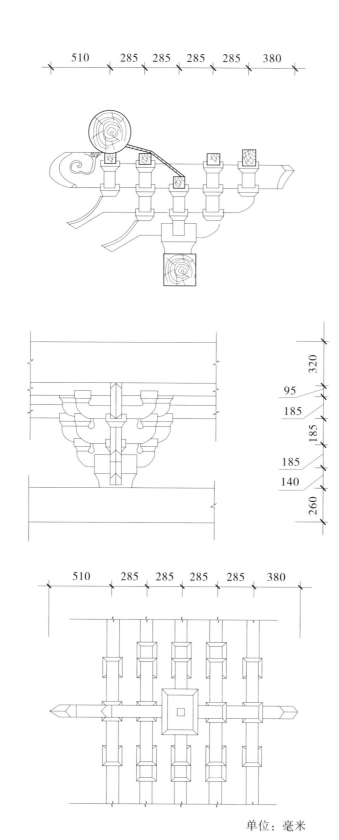

510 285 285 285 285 380

320
95
185
185
185
185
140
260

510 285 285 285 285 380

单位：毫米

图5-2-18 崇宁殿后檐、山面二层平身科大样图之一

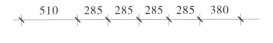

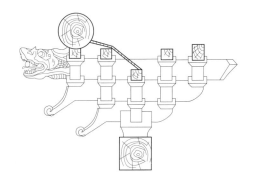

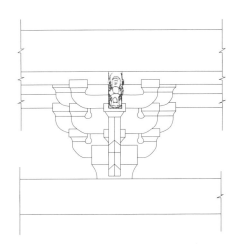

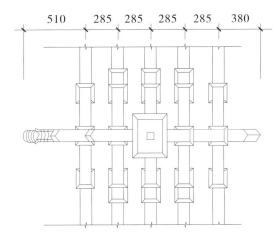

单位：毫米

图5-2-19　崇宁殿后檐、山面二层平身科大样图之二

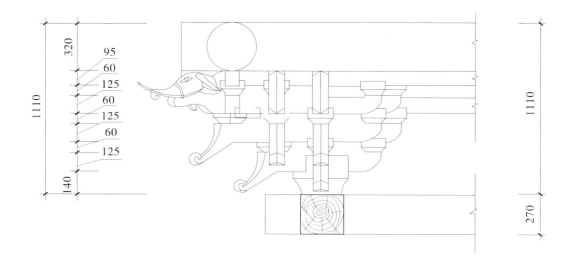

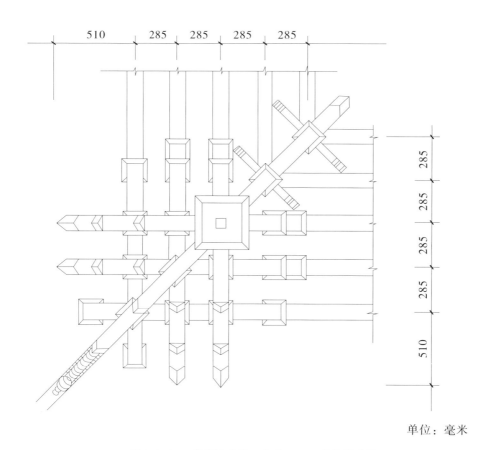

单位：毫米

图5-2-20　崇宁殿后檐、山面一、二层角科斗栱

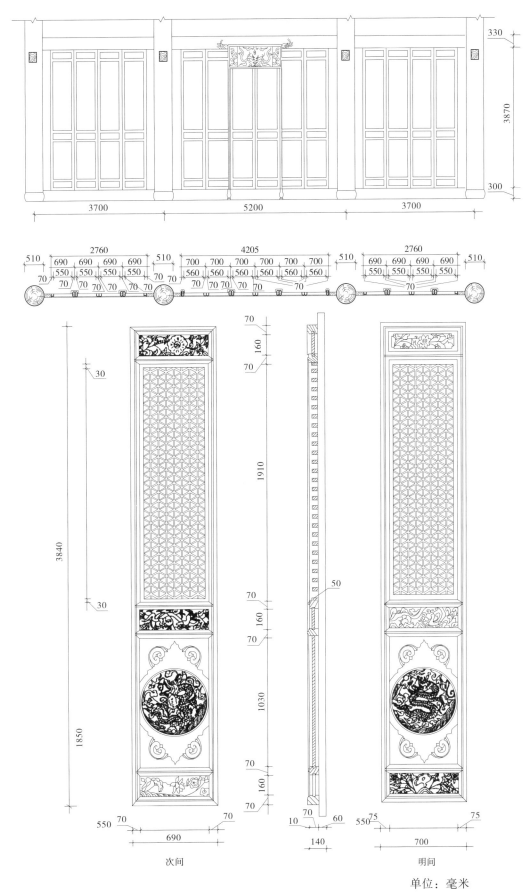

330

3870

300

3700　　　　　5200　　　　　3700

510　　2760　　510　　　4205　　　510　　2760　　510

690 690 690 690　　　700 700 700 700 700 700　　690 690 690 690

550 550 550 550　　560 560 560 560 560 560　　550 550 550 550

70　70 70 70 70 70　　70 70 70 70 70 70 70　　70 70 70

70

30

3840

30

1850

1910

160

160

1030

160

70

70

70

70

70

70

70

70

70

50

140

10　70　60

550　70　　　70

690

次间

550 75　　　75

700

明间

单位：毫米

图5-2-21　崇宁殿前檐明、次间隔扇大样图

下宽、下深各 11 厘米，与清式斗栱中十八斗相比较，宽、深尺度相同。十八斗总高 8.5 厘米，其中耳高 2.5 厘米，腰高 2.5 厘米，底高 3.5 厘米。此斗底大于耳槽升子和二才升的规格尺寸，与十八斗完全相同，装配在各攒斗栱上颇为规整，制作和安装时亦较为方便，但与《工程做法则例》中的规定不相符合，为地方匠师做法。各栱长度相等，正心瓜栱、内外拽瓜栱、厢栱皆 68 厘米，正心万栱和内外拽万栱皆 98 厘米，厢栱长度偏短。多数栱的断面相同，如正心瓜栱、万栱、内外拽瓜栱、万栱、翘头和昂等，高皆足材，为 18.5 厘米，宽（即斗口）10.5 厘米，高宽之比为 1.8:1。所谓足材，即十八斗、槽升子和三才升腰底部位的高度与下层栱连为一体，一材制成，其断面较单材高 6 厘米。此制与清式规定内外拽瓜栱、万栱用单材的做法不符。内外厢栱断面高 12.5 厘米，宽 1 斗口（10.5 厘米），为单材，高宽之比为 3:2.5，较宋、元建筑栱枋断面 3:2 高度显矮。正心瓜栱和正心万栱的断面厚度（即宽度）与内外拽瓜栱、万栱的相等，昂和翘头的断面厚度也和瓜栱、万栱的等同。

斗栱出跳，前后各两跳，每跳跳距 28.5 厘米，柱中线向外仅两跳，即 56 厘米处置随檩枋和挑檐桁，柱头斗栱上压双步梁，周檐相同。

（5）梁架

崇宁殿为重檐歇山顶，体量宏大，四周围廊，梁架结构亦分为廊庑梁架和殿身梁架两部分。廊深一间，廊檐为单面坡屋顶，结构简洁。殿身九檩四柱歇山式，金柱设于前后两槽，梁架置于檐柱斗栱和金柱之上。

廊庑梁架的檐柱斗栱上用双步梁一道。梁的前端上半部与挑檐桁相接，下半部垫于挑檐桁下，与随檩枋和耍头超出厢栱部分相连，梁身依进深架于斗栱横枋和耍头背上，后尾插入檐柱（即重檐金柱，亦称老檐柱）之内，双步梁背上腰间立童柱承单步梁，单步梁外端搭于童柱之上负廊下金桁，后尾贯入檐柱（即重檐金柱）之内，檐柱上架廊步承椽枋，廊下花架椽后尾贯入并钉在枋上。梁架之下即柱头平板枋位置，于檐柱和廊柱间施穿插枋一道，前端与平板枋搭交，后尾插入檐柱腰间，用以固定廊柱位置，加强内外柱间联络，稳定荷载与传递功能，四向相同、各转角处施斜角双步梁一道，其上立童柱负金桁交点，角檐处施老角梁，架于挑檐桁和金桁交点上，老角梁后部接续角梁，插入檐柱中。老角梁背上负仔角梁，斜出外伸较大，呈角檐翚飞之势。廊庑梁架断面是双步梁，为不规则圆形，即自然材剥皮后略加砍制而成，直径 35 厘米；单步梁断面长方形，高 22 厘米，宽 14 厘米，高宽之比近于 3:2；童柱断面方圆不等，多数圆形，直径 20～24 厘米；穿插枋断面高 22 厘米，宽 16 厘米，高宽之比 3:2.2。廊下挑檐桁直径 30 厘米，金桁直径 30 厘米，金桁下随檩枋甚小，断面方形，边长 10.5 厘米，与斗口尺度等同。

殿身梁架为九檩四柱式。九架梁分前中后三段，前后槽金柱以外为双步梁承重，内槽两金柱之间为五架腰梁，结构简洁。前后槽檐柱与金柱之间的双步梁，负着檐步和下金桁步架上的荷载，双步梁外半部压在前后檐柱头斗栱上，端头处削成碗口，下一半坐于挑檐桁下，与耍头超出厢栱部分相触，上一半抱于桃檐桁内侧。双步梁内端前后两槽略有不同，前槽金柱柱头上坐大斗一枚，大斗两侧置额枋各一道，大斗与额枋上沿相齐置平板枋，前槽双步梁后尾插入前金柱柱头平板枋下大斗之中，尾榫穿过大斗压在金柱以内五架腰梁下，制成蚂蚱头，且斜线略向内颤，如宋、元建筑上的楷头之制。前双步梁之下，在檐柱和前金柱头上撑斜戗一根，用以稳定柱头间距，强化荷载与传递功能。后槽双步梁后尾，因金柱上无斗栱，梁尾插入金柱柱头之内，上一半与五架腰梁相触，下一半隐于柱头卯口中，金柱与檐柱柱头之间无斜戗。双步梁上腰间，立瓜柱负单步梁。单步梁外端搭在瓜柱头上负载下金桁步架上的荷载，尾端贯入前后槽金柱平板枋上的瓜柱腰间。单步梁断面较小，几乎无碗口弧颤，为稳固下金桁接点，于梁外侧前后槽各斜撑托脚一枚，下脚撑于双步梁外端背上，上端通过单步梁梁头卯口直戗于下金桁接点处，简洁而严谨。托脚之制，乃唐、宋建筑上的固有构件，就全国来言，元代已不应用，明代也已绝迹，崇宁殿为清代重建，仍保留托脚负重，堪称古风犹存。

前后槽金柱以上是梁架的中心部位，通称内槽，其上梁木三层，结架简练有力。两槽金柱柱头上构造略有不同，功能和效果亦有差异。前槽金柱头上坐大斗，额枋卡于大斗两侧，平板枋布于其上，加上金柱与檐柱间的斜戗，金柱位置与垂直程度相对稳定。后槽金柱柱

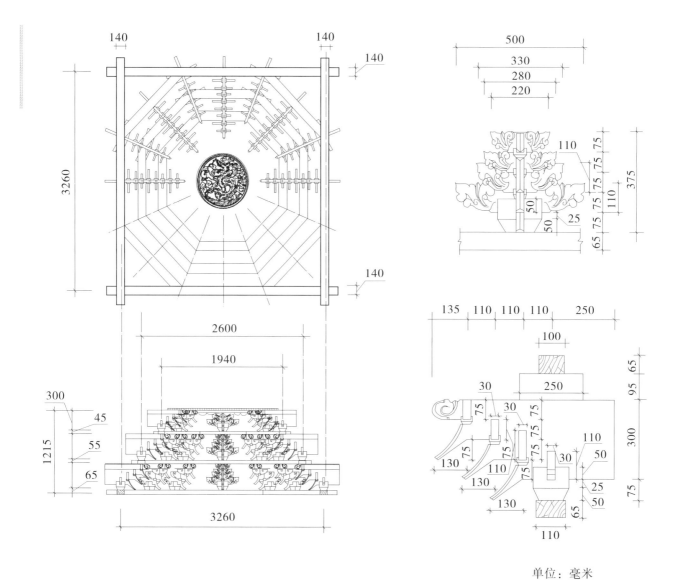

单位：毫米

图5-2-22 崇宁殿内神龛斗栱藻井大样图

头上无大斗和额枋，仅施平板枋一层横布其上，金柱与檐柱间亦无斜戗支撑，金柱柱身和柱头的稳固性较弱。前槽额枋高 46 厘米，厚 12 厘米，平板枋高 16 厘米，宽 35 厘米，额枋和平板枋断面呈"丁"字形，极似宋、元做法。前后金柱柱头上，置九架梁中段的五架腰梁，腰梁前端与大斗和平板枋相交，后尾大部分插入后槽金柱柱头内，上沿少部分与平板枋连接。前后金柱平板枋之上各立瓜柱一枚，高及两桝，直承于五架梁和随梁枋以下。瓜柱下半部顺开间施大角背稳固。角背宽 1.82 米，高 80 厘米，两侧刻槽形卯口，瓜柱卡于其中。角背高超越瓜柱身长之半，角背上云形卷瓣对称，为殿宇梁架中纵向艺术性构件，极富装饰效果。

瓜柱上端随梁枋依附于五架梁之下，枋两端与瓜柱上垫墩搭交，五架梁搭在两瓜柱垫墩上，负中金枋和中金桁步架。五架梁之上立瓜柱 2 枚，大角背贯于瓜柱之中，承负上金枋和三架梁。角背卷云式，宽 1.78 米，高 71 厘米，角背高度约合柱高的 4/5，在横向梁缝上颇为醒目。三架梁设置于瓜柱顶部上金枋搭交处背面，梁两端负上金桁。三架梁上中心处立脊瓜柱一枚，骑于角背中心，上承脊枋、脊垫墩和脊桁，脊桁和脊垫墩两侧施大叉手斜戗于三架梁两端。三架梁（又称平梁）上设置大叉手戗固脊枋和脊桁。

两山面金柱与檐柱之间施顺扒梁。扒梁外端结构与前后槽双步梁相同，架于斗栱上，与山面挑檐桁和耍头相触，后尾插入金柱侧面柱头内。顺扒梁上腰间施大驼墩（亦称驼峰），承负山面采步金和山面单步梁（亦称下金桁处顺扒梁）外端，山面檐椽后尾搭钉在采步上，单步梁超出采步金的梁头，压在山面檐椽后尾下，内端贯入金柱平板枋上的两架瓜柱腰间。采步金上设瓜柱，高 2 桝，上承太平梁、雷公柱、大叉手和脊桁外端，结构规范而合理。转角处施老角梁和仔角梁，老角梁前端架于正侧面挑担桁转角搭交处，后尾压于下金桁转角交点下，仔角梁负于老角梁背上，外端微翘并斜向前伸，形成翼角单飞之势。

梁架构件用材颇为经济，除了瓜柱下角背高宽尺度偏大而无负重作用，其余各种负重构件的断面皆小。前后槽双步梁多为圆材，直径 26 ~ 35 厘米。单步梁断面长方形，高 22 厘米，宽（即厚）14 厘米，高宽之比为 3:2，与前后槽双步梁平行的二金柱间五架腰梁（亦称随梁枋，又称附梁、腰梁）为前后柱间联络材，负重功能较小，承天花、支条和自身荷载。梁身纤巧，断面高 28 厘米，宽 24 厘米，接近方形。金柱平板枋上瓜柱高两架，上承五架梁和中金桁步架荷载，断面阔 33 厘米，厚 27 厘米，宽厚之比为 5:4。五架梁断面高 55 厘米，宽 43 厘米，高宽之比为 5:4，与清式断面比例规定基本相符。五架梁下随梁枋，高 24 厘米，宽 23 厘米，断面接近方形。三架梁断面接近圆形，直径 49 厘米。脊瓜柱断面阔 35 厘米，厚 27 厘米，宽厚之比为 4:3。大叉手断面阔 20 厘米，厚 13 厘米，宽厚之比为 3:2。下金枋断面高 16 厘米，宽 20 厘米，高宽之比为 5:4。中金枋断面高 22 厘米，宽 16 厘米，高宽之比为 3:2.2，接近早期襻间枋断面比例。上金枋高、宽皆 21 厘米，脊枋高、宽皆 23 厘米，两枋断面皆方形。山面顺扒梁断面圆形，直径 35 厘米；驼墩上单步梁断面圆形，直径 28 厘米；采步金断面圆形，直径 32 厘米；太平梁断面圆形，直径 38 厘米；老角梁断面高 30 厘米，宽 24 厘米，高宽之比为 6:5；仔角梁高 20 厘米，宽 18 厘米，高宽之比为 10:9；檐桁、金桁直径皆 32 厘米，唯脊桁略粗，直径 35 厘米。权衡梁架用材，断面偏小，计算合度，约合《工程做法则例》规定的梁架构件断面的 1/2，其中三架梁断面约合清式规定的 2/3，五架梁断面约合清式规定的 1/2，其余构件断面皆小于清式规定的 1/2。

（6）举架与出际

殿顶举架，分下檐与上檐两部分。下檐即廊庑屋檐举架，上檐即殿身屋面举架。廊檐瓦顶为单向披水（即单面屋架），廊下进深两架，自挑檐桁当心至檐柱（即老檐柱或重檐金柱）中心间距 4.27 米，总举高 1.99 米，合四七举。若以双面屋架计算，廊檐举架总举高为前后挑檐桁之间的 1/2.13。其中，檐步进深 2.42 米，举高 1.02 米，合四二举；金步进深 1.85 米，举高 97 厘米，合五二举。举高适度，排水流畅，无陡峻之感。

殿身屋顶举架，分前后两坡，每坡四架，两山面各一架，举高与前后檐步单架相同。殿顶屋架进深，即前后挑檐桁中心间距 16.06 米，挑檐桁上皮至脊桁上皮总举高 6.12 米，合 1/2.84 举。其中，檐步一架进深 2.14 米，举高 1.12 米，合五二举；下金桁以上步架，进深 2.14 米，举高 1.42 米，合六六举；中金桁以上步架，进深 1.85 米，举高 1.51 米，合八二举；脊步架进深 1.91 米，举高 2.04 米，举高超过进深，合十七举。从已测绘的诸多实例中得知，山西清代建筑的总举高多为前后挑檐桁之间的 1/3 举或 1/2.9 举，达到 1/2.8 举者甚少。崇宁殿屋顶举高 1/2.84 举，当属陡峻之列。

崇宁殿两山出际完全符合清式规定，采步金架设于山面挑檐桁和两次间梁缝以外间距当心，其上太平梁、雷公柱垂直叠架。

（7）瓦顶与脊饰

崇宁殿瓦顶分上、下两檐。下檐为廊庑瓦顶，上檐为殿身瓦顶，全部瓦顶皆黄绿色琉璃构件布列而成。廊庑进深一间，瓦顶两步架，周檐沟头为饕餮纹饰，三角形滴水刻兽面纹。

殿身瓦顶为歇山式，前后坡椽子 4 架，两山面椽子 1 架，与前后坡檐步平齐。殿顶正脊长 16.85 米，脊身高 88 厘米，两端耸立着大吻，大吻高 2.25 米，宽 99 厘米。

戗脊位于殿顶下金桁转角处，自垂脊下半部向翼角伸出，脊长 2.62 米，高 38 厘米，上端连接于垂脊外侧，下端安戗兽各一枚。戗兽行龙式，四爪趴伏于两侧云头上，昂首翘尾作奔腾状。崇宁殿戗兽座高 28 厘米，兽长 68 厘米，高 88 厘米。戗脊前面有岔脊通向角檐外端。

（8）小木作装修

崇宁殿隔扇，明间 6 页，两次间各 4 页，规格大小略同。隔扇以下设下槛一道。隔扇 6 抹，总高 3.84 米，每扇宽 70 厘米。腰间绦环板下抹约为隔扇总高的 2/3。裙板和下抹头为隔扇总高的 1/3。大边宽各 7 厘米，抹头与大边宽厚相等，周边安装子桯，各宽 2.5 厘米，内置槟花裙板，宽皆 51 厘米。

天花板，古称平棊。崇宁殿仅前后槽以内明、次三间上部安放天花板和支条，其他前后槽和山面金柱以外（即外槽）无天花板。崇宁殿天花板四周无帽儿梁和贴梁，而是将支条直接安附于前后槽金柱子板枋上和次间外缝五架腰梁上。支条断面 11 厘米见方，纵横十字搭交，支条上沿两边刻槽，天花板嵌于槽内。天花板档板 75 厘米见

方，板材厚 3 厘米，由 3~5 条板材拼接而成，板块背面两道横带固定，
构造简洁。

2. 春秋楼

春秋楼，又称麟经阁，是供奉"关圣夜读《春秋》像"的阁楼，
在庙宇后部的寝宫北端。按纪念性庙宇设置，寝宫位置建春秋楼，如
祠宇性建筑当中的讲习堂、演习所、读书台之类，但规模宏大，气势
巍峨。春秋楼面阔七间，深六间，二层三楼歇山式屋顶，通高 23.41 米，
挑柱悬空，结构奇巧，藻井华美，雕刻精丽。

图 5-2-23　关帝庙春秋楼

春秋楼是关帝庙后部寝宫中现存的主要建筑。李维贞撰《解州重
修关庙记》碑云："至明弘治间，岁春秋祀著为令，嘉靖末地震更修。
万历初建麟经阁二十八楹，高九丈，翼以二楼，廊七十四间。"清康
熙四十一年（1702 年），庙内火灾，所有建筑焚毁无余。次年，圣
祖玄烨巡车解州，发帑金一千两重修，历时十年。康熙五十二年（1713
年），"自春秋楼起，依次创修……厥功告成，其势不减于初"。嘉
庆二十年（1815 年），解州一带发生 6.7 级地震，烈度约 9 度，城垣、
仓库、民宅皆塌毁，关帝庙内建筑在这次地震中多遭摧毁，春秋楼
也在毁坏之中。道光四年（1824 年）曾兴工修缮，因春秋楼工程浩大，
仅暂时支撑维护，未予大修。咸丰九年（1859 年），叶筱珊、杨铁臣、

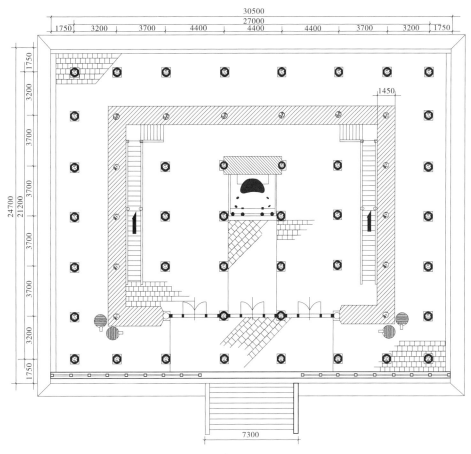

图5-2-24　春秋楼一层平面图

程立斋等人筹措资金，于同治六年（1867年）兴工，同治九年（1870年）告竣，"不唯春秋楼仍复旧观，凡庙宇、廊房、牌门、楼阁，靡不焕然一新"。

（1）台基

春秋楼的台基全部用青砖砌筑而成，沿廊柱（又称檐柱）、老檐柱、金柱砌基础三围，柱础布列其上。台基四边砌台明一周，依台明上沿铺压檐石一道，台明以内的各空当处全部用素土填实，上面（即台基表面）以方砖平整铺墁。台基总宽30.5米，总进深24.7米，四面廊柱中线以外至台明边沿处1.75米。台明前沿安有石勾栏一列，台基前面设有宽广的阶级踏道，两侧垂带外沿间距7.3米，超越明间宽度而延至两间1/3处。踏道深3.4米，青料石砌筑，侧面垂带偏窄，中置台阶9级。勾栏每面长11.5米，分别各置栏板8块、望柱9枚，望柱和栏板下面以压檐石为地栿，柱栏矗立其上。望柱高1.4米，柱头上雕刻有蹲狮、金猴、化生童子等。栏板长1.22米，高80厘米，上面刻有栒杖、云墩，下面栏板中置心柱，将板面分为左右两方，栏板上雕刻有蟠龙、动物、飞禽、人物和历史故事等图案。

（2）楼身平面及柱网设置

春秋楼为二层三檐九脊式屋顶，面阔七间，进深六间，柱列三围，环廊一周，规模之巨，冠于四周。

楼身底层面阔七间，通面长 27 米，进深六间，总进深 21.2 米，宽深之比为 9:7。前后檐明间和两次间各面阔 4.4 米，两梢间各面阔 3.7 米，两尽间各面阔 3.2 米。两山面各间较前后檐开间略小，当心四间各 3.7 米，前后边间各 3.2 米。檐步（即廊下）及殿内依开间列柱，楼身底层平面纵向柱子 8 列，横向柱子 7 列，楼内外全部柱子 56 根。其中，廊柱（亦称檐柱）26 根，老檐柱（即分两段倚墙撑至三层檐下的金柱）18 根，殿内金柱一围 10 根，殿当心明间两侧金柱 2 根。底层楼身依老檐柱砌墙，墙厚 1.45 米，除了前檐明间和两次间装置隔扇外，余皆筑以厚壁，无窗，楼内光线幽暗。老檐柱除了装置隔扇处 4 根敞露外，其余全部筑入墙内。墙体全部砖砌，略负承重功能。因楼层较高，柱子偏细，置砖墙辅助承重。楼内两侧，依山墙设置有大木楼梯两道，按左右分别上二层。

二层楼身平面较底层有明显变化。老檐柱和楼内金柱依底层柱网布列，廊柱（亦称檐柱）和安装隔扇的撑柱变化较大。二层楼身面阔七间，通面阔 25.2 米，进深六间，总进深 19.4 米。前后檐明间、两次间、两梢间和进深方向的当心四间与底层开间相同，柱网按底层布列，上下垂直对应。尽间（即围廊一间的宽深）偏小，仅 2.3 米，廊柱较底层向内收缩近 1/3，四面等同。在前檐两次间和后檐明间以外，于廊柱和老檐柱之间加设安装隔扇的撑柱一列，致使檐下廊柱形成两列，并倚撑柱安装隔扇，楼层平面随即发生相应的变化。

二层楼身檐墙，除了前檐明间、两次间和后檐明间安装隔扇外，余皆砌砖墙围护。东西两山面墙上，于中心前间位置处各开设随墙门一道，墙体厚 1.2 米，供出入之便。楼身内外柱子均较底层柱子增加很多，其中外檐安装隔扇撑柱 16 根，依柱装配隔扇 108 页，将二层楼身墙体全部遮蔽；楼内神龛前后增设金柱 4 根，依柱矗立木壁隔扇，将二层神龛分为前后两室。二层楼身柱子总数达 76 根。解州关帝庙春秋楼上层柱子较下层柱子增加 20 根之多。楼内增设的金柱径高均与其他金柱等同，廊下隔扇撑柱亦与廊柱直径近同。

（3）柱、额、枋

春秋楼底层柱子，分别为廊柱、老檐柱和金柱 3 种。老檐柱高 6.72 米，柱直径 48 厘米，高径之比为 16:1。楼内金柱，亦按上下两层分别设置。底层金柱柱头上，设斗栱承托楼身腰梁。金柱高 7.18 米，柱直径 50 厘米，高径之比为 14.4:1。金柱之上无额枋、平板枋和穿插枋相互联络。

春秋楼二层柱子的构造较为复杂。廊柱悬空，柱底端垂吊在楼板下 1 米处，内侧楼身腰梁插榫挑承，廊柱底雕莲蕊，呈垂莲柱形式敞露檐外。廊柱全高 4.09 米，楼板以上柱高 2.72 米，廊柱直径 33 厘米，以柱全高计，高径之比为 12.4:1；按楼板以上柱高计，高径之比为 8.2:1。二层楼廊下安装隔扇的撑柱。撑柱位于廊柱和重檐金柱之间，柱底安放在楼板上，由楼楞木和楼板承负，上端顶在二层廊檐单步梁下，在结构上并无较大的承重作用，只是用以架设上下门槛和装配隔扇。撑柱高 3.52 米，柱直径 28 厘米，高径之比为 12.6:1，与廊柱全长的高径之比近同。二层重檐金柱（亦称老檐柱，柱身直通楼顶上层檐下）矗立在楼身腰梁上，白地板向上直承于第三层檐部平板枋以下，通高 5.69 米，柱直径 36 厘米，高径之比为 15.2:1。二层楼内金柱高低不等，柱高分别为 6.39 米和 7.95 米。

二层楼内金柱柱头上，均不按常规设置额枋和平板枋，而是以穿插枋形式稳固金柱位置。穿插枋的位置，前后槽及山柱在柱头向下 70 厘米处，明间当心三柱在柱头向下 1.2 米处。穿插枋皆为圆材，直径 16～18 厘米。除了明间，前后槽和两山面金柱都是顺开间施以穿插枋贯固，外向与重檐金柱间亦用穿插枋联结，转角处加施斜角穿插枋一枚，与重檐角金柱连贯固定。平板枋断面高 20 厘米，宽 30 厘米，高宽之比为 2:3，这种设置是其他建筑上所未曾见到过的。

（4）斗栱

春秋楼上的斗栱，分布于三层楼檐下各面、二层围廊下面的挑梁撑柱之上、上下两层楼内金柱柱头处和二层当心藻井四周。由于各处斗栱部位和结构形制不同，每处斗栱的功用也各有侧重。

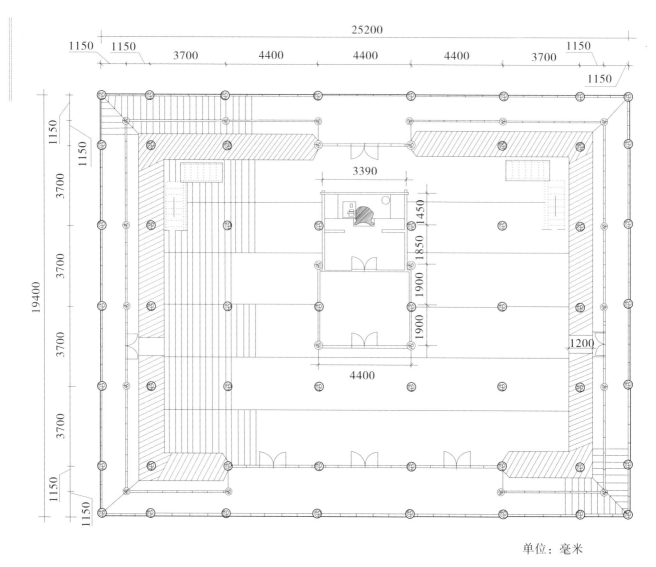

单位：毫米

图5-2-25　春秋楼二层平面图

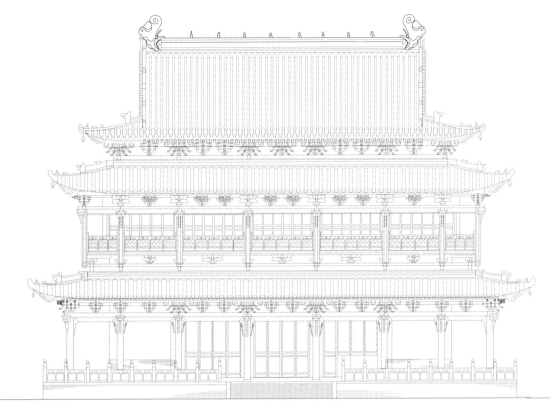

图5-2-26 春秋楼正立面图

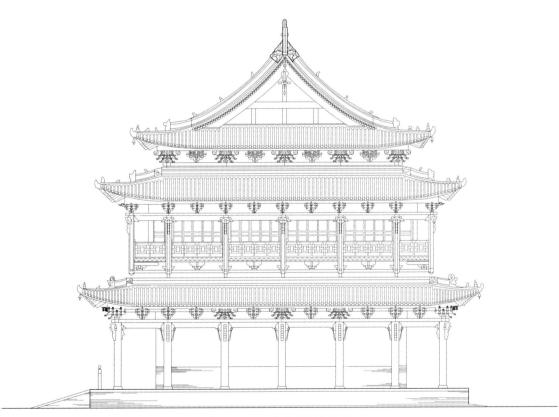

图5-2-27 春秋楼侧立面图

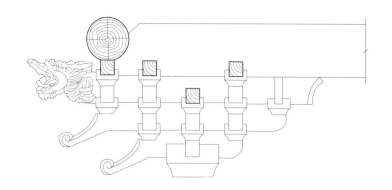

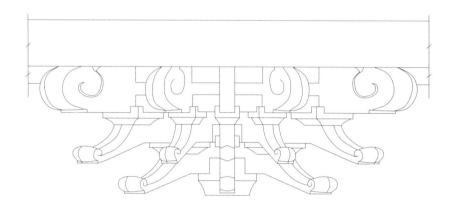

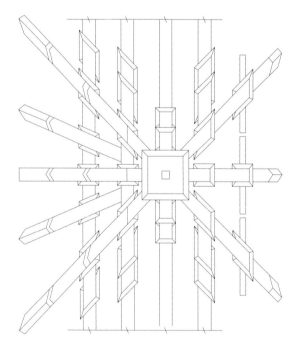

图5-2-28 春秋楼一层柱头科大样图

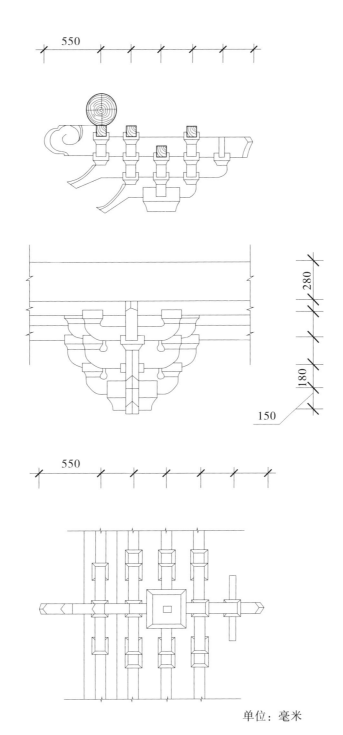

550

280

180

150

550

单位：毫米

图5-2-29 春秋楼一层平身科大样图

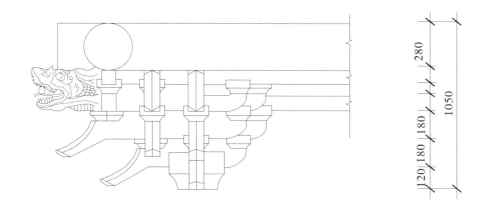

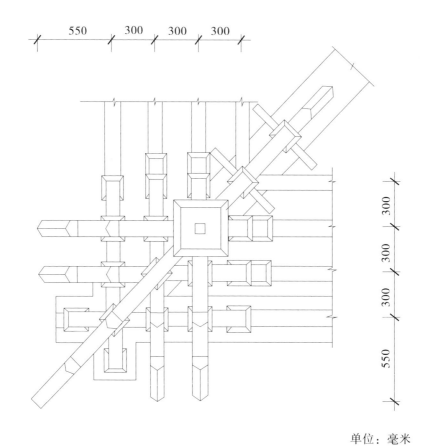

单位：毫米

图5-2-30 春秋楼一层角科大样图

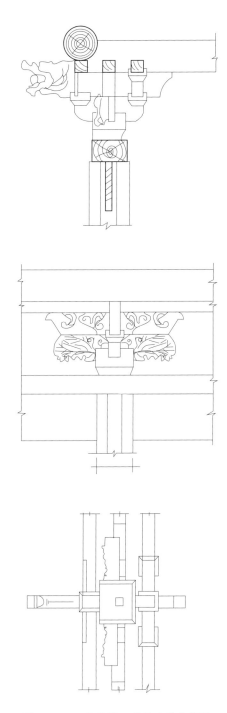

图5-2-31 春秋楼二层柱头科大样图

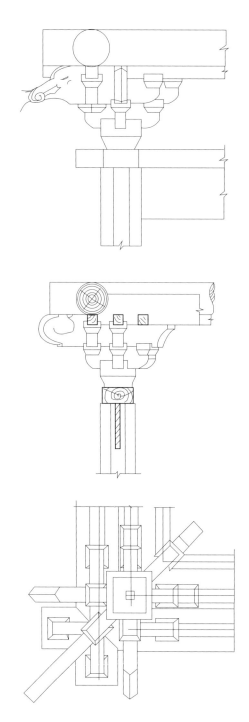

图5-2-32 春秋楼二层角科大样图

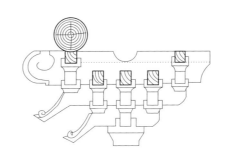

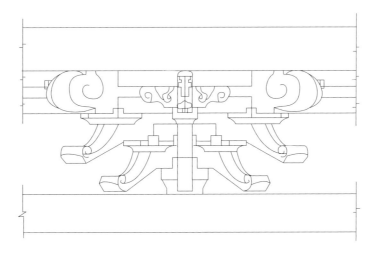

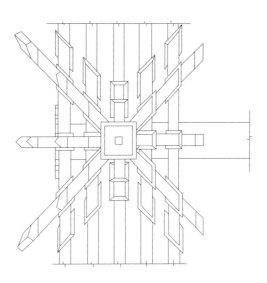

图5-2-33　春秋楼三层柱头科大样图

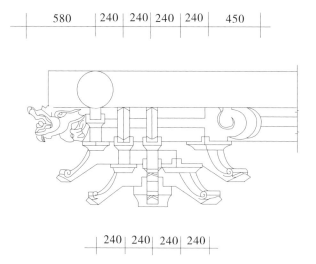

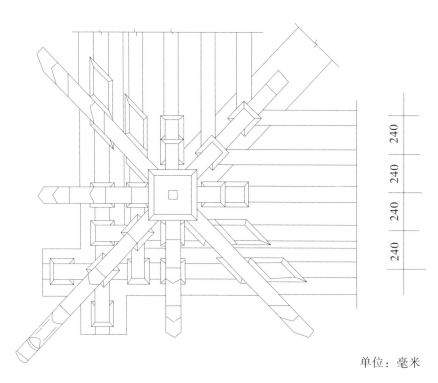

单位：毫米

图5-2-34 春秋楼三层角科大样图

楼身底层廊柱上设斗栱一周。依其各攒斗栱分布位置和构造的不同，分柱头科、平身科和角科 3 种。柱头科中，前后檐明间、两次间和两山面中两间又与其他柱头科相异，共计 4 种。前后檐明、次间和两山面中两间柱头科为五跳双下昂，昂头如意式，耍头雕龙首（两侧面耍头刻单浮云），与第一跳下昂平行，左右出斜昂各一跳，与第二跳下昂平行，在外拽瓜栱上面左右再增出斜插昂各一跳，形成前面正斜昂五缝，昂头皆出斜如意卷云，昂上皆置斜耍头，耍头上雕单浮云。外拽瓜栱、万栱和厢栱皆加长伸至斜昂以外，两端栱头砍制成斜面，且斜面向内。斗栱后尾出双翘头。后尾第二跳正斜 3 个翘头上皆安异形栱。里拽瓜栱和万栱皆加长伸至斜翘头以外，栱头砍制成斜面，亦斜面向内。前后檐梢间和两山面前后边间柱头科为五跳双下昂，大斗口内仅正出下昂两跳，无斜昂，昂嘴上如意卷云甚小，耍头龙首式，后尾出双翘头，第二跳翘头上安异形栱，耍头蚂蚱形微作内弧。柱间平身科斗栱的分布，前后檐明间和两次间各 2 攒，梢、尽间和两山面各间皆 1 攒，规制近同，为五跳双下昂。前面耍头雕龙首，两山及背面耍头刻单浮云，昂嘴琴面式，上沿微雕小如意卷云，以求与柱头科协调一致。角科正侧两面与梢间柱头科相同，大小口内出两跳下昂，即搭角正头昂，后尾为正心瓜栱，搭角正头昂（上跳），上置耍头；正侧两面外拽栱伸长为搭角闹头昂，后尾带瓜栱，万栱伸长制成昂上耍头；正侧两面厢栱伸长制成把臂厢栱，托于挑檐桁和随檩枋下。45° 角线上出角昂一缝，两跳，上置斜角耍头雕龙首，其他正侧两面耍头皆刻单浮云。角科昂嘴全部琴面式，弧弯较薄，嘴尖斜翘起，无如意卷云。底层廊下斗栱用材，斗口 9 厘米。两跳下昂、正心瓜栱、万栱、内外拽瓜栱、柱头科厢栱皆足材，高 18 厘米，宽 9 厘米，高宽之比为 2:1。内外拽瓜子万栱和平身科厢栱用单材，高 11 厘米，宽 9 厘米，前后出跳跳距各 30 厘米。大斗规格，上沿宽、深 37 厘米 × 34 厘米，斗底宽、深 28 厘米 × 26 厘米；十八斗上沿宽、深 16 厘米 × 16 厘米，斗底宽、深 12 厘米 × 12 厘米；各升子上沿宽、深 15 厘米 × 15 厘米，升底宽、深 11 厘米 × 11 厘米。

楼身二层环廊上的斗栱分上下两围。二层楼廊平板枋之上，倚檐设斗栱一周。柱头科后尾翘头上承厢栱，栱上耍头蚂蚱形，弧弯明显内凹，单步梁叠架其上，梁头伸出檐外作衬头枋。平身科最简单，单翘头上前后置内外厢栱，中心顺开间置正心瓜栱和万栱，上置耍头前端高30厘米，后部高27厘米，正面刻单浮云，后尾单线截成蚂蚱形。角科斗栱，正侧两面与柱头科近同，即搭角正头翘后尾为正心瓜栱，再向前正侧两面皆置把臂厢栱，耍头前端高30厘米，雕单浮云，转角45°角绫上出斜角翘头一枚，耍头为象首。二层廊檐下斗栱用材，翘头、正心瓜栱和万栱用足材，高20厘米；内外厢栱用单材，高12.5厘米；斗口9厘米。翘头全长60厘米，正心瓜栱长64厘米，万栱长94厘米，厢栱外沿长64厘米，内沿长82厘米，前后跳距各24厘米。大斗规格，柱头科和平身科有别。柱头科大斗上沿宽、深34厘米×28厘米，斗底宽、深25厘米×22厘米，总高22厘米；平身科大斗上沿宽、深32厘米×23厘米，斗底宽、深22厘米×17厘米，总高22厘米；十八斗与升子相同，上沿宽、深16厘米×15厘米，底面阔、深10厘米×10厘米。

楼身三层檐下斗栱为五跳双下昂，实为四跳，除了正心瓜栱和万栱外，内外拽瓜栱上无万栱，即内外横栱各少一枚。柱头科大斗口内正出下昂两重，左右各斜出下昂两枚，厢栱与耍头相交，承随檩枋和挑檐桁。斗栱后尾双翘头，置厢栱与后尾耍头相交。三层檐下角科与众不同，正侧两面大斗口内下昂两重，搭角正头昂后尾为正心瓜栱，搭角正头昂（第二跳）后尾带正心万栱，外拽瓜栱伸长挑于厢栱之下，不作昂形。45°角线上出角斜昂两重，上置角耍头。各栱后尾皆为翘头。45°角昂在角大斗中心与正侧两面斜昂90°对角十字搭交，斜昂伸在角科正面两侧，正出下昂内侧，形成正面两侧一缝正昂、两缝斜昂的格局。把臂厢栱较柱头科伸长，托于随檩枋和挑檐桁下。角科耍头（包括正斜两种耍头）形式，除角科45°角耍头雕龙首吞珠外，其余全部刻单浮云。三檐下斗栱用材高18厘米，头跳下昂全长88厘米，二跳下昂全长1.36米，正心瓜栱长64厘米，正心万栱长94厘米；外拽瓜栱柱头科长1.42米，平身科长82厘米，厢栱柱头科长2米，平身科长82厘米；内外出跳，跳距皆24厘米。大斗上沿宽、深32厘米×32厘米，斗底宽、深25厘米×25厘米，总高23厘米。十八斗上沿宽、深16厘米×16厘米，斗底宽、深11厘米

×11厘米；各升子上沿宽、深15厘米×15厘米，升底宽、深11厘米×11厘米，总高10厘米；斗口宽9厘米。权衡三檐斗栱用材断面，大头小于底檐，栱子断面小于二檐，二檐乃楼顶主檐。

底层楼内金柱12根，各金柱柱头上全部施以斗栱承托腰梁，斗栱构造相同。柱头上坐大斗，斗口内前后出双翘头，左右出正心瓜栱和万栱，上置十字形替木，高度与栱材等同，两端亦砍作栱形。

二层楼内金柱柱头上，亦全部用斗栱承托梁栿，前后槽及两山面金柱头上坐大斗，斗口内出十字异形栱，栱上置平板立童柱和华墩，童柱和华墩上面再置大斗，斗口内顺开间设襻间枋，前后施异形栱，上承五架梁。二层楼内梁架上斗栱用料全部足材，栱断面多为高20厘米、宽10厘米，大斗上沿宽、深36厘米×32厘米，斗底宽、深28厘米×22厘米。

（5）梁架

根据春秋楼楼身构造，分上、下檐廊步梁架，层间腰部梁架，楼身顶部梁架四个部分。

底层廊檐梁架是在廊柱柱头内侧与额枋平行施穿插枋一道，内端贯入老檐柱腰间，外端搭在廊柱（即檐柱）柱头卯口内，伸出柱外部分雕饰龙头。廊檐斗栱上施双步梁一道，内端插入老檐柱内，外端搭在檐头斗栱耍头上，与檐枋和挑檐桁相触，连接内外。双步梁上腰间，立童柱承单步梁，梁尾插入老檐柱内，前端搭在童柱上承金桁。老檐柱腰梁之下，顺开间安承椽枋一道，廊檐脑椽后尾搭钉其上，转角处双步角梁承重，梁内端插入老檐角柱内，外端搭在角科斗栱耍头上，与檐枋和挑檐桁搭结点相触，其上童柱承单步梁。大角梁自挑檐桁交接点上外伸，后尾伸至廊檐下承金桁转角接点，设童柱支撑梁尾、大角梁上负仔角梁。仔角梁后尾接续角梁伸至金桁搭交处，其上接由戗至老檐柱处，插卯相连，矮柱支撑。底层廊下梁架构件用材，穿插枋断面高24厘米，宽8厘米。双步梁断面高、宽皆35厘米，正方形；单步梁断面高24厘米，宽20厘米。承椽枋断面高23厘米，宽21厘米，高宽之比接近方形；大角梁断面高34厘米，宽33厘米，几近方形；仔角梁断面高24厘米，宽23厘米，亦近方形；续角梁和由戗断面高、宽皆22厘米，正方形。

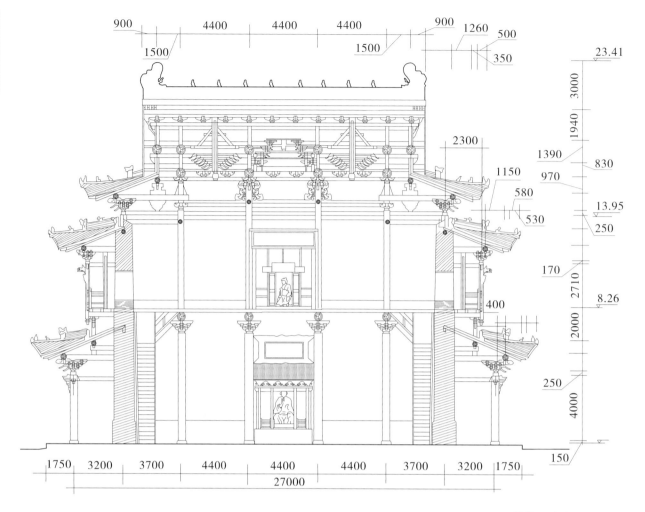

単位：毫米

图5-2-35 春秋楼纵断面图

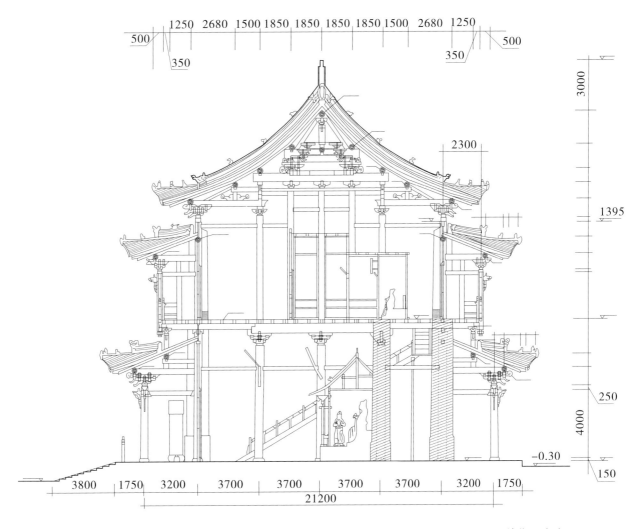

500 1250 2680 1500 1850 1850 1850 1850 1500 2680 1250 500

350 350

3000

2300

1395

250

4000

−0.30

150

3800 1750 3200 3700 3700 3700 3700 3200 1750

21200

单位：毫米

图5-2-36　春秋楼横断面图

二层廊柱悬空，柱上端仍承负着额枋、平板枋、斗栱和廊檐，柱下端垂至楼板和腰梁以下，没有与梁、柱等承重构件垂直接触。廊柱所承受的檐部荷载未能直接输送到地面，而是转嫁给其他构件传承。廊柱下端内侧与老檐柱和楼身腰梁相对应，前后檐自楼内前后槽金柱上伸出的三架腰梁通过老檐柱上端伸至檐头，以榫卯插入廊柱之内；两山面单步腰梁自老檐柱柱头中线伸至檐外，亦插入廊柱之中，从下部挑承着廊柱柱身，形成悬柱挑梁之制。挑梁下面于廊柱中线向内 40 厘米处，设童柱支撑，童柱下端矗立在底层围廊金桁交点处和单步梁上沿，童柱上端设额枋、平板枋和斗栱。

廊柱内侧与额枋平行依进深方向施穿插枋一道，将廊柱上端与重檐金柱联构一体。斗栱以上架单步梁，梁尾插入重檐金柱内。重檐金柱上部顺开间架承椽枋，廊檐转角处，单步角梁贯通内外。单步角梁以上安大角梁，自挑檐桁交点上伸出檐外，后尾施矮墩垫托。二层廊檐梁架用材，廊柱下端挑梁断面高 38 厘米，宽 32 厘米，高宽之比约 6:5；腰梁下童柱圆形，直径 26 厘米；穿插枋断面高 20 厘米，宽 8 厘米，高宽之比约 5:2；单步梁断面高 27 厘米，宽 22 厘米，高宽之比约 5:4；承椽枋圆形，直径 25 厘米；大角梁断面高 25 厘米，宽 33 厘米，高宽之比约 5:6.5；仔角梁断面高 24 厘米，宽 22 厘米，高宽之比为 6:5.5；续角梁断面高、宽皆 22 厘米，方形。

楼身底层上部（即底层与二层之间），于楼内金柱柱头斗栱上架腰梁四道，前后搭在老檐柱头上伸至檐外，上置楼楞木和楼板。腰梁分前后三段，中一段为五架梁，前后两段各为三架梁，横跨前后槽和廊檐步架。两山面自老檐柱柱头上架单步梁伸至廊架外檐，梁上亦架楼楞木和楼板。五架腰梁断面圆形，直径 52 厘米；前后槽三架梁断面高 38 厘米，宽 32 厘米，高宽之比约 6:5；两山面挑承廊檐的单步腰梁断面高 28 厘米，宽 24 厘米。廊下支撑腰梁外端的童柱圆形，直径 26 厘米；楼楞木断面高 17 厘米，宽 15 厘米。

楼顶梁架的前后金柱与檐柱间依进深方向设穿插枋相连，明间两侧依进深方向各有柱子一列，每列 7 根，亦用穿插枋前后联结。柱头斗栱上，前后槽施双步梁，梁的内端架于前后槽金柱柱头科当心。梁尾上面与前后槽金柱垂直对应，设瓜柱和华墩各一枚，柱上架额枋、平板枋承五架梁。单步梁外侧设托脚一枚，斜插于双步梁上皮至单步梁外端下金桁接点处。五架梁下腰间，有明间中心柱、增设的前后二金柱（共3根）及斗栱支撑梁身，金柱上端施额枋和平板枋，枋上置大斗，斗口内出十字相交的异形栱承负于五架梁底皮。五架梁上中部架井口枋，上承明间当心藻井。五架梁上前后1/4处，立瓜柱、合楷承三架梁，瓜柱头上顺开间施有额枋和平板枋，梁头上架金枋和上金桁。三架梁上中心安合楷和脊瓜柱，柱上置大斗，斗口内横向安异形云栱，前后间安丁华抹颏栱，上承脊枋和脊桁、脊瓜柱两侧，顺梁缝安大叉手两枚，通过丁华抹颏栱两端卯口斜撑于脊枋和脊桁两侧，下端开设脚卯贯入梁背。两次间梁架，前后槽金柱上仅施瓜柱而无华栱，瓜柱柱底坐于山面双步梁内端上面，柱头上依进深方向仍施以额枋和平板枋，上承大斗，斗口内十字异形栱承五架梁。两次间三架梁以上架井口枋，承托着垂吊的华丽藻井，余同明间。

楼顶梁架用材，金柱之间穿插枋圆形，直径16~18厘米；前后槽双步梁断面高、宽皆35厘米，正方形。前后槽单步梁断面高24厘米，宽20厘米。托脚断面高16厘米，宽8厘米。五架梁断面因结构需要，上下砍制成平面，形成扁圆形，高50厘米，宽65厘米。三架梁圆形，直径50厘米。两山面双步梁断面高35厘米，宽32厘米。双步角梁断面微大，高36厘米，宽34厘米。大角梁断面，与山面双步梁相同。仔角梁断面高24厘米，宽22厘米。承椽枋断面圆形，直径28厘米。瓜柱皆圆形，脊瓜柱直径30厘米，前后槽金柱襻间枋上瓜柱直径28厘米，其他瓜柱直径多为23厘米；三叉梁上大叉手断面高20厘米，宽10厘米。井口枋断面高28厘米，宽24厘米。

（6）小木作装修

春秋楼隔扇乃明清隔扇中较为简朴的一种形式。底层前檐明间和两次间各装隔扇4页，上下设门槛，两侧置抱框。隔扇每页高3.83米，宽86厘米，高宽之比约4.5:1，6抹，棂花部分偏高，裙板部分偏低，棂花与裙板高度之比为3:2。棂条斜向交叉，织成小菱形空当，腰华板和上下抹头装板上剔地突起花卉图案，裙板刻壶门，当心雕团龙，前檐明次三间和后檐明间各装隔扇6页，依地面置下槛，顶置中、上两槛，两槛之间安走马板。隔扇高2.88米，宽63厘米，高宽之比

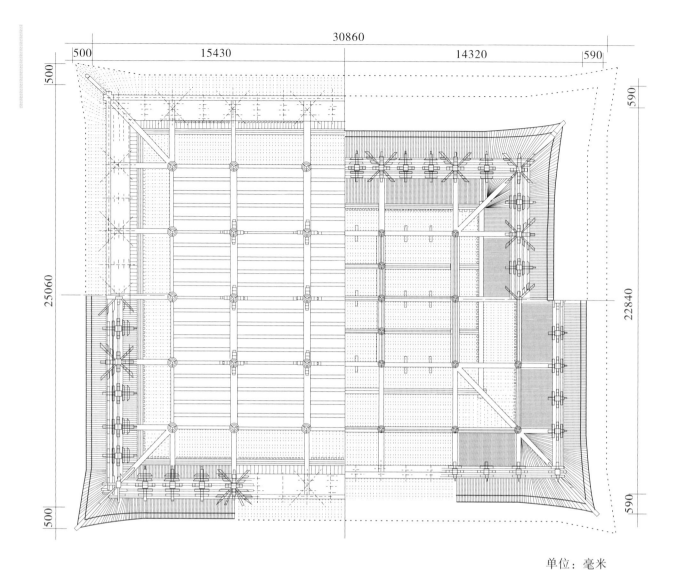

30860

500　　　　　　15430　　　　　　14320　　590

500

590

25060

22840

590

500

单位：毫米

图5-2-37　春秋楼仰视平面图

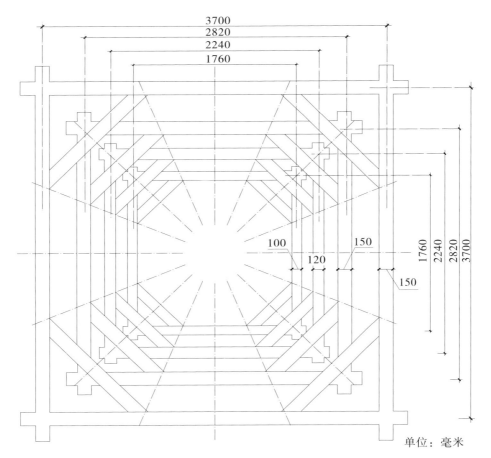

单位：毫米

图5-2-38 春秋楼二层明间藻井斗栱分位图

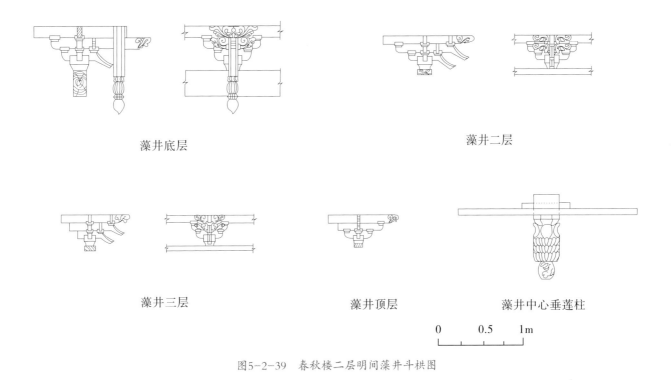

藻井底层　　　　　　　　　　　　　　　藻井二层

藻井三层　　　　　　　　藻井顶层　　　　　　藻井中心垂莲柱

0　　　　0.5　　　　1m

图5-2-39 春秋楼二层明间藻井斗栱图

约 4.6:1，6 抹。前檐格扇棂条横竖搭交，形成正方形空当，空当较底层稀疏，棂当占用面积比例为 1:2。后檐隔扇以竖向直棂为主，上下抹棂各 3 横，腰间横棂 4 抹。二层除了前檐明次三间和后檐明间，周檐皆筑以厚壁，依壁体外侧装隔扇 108 页。

（六）常平关圣祖祠

关羽，汉时解梁常平里（今运城市常平村）人。村西侧有关圣祖祠一所，俗称关帝家庙，是我国现存最早的关庙之一。解州，古曰解梁。常平村，昔日坊里制时名常平里，古属河东郡管辖。汉唐之际，解虞县名屡经变迁。至五代时，始置解州。宋金时期，属永兴军或宝昌军。元复州名。明属平阳府，清升为隶州，今属山西运城市。关圣祖祠为民间创建，乡里修葺。明代以前，地方官吏多不介入此祠的修建事宜，仅朝拜而已。关圣追封"伏魔大帝"后，祠宇逐渐扩大，依照庙堂格局，前朝后寝，廊庑布列两侧，木石牌坊横置其前，圣祖殿位居最后。古柏峥嵘，花木扶疏，瞻仰和朝拜者一年四季络绎不绝。

据《解州全志·重修常平村关王庙记》记载："王在汉末以赤衷扶弱立，捐躯成仁，于王父母争光显矣。后世崇王以追崇王父母，建祠丰享。秦汉以来，遗碣剥落，生苔委于荒草者岂少也哉！巍然一塔，悉梵宇陈跡也……王扶蜀仗义，讨贼里人，建塔井上而庙制兴。金大

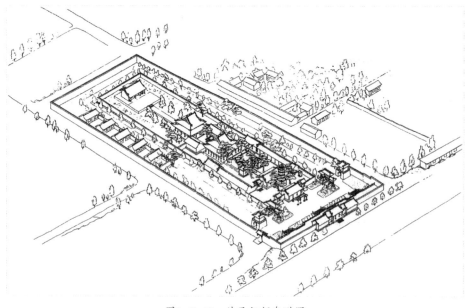

图5-2-40 关圣祖祠鸟瞰图

定十七年（1177年）里人王兴者，创建正殿三间，转互环廊四十间，寝殿三间，仪门三间南向，大门三间北向。"明嘉靖四十四年（1565年）镌刻的《重修解州常平义勇武安王庙记》也有同样的记载："王世为解州常平里人，里有王庙，建自金大定十七年。"可见，关帝家庙始建于金大定十七年。关羽集忠、信、义、勇于一身，历代统治阶级对其加以追封，庙堂不断扩建或重修。据碑刻与志书等史料记载，明成化十二年（1476年），嘉靖三年（1524年）、九年（1530年）、三十四年（1555年）、四十四年（1565年），隆庆二年（1568年），万历二十一年（1593年）、四十五年（1617年），清康熙十二年（1673年）、二十八年（1689年），乾隆二十八年（1763年），嘉庆十九年（1814年）、二十五年（1820年），道光十五年（1835年）、二十九年（1850年），同治九年（1870年）以及民国时期曾多次重修。现存建筑多为清代遗构。关帝庙作为海内外唯一的关公家庙，为拓展和深化关公文化的重要实物载体，对研究关公文化具有独特的价值。

关公家庙坐北朝南，东西长82米，南北长204米，占地面积约1.67万平方米。四周砌筑围墙，庙内古柏参天，肃穆庄严。整体布局沿袭中国古代"前朝后寝"之制，主体建筑沿中轴线而设，自南向北依次建有山门、仪门、献殿、正殿、娘娘殿和圣祖殿；轴线两侧对称建有东西木牌坊、钟楼、鼓楼、祖宅塔、官厅、廊房、碑亭、关平、关兴夫妇殿等建筑。其中，圣祖殿又称始祖殿，于清乾隆二十八年（1763年）由知州言如泗重建。殿内主像为远祖夏忠谏大夫关龙逢，两侧供关圣上三辈、公及祖母像，殿名由此而来。圣祖殿前设月台，殿面阔三间（11.58米），进深四椽（9.86米），前檐设廊，廊深1.37米，悬山顶，筒板瓦覆盖。殿身明间后檐伸出龟须座一厦，以安置塑像，所以殿平面为"凸"字形。檐柱均砌入墙内，额枋垂直搭交。殿内无柱，两山面各设中柱一根。殿前檐明间设隔扇门，两次间设直棂窗。殿内设平綦。殿内佛坛上塑关公始祖忠谏公、曾祖光昭公、祖父裕昌公、父成忠公及夫人像，这种设置为国内关公庙中仅见一例。

（1）祠史沿革

常平关圣祖祠应是我国最早的关圣祠庙。稽考常平关圣祖祠之始，起初以故宅为祠，盖与史实相去不远，当在汉魏之际。改宅为寺庙，

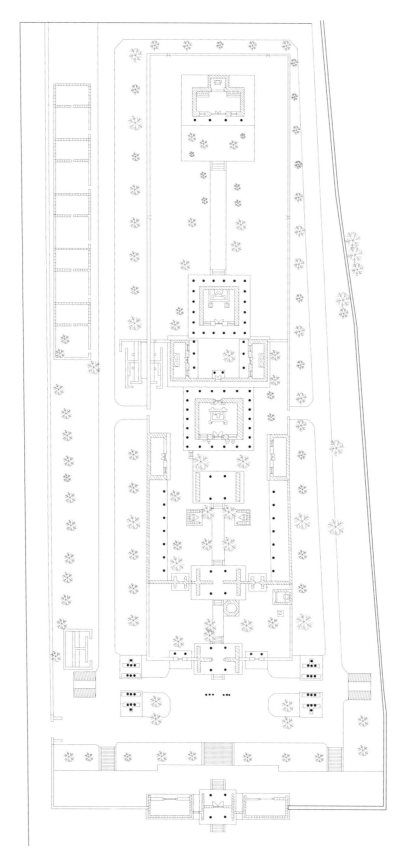

图5-2-41 关圣祖祠平面图

至迟亦与解州关庙同时，即南北朝末年至隋初。这与明代魏养蒙《重修常平村关王庙记》中所记的"秦汉以来，遗碣剥落""巍然一塔，悉梵宇陈迹也"完全吻合。

明代，崇祀关圣之风渐盛，常平祖祠兴工修葺事宜大为增加，购置田产，扩大香火之资。《解州全志》卷三"坛庙"条云："关圣故里庙，在州东常平单下冯村，距州治二十里，相传为关圣故宅，去关圣祖茔里许，庙中有塔屹立。嘉靖初，巡按侍御王公秀镌石为坊，榜曰'关王故里'。"嘉靖四十四年（1565年），李瑶撰《重修解州常平义勇武安王庙记》云："甲子春，侍御九皋胡公（名钥）奉命按盐河东，过王里，谒王庙，愀然叹曰：'王祠焕然遍寰宇，惟生长之地，顾颓敝如此耶！'命州守陈秉政查有香纸银若干两，以王之故物，修王之故里，乃修正殿五楹，前为献台，中虚四达，报祭有所，东西行廊二十楹，廊下有亭，亭南为仪门，祖塔在其东，再南为大门，门外有坊、有壁（影壁），后为寝宫五楹，左右房六楹。迤东为道院，祀香火者居之，院建老子殿三楹，墙垣周围百尺，饰以缭檐，宏敞雄丽，视昔改观。工始于是年夏，落成于冬，上不废官，下不劳民，经划宜而用财得当，可见公众之用心矣！"隆庆二年（1568年），毛为光撰《重修常平武安王庙记》云："太守关中吕侯来解，下车竭庙……辄捐俸为倡，命乡者酬金而董治之。恢阙址，备阙制，增无壮有，式移阙观。门外屏以琉璃，四周围以垣墙，寝宫益以暖阁，鼎庖斋之新建，廊庑之饰施，三清道院之丹垩，培迤西护庙之堰防，区划详密，制度崇严，翼然焕然！工始于丁卯（1567年）之秋，竣工于戊辰（1568年）之春，会余谪倅于此，□观厥成，爰属为记。"

明代，关圣的神权地位发生了一种特殊而奇异的变化。首先是明洪武元年（1368年）撤去"武安王""义勇武安英济王"等封号，诏曰"百神之号，皆称初封"，恢复"前将军寿亭侯"原爵，祭祀之风大减。事隔百年，崇关之势逐渐成风。自明成化初年开始，至弘治、正德、嘉靖、隆庆末年，民间崇拜关圣者大为增多。明万历年间，敕封"伏魔大帝"以前，信奉关圣者已遍及全国，穷乡僻壤广建关庙圣祠。常平祖祠随着崇关之势的隆盛，兴建事宜也备受重视。

进入清代，当地官吏和村首士绅于清康熙年间稽考壮缪侯祖茔实证，继而创建祖茔萧墙及重修墓冢。在祖祠兴建和修缮方面，清代的 12 次兴工皆多为葺补，总体布局仍保持明代旧规。

（2）建筑布局与单体建筑

祠宇规模不大，南北长 203.6 米，东西宽 82 米，总面积 16695 平方米。祠周筑以墙垣，红墙绿瓦，格外醒目。东西置"灵锺咸海"和"秀毓條山"二木坊。木坊外侧，东建钟楼，西建鼓楼，呈对峙局面。在原乐楼旧基上增筑悬山顶山门三间，形成山门内的第一进院落。石碑坊以北为祠门，嘉庆二十二年（1817 年）重建，三开间，悬山顶。祠门两侧置掖门各一，门内东隅有七级砖塔矗立，乃关圣父母投井自尽处，后人筑塔纪念。向北与祠门对应者还筑有仪门，当地俗称午门。仪门三间，再进为献殿，三开间，前后敞朗，是祭祀时焚香礼拜和供献食品的地方。献殿以北，置崇宁殿，内奉关圣帝君，当地乡民称为关帝殿。大殿为五开间，四周环廊，重檐歇山顶，殿内神龛华美，龛中塑关圣帝装坐像，侍吏分立两侧。祠门和仪门两侧，各有廊庑十间，献殿两侧建有官厅、官库各三间，形成前廊围护之势。崇宁殿前两侧，两株古柏分峙，树干苍劲，枝繁叶茂，当地相传为隋柏，俗称龙虎柏。自崇宁殿环廊绕至后檐，便临近寝宫。寝宫前沿当心设垂花门。入门内迎面为娘娘殿五楹，周置环廊，为重檐九脊顶，殿内塑关夫人及女吏侍者像。娘娘殿前左右两隅，有关平、关兴殿各三楹。殿堂之间有围墙相连，寝宫自成院落。娘娘殿以北地势平坦，院落开阔，松柏参天，秀竹吐翠，圣祖殿位居最后。殿下台基较高，殿前月台宽敞，殿身为五开间悬山顶，前檐设廊，内奉圣祖诸像。

常平祖祠的总体布局，略仿解州关帝庙规制，只是面积大为缩小，建筑设置稍有不同。牌坊横置前沿，这是一般祠堂建筑格局所常有的，但三坊并峙、钟鼓楼分列两侧者就不曾见到。祠内门庑重叠，主殿位于祠宇中心，两侧廊屋对称，形成环绕围护之势，这又是其他祠宇建筑格局所没有的，但与解州关帝庙体制近同。往后，寝宫自成院落，娘娘殿居中，关平、关兴殿分列两隅，圣祖殿位居祠内最后。其总体设置仍保持着商周以来我国建筑礼制方面"前朝后寝"的格局。在常平祖祠中，不仅建娘娘殿塑关夫人像，而且为关平、关兴各建其殿，塑像分置其中，这是极为稀有的。

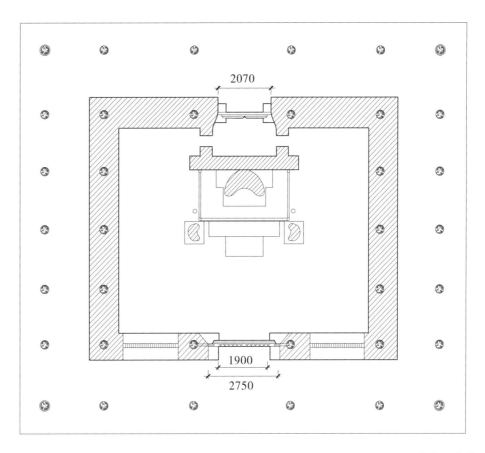

2070

1900

2750

单位：毫米

图5-2-42　常平崇宁殿平面图

　　崇宁殿，又称正殿，为祖祠中的主殿，居祠内中轴线上的当心之处。此殿建于金大定十七年（1177年），原为三间，明代两度重葺后改为五间，清嘉庆年间地震受损后再修。现存实物中，明、清两代构件皆存，堪称明建清修的遗物。殿下台基高75厘米，殿身四周环廊，殿顶为重檐歇山式，除去廊庑，殿身实为三间，前檐明间装板门，两次间安直棂窗。殿身包括廊步，面阔五间，通面阔15.22米，进深六间，总进深13.18米。各转角处，正侧两面的开间亦不尽相同。

　　殿宇廊柱上额枋甚薄，厚仅8厘米，平板枋断面微大，高、宽皆22厘米。枋上周檐皆置三跳斗栱，前檐出单翘头，转角处及两山、后檐皆单下昂，厢栱为卷草异形栱，耍头刻单浮云，上承挑檐枋。柱中心向上施正心瓜栱，无正心万栱，以足材正心枋代之，上承正心桁，堪称特有结构。廊檐斗栱转角处，除45°角线上斜昂和斜耍头外，正侧两面厢栱伸出角线外亦制成耍头。前后檐明间平身科，正

图5-2-43 常平崇宁殿正面图

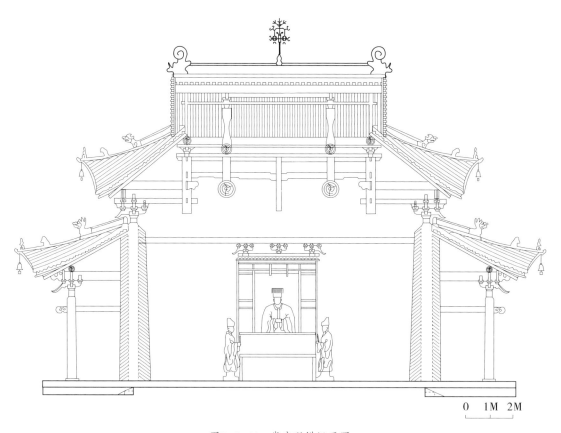

0　1M　2M

图5-2-44 崇宁殿横纵面图

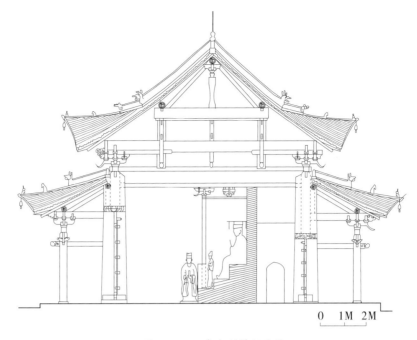

图5-2-45 崇宁殿横断面图

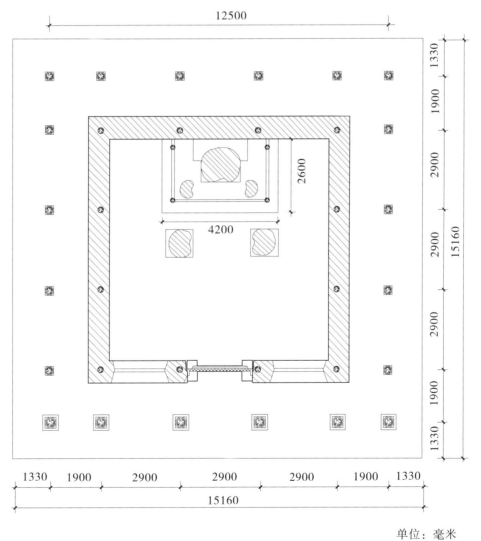

单位：毫米

图5-2-46 关夫人殿平面图

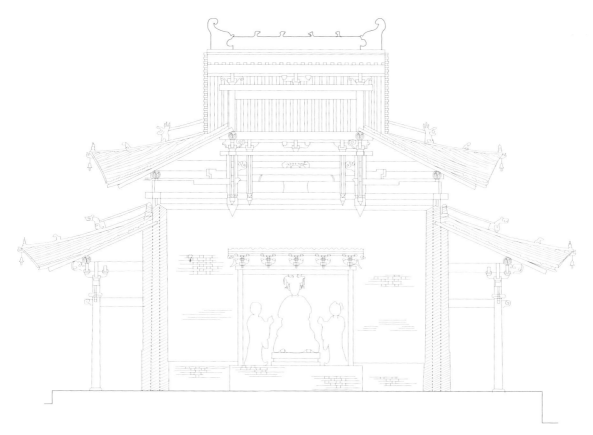

图5-2-47 关夫人殿纵断面图

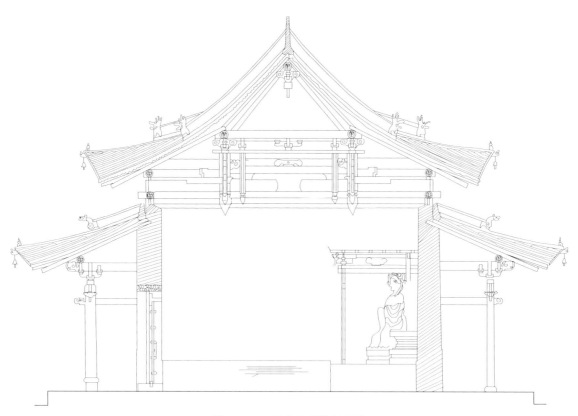

图5-2-48 关夫人殿横断面图

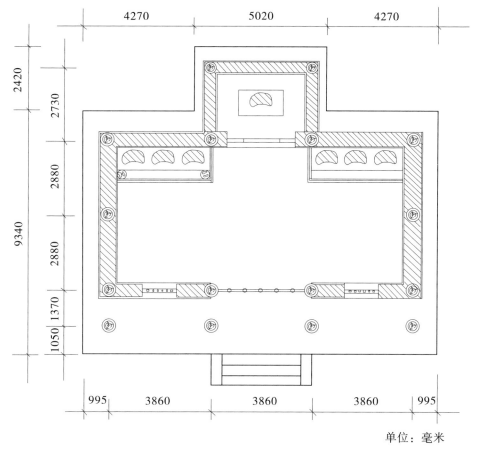

单位：毫米

图5-2-49　圣祖殿平面图

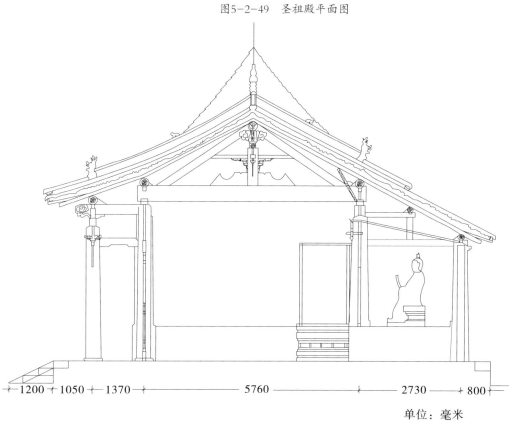

单位：毫米

图5-2-50　圣祖殿横断面图

出翘头，左右出斜翘头各一，别无他饰。柱头穿插枋外端雕单浮云，其上横架小华板，左右小半栱托着额枋，也以小华板为饰，简洁素雅。二层檐下斗栱为三跳单下昂，耍头雕单浮云，四周相同。

崇宁殿下檐廊庑梁架，柱头上施穿插枋。廊下斗栱耍头与单步梁一材制成，外端刻耍头，后尾贯入重檐金柱中。重檐金柱腰间设承椽枋，负廊檐椽子后尾。殿身上檐梁架，依明间两柱前后施五架梁，两端皆搭在檐头斗栱上，其上施蜀柱承三架梁，三架梁两端负金桁，腰间立脊瓜柱，柱头置大斗、丁华抹颏栱，两侧施大叉手，共负脊枋和脊桁。两檐转角处，大角梁通达内外，后尾贯入承椽枋下垂柱之内，挑承垂柱上的荷载，其上负仔角梁和续角梁，续角梁后尾搭在金桁与承椽枋接点上。五架梁和三架梁断面皆圆形，自然材稍加铸砍制成。五架梁直径44厘米，三架梁直径32厘米。崇宁殿瓦顶为重檐歇山式，两檐瓦件及脊饰吻兽全部由黄绿色琉璃制品组合而成。上檐前后坡置黄色琉璃方心。下檐围脊上雕饰有蟠龙、山石、狮、麟、虎、兔等动物图案，但更多的图案是骑马人物，可辨认者有"千里走单骑""别曹营""挑袍"等情景画面。上檐正脊为堆花脊筒，脊两端为卷尾式大吻，正脊当心以重叠形宝珠为刹，宝珠中空，上面铁刹高耸，铁杆贯入其中。脊刹两侧有仙人四尊，分别执灵芝、玛瑙、珊瑚、宝葫芦等，衣冠皆道仙装束。四垂脊和上下两檐8条戗脊，多是晚清雕花式小脊筒，垂戗各兽皆龙头式。

（七）广灵壶山水神堂

水神崇拜是植根于中国传统农业社会的自然崇拜内容之一。唐代是中国古代农耕自然经济发展的重要时期，风调雨顺是人们的最大愿望，因此，水神崇拜十分盛行，凡有水之处都建祠立庙，企盼显示灵异。在国家正式祀典中，形成以"四渎"（长江、黄河、淮河、济水）和"四海"（东海、南海、西海、北海）为中心的水神崇拜。此外，人们还将想象出来的神灵和历史人物以及传说中的人物奉祀为水神，如视河伯冯夷为黄河水神，宓妃为洛河水神，台骀为汾河水神，无支祁为淮河水神等，使得水神信仰对象广泛，信仰形式多样。唐代以后，水神信仰延续发展，各地营建了不同规模的水神庙，适时祭祀，

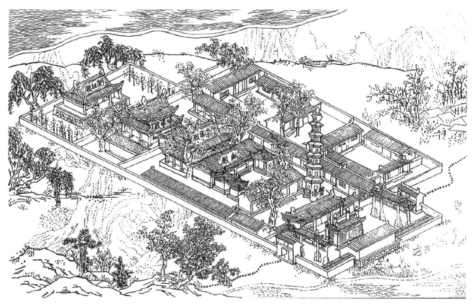

图5-2-51　广灵壶山水神堂

企盼保佑所在地区风调雨顺。

　　水神堂位于广灵县城西南一千米的壶山之上，是丰水神池和大士庵的合称。因隐建于壶山上，又名壶山神堂。原名丰水神祠，据明正德年间出版的《大同府志》记载："壶山，在广灵县城东南一里。平地一山，山下乱泉涌出。其水与壶流河水合流如壶，故名。上建'丰水神祠'。"堂内现存明嘉靖五年（1526年）的古钟上有"广灵县水神堂"之铭文，是"水神堂"名称的最早记录。清乾隆年间增建文昌阁，改名水神堂。这里山青水明，涌泉成池，环抱山堂，琼楼玉宇，景色旖旎，有"塞上小江南"之称。山门门额上有清乾隆年间广灵知县朱休度所题的"小山壶"，欲将此处美景与山东蓬莱仙岛的"大方壶"相媲美。

　　水神堂坐北朝南，总平面呈不规则的八角形。现存圣母祠、禅房、文昌阁、山门、左右钟鼓楼、配房、老君殿、观音庵以及砖塔。其中，九江圣母祠、观音庵和塔是主体建筑。塔为清乾隆年间所建，光绪二十五年（1899年）维修，为楼阁式砖塔，平面呈八角形，由塔基、塔身和塔刹三部分组成，通高17.5米，塔基高1.2米。塔身自下而上逐层缩短，塔外观呈角锥体。塔檐仿木结构，檐下设斗栱，形式为三踩，不施昂，均出上翘，上承耍头。各层斗栱以上砖雕椽飞、连檐等，转角处施木制老角梁、仔角梁，仔角梁出头处施套兽，下置风铎。塔刹由刹座、覆钵、相轮、宝珠和刹杆组成。

三、其他宗庙建筑

（一）太原万寿宫

万寿宫又称皇庙，是明清两代帝王、皇族和文武官员祭祀祖先和庆典的场所。建造年代不详，据《明史》载，洪武三年（1370年），朱棡被封为晋王，洪武十一年（1378年），就藩太原。按照封建礼制，在确定王府宅邸时，应在其东南方向建祖庙，以祭告就藩礼。又因朱棡"儒学兼尊，孝行尤笃"，先建皇庙，后扩建崇善寺符合其治国理念。由此分析判断，皇庙应该建于朱棡被封晋王时，就藩太原前，与建于明永乐十八年（1420年）的北京太庙相比，要早50年。

万寿宫是一处宫殿式古建筑群，共有三进院落，明、清两代均曾修葺。前院照壁面阔五间（22米），高约6米，仿木结构形式，下设黄色琉璃须弥座，斗栱、额、枋用黄琉璃砖砌筑而成。檐下设斗栱40攒，栱壁间为黄琉璃蟠龙，明间浮雕黄琉璃蟠龙数条，上覆黄琉璃顶。宫门面阔三间（12米），高约8米，斗栱、额、枋亦为黄琉璃砖砌筑而成，宫门呈拱券形。中院为主院，又分为三进院落，其中，前宫五间、中宫三间、后宫七间，凡垂脊、瓦口、滴水都饰以龙形图案。前、中两院东西两庑设配殿，均为悬山顶，黄琉璃瓦覆盖，两院豪华壮丽，气势磅礴，是全庙的精华所在，按封建社会最高的等级形式建造。后院古朴简洁，等级较低，硬山式屋顶，青灰筒瓦覆盖。

（二）晋祠里的宗教建筑

1. 唐叔虞祠

晋祠始建年代不详，最早的记载见于北魏郦道元的《水经注》："沼西际山枕水有唐叔虞祠，水侧有凉堂，结飞梁于水上。"在漫长的历史岁月中，晋祠多次被修建和扩建，面貌不断改观。宋代对叔虞崇拜进行改造，从根本上改变了祭祀的主体神灵，"恭请"圣母进入原来供奉叔虞的殿堂，与叔虞一道合祀。宋熙宁年间，由于祈雨灵验，加封圣母"显灵昭济"号，庙额曰"惠远"，圣母成为晋祠民间祭祀的最主要对象。叔虞再也没有享受被同祭祀的待遇，而是另择地建造了叔虞祠。现今的唐叔虞祠位于晋祠西北，为清乾隆三十六年（1771年）的遗构，坐北面南，二进院落。其中，祠堂面阔三间，进深四间，堂内设神龛，内供奉唐叔虞坐像。

2. 公输子祠

公输子为中国建筑师的鼻祖，春秋时期鲁国人，姓公输，名班，故称公输班或鲁班。受业于鲍老董，后从事雕镂刻画，经营宫室，制造舟车器皿。先后发明了木工工具，如锯、刨、墨斗等，古代各行业匠师尊其为祖师。晋祠公输子祠，创建年代不详，曾于清雍正、乾隆年间重修。祠建于一地势较高之地，前设石台阶 20 余级，面阔三间，檐下悬匾一方，上书"巧思入神"。祠内有雍正八年（1730 年）神龛一个，内奉公输子像。

3. 台骀庙

据《晋祠志》记载，台骀庙建于"明世宗嘉靖十二年（1533 年），东庄高氏创建。国朝雍正、乾隆、嘉庆、道光间，均高氏重修。在圣母殿南，庙三楹，负山东向。壁瓦龙错，层轩鸟跂，飞檐前仰，以向日峻峦，后屹而屯云。中妥台骀神像，左土地神像，右五道神像，灵威神驭，庙前明堂，宏敞爽垲，周缭短栏，古柏老槐，左右交荫"。

高氏为什么要在晋祠建台骀庙？相传高汝行上任浙江按察司副使，途经长江口，忽遇狂风巨浪，险些丧命，救他脱险者自称是台骀。高汝行起先不解，后来才明白是他家乡的汾河河神。明嘉靖十二年（1533 年）高氏荣归，出资于圣母殿左侧建造了台骀庙。据《山西通志》记载："明万历中，巡抚李景元筑坝，得台骀像于晋祠前，因建庙奉之，万自约撰记：太原台骀庙一名汾水山川池，在晋祠内……宣汾洮，障大泽，以处太原，帝用嘉之，封诸汾川。台骀盖汾神也，后人立庙祀之。唐河东节度使卢钧改汾水川祠，晋天福中封昌宁公，宋封灵感元应公，赐额宣济员外郎。岁五月五日有司致祭。"现存台骀庙为原构，清代多次予以修葺。坐西朝东，面阔三间，进深四间，前出廊悬山顶，筒板瓦覆盖，檐下设三踩斗栱。殿内中央设神龛，内供奉台骀坐像，系明代遗物，其左为土地神像，右为五道神像。

4.三圣祠、苗裔堂

三圣祠位居晋祠中轴线南侧，当初是药王和真君两座小庙，始建年代不详，清康熙十四年（1675年）重修，乾隆二年（1737年）合为一座庙，并增设龙王，名三圣祠，是民间求药、求医的场所。三圣祠坐南朝北，建于1.5米高的平台上，面阔三间。殿内正中供奉药王像，全称为"英烈昭惠显灵仁佑王"，其左右供奉真君、龙王。像前置十大名医木制牌位，即歧伯、雷公、淳于意、皇甫士安、韦慈藏、华佗、张仲景、王叔和、葛洪、孙思邈。

真君又叫仓公，山东临淄人，曾为仓长，是两千年前西汉神医，后被认为是保护仓储之神。龙王是古代四大神灵之一，被广泛认为具有降雨行云的神性。北宋大观四年（1110年）敕封龙王后，龙王信仰逐渐遍及各地。唐宋以后，凡是有水之处，都要立祠祭祀。晋祠虽然设龙王像，但由于与祭祀水母主神相重叠，所以其香火远不及他处。

苗裔堂，又称"奶奶庙""子孙殿"，创建年代不详，宋政和元年（1111年）重修，元致和元年（1328年）重建，现存为明正德六年（1511年）重修。在中国古代，传宗接代、延续香火是一件非常重要的事情，"不孝有三，无后为大"。在以"孝"治天下的封建社会，生育有现实生活的需要和广泛的群众基础，更由于民众科学知识的贫乏，普遍认为生育和婴幼儿的健康成长受某一神灵的控制，子孙圣母娘娘便成为人们求嗣和祈祷的对象，晋祠苗裔堂正是人们为实现这种愿望而建造的。苗裔堂坐西向东，负山而建，悬匾一方，上书"赞化育"。堂内祀苗裔神像7尊，分别为子孙圣母育德广嗣元君、引蒙娘娘通颖导幼元君、乳饮娘娘哺饲养幼元君、培始娘娘立毓稳形元君、送生母娘娘锡庆保生元君、瘢疹娘娘葆和慈幼元君、催生娘娘顺庆保幼元君，分管护佑、送生、乳饮、引蒙、培育、瘢疗、催生等重要环节。中神台上泥孩满案，左右排列送子神鬼像。近年在裔堂廊檐下发现9幅绘制于明代的连环孩童嬉戏图，色彩鲜艳、栩栩如生，呈现出儿童捉迷藏和野外嬉戏的画面，这种全面表现中原儿童嬉戏的题材画极为少见。

晋祠经过上千年的开发和建造，从最初单一祭祀叔虞的祠庙，发展为包括寺庙、园林在内的"晋祠庙邑郊风景区"，并将纪念祖先、圣贤和地方名人的祠与祭祀自然神灵的庙集中建于同一处，祭天、祭地、祭人、祭物、祭神灵。从佛、道、儒到忠臣烈士，从圣母水母、鲁班、财神、关帝到豫让，从崇拜星辰到祭拜黑龙王，包容之广，形式之多，非其他寺庙可比。同一处祠庙所蕴含的祭祀文化，囊括上自西周、下至清末，时空跨度达三千年之久，堪称古代社会祭祀文化的缩影。

（三）太原文庙

文庙是纪念中国千古圣人孔子的庙宇。公元前 195 年，汉高祖刘邦以太牢之礼祭孔子墓，开创了历代皇帝祭孔的先例，之后帝王祭孔的仪式一直延续到清代。

1. 古太原县文庙——晋源文庙

古太原县文庙创建于明洪武六年（1373 年），由知县潘原英从平晋县城迁徙而建，其建筑年代比古太原县还早两年。其后，洪武十六年（1383 年）知县皇甫伯瑄、正统年间知县刘敏、成化年间知县张葵、弘治年间知县刘经等人均增补修葺。正德七年（1512 年），太原县儒学张琦等人捐银 300 两，以做修缮文庙之费，被某官所占。正德十五年（1520 年），邑人王琼（时任兵部尚书）出面追复前银，又捐资"劝率官师，大加修建"。隆庆五年（1571 年），知县绪宾增建尊经阁。万历十四年（1586 年），知县向化同邑人高一麟（晋祠镇东庄人）修葺大成殿，增建两庑乡贤祠、名宦祠。清康熙年间，时任知县又重新修葺文庙，铺设地砖，增设训导宅、教谕宅及临街牌坊。

文庙坐北面南，总占地面积约 13000 平方米。中轴线上依次有照壁、棂星门、泮池、祀殿、大成殿、明伦堂、敬一亭、尊经阁等建筑，东西两庑分别为名宦祠、乡贤祠、忠义孝悌祠、训导宅、教谕宅及库房、斋房等，共组成五进三合式院落。大成殿和明伦堂之东，附建有崇圣祠，自成另一院落。这一组庞大的儒教建筑群，严格按照封建礼教的忠、孝、节、义内容布局，其规模不仅冠绝全县，而且比邻近县文庙大得多（清源县文庙占地 5000 余平方米，徐沟县文庙占地 4500 余平方米，榆次县文庙占地 5800 余平方米）。

太原县文庙，临大街南北两面为"德配天地""道冠古今"牌坊；棂星门两旁为"八"字短墙，对面为绿色琉璃团龙照壁。棂星即天镇星，传为上界文曲星，故所有文庙正门都以"棂星"命名，意为孔子应上天星宿而生。前院中央为泮池石桥，古代学童入学为生员叫"入泮"，故文庙中多设泮池。太原县文庙的泮池呈元宝形状，四周筑石雕栏杆，中间石桥将泮池一分为二，凭栏观赏，只见碧水潺流，游色历历。前院正面祀殿，面阔三间，进深二间。旧时每逢春秋两大丁祭（农历二月和八月上旬的丁日）和孔子诞辰祭（农历八月廿七），文庙各处洞门大开，秀才举人们整整齐齐，齐至祀殿摆供献膳，这里明烛高照、香烟缭绕，最热闹不过。两庑为名宦、乡贤，忠义孝悌诸祠，祀殿与两边祭器库（一名神器库）之间有通道便门，可入中院。中院大成殿是文庙中心，面阔五间（25米），进深两间（75米），总高72米，顶部为琉璃瓦剪边歇山顶，其建筑风格有宋元遗风。殿中供奉至圣先师孔子及复圣颜子、宗圣曾子、述圣子思、亚圣孟子"四配"的塑像（一说为木主神位），两侧奉冉耕、闵损、冉雍、宰予、端木赐、冉求、有若、仲由、言偃、卜商、颛孙师、朱熹"十二哲"木主。大成殿周围有台基，前宽1.9米，后宽7.7米，左右各宽1.3米，可绕行；前面平台宽23米，深9米，周设石雕栏杆，左、中、右三面有石阶供人上下。平台的东南隅、西南隅各有数株参天古柏，其中一株"柏抱椿"更为奇特。整个中院松柏古木森森，紫藤花香郁郁，环境十分幽雅，人至有心静神清之感。明伦堂在大成殿后的第三进院，左右各有斋房五间，训导宅即设在明伦堂右侧。敬一亭在第四进院，东西各有房三间。尊经阁为二层木结构建筑，在第五进院，东西各有房三间，为教谕宅。文庙东之崇圣祠，为供奉孔子先人之处。其余有马道、下马碑、夫子庙堂碑等。

2. 太原府文庙

现存太原府文庙是清光绪八年（1882年），由时任山西巡抚张之洞倡议，在火毁后的崇善寺废墟上重建而成。文庙建筑群坐北朝南，分两重院落，以红墙围绕，总占地面积达40000平方米。文庙内的门殿庑祠近百间。院落中轴线最南端为棂星门，门外还有附属建筑，如牌楼、照壁和井亭。棂星门向北依次为大成门、大成殿和崇圣祠，两旁有对称庑殿。

棂星门建在高台上，是三间六柱带有斗栱的冲天式木牌坊。门间的墙上镶有 4 个绿琉璃团龙，光彩夺目。门前蹲卧铜、铁狮 4 只。进入棂星门是文庙的前院，院内原有泮池石桥，但"文化大革命"时期遭拆桥填池，现已无存。

大成门是文庙的第二道门，宫殿式建筑，面阔五间，绿瓦飞檐，彩绘斗栱，金碧辉煌，由 3 个门组成。中为大成门，两旁掖门，东曰"金声"，西曰"玉振"，门名取孟子"孔子之谓集大成。集大成者，金声而玉振之也"语意。金指钟，玉指磬，比喻孔子的德行就像奏乐，以钟发声，以磬收韵，完美至极。以此盛赞孔子"德侔天地""道冠古今"，并与"大成"相呼应。

第二进院内正面的大成殿是文庙的中心建筑。大成殿面阔七间，进深四间，单檐歇山顶，琉璃剪边，重昂斗栱，庄严雄伟。大成殿前有一石雕栏杆大月台，两侧为东庑和西庑，后建有崇圣祠。

第三节　娱神建筑

一、长治三教庙山门戏台

晋东南寺庙等古建筑群的大门，宋至元代多为二层或三层歇山式楼阁与两侧掖门的组合，两侧钟、鼓楼对称。居中之楼既是入寺（庙）的大门，又是古建筑群的标志性建筑，如高平开化寺大悲阁、陵川崔府君庙山门楼、高平游仙寺山门楼、长治上党门楼、陵川崇安寺山门楼等。同时期晋东南地区的佛寺大多不设戏台，也无诸如天王殿、牌楼等单层建筑。到了明至清代中期，这种楼阁式山门逐步演变成为下设山门，上建戏台的单檐二层歇山式或半歇山与悬山的组合，如平顺九天圣母庙、陵川西溪二仙庙、潞城龙王庙、陵川南召文庙、南吉祥寺戏台等。从山门建筑形制来看，明清时的山门不再似宋元时期那样楼阁高耸、中央凸起的立面，而与它的两翼建筑在空间上更趋于高低错落，山门上建酬神演艺的戏台，又给山门赋予了另一种实用功能。从清中叶至晚清，这种格局又有所变化：居中的戏台与两翼的耳楼（从功能上讲，多为戏台后室）呈"一"字形并列建于寺庙前端，并将前面院落封闭；戏台下的山门去除了下层，立柱以砖砌台基替代，在轴线上将戏台的台明分为左右两块，中央辟为出入的通道。山门戏台虽为两种功用的组合，但在建筑构造上也可看成一座单层单檐建筑，屋顶形式也由歇山转化为悬山或与硬山的结合体。在戏台前后檐下，建造者穷其技艺加以雕刻。长治坡底三教庙山门戏台属于晚清建筑，存在着晋东南清晚期戏台的许多共性，是这一时期山门戏台建筑形制的代表之一。

三教庙位于长治市郊区的坡底村西，是一座释、道、儒三教合一的民间宗教实物载体。寺庙坐北朝南，平面布局长方形，小巧规整，庙内共存明清建筑 13 座。庙之外围以单体建筑的后檐墙兼作围墙，山门与其上的戏台及两翼耳楼并列于庙之南端。建筑通面阔 22.06 米，坐落于高出地平约 20 厘米的石砌台基上，台基之上砌土衬石，周檐用砍磨条砖淌白丝缝砌筑成承重壁体。外视，其是庙宇南部的围墙及山门；内视，又成为酬神戏台和入寺通道。山门兼戏台顶作卷棚式硬山顶，两侧耳楼为硬山顶。

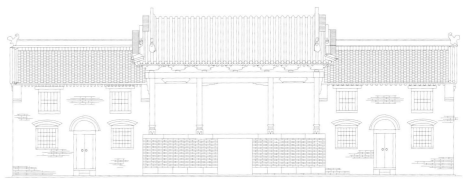

图5-3-1　戏楼、耳房正立面图

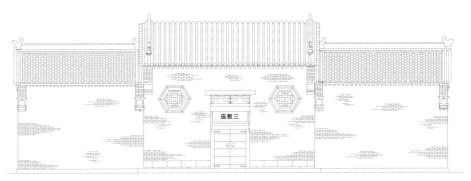

图5-3-2　戏楼、耳房背立面图

（一）山门

　　山门设于中轴线上，通道宽 1.78 米，高 2 米，内设板门。通道两侧为戏台基座，用条砖砌成厚 62 厘米的长方形基槽，内填以 3:7 夯土。通道上方于两侧壁体间贯穿方木，钉楼板后铺方砖成为戏台地面。大门上方还续砌承重性墙体，门框上方起跨承重性构件，多为砖石材料构筑的拱券门洞或随墙厚平置 3 根或 5 根木过梁等做法，而该大门立面为矩形，在门上仅平置一层由数根木梁组成承重梁后，上方直接砌墙。

在门洞上方随墙身内外壁面、墙身中央分设木过梁各 1 根，横向贯穿于壁体中，断面分布由下而上、由内而外呈倒叠涩的三层台。下层木梁居板门上槛之上，梁上立设门头板，顶部平置天花板，与中部木梁下随梁花替结构起着封闭空间的作用；中部过木梁下设随梁花替一道，并悬挑牌匾及两侧垂柱；顶层木梁中部过木上设置三踩斗栱，斗栱的栱头雕成卷草和云头，内外两根跨空梁共同承载着上层墙身与梁架重。倒叠涩三层过木梁的设置结合其间斗栱、透雕花替、牌匾、天花板的装饰，有效解决了门洞上方跨空承重的问题。

大门的门洞与门头上方装饰总宽度相等，两部分的高度也近于相等。设计者在其两侧壁体即上层戏台后檐壁上辟设六边形砖雕随墙窗，形成一门二窗的空间组合，巧妙地破除了视觉上的呆滞和拘束之感。

（二）戏台

戏台坐南朝北，面阔三间，通面阔 8.26 米，进深 7.16 米，梁卷棚筒瓦硬山顶。其基座平面呈"凸"字形。通道两侧用条砖砌成厚 62 厘米的长方形基槽，内填以 3:7 夯土。通道上方于两侧壁体间贯穿方木，钉楼板后铺方砖成为戏台地面。

两侧设耳楼各一，为戏台的附属性建筑。周檐壁墙体皆以砌墙承重，不用木柱，墙厚 56 厘米，前檐于檐墙上中央辟板门，门两侧上下层各设 4 窗。墙身内铺设梁枋楼板形成身内二层，并设木楼梯各一作为登台通道。

戏台后檐及两山墙均为承重墙体（墙内无柱）。后檐通体砖墙封闭，仅与两次间壁体上辟设砖雕随墙窗各一。为利于三面观看演出，两山前檐不设山墙，为敞口式，戏台与左右耳楼共用山墙。室内在后脊檩下设隔断屏风一道，形成前、后台形制，后台于两侧山墙处辟门，成为演职人员进出耳楼的通道。因此，耳楼的上层属于戏台的附属建筑，是戏台后室的延伸，成为演员化妆、休息的空间区域。

戏台前檐设檐柱 4 根，明间檐柱砂岩质圆形，直径 26 厘米，高 230 厘米，柱下设方形础石，山砂石雕成，由下部鼎形足、中部束腰与上沿仰云三部分组成，总高 46 厘米。

室内间隔前后台的隔断由屏风板与三踩斗栱构成。屏风板两端与墙体相接，至转折处设直径 18 厘米的立柱 4 根联固，柱间贯钉横木以便插板材，其上设置斗栱。立柱顶部支撑于六架梁身下，成为梁身附柱，极大地缩短了六架梁净跨间距。次间屏风的两个斜面上辟设通道，门额上题"水月""镜花"（即"出将""入相"之制），其余屏风均以实心板材制成，彩绘成 12 幅条屏，墨题有关戏剧诗词。明间屏风顶部悬木雕"二龙戏珠"牌一方，下脚楷设于木雕三踩单昂斗栱之上。

戏台与耳楼上层地面不在同一水平线上，耳楼地面高出戏台 68 厘米，故在戏台后室通道处设置了台阶三步，以便通行。

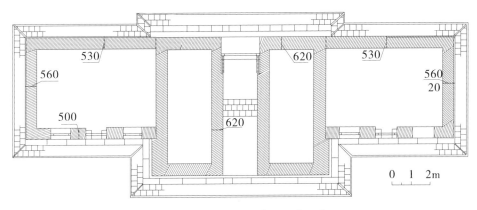

图5-3-3 戏楼、耳房一层平面图

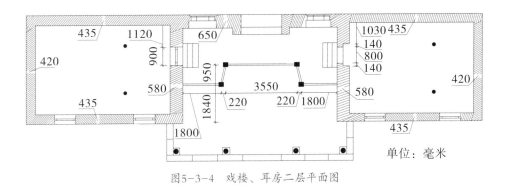

图5-3-4 戏楼、耳房二层平面图

（三）戏台梁架形制与特点

戏台梁架为六架卷棚式，屋顶为卷棚硬山与前檐卷棚悬山的组合体，次间枋、额、檩等纵向构件除前檐悬山出挑构架外，全部直接插入两山墙内，由墙身承载，故仅在明间设木构梁架两缝。

六架梁通达前后檐，梁身直径 42 厘米，净跨距 6.78 米。梁前端结构于前檐头斗栱,出头为耍头与枋头的组合,梁尾结构于后檐墙内,墙内无柱,由墙身直接荷重。梁身上部依前后金檩位置立金瓜柱承四架梁并金檩。四架梁上立顶瓜柱承月梁并脊檩。

檐步架 112 厘米,举高 54 厘米,合四八举;金步步架 158 厘米,举高 100 厘米,合六三举;两脊檩中平距 110 厘米,合 4.2 倍檐柱径,大于《工程做法则例》规定的 3 倍柱径。顶椽弧起(脊檩上皮至椽底皮)21 厘米。戏台前后檐均设飞椽,其中前檐上皮总出 109 厘米,后檐上皮总出 84 厘米。各檩下均设随檩枋,金、脊瓜柱头各设金(脊)枋、平板枋一道,起纵向联构作用。

设计者从扩大山面观戏空间的角度出发,将前檐两山前向一架做敞口式,其上纵架也将硬山形制转变为较后室山面外壁出挑 56 厘米的悬山顶(步、举架不变),角柱斗栱上与两山墙端部设置了供立瓜柱、支撑金襻的短梁上下各一根,用以替代山墙承重。这种硬山顶,前接悬山的构架,使戏台前檐屋面呈现为四条(每山面两条)垂脊的独特形制。

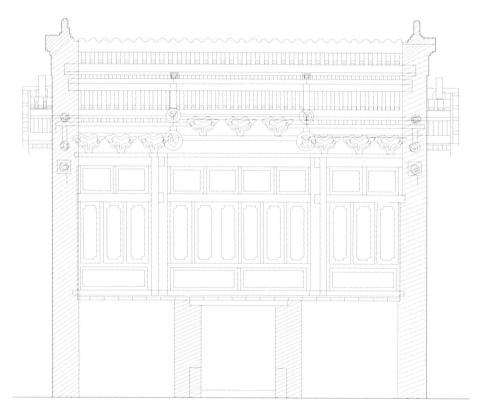

图5-3-5 戏楼纵剖面

（四）柱头结构与斗栱

前台设檐柱4根。应拓展前檐台口视线的需求，将本应位于梁缝中线上的明间两根檐柱向两侧各外移20厘米，柱开间（356厘米）较梁缝中跟（316厘米）增宽40厘米。六架梁端结构于斗栱上，即斗栱中线随梁架，因而柱头科一又较柱中线内移20厘米。柱头斗栱山前台柱上通达三开间的大额枋承托。

大额枋为通材制成，额枋下柱头间置小额枋，每间各一道连贯柱身。平柱向内、角柱向外随额枋设雀替各一。明间小额枋立面作半透雕呈通间花替式，次间小额枋外立面中央凸出雕作月梁或此月梁式。这种处理方法使三间额枋立面效果变化丰富。

两山山墙端部至角柱头间，设置了与前檐额枋平行的上下额枋各一道，平面分布呈90°转角，其间向与前檐大额枋及柱头作卯搭扣，后尾砌于墙内。

戏台前檐斗栱布列于柱头大额枋之上，分柱头科与平身科两种共7朵，均为三踩单昂重栱造。柱头科昂头作如意形，要头为六架梁出头制成单浮云与衬枋头的组合体。昂后尾作卷云栱式托承于六架梁下，各横栱栱头立面均雕作卷云、卷草式样，栱上置斗承隔㧗枋一层。平身科一昂头、要头均雕作龙形。横栱及㧗枋分布同柱头科一。要头后尾水平延伸越金檩中线，挑选垂帘柱，柱头撑托于金步平板枋下。明间平身科在外檐由坐斗一两侧、45°斜向又设置斜昂头、斜要头各一道，给予斗栱进一步装饰。

（五）砖、木雕刻

戏台及其耳楼的砖雕主要表现在后檐墙头的墀头与两山博风头上，而木雕则分布于戏台之前后、内外。雕刻艺术品的遍布，突出了戏台的观赏性。

墀头与博风在结构上起封护檐墙、挑承屋檐的作用。墀头由砖雕墀座与内弧形挑檐构成，宽42厘米，座高78.5厘米，挑檐高80厘米，总计24层条砖砌成，山檐墙壁体外挑出60厘米，上部设砖3块，承挑于瓦口下。就墀座本身而言，又可分为座、身及上沿三部分。其座形如须弥式，圭角部分高两砖，凸出壁体3厘米，两侧浮雕卷云几足，中央下垂略呈三角状并浮雕卷草纹饰。下枋为一砖厚，呈水波纹样，束腰两侧高浮雕兽面各一，中央刻作鼓镜式样。上枋较外壁面凸出 5 厘米，浮雕卷云头。座身由中央方砖（凹入壁面 10 厘米）浮雕的"奔马行云"及其他部位雕作"麒麟卧松""犀牛望月""狮子绣球"等吉祥图案，与两侧束草柱及上柿、仰云上沿等几部分构成。雕刻精细，极具艺术装饰性。两山博风由层层叠涩的三层拔檐与方砖雕博风及龙头组成。

前檐木雕着重表现于柱头雕饰及斗栱之上。明间小额枋中央浮雕"双凤朝阳"，两端与下部雀替一体雕作"行龙火珠"。次间额枋形似月梁式，中部彩画后于两端浮雕麒麟各一行于云中。两山、前檐大额枋出头端部均饰木雕兽面。檐下斗栱除自身形制已具有装饰性外，所有横栱外立面、耍头、昂头均雕作龙头、云头、卷头、如意及栱身卷草纹饰等。不仅如此，同一类构件形制也尽可能得到变化，如坐斗在柱头上为常见的矩形，在平身科上又变作圆形；柱头科昂头为如意式，在平身科上又变为龙头形；柱头上小额枋明间雕成似通开间的花替，次间又加以变化呈月梁形。此种变化手法可谓独具匠心，使戏台显现出浓郁的装饰效果。

（六）彩画与壁画

六架梁、四架梁等先行"分三停"后，以烟熏色做地，进行素式彩画。找头形似一整二破旋子彩画的变异，枋心内绘变龙、折枝黑叶花等图案。檩枋亦为烟熏色做地，两端多饰云头，中央绘轮辘草等。明间大额枋为绿地"分三停"地方彩绘，找头由箍头（青色）、皮条线、变异旋花等组成，枋心内绘互叉纹等几何图案并退晕，线道交叉处以白色雪花为饰。

壁画保存于室内两山墙近上壁面处。屏风前向水墨画绘释、道、儒三教人物，计 4 幅。山尖部位水墨绘制随屋架木构件投影的枋木、月梁、瓜柱、檩枋等"构件"，间隙绘大面积的水波纹。

二、介休祆神楼

祆神楼位于介休市顺城关正街东隅，是原祆神庙的组成部分，楼因庙而得名，是一座乐楼与过街楼相结合的楼阁式建筑。明嘉靖十一年（1532年）庙毁，万历年间改建为三结义庙，清顺治十七年（1660年）至康熙七年（1668年）重建，现存建筑为清乾隆五十年（1785年）遗构。

祆神楼位居庙前，既是山门，又是点缀街心的过街楼，平面呈"凸"字形，凸出的部分为过街楼，面阔三间，进深三间，东、西、南三面通道，高二层，中设平座，上施重檐。檐下施平身科栱及角科，有的雕成龙首且口衔宝珠，有的雕成象鼻。下层为山门，面阔五间，进深四间，周设围廊，空间敞朗，山门腰间平座与过街楼平座衔接，上铺楼板，成为乐楼的一部分。上层为乐楼，重檐十字歇山顶，琉璃瓦覆盖。两侧设"八"字影壁，壁上镶嵌黄绿色琉璃装饰，色彩艳丽。楼内4根通柱直承上层梁架。山门戏楼上下叠构，楼顶檐下斗栱密致，四向凸出山花，设计巧妙，构造奇特，兼庙门、戏台及城市过街楼三重功能为一体，凸形平面使各部互相撑持，对楼的稳定起到积极的作用，再加上形体处理得宜，气势宏伟。

祆神楼木制斗栱和雀替中，有许多古代建筑当中根本看不到的图案，如猛虎、牧羊犬、神牛、大象等，与熟知的山西古建筑遗构中的图案不同，表明了祆神楼并非中国传统意义上的宗教神庙，而是来自异域他乡祆教的供奉之地。中国曾经在唐宋时代有祆教的传播，后来逐渐淡出历史舞台，被日益兴盛的佛教所取代。明代嘉靖年间，供奉白猿的祆神楼被视为异类，自然也在拆毁之列，楼中的塑像改为刘备、关羽和张飞像，其名称也改为"三结义庙"。不过，介休当地的人还是愿意把这里称作祆神楼或者玄神楼。

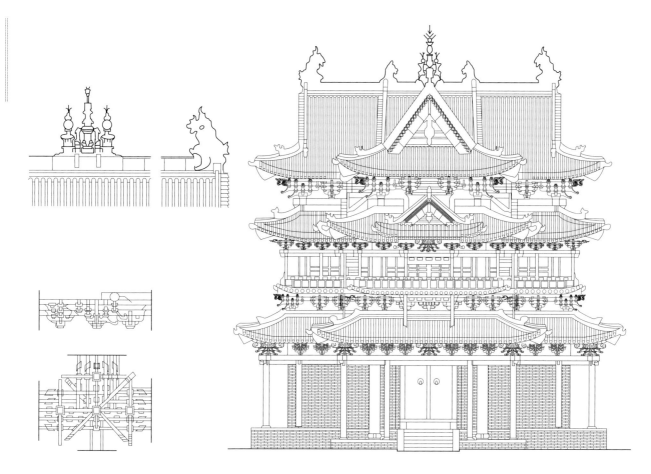

图5-3-6 介休袄神楼立面图及局部详图

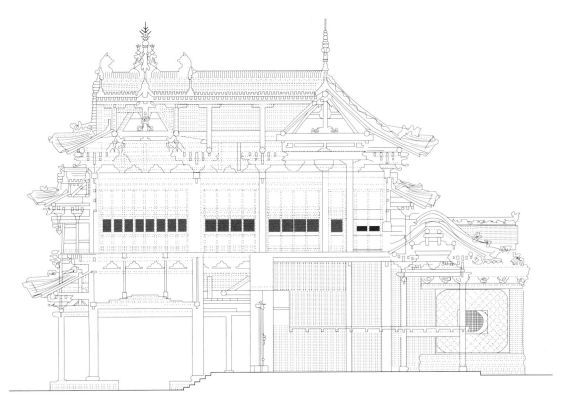

图5-3-7　山西介休袄神楼侧立面图

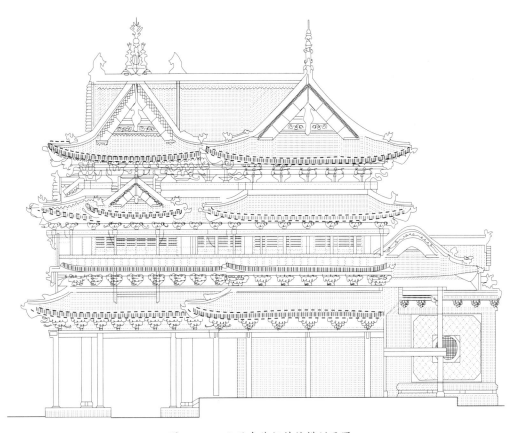

图5-3-8　山西介休袄神楼横剖面图

第六章

书院

第一节　书院的兴起

　　书院的兴起，打破了学校仅由官办的传统，开启了书院教育与官学并行发展的教育体制。书院作为古代教育中出现的一种制度化的私学体制和教育组织形式，具有鲜明的私办、自主性质，但又不同于古代的私人讲学，二者有明显的区别。过去，私人讲学没有固定的校舍，一般都是以私人住宅为依托，而书院已形成教学、藏书和祭祀三大事业的完备规制；私人讲学没有固定的经济做长期稳定的支撑，而书院一般都有稳定可靠的经济来源；私人讲学没有严格的教学计划和相应的规章制度，具有极大的随意性，而书院则有明确的办学方针、施教系统和制度。书院是一种大规模的教学设施和教学活动，是私学发展的一种高级形态，是在系统地综合和改造传统官学和私学的基础上，建构的一种不是官学但有官学成分，不是私学又吸收了私学长处的新的教育制度，它是官学与私学相结合的产物。自书院出现之后，我国古代教育呈现出官学、私学和书院三足鼎立的格局，促进了我国古代文化教育的发展和繁荣。

　　山西书院出现较晚，据今天能见到的史籍记载，萌芽于北宋时期，而进行私人讲学的活动早就开始了。山西最早进行私人讲学活动的是春秋战国时期的卜子夏。卜子夏姓卜，名商，字子夏，又称卜子，是孔子的学生。孔子死后，卜子夏在他的故乡西河讲学，开创了山西历史上私人讲学的先例；东汉时期的介休人郭泰，字林宗，也曾在家乡"闭门教授，生徒数千"；隋唐时期的河东龙门人王通，字仲淹，他的"河汾讲学"也属于私人讲学；虽然还没有书院这个名称，但对山西书院的发展产生了深远的影响。明正统八年（1443 年），薛瑄被削职后回到家乡河津，继续从事理学研究。他广招门徒，设馆教学，史称"河汾授徒"。从秦楚吴越各地奔涌而来的学子齐聚河汾，河汾之地成为学术研究的中心。薛瑄一方面传授给他们必要的知识，另一方面向他们阐释自己的学术见解，并且相互辩论，寻幽探微，渐渐形成独具特色的"河汾学派"。后来，薛瑄退休还家后，再一次聚徒讲学，直到天顺八年（1464 年）去世。薛瑄设馆教学，并没有用"书院"之名，实质上具备了书院的性质。薛瑄去世 20 年后，在他当年设教的地方，后人才创建了"文清书院"。

第二节　清代山西书院

一、清初至康熙年间兴建的山西书院

清朝建立之初，朝廷对书院采取抑制态度，提出"不许别创书院，群聚结党，及号召地方游食无行之徒，空谈废业"。清朝虽加以限制，却很难全部禁止。由于书院承担着祭祀孔子及程朱等先贤的功能，这与清廷尊孔崇朱的文化政策相吻合。到康熙年间，清廷为进一步巩固其统治，笼络知识分子为其统治服务，书院的政策由消极抑制变为积极复兴与加强控制相结合，使得书院逐渐复兴和发展起来。从康熙时期开始，山西像全国一样，迅速掀起修复与创建书院的热潮，一批明朝旧书院，如太原三立书院、太平龙门书院、永济河中书院、泽州体仁书院、芮城文学书院、运城河东书院等相继修复扩建，开始收徒授业。同时，一大批新书院开始破土兴建。

二、雍正至乾隆年间兴建的山西书院

雍正初期，又出现过抑制书院发展的迹象，雍正四年（1726 年），皇帝曾说："设立书院，择一人为师，如肄业者少，则教泽所及不广；如肄业者多，其中贤否混淆，智愚难处，而流弊将至于藏垢纳污，如释道之聚处寺庙矣。"于是，令书院改为义学延师授徒，以广文教。雍正十一年（1733 年），皇帝调整书院政策，明令各省省会设立书院，并各赐币一千两以为经费，大力提倡官办书院。于是，各省会至府、州、县乃至乡镇，书院蜂起。即使经济能力不够，不少州县也把过去的义学挂牌为书院，或是官办，或是民办。在此期间，山西巡抚将三立书院重加修缮，更名为晋阳书院。乾隆即位后，书院政策日益开放，为一方教育和学术研究之中心，由各省督抚加强控制，慎选山长、生徒，并对其中优秀者"酌量议叙"，"举荐一二，以示鼓舞"，极大地鼓励书院的创办和生徒的刻苦进取。这一时期，官民创建书院蔚然成风，不少社学、义学也改为书院，山西的书院达到了空前的繁荣，其数量之多，规模之大，范围之广，办学条件之好，均为历史最高水平，超过了历史上任何时期，是山西书院发展的兴盛时期。

三、嘉庆至咸丰年间兴建的山西书院

嘉庆、道光以后，清政府面临内忧外患，经济凋敝，政治腐败，文化事业一落千丈，在太平天国起义的打击下，很多省的书院遭到毁坏。山西地区战乱较少，局面相对安定，但是因为政治腐败和资金不足，山西书院的新建数量开始下降，书院规模越来越小，经费日渐短缺，加上连遭几次自然灾害，书院学田渐渐荒芜，如古县（原岳阳开运书院）"岁遭大复，土田荒废，佃役流亡，每岁所收，入不敷出，几有废弛之虞"；洪洞玉峰书院"佃种拖欠，久渐废弛"；万泉方山书院自道光三年（1823年）重修后，不长时间即"学舍倾圮，废坠者六十余间"。嘉庆、道光、咸丰年间，山西有数十所书院先后废弃。

四、同治至光绪年间兴建的山西书院

清朝政府虽然勉强维持政权，但已经没有能力恢复正常的统治秩序了。大乱之后，人心的安稳必须有赖于政治与文化的修复。"同治中兴"变革的思路，仍然是在考虑如何恢复封建统治，而且在民族整体意识中，恢复的价值远远高于改革。当时，"天子垂意斯文，封疆大吏咸承上意，兴书院以教育人才"，清政府下令各省督抚清理书院财产，企图恢复旧有的书院。各地督抚争相招揽人才，恢复科举考试。这样，山西新建了不少书院，书院的数量一度回升。

第三节　清代山西书院实例

一、三立书院与晋阳书院

据清道光版《阳曲县志》记载，明万历初年，山西按察司副使利用巡抚衙门旧址进行增建，筑三贤堂，奉讲学河汾的三位先贤——王通、司马光、薛瑄，并挂起"河汾书院"的牌匾。后又将三贤堂扩大为三立祠，奉明贤55人，每年按规定日期和仪式致祭。明中叶，书院盛行于各府郡州治地，书院中"讲学自由，议论朝政，裁量人物"的"清议之风"风靡一时，对当时社会风气和吏制颇有影响。对此，朝廷权贵和地方高官深怀妒忌。万历帝朱翊钧登基不久，便采纳了执政宰相张居正之奏疏，"诏毁天下书院"，河汾书院未能幸免，于万历七年（1579年）被废停办。万历二十一年（1593年），魏元贞担任山西巡抚时，在今旧城街一带建三立祠。万历二十七年（1599年）庚子科乡试，三立祠的学生考中举人者达50多人，书院声誉随之鹊起。崇祯七年（1634年），山西提学佥袁继咸扩充三立祠，选拔全省优秀生员，招收了包括傅山、薛宗周、戴廷栻在内的250余人进书院深造。崇祯十六年（1643年），山西巡抚蔡懋德又对三立祠加以修葺，先后聘请知州魏权中及举人韩霖、桑拱阳和傅山到书院讲学，书院名声大振。明末，太原地区屡遭战火蹂躏，三立祠随之颓废。

清兵入关后，惧怕传播反清复明思想，对书院采取抑制态度，但朝野上下兴复书院的呼声不绝。鉴于此，清政府为进一步巩固其统治，笼络知识分子为其统治服务，一改过去强制禁止的政策，变消极抑制为积极复兴和加强控制的政策，书院逐渐发展起来。清顺治十七年（1660年），巡抚白汝海感于原三立祠颓废不可收拾，便在府城东南侯家巷购地重建，名为"三立书院"，取"太上有立德，其次有立功，其次有立言"之意，招收学生入书院学习。雍正十一年（1733年），清政府下令"直省省城设立书院，备拨银千两为营建费用，择一省文行兼优之士，读书其中"，三立书院经省抚奏准，正式更名为"晋阳书院"，一跃成为国家创办的晋省最高学府。乾隆年间，又在书院东北空地建堂庑，时任巡抚在书院讲堂东增建学舍40余间，在书院中央建奎星阁、大照壁等，晋阳书院的发展达到鼎盛。鸦片战争后，清政府日趋衰弱。庚子赔款后，山西地方赔款的50万两白银部分被作为筹办山西大学堂的基金。光绪二十九年（1903年），晋阳书院和令德堂合并为山西大学堂，至此，晋阳书院完成自己的历史使命。

二、卦山书院

交城卦山因山形卦象而得名，爻峰挺秀，卦象环拥。山上碧绿如玉，拥有绵延千里的松柏，世人以"黄山之松、云栖之竹、卦山之柏"赞叹其树木奇观。山上有天宁万寿禅寺、石佛堂、朱公祠、圣母庙、卦山书院等，汇集成一组气势恢宏的古建筑群。中国佛教协会前会长赵朴初曾以"黛色参天多古柏，崇楼峻阁备庄严"的诗句来赞美它。宋代书画家米芾也曾被卦山的美丽风景所倾倒，为其手书"第一山"横匾。清康熙四十五年（1706年），卧龙岗上修建了卦山书院，为文人学者讲习、吟诵之所。卦山书院分三进，前院有三十七步回音阶、牌楼、六角碑亭等，别具园林特色。

三、河东书院

河东书院坐北朝南，由大小十余个庭院组成，规模宏大，整个建筑群布局严整，气势庄严，堪称山西书院建筑的典范。一条中轴线贯穿南北，坐落在中轴线上的建筑自南向北依次为：先门，仪门，讲经堂，退思堂，四教亭，书林楼，环池，乱石滩，仰止峰，游息亭和百果园。轴线东侧配崇义斋，西侧配远利斋，加之左曲房、右曲房、号房等建筑，沿轴线呈对称状层层推进。书院纵向、横向均跨越五进院落，布局严谨有序，气势宏大。进入书院首先要穿过先门，接着跨过一座颇具象征意义的石桥，来到书院的第二道大门——仪门前。仪门，顾名思义为"礼仪之门"，为书院的正门。学子来到威严庄重的仪门前，都要肃然而立，整理自己衣冠仪容是否得体才能进入仪门。据记载，河东书院的仪门，只有在官员审视和举行重大仪式时才使用，平常学子进入书院都是走仪门两旁的东号门和西号门。进入仪门，则意味着已经"登堂入室"，来到了河东书院的中心位置——讲经堂所在地。讲经堂为教师讲学及举行集会之所，南北朝向，五开间。讲经堂前排列着整齐的梧桐、苍松和翠柏，郁郁苍苍，气氛肃穆而庄严。讲经堂两侧各立一斋舍，东为崇义斋（5楹，西向），西为远利斋（5楹，东向），都是学生自习之处。讲经堂北为退思堂5楹，堂东偏南是左曲房，其后隶人房；堂西偏南是右曲房，其后胥人房。东面有碑亭2座，东号门、西号门各3楹，有厨2楹。过退思堂沿着中轴线继续向北，为四教亭，两旁有西蜂房、东蜂房。四教亭之北是名为"书林楼"的藏书楼。书林楼为方形二层，砖石构造。一层中间为祭祀三晋名贤的神堂，两旁是藏典籍的房间，将藏书和祭祀功能合一。藏书楼四周环以池水，名环池，池内种莲，可泛舟而行，曰"天光云影"。环池东为石榴园，亭曰"日心"；西为葡萄园，亭曰"月种"。环池北为乱石滩，滩北为山九峰，中峰曰"仰止亭"，东曰"杏坛"，西曰"桃源"，山旁有甃井，曰"源头"。仰止峰并没有将书院的中轴线打断，山下有四洞，曲折通往后山，洞名"游仙"。山上怪石嶙峋，树木繁茂，左山名"豹变"，右山名"凤鸣"。山北西面亭曰"悠然"，其后牡丹园，亭曰"丽景"，又其后纫兰园，亭曰"余佩"；山北东面亭曰"绿猗"，其后荼蘼园，亭曰"微风"，又其后蓍草园，亭曰"一般"。仰止山北为游息亭，又北为百果园，山北东西麓立井槐亭，翻车上水，潜山翼流。百果园是书院中轴线的末端。书院的纵向轴线从先门开始，到百果园结束，跨越了五进院落，可见规模之大。书院这样设计的用意为"故君子入先门则怀德，瞻仪门则正履，视碑以惧后，居斋以斋心，陟崇义恩人神，降远利思窒欲，升讲经堂以考业，处退思以防过，守四教以存诚，仰山以乐仁，览水以乐智，睹蜂房以思义，仁且知与义矣。斯周德，日心忠也，月种顺也。忠顺不失，斯见岁寒不凋之节，故松棚在其后，松棚者，与松为朋也。是故历乱石滩可以知险，登书林楼可以知危，游杏坛以述古，访桃源以济世，憩悠然以正出处，阅丽景以观造化，抚绿猗以成圭璧，赏微风而识乾坤，是故余佩如兰斯馨，藉草，靡他其适。若是乎，可以游息矣"。

从河东书院可以看出明清山西书院具有以下特色：（1）布局严格遵循儒教伦理中的礼制要求。先门、仪门、讲经堂、退思堂、四教亭、书林楼、环池、乱石滩、仰止峰、游息亭和百果园，形成一个明显的中轴线。中轴线因建筑的有序排列而深化、强调，书院的其他建筑包括斋房、号房，甚至园林、绿化、碑亭等小品建筑也都服从于书院整体的对称布局。这种中轴线贯穿，两边的建筑呈对称状，层层推进，井然有序、主次分明的建筑排列，正是礼制等级分明的体现。（2）书院建筑群的功能分区十分明确，各部分既明确分隔，又紧密连接。从总体上看，书院可以分为讲学区、藏书与祭祀区、游憩区、生活区四大部分。从仪门到退思堂及两旁的斋舍、庠序、左右曲房为讲学区，处于书院中心位置；书林楼为藏书和祭祀区，藏书与祭祀合一；葡萄园、石榴园、牡丹园等游园为游憩区；生活区既包括学生住宿的号房区，又包括管理人员办公住宿的求人房、胥人房、蜂房区，位置按照与讲学区关系远近而定。河东书院更体现出功能的明确性和布局的严谨性。（3）作为书院游憩区的园林部分也很有特色，体现了"以山相隔""以水相连"的特点。仰止山的后麓，怪石林立，烟雾缭绕，犹如仙境一般，"故左曰豹变，右曰凤鸣"。可以想见，"豹变"与"凤鸣"构成仰止峰的一道独特的景观。书院的各个景观，包括教学区的建筑，通过水路连成一体，也是河东书院园林设计的一大特色。

第四节　清代山西书院的特点

清代，山西新建、重建书院共计84所，居全国第14名。清代书院在山西南部分布广泛，无论是人口稠密、经济发达、文化教育兴盛、交通便利、有着良好的自然地理环境的区域，还是人口稀少、交通不便、经济落后和自然地理条件恶劣的区域，修建书院都成为山西各地官吏、士子热衷的大事。这一时期，伴随着社会经济的发展，官方在书院建设中所发挥的强化作用，使得著名的书院大多位于府州官署所在地，当时较为著名的有晋阳书院、河东书院、令德堂书院、莲池书院、云中书院、平阳书院等。

一、书院的类型

书院在千余年的发展过程中形成各种类型。在山西境内，有家族书院、乡村书院，以及县、州、府、省等各级地方书院，明代还有藩府书院。

1. 家族书院。包括太原晋溪书院、榆次常家的石芸轩书院、阳城陈家的止园书院、陵川郝家的棣华堂书院、洪洞刘家的万安镇书院等。家族书院的创办经费是由豪族提供的，主持院务者为家族成员或受聘于家族成员，服务对象为家族成员的后代，有时也会接收他姓子弟或从游之士。

2. 乡村书院。凡书院建于乡村而不属于一家一姓者，或由某个有力之人单独创建以教乡人；或是由邑人、乡人、邑绅、乡绅为主倡建，众人响应共襄其成；或是由官府创建于乡村者，都属于乡村书院。这类书院在山西境内为数不少，分布较广。最早大力提倡创办乡村书院的为北宋时著名的程朱理学奠基人程颢，他于治平四年（1067年）任晋城县令，最突出的功绩是大力倡办乡村书院，在全县建立乡校72所。现在晋城市区北的古书院村，就是因程颢在那里亲自设教讲学而得名的。兴办乡村书院数量最多的地方为芮城县，有考盘书院、跃龙书院、弦歌书院、乐善书院、归儒书院等。

3.藩府书院。见于明代，如晋藩养德书院、晋藩敏学书院、沈藩勉学书院。藩府虽涉足书院，但除了讲学之外，主要以刻书为务，出版了一批至今仍称善本的书籍。出书最多的当属勉学书院。至今，在山西藩府书院，除了其所刻的著作之外，很难找到其活动资料了。

4.与盐池相关的书院。如正德九年（1514年）巡盐御史张士隆创建河东书院后，明清历届河东盐池的官员都十分重视这所书院的建设。乾隆年间运使沈业富再修，道光二年（1822年）盐法道续捐经费大加修葺，定陕豫商籍及河东三十六属民籍生童，均准送书院肄业。还有天启三年（1623年）御史李日宣为其老师曹于汴讲学而建的弘运书院，后专为商籍生童肄业之所。康熙五十八年（1719年），河东道将藩库存储的盐池生息银拨归弘运书院作为经费。所以，运城以盐务专项为依托建立的书院影响很大，这是当时其他州县不能相比的。

5.县、州、府、省等各级地方书院。宋代书院都是私人创建的讲学处所，元代书院仍以民办为主，明代大量变为官办，清代则进一步加强了书院的官学化。清时山西的书院大部分是地方官办的，书院的层次逐渐明显，形成县、州、府、道、省不同层次等级的书院。如省城有4所书院，汉山书院为阳曲县属，崇修书院为大原府属，令德书院由巡抚创办，委托冀宁道负责管理，晋阳书院为省属。敏敷书院属于永济县，设于蒲州府治的另一个河东书院和设于永乐镇的黄阳书院，属于蒲州府。

（1）县级书院：这些书院绝大多数创建于县城或城郊风景名胜之地，在山西境内，除了个别县，如岚县、山阴县没有设立书院外，其余县都建有这一类书院。县级书院学生的来源主要是一县所辖范围之内的生徒，其院舍的修建、山长聘任、生徒选择，一般由该县的行政长官决定。

（2）州级书院：山西境内大多州都建立书院，由州官创建，招生的范围扩大到所辖各县，择优录取生童入院肄业。如岢岚州芦阳书院，浑源州恒麓书院，忻州直隶州秀容书院，保德直隶州莲峰书院，平定州冠山书院，沁州铜鞮书院，绛州东庸书院，解州解梁书院等。有些散州只相当于县，所建书院，其实也只是县级书院。如应州金城书院，辽州晕山书院等。

（3）府级书院：明清时期，府的建置稳定下来，府署书院开始建立。清代各个府城都有自己的书院，以此作为所属州县生童的肄业之所。府级书院位于府城所在地，大部分创办于知府之手。由于政治、经济因素，有时一城之内有府、县、总督三个政治中心，或先后或同时建有不止一所书院。如宁武府有府署鹤鸣书院，同时右都御史总制边务，驻兵于宁武关，为了加强宁武关的固守功能，命三关兵备使修建了宁文书院。

（4）省级书院：雍正十一年（1733年），诏令各省总督巡抚建立省会书院，但在此之前的90年内，省级书院承明代之余绪，仍然存在，并得到继续发展。省级书院具有以下优势：一是经费充足；二是受到皇帝的关照；三是师资水平高，有些为当代一流学者；四是肄业诸生须在全省范围内经过严格筛选方可入院。这是同期府、州、县级书院做不到的，也是唐、宋、元、明各朝所未曾有过的。

清代中后期，省级书院又有新的发展，省会城市增设了一些省级书院，如令德书院。这批书院有自己的特色，其创建的目的是讲求中学，引入西学，为传统的书院事业注入新的活力，尝试着将中国古老的书院制度与西方近代教育制度接轨，是书院改革的产物，记录着书院由古代开始向近代发展的情况。

书院是一种包含多层次的综合教育体系，它是高等教育和基础教育、应试教育和素质教育相结合的产物。书院的分层次发展，对于文化教育和学术研究起到了积极作用。其中，乡镇书院的增加，对国民的启蒙教育和初等教育贡献很大。正是由于书院的分层次发展，在办学条件上有明显区别，教学效果也有所不同。因此，在光绪末年改制时，书院便根据各自的层次，分别改为高等、中等、初等学堂。

二、书院的选址

书院初期主要为私人创办，目的是聚众讲学。在选址上或与风水相接，或与名师相称，在超逸中追求着知名度与号召力。山西早期书院，大多择山林胜地，远离城乡的僻静地方而建。后来，书院发展普及，选址多就城镇郊区或边缘，便于学者往来，远离市中心而不喧闹。至清代，"远离城镇"的书院已寥寥无几，书院大多设在城中政治中心（府、州、县署）或靠近文教中心（文庙、学宫、儒学、考院等）。总的来讲，历代山西书院，大都具有讲求良好环境、寓教于游憩之中的特点，体现出"远尘俗之嚣，聆清幽之胜，踵名贤之迹，兴尚友之思"的择址观。

1.选址于山林。许多书院选址于山林，而且选名山，大多依山傍水，所谓"山屏水障，藏精聚气，钟灵毓秀，为风水中的最佳吉形"。同时，古人认为自然山水具有某种与人的精神品质相类似的形式，可以使人获得精神上的感应和共鸣。因为清静幽邃的山林更能体现古人的雅静之趣，同时也反映了古代文人远离尘嚣、超脱世俗的观念。由于山西特殊的地理地貌，形成书院特有的"山居特色"，大大小小的书院遍布山西的各个山脉。

有"冠山文秀，书院之祖"之称的冠山书院，坐西朝东，靠山临谷建于冠山山腹，远望举荫环簇，青墙黛瓦，文化气息浓郁。书院依山而建，前低后高，层层叠进，错落有致，加以庭院绿化，林木掩映，以及亭阁点缀，山墙起伏，飞檐翘角，与自然景色情景交融，"自成天然之趣，不烦人事之工"。忻州秀容书院也属于典型的山地建筑，书院充分利用自然地形条件，因地制宜，依山就势，整个书院建于三个层层叠落的山地平台上，形成参差变化、高低错落的建筑形体。长治雄山书院、东山书院，应县龙首书院，兴县岫山书院、永济王官书院、首阳书院，沁水碧峰书院等皆为选址于山林胜境的书院。

2.选址于园林。很多私人或家族书院，往往由园林改建而成，或将书院建于园林之中。这是由于园林、书院皆为文人活动的主要场所，同时受隐逸文化影响，文人们常"开一镜方塘，植几株翠竹"，自筑小园，读书修身，远避尘世。选址于园林的书院，往往利用自然景物与艺术加工，在书院建筑中配置亭、台、楼、榭，点缀花、草、山、石，创造出如小桥流水、荷塘月色的诗意空间。

创建于明嘉靖五年（1526年）的太原晋溪书院，原为明代大臣王琼的私人园林晋溪园。晋溪园西依悬瓮山，三面环水，园内堂榭清雅，亭宇整齐。王琼在晋溪园每日读史、吟诗、弈棋、作画，过着山水怡情的生活，留下了"汾水故宫迷绿野，晋溪书院隔红尘""菡苍池塘蕉叶水，垂杨门俯稻花田。烟霞拍塞藏诗囊，鸥鹭将迎载酒船"的优美诗句。王琼逝后，其子王朝立遵遗命将晋溪园改为书院。

阳城止园书院，因建于清代大学士陈廷敬府邸的止园而得名。止园书院修建在景色宜人的官家园林中，园中景点有水榭、曲桥、莲池、快哉亭、烟柳亭等。远山疏树，近水薄荷，处处皆景，步移景异，让莘莘学子远离家族、社会的喧嚣和烦扰，在优美清静的良好环境中陶冶情操，体现出长辈为子孙创造学习环境的良苦用心。

长治莲花池，本是一处园林，建造年代不详。园内有一泓清澈透明的泉水，在历史上留下了许多美丽动人的神话传说，历代在此修建了亭、台、楼、阁、榭等建筑。相传李隆基在潞州任别驾时，凡到潞州的钦差官员和文人墨客，必登德风亭，必游莲花池。据史料记载，明代以前，这里是佛教信徒朝拜的圣泉寺。莲花池中心有一口六角形石井，井水清凉甘美，深不见底。凉亭立于石井上方，周围有池水环绕，曲桥朱栏迂回相通于亭。夏日莲花盛开，别具一番景致。池面上由北至南新建曲尺桥，池心有拱券式小桥相接，转折自然，结构严谨，桥面两侧装置栏板、望柱。曲尺桥对岸，四周可环绕园池，往西登台而上，可直达西岸六角亭，亭台高崎，六角攒尖顶，红柱黄顶，玲珑别致。身居亭内，可顾盼南北两池景色。步入通门，扑面有假山、斑竹相迎，从这里拾级而上，可折入长廊。长廊与水池之间，筑有南北大型花台各一座，将东墙巧妙地分隔成两部分，变化自然，层次分明。清康熙三年（1664年），潞安知府萧来鸾利用这里的池水宝地，建立了书院，先后修筑了文昌阁、魁星阁、舞曲楼、八行廊、九思亭、悦心亭、功过轩、寿民阁。书院名为"心水"，取"育才之心，如莲池泉水深广汪然"之意，后又改称莲池书院。

3. 选址于城郊。选址于城郊的书院，在环境布局和建设上多加以人工干涉，以创造闹市中的幽静。如建于明正德九年（1514年）的运城河东书院，选址于离城 5 千米，南对中条山的清幽之地。书院内亭台楼榭一应俱全，还建有石榴园、牡丹园等供师生游憩。姑汾书院位于襄汾县郊的徐氏别业，书院内"其讲堂廊如，其学舍奥如，有亭翼然，有池渊然，曲水流清，乔木耸翠，盖无画栋雕梁之盛，而因地之形，尽人之力，以成兹胜"。临汾晋山书院，弘治三年（1490 年）由知府杜忠建书院于府治东北永利池上。嘉靖三十四年（1555 年），知府王楠改为三太守祠。清康熙十年（1671 年），知府刘仪恕重建为书院，仍名"晋山"。书院荷亭水榭，曲庑回廊，雅致宜人。正谊书院，建于平阳府东门附近，书院内曲廊环绕，池水流碧，佳木丛杂，风景怡人。秀山书院，在原安邑县治东郊，康熙五十七年（1718 年）由邑民创建，其地"左峙条岭，右绕河渠，雉堞屏其前，茂林拥其后，颜其匾曰'秀山书院'"。解州裕斋书院、闻喜香山书院、芮城子夏书院、孝义中阳书院等皆为此类。至清代，城郊型的书院已占主导地位，可见，书院始终不放弃对清静环境的追求。

　　4. 选址于寺院。书院借鉴佛教禅林制度，在相地择址上更是以禅寺为准，书院和佛寺常常共处一山，相互渗透并存，甚至有些书院就是在寺庙的基础上建造起来的。如平定冠山有槐音书院、崇古书院、高岭书院、资福寺等，书院与佛寺共处一山，交相辉映，共同凝聚成冠山的文秀。交城卦山书院与天宁寺、圣母庙、朱公祠等，殿堂楼阁，鳞次栉比，组成卦山规模宏伟的古建筑群。长治雄山书院与藏龙寺、牛王寺、西庵、八仙堂等构成雄山的十景。永济河中书院，位于城东 1500 米的峨嵋塬南坡，与北坡普救寺相对，儒释共存。永济王官书院，原为王官谷西岭上的一座寺观，明嘉靖十三年（1534年），知县焦某毁寺建书院，使"邑人明真儒之大道，敬鬼神而远之"。永宁州凤山书院，因设在凤山道院而得名。运城解梁书院，为知州林元叙和州判吕楠创建于城北广慈寺旧址，将广慈寺后殿改为乡贤祠，祭祀名宦乡贤，前殿及厢房改为讲堂，并将寺观的田产划归书院，以奉士膏火之用。天镇紫阳书院，由知县朱宗洛重建于慈云寺。长治莲池书院，由潞安知府萧来鸾创建于圣泉寺。原平崞阳书院，由尚书梁璟修建于崇圣寺。清同治元年（1862 年），太原崇善寺毁于火，布政使王榕吉就寺基建崇修书院。

5. 选址于府、州、县城中心。这类书院在选址上一般受官学"左庙右学"形制的影响，在文庙之右建立书院；也有为了便于监督管理和考课方便，选址上靠近学宫、考院等。如垣曲亳城书院，院址在垣曲县文昌祠右侧；勉庸书院，原址在县城西北隅，明天启初徙建于学宫之右；临猗桑泉书院，选址在原临晋县学宫右；弘运书院，建在旧运城学宫东；乡宁鄂山书院，选址在县城南文昌祠之右；古县（原岳阳县）开运书院，选址于文庙西；潞城卢山书院，选址于儒学东侧；长治上党书院（原共学书院），在潞安府学宫西，明万历四十七年（1619年），由知府陈儒、知县方有度修县学时创办；盂县秀水书院原建于崇文巷内，名藏山书院，清康熙六十一年（1722年），知县孔传忠以其地为仓，将书院移建于学宫东，易名慎交书院；榆社箕山书院，在县城隍庙西；左权崔山书院，原先设在考院西侧……位于政治中心的书院，大多有此特征。

6. 选址于先贤故址。山西很多书院建筑都是为纪念先贤名人、缅怀前人而建的，在择址上一般选择名人的家乡或曾经讲学之处。例如汾阳卜山书院，选址于城东北卜山下的子夏祠内，此地为卜子夏晚年设教之处。明万历年间，芮城修建的子夏书院和清乾隆年间修建的西河书院都选址于卜子曾经讲学之处，以纪念卜子的教诲之德。平遥卿士书院，在县城上东门内尹公祠，名卿士书院，取纪念周宣王时卿士尹吉甫最先修建平遥古城之意。河津文清书院，原为明代大儒薛瑄设教讲学之处，明弘治元年（1488年），薛瑄的学生王盛，时任河东道参政，巡视至河津，捐资修缮了薛瑄设教之故宅，并亲书"文清书院"匾额，以纪念恩师。永济首阳书院建于首阳山伯夷、叔齐墓旁，为缅怀二人的仁义气节而建。吴文端公书院，又名铜川书院，建在月岭山，原为吴碘读书处。晋城宗程书院，建于宋代理学家程颢办学遗址。

7. 选址于"形胜"之处。书院的选址被看作是"兴地脉""焕人文"的象征，人们相信"地灵"与"人杰"是相辅相成的，对书院的选址极为重视。清代，山西书院以风水择址的风气较前代更甚，这主要是因为书院成为科举的预备学校,以风水之胜求文章之胜,所谓"悟风水之焕我以文章也"。闻喜香山书院，由知县李遵唐亲自踏勘院址，陈择地一区，其境"有案山屏立于前，三台栱照于右""势厚而不露，气秀而能融"，在此建书院，"以培地灵而育英俊"。忻州秀容书院，选址于城西南高地，与州城"西靠龙岗，东俯马川"的形势相契合，被誉为形胜之地。猗氏涑水书院，原在县城北隅，乾隆三十年（1765年），猗氏知县史湛以"书院利于巽方，今乃在坎，宜移置之"，将涑水书院移建城内东南角高地，并更名为郇阳书院。书院在选址过程中，自然景观和风水格局往往"鱼"与"熊掌"可以兼得，形成自然景观和风水文化和谐统一的模式。

8.利用旧官署或民居改建而成。还有一些往往采用修旧利废、因地制宜的方式来建立书院。如省属河汾书院，就是利用原巡抚衙门旧址建立的；府属令德书院，是在太原府署之北宝贤堂旧址上筹建的；徐沟梗阳书院，是在徐沟县清源城原巡署西即旧典史署原址上建立的；灵丘太白书院，就参将署遗址创建；朔州鄯阳书院，由巡抚台改建而成；寿阳书院，由旧察院行署改建而成；长子廉山书院，在县察院旧址创建；沁州铜鞮书院，在明察院废址创建……以这种方式建立的书院在山西还有很多。

三、书院的建筑特色

书院既是社会教育活动的场所，又是供奉、祭祀儒学先辈大师的殿堂，而且还是收藏经典古籍的地方。书院建筑是书院文化的物化载体，作为与中国文人阶层联系最紧密的教育场所，它更多地反映了中国文人的建筑观念和情趣，在建筑文化内涵、艺术特色上具有自己的独到之处。可以说，较之其他的官式或民间建筑，书院建筑更为集中地反映出中国传统的文化思想。书院建筑门类很多，有宫、庙、殿、堂、楼、舍、轩、斋、廊、壁、阁、阙、门、台、亭、榭、坊、桥、园等。按其性质和用途，可分为祭祀型建筑、讲学型建筑、藏书型建筑、生活居住型建筑和憩息型园林建筑。书院建筑形制没有定式，富有变化，有很多书院的建筑布局是因地制宜的。

山西书院建筑文化是三晋文化的重要组成部分，它与山西社会、经济、文化的发展息息相关。与其他省市相比，山西书院建筑除了大多采用四合院的平面形式外，还吸收了山西其他建筑类型如民居、宗祠等的处理手法，在建筑形态、空间处理、装饰装修等方面颇具山西地方特色，具有较高的艺术欣赏和美学价值。

1. 朴实典雅的风格。书院景观崇尚自然，取景于自然，不求雕饰和华丽，讲求宁静致远，清幽淡雅。山西书院一般以砖木结构为主，较少雕饰彩绘，点缀淡雅，因而显示出朴实自然之美，突出地反映了文人的风貌。

2. 规整对称的造型。中轴对称布局、秩序井然是中国古代建筑文化的一大特色。山西书院建筑一般按照南北中轴线、左右对称、主次分明等一整套的传统建筑模式布局，以讲堂为中心，将大门、讲堂、祭祠、藏书楼按空间序列依次排列在中轴线上，形成一组多重院落，突出书院"三大事业"的主导地位。小型的书院一般为二进或三进式。二进式的书院，第一进为仪门，第二进为讲堂，讲堂后附设祭堂。三进式的书院如徐沟金河书院，各院落和建筑之间以墙、门、廊等相连。师生日常起居生活所用的斋舍等则结合院落对称地布置于两厢，游憩部分则因地制宜，灵活配置。书院这种严谨而又和谐的群体布局模式，深受中国传统文化的影响。如榆次凤鸣书院处于文庙右侧，符合礼制中"左庙右学""以左为尊"的要求。书院坐北朝南，主轴线上由南向北依次为：大门、四达楼、南厅、砚水湖、两贤祠、化成堂、藏书楼。其中，砚水湖贯穿于主轴线，湖水面积达4800平方米，为书院显著特色。在主轴线东西两侧配有牌楼、祭坛、水井、水斋堂、丰礼斋、咏花轩、思源亭，这些建筑沿湖而建，部分游廊相连。砚水湖是书院园林重要景观，整个书院以砚水湖为中心，沿湖四周环列建筑，从而形成一种向心、内聚的格局，属于典型的园林式书院。

3. 尽显地方特色。山西书院兴起于民间，书院的建造也都出于民间匠人之手。因此，山西书院建筑不可避免地受当地民居形式影响，表现出鲜明的地方特色。例如王家桂馨书院的主体建筑为锢窑形式，出挑屋檐，外立檐柱，门窗随孔做成拱券形，门窗棂格多种多样。柱廊间的额枋、雀替等处的木刻及柱基石刻等，题材不一，做工精细，许多木构上的彩绘朴素无华，是典型的晋中民居形式。崇古冠山书院的建筑结构十分独特，它坐西朝东，脊山面谷，内外两重院落为石券窑洞建筑。全部建筑既无梁柱，又无椽飞，除了门窗外，不假寸木，全用细砖连拱垒筑，也可称为"无梁洞"结构。虽窑部以青砖挂面，窑顶为仿木构筑，但人们仍然以洞来命名。由于书院建筑结构全部采用砖、石、瓦砌成，没有传统的木质梁柱，因此耐火性能较好。屋顶采用硬山式，能使雨水分流两坡，起到快速散水的目的，因此非常适于收藏书籍。同时，这种窑洞结构具有冬暖夏凉的特点，是具有山西特色的民居建筑形式之一。

4.突出文化特色。山西书院在建筑布局中，依循传统建筑"礼乐相成"的组织原则，形成主次、尊卑区划严格，秩序井然的空间意象。同时，书院建筑在环境的营造中，追求"天人合一"的理想境界，并富含诗情画意，体现了文士们超脱世俗的情趣和爱好。这样，既满足了"礼制"要求，又有明显的士人文化特征，这也正是书院建筑文化的魅力所在。经过精心创意与规划建造的书院，既汇集了楼台堂榭等人工建筑之胜，又巧借山水形胜之美，力求文化与风景有机结合，可谓是既有学府之精髓，又有山川之玄奥，相得益彰。

第七章

园林建筑

第一节 园林

一、园林释义

"园林"最早见于西晋张翰《杂诗》中的"暮春和气应，白日照园林"一句。北魏杨玄之在《洛阳伽蓝记》评述司农张伦的住宅时说："园林山池之美，诸王莫及。"唐宋以后，"园林"泛指各种游憩境域，明末成为造园学中的专有名词。园林学家张家骥教授在其所著《中国造园论》中给园林作了如下定义："园林，是以自然山水为主题思想，以花木、山石、建筑等为物质表现手段，在有限的空间里，创造出视觉无尽，具有高度自然精神境界的环境。"这一定义包含了三个方面，即园林创作的主题思想、创作的特点（手段和方法）、创作成果的特殊性。

园林可分为两大类：一类是利用原有自然景致，去芜理乱，修整开发，开辟路径，布置园林建筑，不费人工就可形成的自然园林，如湖南的张家界、四川的九寨沟，均具有大范围优美的风景区，略加建设、开发，即可利用，称为自然风景区。五台山、泰山、黄山、武夷山等，则因开发历史悠久，有文物古迹、神话传说、宗教艺术等内容，称为风景名胜区。另一类是人工园林，即在一定地域范围内，为改善生态、美化环境、满足游憩和文化生活需要而创造的环境，如小游园、花园、公园等。

二、园林空间意识与创作思想

中国园林是一门空间艺术，借山水、花木、建筑等物质实体来表现造园者的审美理想，因此，最讲究空间经营，借助各种空间处理手法，如主景、衬景、借景、对景、隔景、泄景、抑景等组织空间、创造空间。虽然手法各异，但目的明确，即增加园林的景深，扩大园林的欣赏空间，使园林空间呈现的不仅是一个有限空间，而且是一个"境生于象外"的无限空间，让视觉感受和审美想象获得充分自由。园林的营造要突破亭台楼阁内部狭小空间的局囿，超越园林四周的有限界域，取消束缚人们的精神樊篱，虚而待物，在视觉感受的有限空间中，领悟、体验丰富深远的空间。

中国园林特点之一是园林宅园合一，可赏，可游，可居。这种建筑形态的形成，是在人口密集和缺乏自然风光的城市中，人类依恋自然，追求与自然和谐相处，美化和完善自身居住环境的一种创造。它不仅是历史文化的产物，同时也是中国传统思想文化的载体。园林的创造反映和传播了儒、释、道等各家的哲学观念和思想流派，宣扬了人生哲理并陶冶了高尚情操。通过借助古典诗词文学，对园景进行点缀、生发、渲染，使人于栖息游赏中，化景物为情思，产生意境美，获得精神满足。园林的总体布局、空间组合、比例、线条、色彩等造型艺术语言，构成特定的蕴涵丰富的艺术形象，即园林艺术空间，以激发欣赏者的审美情趣，从而体味积淀于其中的深厚文化内涵。

中国古典园林艺术创作与中国哲学思想密不可分。中国传统文化中的三大组成部分儒、释、道，以其不同的文化特征影响着中国园林，体现了中国园林多元互补的特色。从园林的物质内容到精神功能，从园林的立意布局到园内景区的主题分配，从景物本身的表意内涵到景物之间的符号关系等，都蕴含着丰富的中国园林美学思想和博大精深的中国传统文化底蕴。

在中国文化发展史上，儒家学说是中国传统文化发展的主流。儒家哲学的思想主张人与自然和谐相处，认为"天人相通"，提倡"天人合一""万物与吾一体"。中国艺术与之相符，追求艺术心境完全融合于自然。因此，崇尚自然、师法自然成为中国园林创造必须遵循的一条不可动摇的原则。另一方面，儒家的比德思想对中国园林的主题思想也产生了一定的影响，园林中重视寓情于景，情景交融，寓意于物，以物比德。人们将自然景物作为品德美、精神美和人格美的象征，如将竹、松、梅、兰、菊、荷以及各种形貌奇伟的山石作为高尚品格的象征等。

道教是中国土生土长的宗教，在哲学上，老子以"道"为最高范畴，认为"道"是宇宙的本原，是万物存在的根据，主张"道生一，一生二,二生三,三生万物"。同时，主张"大地以自然为运，圣人以自然为用，自然者道也"。后来，庄子继承并发展了老子的"道法自然"思想，以自然为宗，强调"无为"，认为"天地有大美而不言"。中国古典园林之所以崇尚自然，追求自然，实际上并不在于对自然形式美的模仿本身,而在于对潜于自然之中的"道"与"理"的探求，在意境上表现为崇尚自然、逍遥虚静、无为顺应、朴质贵清、淡泊自由、浪漫飘逸，由此以自然仙境为造园艺术题材的园林便应运而生。

禅宗是由于佛教文化东渐，在中国文化土壤上形成的中国佛教宗派。从禅宗的观点看，世间万物都是佛法或本心的幻化，即"青青翠竹，皆是法身，郁郁黄花，无非般若"。这就为园林形式有限的自然山水艺术提供了审美体验的无限可能性，打破了"小自然"与"大自然"的根本界限，构筑文人园林以小见大、咫尺山林的园林空间。园林中的"淡"就是禅宗思想的具体体现，通过简、疏、古、拙等手段取得园林景观自身平淡或枯淡的视觉效果,或通过"平淡无奇"的暗示触发人的直觉感受，从而在思维的超越中达到某种审美体验。

三、明清园林的发展

明清两代是中国封建社会的后期，经历了 5 个多世纪的岁月。在明嘉靖到清乾隆时期（1522—1795 年）的 270 多年间，由于商业而兴盛起来的城市遍及全国各地，繁荣的商业城市兴起了大建私家园林的风尚，都城的少数显贵、富贾、士大夫以及各地富商都积极投身于造园活动，使造园技术达到顶峰。

从明初到明中叶，全国范围内，私家园林的发展比较缓慢。随着明朝经济的恢复与发展，禁令松弛，奢侈之风渐起。明英宗在北京苑囿大兴土木，上行下效，营建私家园林开始兴起，园林数量大大超过前代。

清初，统治者鉴于明末社会经济的衰退，采取积极的农业政策以恢复农业发展，小农经济随之有所恢复和发展，并带动了手工业及商业的繁荣，社会财富由此有了一定的积累，为官僚、地主和富商的园林营造提供了经济保证。而且，中国传统的造园技术经过长期广泛的实践，至清代已经积累了丰富的经验，为园林技术的进一步发展奠定了坚实基础。

清代园林大致可分为三个发展阶段，即清初的恢复期，乾隆、嘉庆时的鼎盛期，以及道光以后的衰退期。在恢复期，经济繁荣带动了文化发展，私家园林有了恢复，巨商富贾的私园建造兴盛起来，部分文人也参与到造园活动中，文人造园理念给造园带来了新气象。道光（1850年）以后，造园理论探索停滞不前，加之外来侵略、西方文化的冲击和国民经济的崩溃等原因，使园林创作由全盛转向衰落，但是寺庙园林却特别兴盛，并表现出日益社会化的趋向，四大佛教圣地之一的五台山寺庙园林在这一阶段有了较大的发展。

纵观中国古代园林，无论是帝王苑囿还是私家园林，虽然因政治地位、经济势力和园林所处地的气候不同而异，但都有一个共同特点：利用环境，因高筑台，就低挖池，园中布列亭、台、廊、榭，种植树木花草，以表现自然和创造更优美的山水境域。园林的建造因地制宜，充分利用环境，以得景为妙，建筑的设置以取得最好的视线和观景点为前提。园林建筑除了实用功能以外，还具有景观观赏功能。因此，园林建筑更注重造型和轮廓，并集中在屋顶处理上，轻巧自如和曲线优美的卷棚悬山顶和卷棚歇山顶应用较多，建筑的装饰、色彩与环境保持协调。为了达到尽收室内外四季之景的目的，园林建筑尽量做到空间通透，空廊、洞门、漏窗和隔扇大量应用，形成框景。

第二节 明清园林实例

（一）私院、市院

1. 太谷孔祥熙花园

孔祥熙宅院坐落在太谷县城内无边寺西侧的太谷师范学校内。坐南朝北，东西长91米，南北长69米，总面积6279平方米，既有北方民居的特点，又有南方园林的特色，是南北住宅和宅园融为一体的典范。宅院建于清乾隆至咸丰年间，原系太谷士绅孟广誉的老宅，1930年被孔祥熙购得。现存正院、厨房院、书房院、戏台院、墨庄院、西花园及部分残损的东花园，每座院沿中轴线方向被分割为多个四合院。其中，西花园建于清咸丰十年（1860年），院中凿地为池，池中建木构方形小亭"小陶然"，基础石砌，池中植有莲藕，放养金鱼，面积虽小，但设计别致，具有小桥流水、亭榭湖石的南方园林特色。

2. 榆次常家庄园

常家庄园位于晋中市榆次区车辋村，是一座规模宏大的清代北方民居建筑群。庄园后是后花园，由于是同一家族、同一支脉的园林，无论是家族共有的桑园，还是各家所有的园，园与园之间没有明显的墙、篱，形成一个统一、宏大的园林，总名为"静园"，占地面积约8万平方米，是北方最大的私家园林。

静园初建于乾隆至嘉庆年间，完成于光绪年间，正是中国造园艺术发展的高峰时期。常家庄园的几代庄主长期来往于江南和大漠之间，注定了静园既有北方园林的质朴，又有江南园林的细腻，既展现北派园林之豪放，又飘逸南方园林之清丽，被誉为"北国民居第一园"。

静园被山湖水系连成一片，由杏园、湖区、山区、遐园、槐园等组成，形成园中有园、大中有小、小中有大、远近高低、自然成趣的风貌。

杏园是常家最早建成的园林区，占地面积约6670平方米，院内广栽杏林，深处建有杏坛。杏花抱春最早，开于二月，恰为各地举子进京会试之时，所以杏花又称"及第花"。常家作为文化世家，自然对杏花倍加偏爱。另外，"杏林"是名医的代称，常家世代均有行医者，还出现了俗称"一炷香先生"的名医常龄，杏园的建造包含了常家对品德高尚、医术高明者的敬意。杏园侧门两旁分别建有面阔二十八间的长廊，廊壁内嵌有56方清代名家名联，长廊两端分别建有小巧玲珑的看楼两座，分别命名"景星""庆云"和"披风""枕霞"。其中，南端两个看楼将常氏宅院与一条街连接，北端两个看楼将杏林与静园融为一体。

狮园是一片天然而成的园林，种植槐、松、柳、枣、丁香、核桃等众多高大的乔木，与野草、野花等低矮的植物高低错落，相映成趣。杂树中建有木制石牌坊一座，穿过牌坊是一扇砖雕小门，步入小门，迎面是一座面阔五间的卷棚式正堂。其四周点缀着小亭、小廊、小台，期间散置着许多大小不同、石质多样、形态各异、风格不同的狮子。

3. 太原文瀛湖

文瀛湖位于太原市中心区的海子边，宋初潘美建城时，海子边是护城河的一部分。明初期扩建太原城后，海子边成为太原市东南城的雨水汇集处。清康熙年间，海子边水溢成灾，殃及附近民宅。当时的太原知府王觉民主持疏通南北两海子工程，从南城墙下导水出城，消除了水患。海子南面是贡院，来省赶考的士子多要在此游览，一位姓裴的通判给海子堰起了一个很美的名称——"文瀛湖"。海子堰的幽静受到了人们的喜爱，逐渐成为当时的"八景"之一，并以"巽水烟波"而著称。后来，因为海子堰偏僻，成为荒芜之地。清末光绪年间曾对海子堰进行过一次清理，在湖周围设置简易木栅栏，在北湖东南兴建影翠亭，于是形成公园的雏形。光绪三十一年（1905年），在北边建了3座二层楼，陈列山西土特产品。曾参加过康有为"公车上书"的赵炳麟，在《闲游太原文瀛湖感赋》中有"闲向文瀛湖上望，烟岚几点碧于螺"的赞美之句。张之洞任山西巡抚期间，在湖岸遍植柳树。辛亥革命后，又略作修整，称为"文瀛公园"，是太原最早，也是至中华人民共和国成立前太原的唯一一处公园。

（二）寺观祠庙园林

两汉之际，佛教从印度传入中国后，其教义在一定程度上融合了儒家与老庄思想，以佛理而入玄言，并逐渐适应汉民族的文化心理结构。佛教教义所倡导的因果报应、轮回转世之说，对于处于苦难之中的人民具有深度的迷惑力，受到民众的广泛崇信，同时得到统治阶级的利用和扶持。作为中国土生土长的道教，也随着统治阶级的改造、利用，至南北朝时逐渐兴盛。魏晋时期，佛道盛行，佛寺、道观随之大量出现，于是寺观园林这个新的园林类型也相应出现。

清代，佛教和道教走向民间，而寺观园林则是宗教世俗化的结果。寺观不仅仅是举行宗教活动的场所，而且成为商贸和游赏之地，大的社会环境刺激了寺观园林的发展，体现在以下几个方面：（1）私家园林对寺观园林产生了积极影响，园林中的廊、亭、桥、池、坊给寺观布局增添了活力，特别是园林的叠山理水技巧使地形的利用更加充分，空间更加丰富，打破了早期寺庙园林以花木泉石为主景的模式。（2）帝王巡幸驻跸寺观，促进了寺观园林的发展。（3）文人于寺院举行布施、读书、听经等活动，促使寺观布置与私家园林交流。由于寺观在选地、规模和内容上的不同，使其呈现出多样性，有的在某一方面突出，有的则兼而有之。

在形式上，寺观园林分为三种：一是将寺观本身按园林布置，二是在寺观旁附设园林，三是在风光优美的自然山水中建寺观。城市中的寺观园林在公共交往中所起的作用，使其职能得以充分发挥。郊野的寺观园林将寺观本身转化为风景，吸引了无数香客，宗教内容与园林形式相结合，强烈地渲染了佛国世界的宗教主题。处于名山的寺观，以真山真水为背景，更偏重顺应自然。有的寺观充分利用自然山水，开创了更为自由灵活的园林化布局形式。有的寺观寺庙于偏园内建园林，较多地继承了历史上方丈、禅房院落的园林意匠；有的寺观采用寺观以外园林化的手段，形成怡情快意、观幽揽胜的环境，深化了寺观建筑的内涵；有的寺观开合有致，形成园林化的序列游览线，将寺院的各个殿堂巧妙地联系起来，扩大了寺庙建筑的表现力。

1. 太原永祚寺园林

永祚寺位于太原郝庄，坐南朝北，由前院、后院、塔院三部分组成。寺内双塔并峙，是昔日"阳曲八景"之一的"双塔凌霄"，至今仍为太原的标志。明代后期，牡丹大量种植园内，共种植各类牡丹100余种，5000余株，形成占地约2万平方米的牡丹园。其中不乏名品，如姚黄、魏紫、赵粉、豆绿、状元红、青龙卧墨池、碧雪丹砂等40余种。大雄宝殿所在院有数十株明代牡丹，品名紫霞仙，也叫紫云仙，虽经历了数百个春秋的风霜洗礼，老干虬枝，却仍然苍劲旺盛，国色天香，堪称花魁。其花攒硕大如盘，开花时间最长，初开时花瓣呈肉红色，浓郁芳香，为玫瑰香型，盛开之际呈淡紫色，馨香更浓，临近晚期则为正紫色，是牡丹品种中的佼佼者。金元时期的大诗人元好问看到盛开的紫霞仙时，倍感惊奇，欣然命笔赞其美："天上真妃玉镜台，醉中遗下紫霞怀。已从香国偏熏染，更怕花神巧剪裁。"永祚寺的牡丹不单是民俗文化中富贵的象征，更有静候"东南之气"到来之意，每年春夏之交，园内群花怒放、姹紫嫣红，红、黄、紫、白、墨诸色齐全，花、枝、叶、蕾、根尽呈缤纷，形成一幅和谐的春日画图，更预示着文运昌兴。永祚寺在建造时充分考虑牡丹艺术，在仿木结构的砖砌无量殿大雄宝殿和观音阁上，有许多雕工精湛的牡丹花叶图案，与院内牡丹相得益彰。

2. 洪山源泉庙山水园林

洪山源泉位于介休市东南13千米的洪山之麓。洪山是绵山向东延伸的一条支脉，古称狐岐山，海拔900多米。山下淌出数以百计的泉流，最著名的当数洪山泉，泉水清澈，穿山越洞，常年奔涌，灌溉着介休县约73平方千米的农田，人们习惯地称之为洪山源泉。北魏郦道元《水经注》中有"石洞水北流而注于汾"的记载。源泉之上有源泉神祠，俗称源泉庙，依山面水而筑，居于泉眼近侧，建造富丽，誉为"华宫"。宋、明两代多次重修，现存为明万历十六年（1588年）重建之物。现存正殿面阔五间，东西配殿各三间，乐楼一座，钟鼓楼各一座。院内植有古柏，环境清幽，古色盎然。庙与洪山源泉由数十阶石阶相连，石级和源泉间建石拱桥一座，桥上建牌坊，桥下清溪流动。附近山青水绿，杨柳夹岸，梯田如画，颇有江南风光之美。

3. 解州关帝庙结义园

解州位于运城市西南 15 千米的解州镇，是三国蜀汉名将关羽的故乡，镇西有全国现存最大的关帝庙，俗称解州关帝庙。庙创建于隋开皇九年（589 年），宋朝大中祥符七年（1014 年）重建，之后屡建屡毁，现存建筑为清康熙四十一年（1702 年）大火之后的重建遗构，历时十载而成。庙以东西向街道为界，分南北两大部分，街南称结义园，由三义阁、三分砥柱石、君子亭、牌坊、假山、莲花池、石桥、假山等组成。明万历年间，解州关帝庙进行兴修和扩建工程，主持工程的解州州守张起龙见庙南空隙地低洼，并增建莲池一园和莲亭一座，这便是结义园的前身。乾隆二十三年（1758 年），又于园中建庙三楹，内奉结义神像，同时分置东西两池，中央建君子亭。乾隆二十七年（1762 年），知州言如泗兴工修庙，重建三义阁，并塑三结义像。三分砥柱石立于影壁北侧的当心间，寓意关羽在三国鼎立时扶持蜀汉正统。乾隆三十七年至四十二年（1772—1777 年），州守李友洙兴工修建关帝庙时，疏渠引水，将莲池改为左、右、南三塘绕于三义阁周围，相互浚通。嘉庆二十年（1815 年）的地震和光绪三十三年（1907 年）的火灾使结义园有所受损，但基本格局没有改变。现今亭子和环廊均已不存，西池也改为他用，但结义园仍不失为一座优美的园林。园内古柏参天，桃柳夹岸，塘水荡漾，花团锦簇，具有浓郁的中国北方园林气息。现三义阁仍居园池中心，周置莲塘，小石桥横贯其上。君子亭为明清时期各级官员和绅士朝拜议事之地，乾隆二十五年（1760 年）的《重修关帝庙记》碑对园内的面貌有较好记述："庙南旧祀结义神像，内有池沼遗址，疏其湮塞，砌以砖石，植以芰荷。其中央建亭榭三楹，总开四面，颜曰君子。高墉四围，中有桃红柳绿相映，修竹皆古柏交加，自春徂冬，清香远袭，仿佛往昔桃院胜境也。"院内残存高 2 米的结义碑 1 通，为乾隆二十八年（1763 年）言如泗主持镌刻，白描阴刻人物，桃花吐艳，竹枝扶疏，雕工精湛。

第八章

交通设施——桥梁

一、明清桥梁概述

《中国古桥技术史》中说："桥梁是一种既普遍又特殊的建筑物。普遍，因为它是过河跨谷所必须，而河流峡谷则是遍布大地，随处可遇的。特殊，因为它是空中的道路。道路处在空中，它的结构就复杂了。由于复杂，就需要适当的材料和特殊的结构，并且还要有合乎科学和艺术的设计进行施工，才能建成，才能保持永久。"这对桥梁做了极好的诠释。

中国古代桥梁具有悠久的历史和卓越的成就，其建造始于西周，创建和发展于秦汉，全盛于唐宋，元、明、清时期又有了长足的发展。在历史长河中，出于政治、经济、生活、战争或其他需要，各地投入了大量的财力、人力和物力，因时、因地建造了不同材质和结构的桥梁。若根据建造材料来分，桥梁可分为木梁桥和石梁桥，其中木梁桥包括木柱桥、木梁石柱桥、木梁石墩桥、木撑架桥，石梁桥包括石梁石柱桥、石梁石墩桥、石伸臂桥、三边石梁桥、漫水石梁桥、石板平桥。若根据构造情况以及拱券的圆弧和排列形式来分，可分为陡徒和坦拱式拱桥、尖拱和圆拱式拱桥、连拱和固端式拱桥、单孔和多孔式拱桥、实腹和空腹式拱桥以及虹桥等。拱券的圆弧有半圆、马蹄、全圆、锅底、蛋圆、椭圆、抛物线圆及折边等多种形式。排列形式有并列和横联两种，其中横联式应用最多，并派生出镶边横联券和框式横联券两种。石梁桥由于建造材料坚实耐用，保存下来的实例较多，除了实用功能外，多与周围环境相融合，为所在环境增添风采。

二、桥梁实例

（一）泽州景忠桥

景忠桥位于泽州县城东门外沙河上，又名永济桥。因居城外东观，当地人称其为东关桥或东大桥，至今仍然是晋城东向交通往来的必经之路。据清乾隆版的《凤台县志》记载，景忠桥创建于元至正年间，为木构桥梁，明弘治年间仿造晋城西关景德桥的大券拱式样对桥进行改建，并将原来的木构桥改为石桥。清乾隆三年（1738年）重建，乾隆四十八年（1783年）进行大的修葺，现存为清代遗构。桥为单孔弓形石拱桥，长 6.55 米，宽 5.7 米，桥面略有弧度。桥拱宽 6.5 米，由 22 道石圈自由错缝砌筑而成，拱石厚 0.62 米，拱石上下接面处不设露明腰铁，拱背上设护拱石一层，拱外券面石素平，无雕饰，拱顶锁口石刻为兽面。桥身两侧分别设一条长条石，外端雕刻为龙首形，桥面两侧设低矮的栏杆。

（二）临汾公济桥

公济桥位于临汾市城北，为临汾到洪洞的交通要道，俗称高河桥。据桥上石望板和望柱上题记，明嘉靖八年（1529 年）建造，清康熙四十二年（1703 年）、民国十二年（1923 年）分别增补部分雕栏。公济桥为五孔券拱石桥，通长 70 余米，桥面阔 10 余米。券拱为砂岩、石灰岩垒砌。桥两侧设栏板，上雕有人物、盘龙、花卉、云攒、狮、麟等图案，雕刻精细。望柱上圆雕狮子、麒麟等，但风化严重。

（三）壶关仙人桥

仙人桥位于壶关县桥上乡盘底村西北，建于五指峡东西两大山脉的山谷之间。桥西头存残碑一通，记载该桥为古代晋豫两地的必经之路，曾为晋豫的经济、文化交流做出贡献。相传当时曾有晋、冀、鲁、豫、秦 5 省 18 府 96 县的民众参与修建，具体始建年代不详，从桥的建筑形制和构造技术上来看，当为明清遗构。仙人桥呈南北向，全长 18.7 米，总宽 7.70 米，高 12.6 米，为条石垒砌的单孔石桥，净跨 18.70 米，矢高 9.95 米。拱券的砌筑采用纵向并列砌筑法，是比较早的一种砌筑技术方法。券形为尖形拱，俗称桃形拱。龙门石上雕吸水兽。近年维修时，在桥的东西两侧增加了钢筋混凝土挑梁与栏杆。

（四）平遥惠济桥

惠济桥位于平遥县城东门外，因桥有九孔，又名九孔桥。横跨惠济河（原中都河）上，建于清康熙十年（1671 年），乾隆年间补修。清代以"河桥野望"而列为县城"八景"之一。桥全长 80 米，宽 7.4 米，高 7 米，略呈弧形。桥基砌筑石料精良，桥身条石砌筑，条石间以铸铁连接。桥墩上设有分水尖。券孔、券石规整，灰浆灌缝，券石上刻有 2 条弧形石带。桥面铺设石板，桥左右两侧设有栏板和望柱，栏板上浮雕花卉、动物等图案及"福""禄""寿"等字样。望柱高 1 米，柱头上雕有石狮、花蕾、八宝等装饰物。

（五）沁源灵空山峦桥、仙桥

灵空山又名九顶山，在沁源县西北 40 千米的五龙川乡，北接绵山，西靠霍山，海拔高 2000 米。境内奇峰突兀、沟壑纵横、密林蔽日、溪流潺潺、花草繁茂，胜景迭出，素有"四十里林子不见天"之说。中心处 3 座孤峰突起，如倒置的 3 只鼎足。峰下，两条深谷由西、北而来，相交汇合，向东南而去。深谷交汇处，形成一个巨大的空谷，如巨窟石井，宛若神工鬼斧开凿。灵空山既有自然形成的奇观胜景，又有丰富的历史文化遗存。在山腰的一块平台上建有圣寿寺，寺为六进院落，共设有殿宇 90 余间。寺院对面为悬崖壁立，一道深堑横在寺院前沿。古人在寺院西侧建峦桥，在寺院东侧建仙桥，以沟通南北。

峦桥创建年代不详，横跨于悬崖之上，沟通南北两山，券长 14.5 米，桥面阔 4 米，桥基由 15 根长 17 米、直径 0.55 米的木梁组成，总高 3 米，距地面 13 米。桥基上设横木，横木上铺木板，且伸出桥梁外约 0.6 米，两侧设垂柱博风板进行遮护。桥基上设廊，面阔五间，进深一间，单檐歇山顶，筒板瓦覆盖，正脊施灰陶脊兽。檐下施柱头科和平身科，形式相同，均为七踩双翘单昂。

仙桥位于圣寿寺外，呈南北走向，与峦桥相对，通长 11.2 米，宽 5.4 米。桥分上下两层，一层为条石垒砌的单拱石桥，净跨 5.6 米，矢高 7.8 米；二层为木构建筑，面阔一间，进深三间，歇山顶，檐下置五踩双翘平身科 1 攒。

（六）襄垣永惠桥

永惠桥是一座单孔青石结构的拱形桥，桥南北长 33.60 米，东西长 8.34 米，桥面用条石东西向横铺，两侧为青石栏杆与望柱连接，桥端施抱鼓石。该桥横跨于襄垣城北门外甘水河南北两岸，为金代建筑。据清乾隆年间县志载，该桥金天会年间建，明成化年间修。拱桥东面南端撞券石镶明万历十九年（1591 年）修桥石碣一块，记载

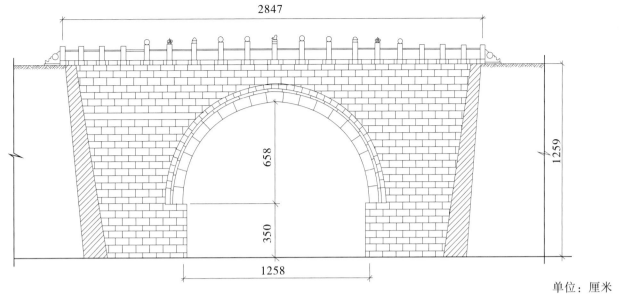

单位：厘米

图8-1-1　永惠桥立面

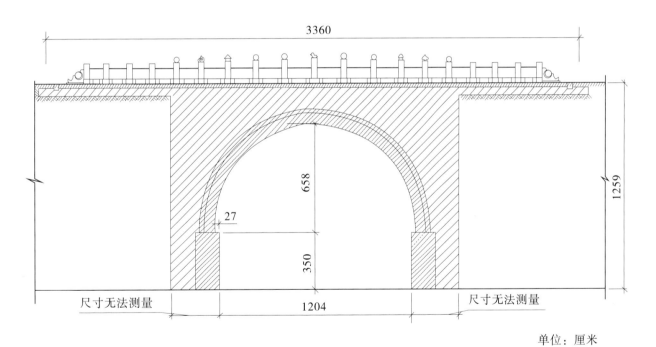

单位：厘米

图8-1-2　永惠桥纵断面图

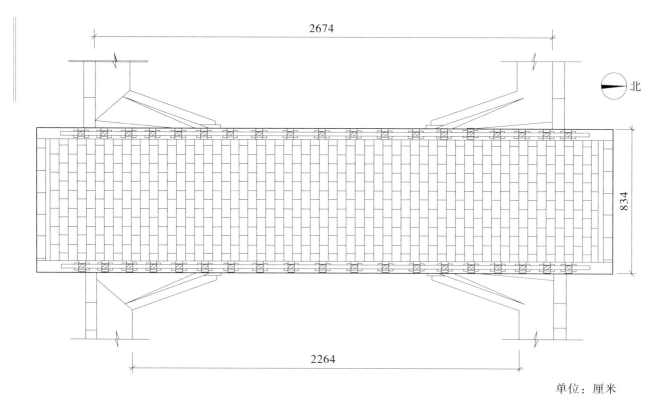

图8-1-3　永惠桥横断面

单位：厘米

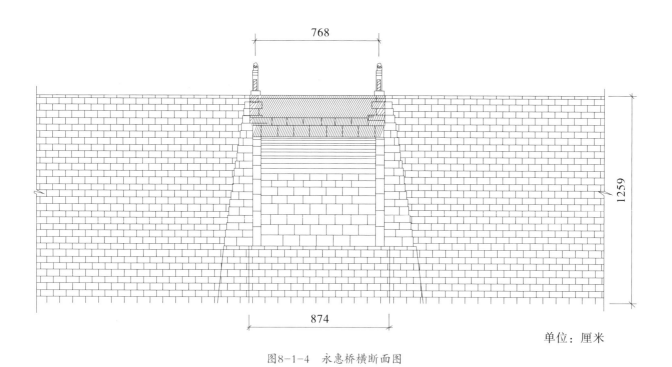

单位：厘米

图8-1-4　永惠桥横断面图

修葺"起工于万历十九年二月初四日，完工于本年九月初八日"。又据桥北五龙庙石碣记载，清道光十九年（1839年）进行修缮。

拱券为镶边纵联砌置，以双心圆相交成一弧形拱，净跨1258厘米，矢高658厘米，拱券上下宽810厘米。券石均以条石长短不一砌筑，券石每层6~7块，券石高45厘米~65厘米，厚60厘米~65厘米，龛石最窄下部宽27厘米。桥西面券脸石厚66厘米，宽52厘米，其上施护拱石两层。第一层护拱石厚19厘米，伸出券脸石9厘米，其上隐刻卷草图案；第二层护拱石厚31厘米，伸出券脸石7厘米。桥东面券脸石厚69厘米，宽52厘米，其上施护拱石一层，厚19厘米，伸出券脸石8厘米，素面无饰，随拱券石弧度起混线一道。

东西两面券脸石在饰面上，随拱券石弧度隐刻出两道凸起装饰性线条，其内以压地隐起雕刻着连续卷草图案，拱券上部龙门石两侧券脸石各雕刻回首蛟龙一条，龙门石以剔地起突雕刻着盘龙戏水兽。撞券石以条石垒砌，拱券两侧撞券石前后宽度不等，呈"八"字形，因而撞券石上下形成明显的收分，其收分按直线进行。券体之上铺以垫层，最上铺桥面石。

桥面两旁设石栏杆，栏杆底部不直接坐在桥面上，其下另置垫石隔起，简单朴实。不但有利用排水，在外观上更能增强镂空的效果。西面栏板外侧一律素平无饰，东面内外及西面内侧以压地隐起雕刻着各种图案。栏板大体可分两类：一类是寻杖以下左右分两格，寻杖与盆唇之间两侧刻荷叶墩，中间饰以花卉等图案，华板左右雕刻人物故事、飞禽走兽、花草树木等，雕刻精致，内容丰富，此类栏板疑为金代建造遗物；另一类是盆唇之上两端及中间刻荷叶墩承托寻杖，盆唇以下为通长华板，华板上隐刻凸起两道装饰性线条，内雕莲瓣、荷花及走兽等图案，此类栏板疑为明代修缮遗物。望柱均为方形和小八角形两种，柱身素面无饰，柱头雕饰成圆形、方形锥体状、狮子、花蕾等，但柱头大多遗失不存。

总之，永惠桥的石雕图案内容丰富，人物雕刻精湛细腻，在造型上有着极为珍贵的艺术价值，明暗效果对比，增强了立体视觉，富有质感。

第九章

清代建筑特征和工程技术

第一节　清代建筑特征

一、清代建筑形式特征

1.梁柱简单化

清代建筑承接明代建筑的规章制度，沿用明代的建筑形式。在平面布设上，无论是宫廷建筑还是寺庙建筑，内部的空间处理和柱式的排列都以人的尺度和活动范围为依据，因而更合度适用。柱子不再有"生起"，"侧脚"做法逐步取消，梭柱、月梁等被直柱、直梁所代替。通过梁柱结构体系的改革，梁柱构架的整体性增强了，构架简化了，托脚取消了，梁檩搭结不再设置斗栱承托，而采用梁枋柱檩直接榫接的构造方法。抬梁之间加设瓜柱代替驼峰。由于梁檩搭接简单自由，为设计和建造多变化的屋面和形式创造了条件，这正是清代建筑屋顶多样化的原因所在。建筑构件截面在保证安全度的前提下走向现实，三架梁截面一般为22厘米×24厘米，五架梁截面一般为30厘米×40厘米，柱直径一般为30厘米至60厘米，檩直径一般为24厘米至30厘米，斗栱材高一般为18厘米至22厘米，材宽一般为6厘米至10厘米。

2.屋顶构件由举折变举架

举架是清《工程做法则例》的用语，宋《营造法式》称其为举折，明清工匠们对宋代的举折之法进行了大胆改革，将屋顶的剖面设计从举折之法转变为举架之法，即先定举高然后做折法，这样，整个屋盖的高跨比常常为整数比，加快了建筑屋盖由平缓向陡峻的转变过程。《工程做法则例》的规定是由下逐步举架，逐渐加高，并增加了"或看形势酌定"的灵活方法,无论为设计还是施工都带来了便利。

3.斗栱设置的变化

清代斗栱设置更趋繁缛复杂,斗栱体量缩小,开间斗栱设置组数增多,斗栱仅作为营建制度被保存下来,其比例从宋代柱高的1/2或1/3剧缩到了1/5。柱头斗栱的坐斗翘昂明显加宽,梁的出头为挑尖梁头。柱头科斗栱和平身科斗栱有明显的区别,平身科斗栱有缩小,但攒数有增多的趋势。

4.拼合梁柱大量使用

拼合梁柱的大量使用是清代建筑比较突出的特征,主要是因为清代木材资源严重匮乏。但是,将小木料拼合成大料使用却不是始于清代,早在宋代就已出现,并称之为"合柱""角背"。清代拼合梁柱的方法有三种,即拼合、斗接、包镶。

5.硬山建筑大量涌现

明代以前,为了减少风雨对土坯墙的侵袭,建筑多采用悬山顶。明清时代,砖墙大量用于建筑中,由于砖墙不怕风雨侵袭,大量建筑广泛采用硬山顶。使用砖墙后,屋顶出檐减少。

6.门窗式样的改革

门窗的门扇和窗扇变窄,每间门扇的数量增至4扇或6扇,每扇上下分4段或5段,扇心花样繁多,普遍采用简单的正方格或斜方格,尺寸大约为10厘米见方。屋顶脊步明显升高,究其原因,主要是梁架支撑由驼峰改为瓜柱。翼角升起幅度增加,较宋元时期建筑相比,伸长幅度大约为40~70厘米,有的甚至多达1米,如太原纯阳宫过殿。脊饰多样化,并广泛采用琉璃,吻兽制作精致,纹样的考究达到了无以复加的地步。

总的来看,明清建筑与唐、金、元时期的建筑相比,结构形式简化,用材缩小,构件细弱,屋顶坡度加大,装饰构件复杂,最终形成严谨、稳重、纤细、繁缛的建筑风格。

二、清代建筑装饰内容与特征

清代是建筑装饰艺术取得重大发展并最终成熟的时代,各类装饰不但类型全、品种多、装饰纹样丰富多彩,装饰工艺也达到很高水平,有一整套规矩的构图套路和精细严格的操作规程。如清雍正十二年（1734年）由工部颁行的《工程做法则例》，是清代官式建筑通行的标准设计规范，共计74卷。全书制定了17个类别、20多个工种的条款，其中第五章是有关装修的内容。

清代建筑装饰艺术丰富多彩，达到了中国封建社会建筑装饰艺术的巅峰，无论从形体色彩、质地、工艺技巧、构图还是艺术立意等方面都有很大创新，使中国传统建筑走向一个绚丽斑斓、华美多姿的时代。

清代的装饰艺术手段除了传统的雕刻、彩画、琉璃和油饰以外，又增加了镶嵌、灰塑、嵌瓷等。而且，各种材料无所不用，如木、石、瓦、砖、油漆、颜料、金银、玉石、纸张、绢纱、铜锡、景泰蓝、玻璃等。由于建筑装饰与手工艺制作的广泛结合，使建筑装饰呈现精巧和细腻的风格。在一些建筑部位如花罩、藻井、隔扇棂心、屋顶花脊、隔扇门、屏门等的装饰处理方面，直接将其与工艺品相结合，一些部位的装饰还受工艺美术的启发而产生创意，如从锦缎图案中得到启示而进行铺地、花窗、门窗棂格、彩画图案的设计。

建筑装饰的范围不仅局限于宫廷、寺庙、陵寝和园囿，中产阶级的官宦家庭、地主大宅、富商之家、私家园林及祠堂等也进行不同程度的装饰。同时，由于官民府第没有受到封建礼制在装修和装饰方面的约束，可以在装饰上相互攀比，争奇斗艳。

清代建筑装饰的方向明显向着背离建筑的方向发展，发展到后来，装饰内容与建筑内容相脱离，形成一种烦琐、堆砌、臃肿、柔弱的风气。

1. 装饰材料和装饰题材

中国古代建筑的装饰材料分为木装修、雕饰（石雕、木雕、砖雕）、彩画、油饰，重要建筑中使用琉璃装饰。

古建筑装饰题材非常丰富，大致可以分为字类、锦类、花卉类、博古类、祥禽瑞兽类、寓意类、生活类、人物故事类以及宗教故事类等。

2. 构图样式和图案

构图是指装饰画面的布局，是装饰的重要环节。构图的过程是构思逐步深化的过程，没有构思就无所谓构图，而构图又是对画面形象和结构的全面探索，决定装饰的高低。在中国古建筑装修中，常用的构图样式有组合式、对称与均衡式、绝对对称式、相对对称式、连续式等多种。其中，组合式构图是将几个有内在联系的独立纹样，按一定构思有机排列组合成整体构图。对称与均衡式构图是将中轴线两侧或上下配置的纹样呈对称状态，使纹样左右、上下对翻或四周等翻。绝对对称式构图是指纹样关于对称轴或对称点形状与色彩完全相同、等形等量的组织形式，具有条理、平静、严肃、稳定的风格，力量感较强。相对对称式构图是指纹样总体外轮廓呈对称状态，但局部存在形或量的不等之处的组织形式，具有动静结合、稳中求变的新鲜感。连续式构图是以一个或几个单独纹样组合成一个基本单位，向左右或向上下同时，连续组成的重复构图，如二方连续、散点式二方连续、波线式二方连续、折线式二方连续、几何连缀式二方连续、综合式二方连续、四方连续等纹样。

古建筑装修内容广泛，是千百年来人们采用象形、会意、谐音、借喻、比拟等手法创造出来的，这些图案和造型丰富而洗练，朴实而高雅，凭借艺术语言来寄托人们对于幸福、美好、富庶、吉祥的向往和追求。针对不同的题材，设计不同的图案。

字类图案是各种艺术笔体的汉字、少数民族文字或由宗教文字组成的图案，常用的有"福"字、"寿"字等，佛教建筑中常用梵文，伊斯兰教建筑中常用阿拉伯文。锦类图案即锦纹，是由二方连续或多方连续图案构成的花纹。锦纹图案丰富，如丁字锦、拐子锦、回纹锦、龟背锦、菊花锦等。锦类图案既可以单独使用，又可以在锦间串行花枝。自然界中一切象征美好的花卉都是进行装饰的题材，如牡丹、荷花、菊花、梅花、栀子花等。这些花还可以成组出现，也可以与鸟兽、器物、锦类等进行组合。博古是对各种古董的通称，包括青铜器、玉器、竹器、石器、木器、瓷器等。在博古类装饰题材中，流行一些较为固定的式样，如百子瓶、八卦瓶、八卦楼、果盘、仙鹤炉、方炉、百环瓶、七孔瓶等。博古类图案既可以单独使用，又可与其他纹样组成寓意类图案。祥禽瑞兽类图案常用的有二龙戏珠、龙凤呈祥、凤栖牡丹、麒麟卧松、犀牛望月、鹿鹤同春、海马献图、喜鹊登梅等。寓意类图案采用事物名称的汉字谐音，组成祥瑞词语，以表达美好吉祥的意愿。如柿子鹤如意组成的"事事如意"，蝙蝠与云组成的"福运"，"万"

字、蝙蝠、鹤、"寿"字组成的"万福万寿"，瓶与鹌鹑组成的"平安"之意。有的则是以图案的内容来隐语美好的愿望，如五福绕寿隐语"五福捧寿"，葫芦隐语"子孙万代"，牡丹、玉兰、海棠隐语"玉堂富贵"。锦类图案与花草在一起象征"锦上添花"，这种寓意类图案名目繁多，举不胜举。生活类图案主要选材古代的生活用品及日常生活场面，如文房四宝、渔樵耕读、琴棋书画等，借此寄托人们对美好生活的向往。人物故事类图案取材丰富，如古代小说、名人掌故、民间传说、才子佳人等题材内容。宗教故事类图案是指佛教、道教用品以及以宗教生活为内容的图案，如莲花、佛八宝、道七珍、暗八仙等。佛八宝是指轮、螺、伞、盖、花、罐、鱼、长；道七珍是指珠、方胜、珊瑚、扇子、元宝、盘肠、艾叶；暗八仙是指汉钟离的扇子、吕洞宾的宝剑、何仙姑的荷花、蓝采合的花篮、韩湘子的横笛、铁拐李的葫芦、曹国舅的阴阳板、张果老的渔鼓筒。综观中国历史各个时代的装饰艺术，均通过形象暗示性地抒发传递着情感，寄托着人们的美好愿望和对美好生活的向往，把现实与理想、理念与情感相结合，形成不同时代、不同风格、不同特点的装饰艺术。

3. 建筑彩画

彩画是中国古代建筑的另外一种重要装饰手段，对中国古代建筑风格的形成起着非常重要的作用。彩画主要分布在藻井、斗栱、门楣和柱壁以及外檐木构上。彩画起源于材料保护和建筑审美双重目的，木材表面裸露在自然环境中，容易受潮湿、冷热、风雨和阳光紫外线的侵蚀，而彩画使用的不溶水矿物颜料中的细微颗粒有较强的覆盖力和隔绝性，干后会形成防护层，对自然侵蚀有显著抵抗功效，矿物中的石青石绿是铜的化合物，有利于防止木材表面被虫蛀，土红白垩等无机颜料富有覆盖力，对防止湿气、日晒侵蚀有保护作用。再者，木材表面的结疤、斑痕、色泽不均等自然缺陷都可以通过彩画遮盖。而且，色彩与彩画均能较好地美化建筑物，利用色彩的对比能够突出建筑物的局部与细部。出于审美和实际两大需要，再加上以木材为主的中国古代建筑材料本身就提供了一个任意使用色彩的空间，使得彩画依托中国古代建筑有了长足的发展。

明清时期是我国封建社会的晚期，建筑艺术更加精湛，装饰艺术综合了南北方建筑装饰艺术的特点。清代，由于封建统治阶级的穷奢极侈，大量兴建土木造成木料短缺，木结构中出现了包镶柱子、拼合梁枋的做法，由此带来铁箍、铁钉的合拼缝。在木料表层进行彩画之前，需要对木料进行处理，由此，地仗技术应运而生。在社会审美思潮的影响下，建筑彩画艺术达到顶峰，新品种不断出现，规范更为严密，色调及装饰极大增强，使彩画艺术取得了非凡的成就。随着彩画艺术的不断改进和发展，到清代中后叶，大木梁枋的宫廷彩画已经形成几大类别，每类彩画又按等级区分为几种做法，每一做法的构图、工序、颜色、操作技巧又形成统一的格式，并以口诀的形式相传。但是，彩画艺术发展到清朝末年时陷入僵化，彩画行业按地区分帮派，各营造商、把头和行会的权势者控制甚至垄断了彩画业，彩画得不到创新，致使彩画制度过于呆板，彩画艺术不但没有发展，反而退步。山西作为全国地上文物大省，明清建筑遗存非常丰富，保存的彩画相对来说较多，总体体现了纹样庄严、构图严谨、配列均衡的时代特点。

4. 油饰与炕围画

油饰是中国古代建筑施于木结构表面的色彩，一般在柱、枋、檩、椽、望板、门窗、栏杆等不施彩画的木质构件上涂刷，以保护木材不受自然侵害。明清时期，由于地仗的发明，油饰工艺有了突破性的发展。所谓地仗，就是用灰油（桐油、土籽、章丹）、白面和生石灰制成"油满"，兑入砖灰后敷于木构件表面成为油漆基底。地仗的发明解决了木材表面开裂、光洁度不理想等缺陷，地仗的使用使木构件平整细腻。清代建筑油饰在总结历代经验的基础上，形成一套完整的技艺，称之为"油作"，其做法达四五十种。油饰的色彩也十分丰富，清工部《工程做法则例》中的油饰色彩多达 22 种之多，不过还是以红色为主，各种色彩之间的搭配有一定的规律，并逐渐形成定式。

炕围画的前身是炕围子，最初是为了有效防止炕围墙皮脱落或减少炕围对衣被的磨损，在沿炕一周距炕一尺（0.33 米）多高的墙上刷以胶矾水调的细黄土或土制色粉。后来，随着实用美术的发展以及民俗生活的需要，一些民间画工将用于宫廷、殿阁、庙宇、楼台的彩绘技艺，在炕围子上敷彩绘图，逐渐形成炕围画。明清时期，炕围画盛行，众多兼擅宫庭、庙宇彩绘的画匠投身此业，各种建筑彩绘图案、表现形式得以大量借鉴与引入。炕围画的形式构成有一套固定的程式，即以上下两组边道，按照一定的规格布置而形成其主体框架，中间等距离安排各种画空。既具完整对称的装饰形式美感，又具简繁对比、主从相映的表现内涵。

山西地处华北高原，为了抵御冬天的寒冷，家家都设有"过火土炕"，它与炊灶相连，在整个房屋里占据相当大的面积，为炕围画的制作创造了空间，使炕围画成为山西地方文化中地域性很强的装饰艺术，是壁画、建筑彩绘、年画的复合体。炕围画的内容极为丰富，有人物、翎毛花卉、山水等。通过简单的情节、形象的刻画，使人在潜移默化中受到感染与熏陶。其中，很多是我国的典故和掌故，具有历史性、知识性、艺术性和趣味性。常见的定型图有"刘海戏金蟾""孟母三迁""孔融让梨""四爱""八爱""四喜"等，通过掌故中的内容情节、诗话配合、形象结合，起到潜移默化的作用。翎毛花卉画的内容象征性很强，具有深刻的寓意，成为褒贬事物和教诲人的工具。炕围上的山水画通过配以成语或诗词，最后再落款，构成一副较完美的诗画。在构图上，形式服从内容，有的以人物或动物为主，山水为背景；有的则以山水为主，人物、动物加以点缀，为山水画赋予了生命和主题，使山水画充满活力。从炕围画的形式和内容来看，最初是从庙宇祠堂和亭台楼阁画而来，后来的版画、年画中的内容也逐渐演变或移植进来。殿宇椽檩等处的彩画图案是炕围画中常用的题材。在炕围画中，花边图案与庙宇中的装饰图案基本相同，尤其是古祠堂中表现忠孝节义之类的壁画内容是炕围划重点表现的内容。

炕围画在晋东南地区、吕梁地区、晋中地区、忻州地区、雁北地区均有分布，其中尤以原平、代县的炕围画最为著名。炕围画的色调选择受地理环境和习俗风尚的影响，各地有明显的区别。晋西北人以暖色调为主，多用红、棕色做底；忻州、原平一带喜欢中性和冷色调，多选粉绿色；晋中人喜欢蓝绿色；晋东南则对绿色偏爱。

5. 木雕

木雕刻是中国古代建筑的一种重要装饰手段。在山西现存明清建筑实例中，木雕遍布庙宇、寺观、祠堂、民舍等建筑，只要是露明的木材部位，在经济能力允许的条件下，均进行木雕刻。木雕的集中部位为梁架、门窗和室内装修。在梁架中，主要对柱、梁、枋、斗栱、椽子等构件的端部进行砍削，使之形成缓和的曲线或折线，呈现丰满柔和的外观，人们称这种加工工艺为卷刹，元明以前普遍采用，清代建筑仅在斗栱栱端保留这一做法。对梁枋和梁柱交接部位，将木梁穿过柱心出头做成菊花头、蚂蚱头、三岔头、三幅云等形状。将木梁顶端做成麻叶头，角梁头上套兽头。非官式建筑加工花样更多，常常雕成各种植物和龙、象等兽头形。雀替设置在柱身两侧承托阑额，成为装饰的重点，作为一个单纯的装饰构件保留在原来的位置。在"彻上露明造"的建筑中，许多构件裸露在外，为了取得视觉上的美感，对梁架构件都进行了艺术加工。

木雕图案的内容有多种，民族传统精神支柱的"忠、孝、节、义"是雕刻装饰纹样的首选主题；另外就是表达祈求福寿康宁传统观念的主题，常用题材有福、禄、寿，以及八仙庆寿、喜鹊登梅、丹凤朝阳、龙凤庆寿、连连有喜、三阳开泰、万象更新等；展示追求清高安逸雅趣的主题，如琴棋书画、渔樵耕读、博古图、百戏图等。在木雕构件的衬底或边框、稍头、转角等处，都有一些比较规矩且由横竖花纹构成的图形，它们被赋予一定的思想，有一定的寓意，如表示青云直上的连攒云，表示龟龄鹤寿的龟背添华，表示财源茂盛的金钱套金钱以及钱串子，表示万寿无疆的万字不到头等，加上菱形花格、草龙草凤缠枝、蔓草、缠枝莲等，共同组成丰富多彩的装饰图案。

清代建筑中的斗栱、穿插枋、栏板、雀替、驼峰、栏杆等部位都进行木雕装饰。许多建筑对斗栱进行不同程度的雕饰，在大斗两边加上了雕花的木板，仿佛是斗栱展开的双翼。木雕在山西民居大院中的体现可谓丰富多彩，如丁村民居、乔家大院等。

6. 门窗

门窗在古建筑中占用了屋身的很大面积，是木雕装饰的重点。重要建筑的大门上常常装饰铜质门钉、门环、角叶。门环是装饰重点，多做成兽面吞环形式。隔扇门和隔扇窗的棂格是木加工艺术的重点部位，棂格采用正交、斜交直棂和圆棂，组合成菱花，或是直棂、正交或斜交方格，以及灯笼框、步步锦、冰裂纹及曲棂等形式，裙板上常雕花卉及几何纹。在门窗的制作上，为了使整扇窗框不变形，将铜片钉在框架的横竖交接点上，上面还压制上花纹，成为门窗扇上称为"角叶"的装饰，使门窗看起来更美丽。窗的装饰图案纹样众多，宫殿、寺庙窗格以菱花窗为主，窗格设计疏密相宜，玲珑剔透，风格趋于端庄富丽。在民间，窗格的纹样更多。在山西民居大院中，门窗的装饰非常丰富，如灵石王家大院的一处宅院中，将正窑上部中央的窗棂设计成打开的书卷，正面给人的感觉是书凹进去，侧面则给人以书卷凸起之感，可谓独具匠心。王家的另一处宅院将一扇后窗设计成装有书轴打开的"书"，其立意为"开卷有益"。

7. 砖雕

材料是建筑装饰发展的前驱。砖雕的发展以砖质量的提高和砖砌墙体的广泛应用为条件，随着砖质量的提高，产生了砖刨、砖凿、砖锯等各式砖雕工具，工具的得力使施工操作技术更加得心应手，保证了装饰的质量。砖饰工具的大量创造为砖雕刻技术的提高起到积极的促进作用。

砖雕是对建筑物屋顶、墙面、地面、台座等砖瓦构件的艺术处理，可分为陶土砖瓦和琉璃砖瓦两大类。砖雕比石雕要容易，又比木雕经久耐用，所以成为建筑装饰的一个重要手段，尤其在民间建筑上应用更广泛。清代工匠术语中称砖雕为"黑活砖"，不受等级制度的限制，因此一般宅第、会馆、寺庙、店铺等均有大量的砖雕，雕刻集中在屋顶、墙体、砖影壁、门罩、门脸等部位。佛教传入中国后，砖又代替了木材料，于是出现了用砖建造的佛塔。尤其是明代还出现了完全用砖建造的无梁殿建筑，这些都成为表现砖雕艺术的重要场地。

砖雕一般为浅浮雕，题材广泛，有葡萄百子图、博古图、四季花卉图以及由扇子、剑、鱼鼓、玉板、葫芦、萧、花篮、荷花组成的"暗八仙"等图案。山墙墀头一般以吉祥图案为主，如犀牛贺喜、四季花开、麒麟送子、鹿鹤桐松等。装饰上还有喜鹊登梅、龟背纹锦、夔龙腾空、葡萄百子、鹭鸶戏莲、麻雀戏菊、四狮如意、六合通顺、梅根龙头、四季花卉、鹿鹤同春、凤凰戏牡丹、双鱼戟磬等图案。这种细腻繁缛的艺术装饰需要投入大量资金，在一定程度上反映了明中叶以后贫富悬殊的社会现象。

8. 石雕

明清时期，石雕艺术在建筑上表现得更为丰富。如台基、台基四周的栏杆、地面的石阶、墙上券门的石券、寺庙内的佛像座、殿内的碑碣等，还有完全采用石料造筑的牌楼、石塔、经幢、石柱、桥梁等，都是可以进行石雕的部位。由于石雕技术在建筑中的大量使用，建筑装饰呈现出新的局面。明清以来，石雕以其坚固耐久、防水防潮、质感高贵成为建筑的常用手法。石雕的装饰部位多用于台基、柱础、石栏杆、石牌坊、石券脸、石狮、民居的门枕石、木牌坊的夹杆石等之上，晚期的石柱、石枋上也施雕琢。

三、清代建筑琉璃

明代万历以后，建筑琉璃开始衰落，直至清康熙和乾隆年间才重新活跃起来。琉璃工艺的关键是琉璃釉的配制，但是由于琉璃行业是一个世袭的行业，其配方比例秘不外传，同行之间也不进行交流和切磋，使得琉璃技艺难以提高。明万历年间的《工部厂库须知》中提供了有关黄色釉、青色釉、绿色釉、蓝色釉、黑色釉和白色釉的简单配方，清康熙时，孙廷铨的《颜山杂记》中有关于琉璃配方的记载，但是在实际操作中也只能起到参考作用。清代统一了琉璃瓦型号，使得配置安装更为准确。《大清会典事例》卷八七五"工部·物材"条中有这样的记载："康熙二十年议准琉璃瓦大小不等，共有十样，除第一样与第十样向无须用处，毋庸置疑，其余砖瓦，如各工需要。今管工先将应用实数覈算具呈，该监督照数请领钱粮、黑铅、豫行备办。……"十样中包括了琉璃构件大约65种，如正吻、脊件、兽件、筒板瓦、勾头、滴水、博缝、线砖等。雍正时还烧制了样品作为标准件，饬令窑户依样烧造。嘉庆年间，将8种琉璃瓦件的长、宽、高尺寸进行了详细的规定，以为规矩准绳。由于清代对琉璃烧造规范管理，不但保证了琉璃构件的质量，而且降低了琉璃的制造成本。琉璃的纹样题材更加繁多，色彩在黄、绿、青、蓝、黑、白、孔雀蓝、葡萄紫以外，又增加了桃红、宝石蓝、翡翠绿、天青等多种颜色。

清代琉璃构件已经格式或定型化，琉璃作品追求烦琐，缺少了原有的古朴。但是，作为民间琉璃制造业中心的山西，从事琉璃烧造的匠师多，师承相传的烧造技术加上长久积累的烧造经验，乾隆年间烧造出的琉璃制品造型优美，烧造技艺高超，代表性的作品有：大同云冈第五、六窟窟檐上的琉璃，为顺治八年（1651年）重修窟檐时的作品；汾阳般若寺大雄宝殿上的琉璃，为顺治十五年（1658年）的作品，其栱眼壁镶嵌有琉璃烧造的山石、流云、佛像和供养人等，为其他寺庙所不见；临汾大云寺塔二层以上脊饰、吻兽、沟头、滴水为康熙五十四年（1715年）的作品，塔二至六层每面砌筑方形或长方形的琉璃佛教造像装饰画，内容有佛、菩萨、护法、韦驮、十殿阎罗、十八罗汉、二十四诸天、八大金刚以及佛传故事等，极为丰富，琉璃色彩为黄、绿、蓝、白、赫五彩，釉色鲜艳，为阳城匠人乔鸷等人烧造；蒲县东岳庙各殿顶琉璃为雍正二年（1724年）重修时的作品；五台山菩萨顶的琉璃是清代官窑琉璃制品中的精华，康熙、乾隆二帝曾多次朝拜五台山，敕令重修菩萨顶，琉璃制品按宫廷规格烧造，中轴线上的建筑全部采用黄色琉璃瓦覆盖，两侧建筑则用孔雀蓝瓦覆盖，釉面纯正，色泽光亮，是清代琉璃作品中的优秀佳作；孝义慈胜寺大雄宝殿的琉璃吻兽、脊饰和影壁团龙，为乾隆十九年（1754年）重修时所制，坩土为胎，黄、绿、蓝白色釉，釉色纯正、光亮；凌川南吉祥寺前殿和后殿的琉璃为清乾隆二十一年（1756年）的作品；长子县紫云山灵贶王庙的琉璃为乾隆二十六年（1761年）的作品，其中以正殿为最好；浑源永安寺传法正宗殿采用五彩琉璃覆盖，为乾隆二十六年（1761年）的作品，殿正脊、戗脊两侧布满花卉，花卉以牡丹为主，色彩丰富，釉色有黄色、黄绿色、黄蓝色、绿白色、蓝白色和褐黄色等多种，正脊上塑道教八仙，这是为数极少的佛寺殿顶塑造道教神像的实例之一，无论从烧造工艺、作品造型还是釉色调制等方面来看，均为山西清代琉璃中的最佳作品。

康熙二十七年（1688年）重修的平遥市楼，楼顶全部施以琉璃构件，黄、绿、蓝三色交相辉映，为清代琉璃的代表作品。咸丰九年（1859年）至同治三年（1864年）重建的城隍庙、财神庙，其殿宇屋顶布满色彩斑斓的琉璃瓦和各种琉璃饰件，以蓝、绿为主色，相间黄色组成的青冷色调，装点出道教居所的神秘意境。其仙人、走兽、龙吻背刹等各种饰件，造型精美，为清代平遥琉璃工艺的另一杰出范例。

　　太谷大佛山天宁寺琉璃塔建于清乾隆二十九年（1764年），平面八角形，高十级21米，塔身四周全部用40厘米见方的孔雀蓝琉璃镶嵌而成，釉色光亮如新。翼城曹公关帝庙山门、戏台、主殿上的琉璃是明嘉靖年间的作品，为陕西朝邑县匠人所烧造。清道光至光绪年间的琉璃作品以高平清梦观、榆次志公塔、介休后土庙、临邑文庙、陵川北吉祥寺、代县文庙、河津玄帝庙、万荣后土庙、介休真武庙、太原文庙、解州关帝庙等为代表。其中，介休后土庙中轴线上的10余座楼阁殿顶全部用琉璃覆盖。山门前的琉璃影壁为道光十年（1830年）的作品，壁顶脊饰和壁面方心均以琉璃为饰，方心内是以海水、流云、大鹏展翅、麒麟望月、龙戏牡丹和山石等为图案的琉璃制品，各楼阁上的吻兽造型和釉色不同，各显神采，垂兽、戗兽、行龙、套兽、嫔伽和花卉等种类繁多，各尽其妙。万荣后土庙的琉璃饰件为清光绪十六年（1890年）的作品，并以圣母殿的琉璃构件烧造工艺为佳，尤其是脊上的飞凤和童子造型精美、颜色鲜艳。介休真武庙的五彩琉璃牌坊是清光绪三十三年（1907年）的作品，全部用琉璃构件制成，雕造精细，捏制精巧，色釉艳丽，为晚清琉璃中的珍品。

第二节　清代小木作技术

一、清代家具

　　清代家具的设计较明代家具有了较大的变化，首先是硬木的用材范围更广泛。由于家具数量的剧增，一些珍贵原材料如黄花梨木材源减少，其他硬木如红木、鸡翅木、花梨木等被大量应用；中等硬度的木材，如榆木、榉木、樟木、柞木、核桃木等也被大量使用。用材的广泛为传统家具增加了色泽纹理的艺术表现力。

　　乾隆以后，地方家具制造业兴盛，除明代硬木家具的制作中心——苏州的"苏作"继续繁荣以外，又形成以广州为中心的"广作"以及在"苏作"和"广作"设计特色基础上形成的"京作"，清代后期又形成以上海为家具制作中心的"海作"。家具制造领域的门派之分形成了丰富多彩的清代家具，新的家具品种相继出现，如架几案、多宝格、博古架、海棠花凳、梅花凳、套双凳、清式圈椅、清式太师椅、行军桌等。在继承明代家具洗练造型的基础上，受当时社会风尚和审美情趣的影响，家具的工艺美术性增强，各种各样的工艺美术手法、技法和材料都在家具上有所体现，以至形成富丽华贵的清代家具风格，具有较高的观赏价值。乾隆以后，家具得到上层统治阶级的推广而加速发展，匠师门为了迎合统治阶级的趣味和审美，在加工过程中还渗入外来艺术，极大地丰富了中国家具的内容。但由于社会各个方面发生变化，审美情趣也随之改变，进行烦琐的雕刻，将清代家具引入歧途，导致清代家具走向没落。再加上明清时期人们的审美情趣有了很大的提高，从偏重宏观转向精细、繁丽以及富缛，由此决定了清代家具的艺术风格和特点：家具中大木构架的形式已不十分明显，整体造型趋向方正、平直；更加注重板面及板面组成的体量感，形成厚重的感觉；采用折线型扶手、平直式的背板及直腿；雕刻逐渐增多；讲究与建筑空间的配合关系，出现了成套的配置家具组合。

二、清代家具特色

山西清代家具在晋商住宅中体现较多。成功的晋商在拥有大量财富以后，在家乡大兴土木，建造豪宅，配置高档家具。在这种背景下，晋商对家具的制作工艺十分重视，以本省固有的丰厚文化底蕴为依托，秉承明式家具的传统，强调家具的线条形象，形成造型简洁、别具一格的形体特征，并能体现出明快、清新的独特艺术风格，被称为"晋作"，成为乡村家具的代表。由于有强大的经济实力做保证，晋商有能力买最好的原材料，也能请到最优秀的匠人来制作家具，因此，山西清代家具出了许多精品。

山西清代家具没有繁复的装饰，线脚和攒接是体现装饰的两种非常自然的方式：线脚是通过平面、圆面、凹面、凸面、阴线、阳线之间不同比例的搭配组合，形成千变万化的几何形断面，从而达到悦目的装饰效果。攒接是用纵横斜直的短材，通过榫卯的连接，制成各种几何形的图案，增加家具的空灵美，同时也使家具更耐用。山西家具的雕刻部位不多，通常只起点睛或烘托的作用，这有别于将雕刻作为主要装饰手法的其他地区古典家具。另外，山西古典家具的附属构件，以白铜作材料，制作成造型各异的构件，在保护或加固家具的同时，还能起到装饰效果。

山西清代家具通常采用大面积的描金彩绘，甚至通体漆饰，没有空白。"描金"是传统装饰技法之一，指用金彩直接描绘在家具上，所用金箔纯度很高，在长期保持家具光彩熠熠的同时，彩绘与描金兼用，可达到金碧辉煌的效果。山西清代家具在雕刻和描绘等方面的装饰题材和内容，除了一些表现当时日常生活的图案外，许多都具有历史渊源，富于民间特色，是中华民族传统文化的一种重要艺术表现形式。

附录：宋式、清式古建筑常用名词对照表

宋、清古建筑常用名词对照表

部位			宋式名词	清式名词
平面			当心间	明间
			副阶	廊子
			副阶周匝	周围廊
			月台	平台、露台
大木作	斗栱		铺作	斗栱
			柱头铺作	柱头科
			补间铺作	平身科
			转角铺作	角科
			襻间铺作	隔架科
			平座铺作	平座斗科
			出跳	出踩
			朵	攒
			单栱	一斗三升
			重栱	一斗六升
			把头交项作	相当于"一斗三升"
			四铺作	三踩
			六铺作	七踩
			七铺作	九踩
			八铺作	十一踩
			栌斗	坐斗
			交互斗	十八斗
			柱头枋上之散斗和齐心斗	槽升子
			散斗	三才升
			平盘斗	贴升耳
			平	腰
			欹、欹䫜	底
			泥道栱	正心瓜栱
			慢栱（泥道慢栱）	正心万栱
			瓜子栱	里（外）拽瓜栱（单材瓜栱）
			单材慢栱	里（外）拽万栱（单材万栱）
			华栱或卷头	翘
			重抄	重翘
			令栱	厢栱
			鸳鸯交手栱	把臂厢栱
			丁头栱	半截栱
			角华栱	斜头翘
			栱眼壁板	栱垫板
			卷刹	栱弯
			昂尖	昂嘴
			鹊台	凤凰台

部位		宋式名词	清式名词
大木作	斗栱	昂尾	挑杆
		耍头	蚂蚱头
		靴楔	菊花头
		衬枋头	撑头木
		遮椽板	盖斗板
		普柏枋	平板枋
		阑额	大额枋
		由额	小额枋
		柱头枋	正心枋
		罗汉枋	拽枋
		橑檐枋	挑檐檩
		平棊枋	井口枋与机枋
	梁架	庑殿、吴殿四柱、四阿顶（殿）	庑殿、五脊殿
		曹殿九脊殿厦两头造	歇山
		不厦两头造	悬山、挑山
		檐出及腰檐	出檐及廊檐
		举折	举架
		厅屋、堂屋	厅堂
		平座（坐）	平台
		方木	橔木、方木枋料
	梁枋、垫板	架椽或椽	步架
		彻上明造与草架	草架
		椽栿	梁架、叠梁、柁梁
		平梁（栿）	三架梁
		三椽栿	三步梁（三穿梁）
		四椽栿	五架梁（四步梁）
		五椽栿	五步梁
		六椽栿	七架梁
		七椽栿	七步梁
		八椽栿	九架梁
		劄牵	单步梁（抱头梁）
		乳栿	双步梁
		丁栿梁	顺扒梁、顺爬梁、顺梁
		阑头栿	踩步金
		角梁、大角梁、阳马	角梁、老角梁
		翼角升起	翼角起翘
		顺栿串（顺身串）	随梁枋
		襻间枋	相当于老檐枋、金枋
		缴背	扶脊木
		生头木	枕头木、衬头木
		驼峰与侏儒柱	柁橔与瓜柱
		角替	雀替
		绰幕枋	替木

部位		宋式名词	清式名词
大木作	梁枋、垫板	合楷	角背
		燕颔板	瓦口
		狼牙板	排山勾、滴瓦口
		雁翅板	滴珠板
		照壁板	走马板
		地面板	楼板
	檩、椽	槫	檩、（桁）
		上、中、下平槫	上、中、下金檩（桁）
		平槫	金檩（桁）
		牛脊枋	似正心桁、挑山檩
		椽	花架椽、檐椽
		飞子	飞檐椽
	柱	副阶柱或檐柱	檐柱
		内柱	金柱（老檐柱）
		振杆	公柱
小木作	外檐、装修、门窗	格子门	格扇（隔扇）
		两明阁子	夹实纱（夹堂）
		额或腰串	上槛（替春）
		门楣（门额）	中槛
		地栿	下槛
		立颊	抱框
		肘板	门板
		身口板	门板
		福	穿带
		门砧	门枕（石）或荷叶墩
		抟肘	转轴
		门关	横关
		立桥	栓杆
		手栓（伏兔）	插关
		桯	大边
		泥道板	余塞板
		铺首	门钹
		钚	仰月千年锦
		鸡栖木	连楹
		桯、抹、腰、串	抹头
		上桯（串）	上抹头
		下桯（串）	下抹头
		子桯	仔边（仔替）
		条桯（楗子）	楗子（条）
		格眼	格心（花心）
		腰华板	条环板
		障水板	裙板

部位		宋式名词	清式名词
小木作	内檐装饰	难子	引条
		毬纹	碗花或菱花
		隔间坐造	槛窗
		平棊	天花
		藻井与斗八	藻井
		背板	天花板
		难子	支条
		明栿	天花梁
		方井	井与井口
石作	基础、台基	筑基（屋基）	地脚（地基）
		土衬石	土衬
		压栏石	阶条
		角柱	角柱石
		台（阶基）	台明（台基）
		地栿	圭脚
		下卷牙砖	似下枋
		上卷涩砖	似上枭
		合莲砖	似下枭
		方涩平砖	上枋或地栿
		布土	填箱
		柱础（石碇）	柱顶石
		覆盆	磉墩
		出混	枭混
		剔地起突	似混雕
		压地隐起	似半混雕
		减地平钑	线雕
		混作	混雕
		平钑	似影雕
		打剥	似做粗
		粗博	似做粗
		细尘	似做细
		褊棱	似凿蝻
		斫作	似占斧
		磨礲	褊光
	栏杆	钩栏	栏杆
		鹅项	靠背栏杆
		拒马叉子	纤子栏杆
		华板	栏板
		寻杖	扶手
		撮项	廮项
		云栱	净瓶荷叶云子
		大小华板	栏板
		楷道	楷踩

部位		宋式名词	清式名词
石作	栏杆	楷	级石
		慢道	礓磜
		副子	垂带石
		陛	御路
		象眼	象昭
	屋顶	垂脊	垂戗脊
		华头筒瓦	勾头
		重唇板瓦与垂头	滴水
		华废	排山勾滴
		滴当火珠	钉帽
		柴栈	苫背
		鸱尾	正吻
		兽头	合角吻
		蹲兽	走兽
		嫔伽	仙人
	墙壁	墙垣	墙
		土墙	夯土墙
		土墼	土坯
		版壁	木墙壁或原木墙
		隔截编道	竹夹泥墙
		露墙	围墙
		似抽纴墙	檐墙
		露墙之一	花墙
		露墙之一	影壁
		菱角牙与板檐砖	菱角
		女儿墙	城垛
		缴背	伏

后记

　　《山西古建筑营造史》一书，是左国保先生呕心沥血写就的一部力作，在他弥留之际，仍念念不忘此书的出版，左国保先生嘱咐我一定要完成他的遗愿，付梓印刷，为文物保护事业发挥一定的作用，为后人留下点东西。今天可以告慰的是这部书终于出版了。

　　为了古建筑的保护事业，左国保先生倾注了毕生精力，不辞劳苦，不畏艰辛，放弃了家庭，放弃了优越生活，献身于山西文物保护事业。斯人已去，精神永驻。

　　写作过程中得到了左国保先生的学生的帮助，他们是秦光、朱庭枢、高星、邱煜雯、徐蕊、张甲、陈蕾、李毅、张博、包宏远、李星桥等，对此，左国保先生和我向他们表示感谢！

左国保老伴　何莲荪

图书在版编目（CIP）数据

山西古建筑营造史.清代卷/左国保著.—太原：
山西科学技术出版社，2023.10
ISBN 978-7-5377-6218-2

Ⅰ.①山… Ⅱ.①左… Ⅲ.①古建筑—建筑史—山西
—清代 Ⅳ.① TU-092.925

中国版本图书馆 CIP 数据核字（2022）第 194632 号

山西古建筑营造史　清代卷

SHANXI GUJIANZHU YINGZAO SHI　QINGDAI JUAN

出　版　人	阎文凯
著　　　者	左国保
整　　　理	何莲荪
责 任 编 辑	张家麟
封 面 设 计	王利锋
版 式 设 计	岳晓甜

出 版 发 行　山西出版传媒集团·山西科学技术出版社
　　　　　　　地址：太原市建设南路 21 号　邮编　030012
编辑部电话　0351-4922063
发行部电话　0351-4922121
经　　　销　各地新华书店
印　　　刷　山西基因包装印刷科技股份有限公司

开　　　本	890mm × 1240mm　1/16
印　　　张	29.25
字　　　数	449 千字
版　　　次	2023 年 10 月第 1 版
印　　　次	2023 年 10 月山西第 1 次印刷
书　　　号	ISBN 978-7-5377-6218-2
定　　　价	320.00 元